Gewinnen

Band 3

GEWINNEN

Strategien für mathematische Spiele

♠

Band 1
Von der Pike auf

♥

Band 2
Bäumchen-wechsle-dich

♣

Band 3
Fallstudien

♦

Band 4
Solitairspiele

Elwyn R. Berlekamp
John H. Conway
Richard K. Guy

GEWINNEN

Strategien für mathematische Spiele

Band 3 **Fallstudien**

Übersetzt von Maria Reményi

Friedr. Vieweg & Sohn Braunschweig / Wiesbaden

Titel der englischen Originalausgabe:
Elwyn R. Berlekamp, John H. Conway, Richard K. Guy
WINNING WAYS
for your mathematical plays, Vol. 2

Dieser Band ist die Übersetzung der Kapitel 14–22 von Volume 2 der englischen Ausgabe (Games in Clubs!).

Übersetzt von Dipl.-Math. Maria Reményi, Erlangen.

1986

Satz: Vieweg, Braunschweig
Druck und buchbinderische Verarbeitung: Lengericher Handelsdruckerei, Lengerich
Printed in Germany

ISBN 3-528-08533-9

Für Martin Gardner,

der mehr Mathematik
zu mehr Menschen gebracht hat
als irgend jemand sonst

Elwyn Berlekamp wurde am 6. September 1940 in Dover (Ohio) geboren. Nach zwei Jahren als Assistant Professor an der University of California, Berkeley, und fünf Jahren bei Bell Telephone Laboratories wurde er 1971 Professor für Mathematik, Elektrotechnik und Computerwissenschaften in Berkeley.

Sein Buch *Algebraic Coding Theory* erhielt den Preis der IEEE Information Theory Group für die beste wissenschaftliche Arbeit. Eta Kappa Nu bezeichnete ihn als "Outstanding Young Electrical Engineer" (den herausragenden jungen Ingenieurwissenschaftler) des Jahres 1971 in den USA, und er wurde Präsident der IEEE Information Theory Society. 1977 wurde er zum Mitglied der US National Academy of Engineering gewählt.

John Conway wurde am 26. Dezember 1937 in Liverpool (England) geboren. Er ist Fellow des Gonville and Caius College, Cambridge, sowie Dozent für Reine Mathematik an der University of Cambridge. Er war Gastprofessor an mehreren Universitäten und lieferte originelle Beiträge zu vielen Gebieten der Mathematik, besonders zur Transfiniten Arithmetik, zur Knotentheorie, zur Geometrie in höheren Dimensionen und zur Theorie der Symmetrie (Gruppentheorie).

Bisher sind von ihm zwei Bücher erschienen, *Regular Algebra and Finite Machines* sowie *On Numbers and Games* (in deutscher Sprache erschienen unter dem Titel *Über Zahlen und Spiele*). Kürzlich wurde er zum Fellow of the Royal Society ernannt.

Richard Guy wurde am 30. September 1916 in Nuneaton (England) geboren. Er lehrte Mathematik auf verschiedenen Stufen und an den unterschiedlichsten Orten – England, Singapur, Indien, Kanada. Seit 1965 ist er Professor für Mathematik an der University of Calgary und Mitglied des Board of Governors der Mathematical Association of America.

Er ist Herausgeber der Sektion für ungelöste Probleme bei American Mathematical Monthly; ferner schrieb er den Band über Zahlentheorie für die Reihe *Unsolved Problems in Intuitive Mathematics* und bereitet einen weiteren über Kombinatorik, Graphentheorie und Spieltheorie vor. Er ist ein begeistertes Mitglied des kanadischen Alpenvereins.

Vorwort der Übersetzer

Das im Original zweibändige, jedoch in vier Abteilungen gegliederte Werk "Winning Ways" erscheint hier in vier den Abteilungen entsprechenden Bänden unter dem deutschen Titel „Gewinnen". Band 1 wurde von Gerta Seiffert übertragen, Band 2 und 3 von Maria Reményi, Band 4 von Konrad Jacobs. Die deutsche Ausgabe folgt dem englischen Original Seite für Seite.

Angesichts der Überfülle von Anspielungen, Witzen, Wort-Neuschöpfungen, Stabreimen etc. im Originaltext haben wir folgende Übersetzungs-Strategie verfolgt:

1. Der sachliche Inhalt des Originals sollte dem deutschsprachigen Leser lückenlos übermittelt werden.
2. Sprachliche Capricen des Originals wurden im Deutschen so weit wie möglich nachgebildet; wo dies unmöglich erschien, wurde meist der englische Text beigegeben; Texte, die in Abbildungen enthalten waren, blieben häufig stehen, mit einer deutschen Übersetzung daneben; wo sich für uns der Aufwand nicht zu lohnen schien, haben wir Anspielungen des Originals auf sich beruhen lassen; dann und wann wird der Leser eine Anmerkung des Übersetzers vorfinden.
3. Was die Namen der einzelnen Spiele betrifft, so ließen uns die Lexika weitgehend im Stich; wo auch weitere Erkundigungen kein Ergebnis brachten, haben wir deutsche Spiele-Namen neu erfunden.

Wenn es uns gelungen sein sollte, die ungeheure Informationsfülle von "Winning Ways" vollständig, und die Darstellungskunst der Autoren wenigstens zum Teil in den deutschen Sprachbereich herüberzutragen, würden wir unsere Aufgabe als erfüllt ansehen.

Den vielen Helfern, auf die wir uns bei unserer Aufgabe gestützt haben, sei an dieser Stelle unser herzlicher Dank ausgesprochen. Besonderer Dank gebührt dem Vieweg-Verlag für verlegerischen Mut und umsichtige Betreuung.

Konrad Jacobs
Maria Reményi
Gerta Seiffert

Freiburg und Erlangen, Herbst 1984

Vorwort zur Originalausgabe

Braucht ein Buch ein Vorwort? Was sollten, nach fünfzehn Jahren Plackerei, drei talentierte Autoren noch hinzufügen?

Wir können jemandem, der im Buchladen herumschmökert, versichern: „Ja, das ist genau das Buch, das Sie suchen!“

Wir können Sie, falls Sie schnell wissen wollen, was drin steht, auf die letzte Seite unseres ausführlichen Vorspanns verweisen. Das wiederum führt Sie zu den Anfangsseiten unserer vier Bände.

Wir können dem Rezensenten, der vor der Aufgabe steht, sich durch fast tausend mit Information vollgepackte Seiten zu ackern, ein paar Punkte zu heftiger Kritik liefern: wir machen auf das Polylemma aufmerksam, in dem sich das Buch befindet. Es ist keine Enzyklopädie. Es ist zwar enzyklopädisch, aber es fehlen noch zu viele Spiele, als daß es Vollständigkeit für sich beanspruchen könnte. Es ist kein Buch über Unterhaltungsmathematik, dafür kommt zu viel ernsthafte Mathematik darin vor. Andererseits ist für uns, wie für unsere Vorgänger Rouse Ball, Dudeney, Martin Gardner, Kraitchik, Sam Loyd, Lucas, Tom O'Beirne und Fred. Schuh, die Mathematik selbst eine Art Unterhaltung. Es ist kein Lehrbuch für Anfänger, denn die Übungsaufgaben erscheinen nicht in planmäßiger Weise, mit den leichten am Anfang. Es gibt aber welche, und mit den einhundertdreiundsechzig Fehlern, die wir stehengelassen haben, bieten sie dem Leser reiche Gelegenheit zu aktiver Mitarbeit. Bleiben Sie also nicht still im Hintergrund und staunen es an – obwohl es natürlich ein Kunstwerk ist. Es ist auch kein Lehrbuch für Studenten in höheren Semestern, dazu ist es zu teuer; es enthält auch weit mehr, als man einem Studenten als Lernstoff zumuten kann. Doch es führt bis an die aktuelle Grenze der Forschung in der kombinatorischen Spieltheorie, und die vielen ungelösten Probleme werden zu weiteren Entdeckungen anregen.

Wir danken Patrick Browne für unseren Titel. Der beschäftigte uns eine ganze Weile. Eines Morgens, auf dem Weg zur Universität, kamen John und Richard auf "Whose game?", mußten aber feststellen, daß sie es nicht buchstabieren konnten (es gibt im Englischen verschiedene Möglichkeiten!). So wurde es denn ein Einzeilenwitz auf Zeile eins des Textes. Hier ist nicht der Ort, all die Witze zu erklären, nicht einmal die neunundfünfzig privaten (jeder unserer Geburtstage erscheint mehr als einmal in dem Buch).

Omar begann als Witz, nahm aber bald Gestalt an als Kimberley King. Louise Guy half auch beim Korrekturenlesen, ihr wichtigerer Beitrag war jedoch ihre Gastfreundschaft, die es uns dreien ermöglicht hat, bei verschiedenen Gelegenheiten zusammenzuarbeiten. Louise übernahm auch die Herstellung des Manuskripts, nachdem Karen McDermid und Betty Teare viele Entwürfe geschrieben hatten.

Unsere Dankesschuld für viele inhaltliche Beiträge mag an der Zahl der Namen im Register gemessen werden. Ihnen allen wirklich gerecht zu werden, fehlt uns der Raum. Hier wenigstens eine verkürzte Liste von Helfern: Richard Austin, Clive Bach, John Beasley, Aviezri Fraenkel, David Fremlin, Solomon Golomb, Steve Grantham, Mike Guy, Dean Hickerson, Hendrik Lenstra, Richard Nowakowski, Anne Scott, David Seal, John Selfridge, Cedric Smith und Steve Tschantz.

Einen nicht geringen Anteil am sicheren Gelingen des Buches hat die kenntnisreiche und einfühlsame Beratung durch Len Cegielka, ebenso das Entgegenkommen der Redaktion von Academic Press und der Druckerei Page Bros. – sie sind auf die Eigenwilligkeiten von Autoren eingegangen, die jede Gelegenheit ergriffen, die Grammatik abzuwandeln, Wortbedeutungen zu verändern, gegen Interpunktionsregeln zu verstoßen, die Orthographie zu verdrehen, Schindluder mit der traditionellen Typographie zu treiben und abscheuliche Wortspiele und Insiderwitze einzustreuen.

Dank auch der Isaak Walton Killam Foundation für Richards Besucherstipendium an der University of Calgary während der Zusammenstellung einer entscheidenden Version des Textes, sowie dem National (Science & Engineering) Research Council of Canada für einen Zuschuß, der es Elwyn und John ermöglichte, Richard häufiger zu besuchen, als unsere weit verstreuten Wohnorte es normalerweise zugelassen hätten.

Und danke, Simon!

University of California, Berkeley — *Elwyn Berlekamp*
University of Cambridge, England — *John Conway*
University of Calgary, Canada — *Richard Guy*

Inhalt

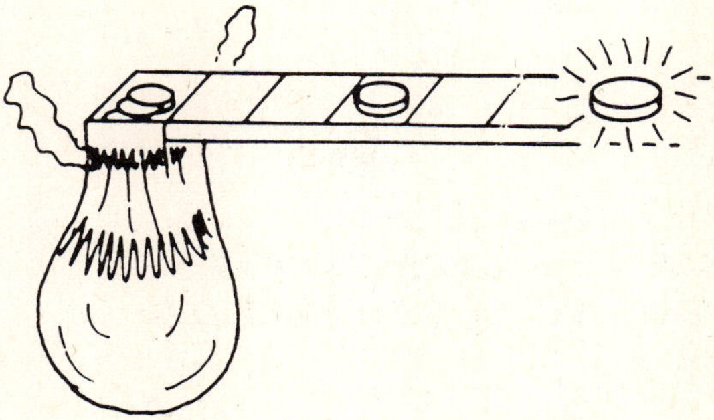

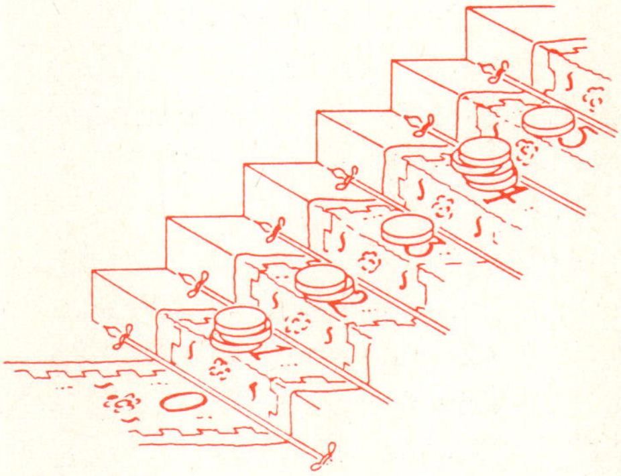
0
1
2
3
4
5

{16}, {18}, {24}, {27}, {32}, {36}, . . .?

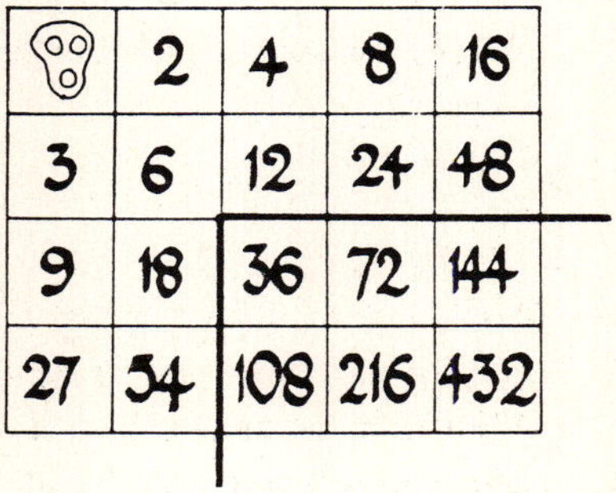

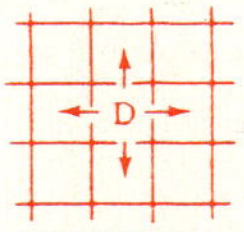

Sol Golombs Herzog

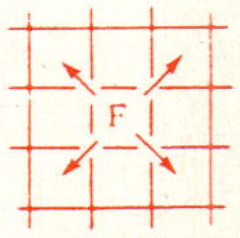

„Ferz", Vorläufer der Königin beim Schach

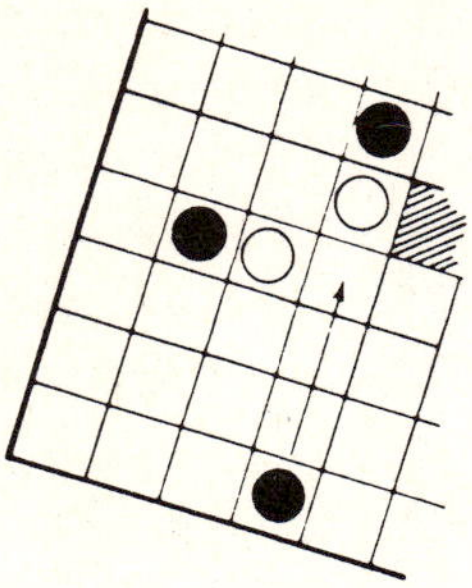

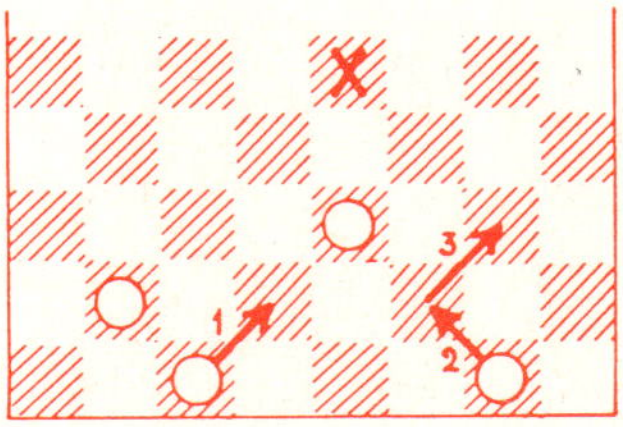
X
1
2
3

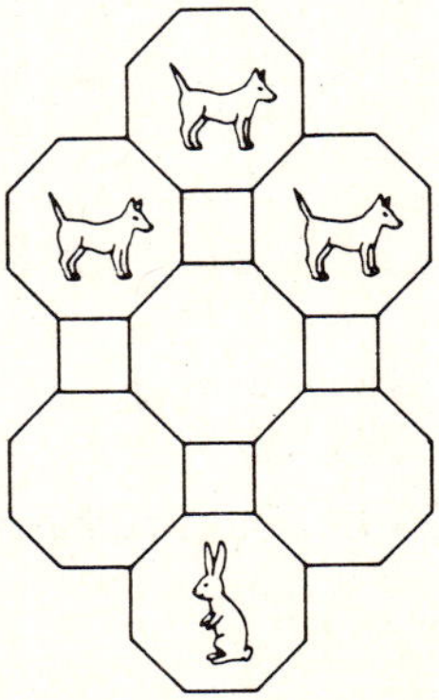

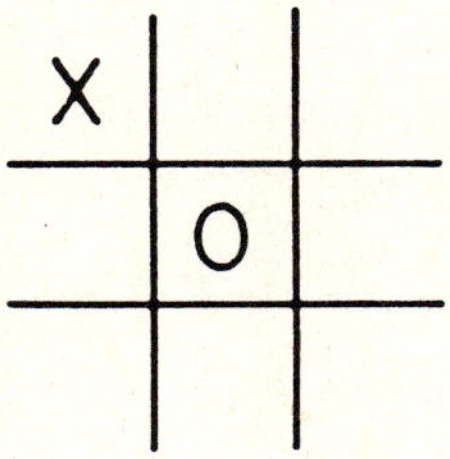
X
O

Wenn Sie ungefähr wissen wollen, was wo steht, halten Sie sich an die Symbole, die zu unseren vier Hauptthemen gehören:

Von der Pike auf	... ...	♠ Band 1
Bäumchen-wechsle-dich	... ...	♡ Band 2
Fallstudien	... ...	♣ Band 3
Solitairspiele	... ...	◊ Band 4

Es gibt noch mehr Querverbindungen zwischen den verschiedenen Kapiteln:

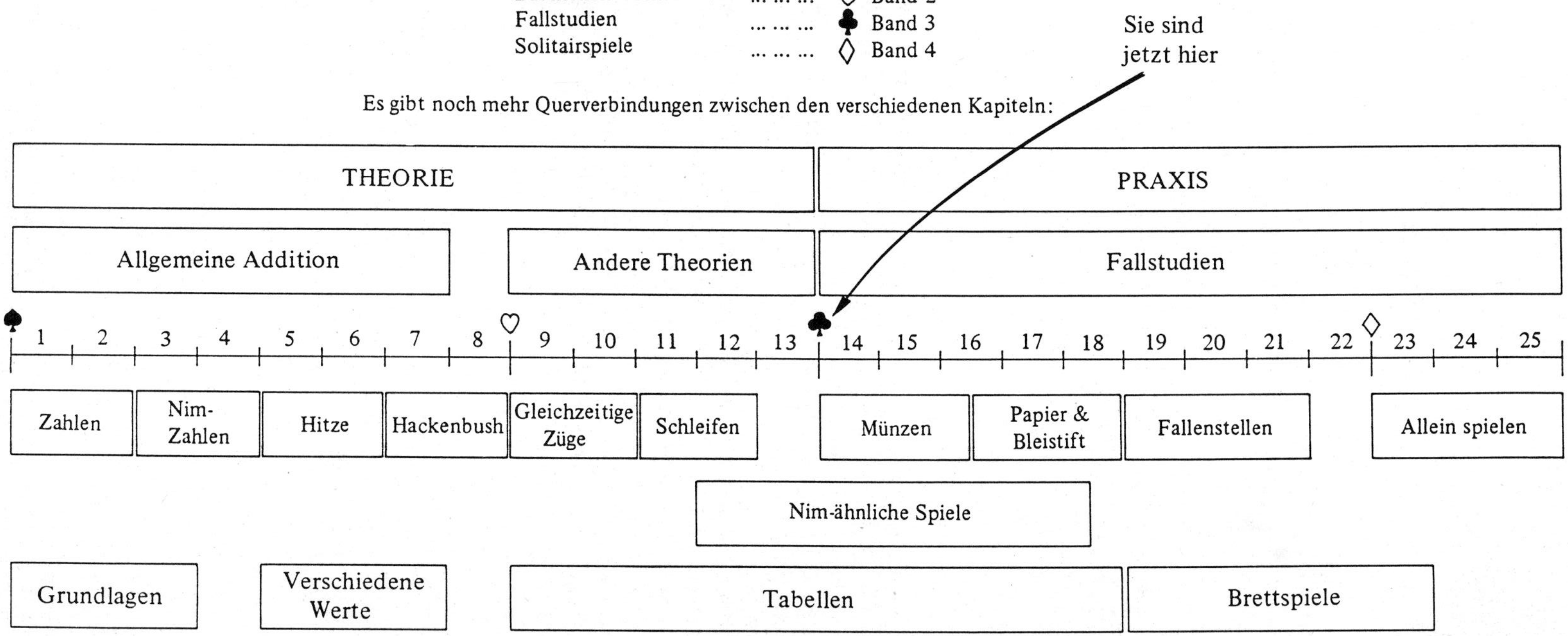

Sie sollten sich aber ein beliebiges Kapitel vornehmen und fast alles daraus lesen können, ohne auf Früheres zurückzugreifen, vielleicht mit Ausnahme der Grundideen am Anfang des Buches.

Fallstudien

To be an Englishman is to belong to the most exclusive
club there is.
Ogden Nash, *England Expects*.

Es gibt eine ganze Menge Spiele, für welche die von uns entwickelten Theorien ganz nützlich sind, und es gibt noch mehr, für die das nicht gilt. Wir haben sie deshalb, je nach dem, wie man sie spielt, in Gruppen (*„clubs“*!) aufgeteilt.

Als erstes kann man mit Münzen spielen: entweder dreht man die Münzen bei jedem Zug um (Kapitel 1), oder man bewegt sie entlang von Linien; es ist aber auch möglich, mit Haufen von Münzen zu spielen (Kapitel 2).

Dann kommen Spiele, für welche man Papier und Bleistift benötigt: etwa, um gerade Linien zu zeichnen (Kapitel 3), oder auch geschwungene (Kapitel 4), oder vielleicht auch nur, um die Berechnungen aus Kapitel 5 nachvollziehen zu können.

Für Brettspiele haben wir drei Fallstudien, bei denen ein Spieler dadurch gewinnt, daß er dem anderen eine Falle stellt (Kapitel 6, 7, 8). Schließlich haben wir noch einige weitere Brettspiele anzubieten, bei welchen üblicherweise der erste Spieler gewinnt, indem er so etwas wie eine Gewinnkonfiguration herstellt.

Anmerkung des Übersetzers:
„Gewinnen“ erscheint in vier Bänden, die den vier Spielkartenfarben zugeordnet sind. Zu diesem Band gehört „Kreuz“. „Kreuz“ heißt auf Englisch „club“. Es ergeben sich Wortspiele mit „club“ = Klub, Verein.

Kapitel 1

Drehen und Wenden

Because I do not hope to turn again
Because I do not hope
Because I do not hope to turn.
T. S. Eliot, *Ash Wednesday*, I.

Open not thine heart to every man, lest he requite thee
with a shrewd turn.
Ecclesiasticus, 8:19.

Den folgenden Spielen, welche auf eine Idee von H. W. Lenstra zurückgehen, ist gemeinsam, daß man bei ihnen irgendetwas umdrehen muß. Aber wir werden sehen, daß man für sie eine ganze Reihe verschiedener Strategien benötigt.

Schildkröten-Wenden

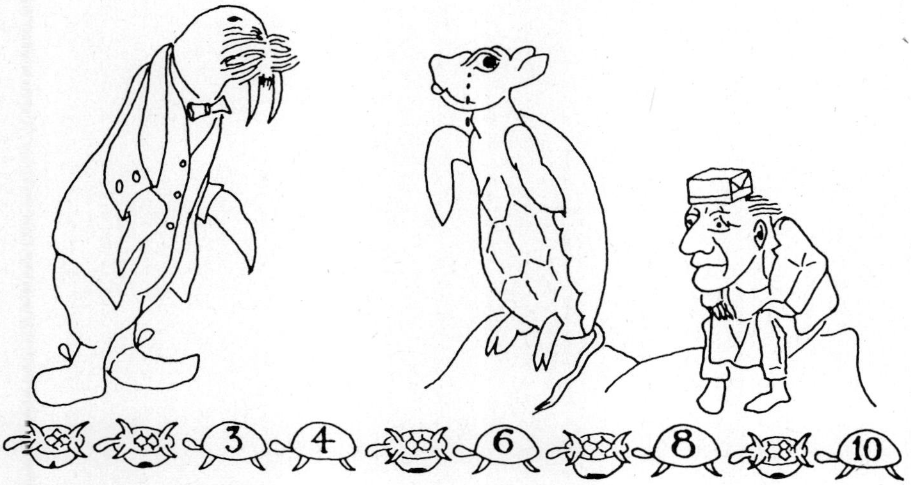

Bild 1.1 Schildkröten-Wenden

In Bild 1.1 spielen das Walroß und der Zimmermann ein ziemlich grausames Spiel. Die Spieler müssen dabei innerhalb eines Zuges irgendeine Schildkröte auf den Rücken drehen und können außerdem noch eine weitere, links von dieser liegende Schildkröte umdrehen. Diese zweite Schildkröte darf man, im Gegensatz zur ersten, sowohl auf den Rücken drehen als auch auf die Füße stellen. Gewonnen hat derjenige, der die letzte Schildkröte auf den Rücken legt. Welche Schildkröte sollte das Walroß (*L.*) am besten umdrehen?

Wie die meisten Leser dieses Buches wird er bei diesem Spiel voll Überdruß eine weitere Variante von Nim vermuten. In unserem Beispiel stehen nur die Schildkröten 3, 4, 6, 8 und 10 auf ihren Beinen. Und weil die Nim-Summe von 3, 4 und 6 1 ist, kann er die Nummer 10 auf den Rücken drehen, die Nummer 9 auf die Füße stellen, und damit „3, 4, 6, 8, 9" erreichen. Das ist aber wegen $8 \overset{*}{+} 9 = 1$ eine $\mathscr{P}$-Position. Der Zimmermann (*R.*) antwortet auf diesen Zug indem er 8 und 5 umdreht, was die Position 3, 4, 5, 6, 9 zur Folge hat, wie in Bild 1.2 zu sehen ist. Bei Nim

Bild 1.2 Nach dem Gegenzug des Zimmermanns

gibt es von dieser Position nur einen guten Zug: man reduziert 9 zu 4, d.h. man erzeugt die Folge 3, 4, 4, 5, 6, und diese ist gleich der Folge 3, 5, 6, da man zwei gleiche Nim-Haufen gegeneinander kürzen kann. Das Walroß erreicht diese Position, indem es sowohl 9 als auch 4 auf den Rücken dreht (Bild 1.3).

Bild 1.3 Wie das Walroß gewann

Und so macht man aus Nim-Zügen Schildkröten-Drehungen: Wir reduzieren einen Haufen zu einer noch nicht vorhandenen Größe indem wir eine Schildkröte auf den Rücken und eine andere auf die Füße stellen – wie beim Eröffnungszug des Walrosses; ist ein Haufen dieser reduzierten Größe schon vorhanden, so drehen wir, wie beim Antwortzug des Walrosses auf den Zug des Zimmermannes, zwei Schildkröten auf den Rücken (Wegkürzen zweier gleicher Haufen); um einen Haufen ganz verschwinden zu lassen, wenden wir einfach die entsprechende Schildkröte. Weil nun 4, 6, 8, 10 eine $\mathscr{P}$-Position ist, hätte das Walroß das Spiel aus Bild 1.1 einfach durch Umdrehen von Schildkröte 3 gewinnen können.

Da alle unsere Wende-Spiele neutral sind, lassen sie sich durch Berechnung der Nim-Werte lösen. Außerdem kann man sie oft wie verkappte Haufenspiele behandeln. Aber für viele Spiele mit interessanter Theorie ist es natürlicher, sie in der Wende-Version zu betrachten.

Falsche Schildkröten
(*„Mock Turtles“*)

Bild 1.4 Die Falsche Schildkröte kommt dazu

Lassen wir die Spieler jetzt mal bis zu drei Schildkröten wenden; die einzige Zusatzvoraussetzung sei, daß die am weitesten rechts liegende unbedingt auf den Rücken gedreht werden muß. Wir können dieses Spiel als ein Spiel mit Zahlen betrachten, bei dem jede Zahl durch 0, 1 oder 2 kleinere Zahlen ersetzt werden darf. Somit ist $\mathcal{G}(n)$ die kleinste Zahl, welche keine der Darstellungen

$$0,\ \mathcal{G}(a),\ \mathcal{G}(a) \overset{*}{+} \mathcal{G}(b)$$

besitzt; dabei sind a und b irgendwelche Zahlen kleiner als n.

Beginnen wir die Numerierung der Positionen bei 0, so ergeben sich die Nim-Werte aus Tafel 1.1.

$n =$	0	1	2	3	4	5	6	7	8	9	10	11	12	13	14	15	16	17	18 ...
$\mathcal{G}(n) =$	1	2	4	7	8	11	13	14	16	19	21	22	25	26	28	31	32	35	37 ...

Tafel 1.1 Nim-Werte bei Falsche-Schildkröten

Man kann sehen, daß $\mathcal{G}(n)$ immer $2n$ oder $2n + 1$ ist, weshalb sich die Binärentwicklung von $\mathcal{G}(n)$ durch Hinzunahme einer 0 oder 1 zu derjenigen von n ergibt. Welche der beiden (0 oder 1) sollte es denn jeweils sein?

$n =$	0	1	10	11	100	101	110	111	1000	1001	1010 ...
$\mathcal{G}(n) =$	1	10	100	111	1000	1011	1101	1110	10000	10011	10101 ...

Tafel 1.2 Die krummen Zahlen – aufgeschlüsselt

Nach Tafel 1.2 sieht es so aus, daß man die Zahl wählt, welche die Gesamtzahl der Einsen *ungerade* macht.

Krumme und gerade Zahlen

Eine Zahl heißt **krumm** oder **gerade**, je nach dem, wieviele Einsen ihre Binärentwicklung enthält (krumm = ungerade Anzahl von Einsen, gerade = gerade Anzahl von Einsen). Krumme und gerade Zahlen verhalten sich bei der Nim-Addition genauso wie gerade und ungerade Zahlen bei der gewöhnlichen Addition:

$$\text{GERADE} \overset{*}{+} \text{GERADE} = \text{GERADE} = \text{KRUMM} \overset{*}{+} \text{KRUMM}$$

$$\text{GERADE} \overset{*}{+} \text{KRUMM} = \text{KRUMM} = \text{KRUMM} \overset{*}{+} \text{GERADE}$$

Berechnen wir bei Falsche Schildkröten die Werte $\mathcal{G}(n)$, so ist dabei die nächsthöhere krumme Zahl *niemals* ausgeschlossen, da die Nim-Summe zweier krummer Zahlen gerade ist; aber jede kleinere gerade Zahl *ist* ausgeschlossen.

Ist $a_1, a_2, \ldots, a_n$ eine $\mathcal{P}$-Position bei Nim mit

$$a_1 \overset{*}{+} a_2 \overset{*}{+} \ldots \overset{*}{+} a_n = 0,$$

so gilt für die entsprechenden krummen Zahlen $\mathcal{G}(a_i)$ bei Falsche Schildkröten

$$(a_1) \overset{*}{+} (a_2) \overset{*}{+} \ldots \overset{*}{+} (a_n) = 0 \text{ oder } 1.$$

Ist aber n gerade, so ist diese Nim-Summe gerade und somit gleich 0; während für den Fall „n ungerade" die Nim-Summe krumm und damit gleich 1 ist. Die $\mathcal{P}$-Positionen von Falsche Schildkröten sind deshalb genau die $\mathcal{P}$-Positionen von Nim mit geradem n. Man beachte, daß wir bei Falsche Schildkröten das Numerieren der Schildkröten bei 0 beginnen. Die mit 0 gekennzeichnete Schildkröte, die sogenannte „Falsche Schildkröte" muß sich mit den anderen zusammen drehen und kann beim Übergang zu Nim nicht vernachlässigt werden. Um aus der Schildkröten-Wenden-Position aus Bild 1.3 eine $\mathcal{P}$-Position bei Falsche Schildkröten zu machen, muß die Falsche Schildkröte so ins Spiel gebracht werden, daß sie mit allen Vieren auf dem Boden steht. Bei Falsche Schildkröten ist 3, 5, 6 *keine* $\mathcal{P}$-Position, aber 0, 3, 5, 6 (s. Bild 1.4) ist eine.

Moebius, Mogul und Gold-Moidores

Tafel 1.3 zeigt die Nim-Werte, die M. J. T. Guy netterweise auf dem Computer nachgerechnet hat – von ähnlichen Spielen, bei denen man jeweils bis zu t Objekte ($t = 1, 2, \ldots$) umdrehen darf. Weil die Zahlen sehr viel größer sind als die anderen Nim-Werte in diesem Buch, haben wir sie oktal (d.h. zur Basis 8) notiert. Nim-Summen von oktalen Zahlen werden wie folgt Stelle für Stelle berechnet:

$$\begin{array}{r} 1\,2\,3\,4\,5\,6\,7\,0 \\ \underline{1\,3\,5\,7\,0\,2\,4\,6} \\ 1\,6\,3\,5\,4\,3\,6. \end{array}$$

In der Tafel haben wir nur die interessantesten Fälle – $t = 3, 5, 7$ und 9 – mit Namen versehen*). Der Einfachheit halber und um keine Tierquälerei zu begehen, kann der Leser diese Spiele auch mit Münzen spielen. Die Münze zeigt Kopf oder Zahl, je nach dem ob die Schildkröte auf dem Rücken liegt oder nicht. Ferner muß die am weitesten rechts liegende Münze von „Kopf" auf „Zahl" gewendet werden.

Das Falsche-Schildkröten-(„*Mock Turtle*") Theorem

Man nehme eine $\mathcal{P}$-Position bei einem Spiel mit einem geraden $t = 2m$, und setze eine weitere Münze (die Falsche Schildkröte) an das linke Ende. So erhaltene Positionen heißen „gut" für den nachfolgenden ungeraden Wert $t = 2m + 1$. Wir behaupten: die guten Positionen sind genau die $\mathcal{P}$-Positionen des Spieles mit $t = 2m + 1$.

*) Anmerkung des Übersetzers: Im Original heißt Falsche Schildkröten „Mock Turtles". Die Autoren weisen darauf hin, daß C bzw. E bzw. G bzw. I der 3. bzw. 5. bzw. 7 bzw. 9 Buchstabe des Alphabetes ist.

			FALSCHE SCHILDKRÖTEN		MOEBIUS		MOGUL		MOIDORES
n	*t* = 1	2	3	4	5	6	7	8	9
DIE FALSCHE SCHILDKRÖTE	1		1		1		1		1
1	1	1	2	1	2	1	2	1	2
2	1	2	4	2	4	2	2	2	4
3	1	3	7	4	10	4	10	4	10
4	1	4	10	10	20	10	20	10	20
5	1	5	13	17	37	20	40	20	40
6	1	6	15	20	40	40	100	40	100
7	1	7	16	40	100	77	177	100	200
8	1	10	20	63	147	100	200	200	400
9	1	11	23	100	200	200	400	377	777
10	1	12	25	125	253	400	1000	400	1000
11	1	13	26	152	325	707	1617	1000	2000
12	1	14	31	200	400	1000	2000	2000	4000
13	1	15	32	226	455	1331	2663	4000	10000
14	1	16	34	253	526	1552	3325	7417	17037
15	1	17	37	333	667	1664	3551	10000	20000
16	1	20	40	355	733	2000	4000	20000	40000
17	1	21	43	367	756	2353	4726	31463	63147
18	1	22	45	400	1000	2561	5343	40000	100000
19	1	23	46	427	1056	2635	5472	52525	125253
20	1	24	51	451	1123	3174	6370	65252	152525
21	1	25	52	707	1617	3216	6435	100000	200000
22	1	26	54	1000	2000	3447	7116	113152	226325
23	1	27	57	1031	2063	3722	7644	200000	400000
24	1	30	61	1055	2132	4000	10000	213630	427461
25	1	31	62	1122	2245	10000	20000	263723	547646
26	1	32	64	1203	2407	20000	40000	306136	614274
27	1	33	67	1443	3106	34007	70017	400000	1000000
28	1	34	70	1537	3277	40000	100000	416246	1034515
29	1	35	73	1746	3714	54031	130063	521055	1242133
30	1	36	75	2000	4000	65052	150125	724616	1651435
31	1	37	76	2033	4066	70064	160151	1000000	2000000
32	1	40	100	2056	4134	100000	200000	1023305	2046613
33	1	41	103	2130	4261	114053	230126	1347214	2716431
34	1	42	105	2221	4443	124061	250143	2000000	4000000
35	1	43	106	2465	5153	130035	260072	2027151	4056322
36	1	44	111	2501	5203	144074	310170	2457261	5136542
37	1	45	112	3124	6250	150016	320035	3166444	6355111
38	1	46	114	3512	7225	160047	340116	4000000	10000000
39	1	47	117	4000	10000	174022	370044	4055666	10133554
40	1	50	121	4034	10071	200000	400000	4632577	11465377
41	1	51	122	4045	10113	214301	430603	5251417	12523036
42	1	52	124	4211	10423	224502	451205	7514712	17231625
43	1	53	127	4504	11211	230604	461411	10000000	20000000

Tafel 1.3 Diese Nim-Werte sind oktal (zur Basis 8 genommen), nicht dezimal.

Wir zeigen zuerst, daß es nicht möglich ist, durch Wenden von höchstens $2m + 1$ Münzen von einer guten Position zu einer anderen zu kommen. Wäre dies möglich, so wäre die Anzahl der gewendeten Münzen notwendigerweise gerade, denn bei den guten Positionen taucht „Kopf" geradzahlig auf, womit diese Anzahl höchstens $2m$ sein kann. Das würde aber einen Zug zwischen zwei $\mathscr{P}$-Positionen beim $2m$-Spiel bewirken.

Es bleibt nachzuweisen, daß es von einer schlechten Position aus im $2m + 1$-Spiel keinen Zug zu einer guten Position gibt. Ist die Position böse, weil sie einer $\mathscr{N}$-Position im $2m$-Spiel entspricht, so gibt es in diesem Spiel einen Zug zu einer $\mathscr{P}$-Position, und es ergibt sich, notfalls durch Wenden der Falschen Schildkröte, ein Zug zu einer guten Position des $2m + 1$-Spiels. Die anderen schlechten Positionen entsprechen $\mathscr{P}$-Positionen im $2m$-Spiel, aber „Kopf" taucht bei ihnen ungeradzahlig auf. In diesem Fall erhalten wir durch Wenden des am weitesten rechts liegenden Kopfes eine $\mathscr{N}$-Position im $2m$-Spiel. Wir können nun maximal weitere $2m$ Münzen umdrehen, um daraus eine $\mathscr{P}$-Position zu machen, und dann, falls es zum Erreichen einer guten Position notwendig ist, auch noch die Falsche Schildkröte wenden. Wir haben damit insgesamt höchstens $2m + 2$ Münzen gewendet. Da wir aber mit einer ungeraden Anzahl von Köpfen angefangen und mit einer geraden Anzahl aufgehört haben, haben wir in Wirklichkeit höchstens $2m + 1$ Münzen umgedreht, womit wir im $2m + 1$-Spiel einen zulässigen Zug gemacht haben.

Dieses Resultat ist zu folgender Aussage äquivalent:

> Für das $2m + 1$-Spiel ist jeder Nim-Wert eine krumme Zahl, und der entsprechende Wert für das $2m$-Spiel ergibt sich durch Weglassen der letzten Binärstelle.

DAS FALSCHE-SCHILDKRÖTEN-THEOREM

Warum Moebius?

∞	1	4	0	−4	−1	5	6	−8	2	−3	−5	8	3	−7	7	−6	−2
(K)	(K)	(t)	(K)	(t)	(t)	(K)	(t)	(t)	(K)	(K)	(t)	(t)	(t)	(t)	(t)	(t)	(t)

Bild 1.5 Moebius-Marken machen das Finden der $\mathscr{P}$-Positionen leicht.

Beschränkt man sich auf 18 Münzen, so stößt man bei den $\mathscr{P}$-Positionen des Spiels mit $t = 5$ auf eine bemerkenswerte Symmetrie. Um das zu sehen, bezeichnet man die Köpfe innerhalb einer Position mit den in Bild 1.5 gezeigten Zahlen. Z.B. ist die Position, bei der genau an den ersten sechs Stellen „Kopf" vorkommt, gleich $\infty, 0, \pm 1, \pm 4$. In dieser Schreibweise bleiben $\mathscr{P}$-Positionen auch dann noch $\mathscr{P}$-Positionen, wenn man ihre Zahlen um irgendeine feste Größe modulo 17 erhöht, wobei man ∞ unverändert läßt. Erhöht man die Zahlen $\infty, 0, \pm 1, \pm 4$ um 1, so ergibt sich $\infty, 1, 2, 0, 5, -3$, womit die in Bild 1.5 gezeigte Position eine weitere $\mathscr{P}$-Position ist. Die 15 Positionen aus Tafel 1.4 ergeben damit insgesamt $15 \times 17 = 255$ $\mathscr{P}$-Positionen. Es ist auch richtig, daß man wieder eine $\mathscr{P}$-Position erhält, wenn man bei einer $\mathscr{P}$-Position überall „Kopf" und „Zahl" vertauscht. Die Position, bei der überall „Zahl" bzw. überall „Kopf" steht, ist deshalb auch eine $\mathscr{P}$-Position. Wir erhalten also insgesamt $2 \times 255 + 2 = 512$ $\mathscr{P}$-Positionen, die wie folgt verteilt sind:

Anzahl der Köpfe	0	6	8	10	12	18
Anzahl der $\mathscr{P}$-Positionen	1	102	153	153	102	1.

6 *Köpfe*		
$\infty, 0,$	$\pm 1,$	± 4
$\infty, 0,$	$\pm 2,$	± 8
$\pm 1,$	$\pm 3,$	± 6
$\pm 2,$	$\pm 5,$	± 6
$\pm 4,$	$\pm 5,$	± 7
$\pm 3,$	$\pm 7,$	± 8

8 *Köpfe*			
$\infty, 0,$	$\pm 1,$	$\pm 5,$	± 7
$\infty, 0,$	$\pm 2,$	$\pm 3,$	± 7
$\infty, 0,$	$\pm 3,$	$\pm 4,$	± 6
$\infty, 0,$	$\pm 5,$	$\pm 6,$	± 8
$\pm 1,$	$\pm 2,$	$\pm 4,$	± 8
$\pm 1,$	$\pm 2,$	$\pm 3,$	± 5
$\pm 2,$	$\pm 4,$	$\pm 6,$	± 7
$\pm 3,$	$\pm 4,$	$\pm 5,$	± 8
$\pm 1,$	$\pm 6,$	$\pm 7,$	± 8

Tafel 1.4 Die $\mathscr{P}$-Positionen bei Moebius

Läßt man die Falsche Schildkröte (bei ∞) weg, so sieht man, daß die $\mathscr{P}$-Positionen bei dem Spiel mit $t = 5$ und 17 Münzen so verteilt sind:

Anzahl der Köpfe	0	5	6	7	8	9	10	11	12	17
Anzahl der $\mathscr{P}$-Positionen	1	34	68	68	85	85	68	68	34	1.

Wir können die Zahlen einer $\mathscr{P}$-Position (modulo 17) auch verdoppeln, und damit eine neue $\mathscr{P}$-Position erhalten. ∞, 1, 2, -3, 5 aus Bild 1.5 geht damit in ∞, 0, 2, 4, -6, -7 über. Wir können sie aber auch modulo 17 invertieren: weil $\frac{1}{2} = -8$, $\frac{1}{3} = 6$ und $\frac{1}{5} = 7$ ist, geht Bild 1.5 dadurch in 0, ∞, 1, -8, -6, 7 über. In Wirklichkeit können wir auf die Zahlen einer $\mathscr{P}$-Position (modulo 17) jede Transformation der Form

$$x \to \frac{ax+b}{cx+d},\ ad - bc = 1$$

loslassen, ohne daß die erhaltene Position die Eigenschaft, $\mathscr{P}$ zu sein verliert. Weil diese Transformationen als Möbius-Transformationen bekannt sind, haben wir unser Spiel nach diesem bemerkenswerten Mathematiker benannt.

Mogul

Bei 24 Münzen weist das Spiel mit $t = 7$ noch mehr Symmetrien auf. Die $\mathscr{P}$-Positionen verteilen sich wie folgt:

Anzahl der Köpfe	0	8	12	16	24
Anzahl der $\mathscr{P}$-Positionen	1	759	2576	759	1.

Bild 1.6 ermöglicht es uns, die 759 $\mathscr{P}$-Positionen mit genau 8-mal „Kopf" bzw. 8-mal „Zahl" zu finden. In beiden Fällen heißt die Menge der 8 zu betrachtenden Plätze eine **Oktade**. In Bild 1.6 sieht man 35 **Figuren**, und jede Figur zeigt 24 Plätze, von denen jeweils 4 mit einer bestimmten „Farbe" markiert sind (die 6 Farben sind: Schwarz, Weiß, Stern, Kreis, Plus und Mal). Je zwei Mengen von verschiedener Farbe bei der gleichen Figur bilden eine Oktade. Das liefert insbesondere alle Oktaden mit genau 4 Plätzen in den letzten beiden (schwarzen und weißen) Zeilen,

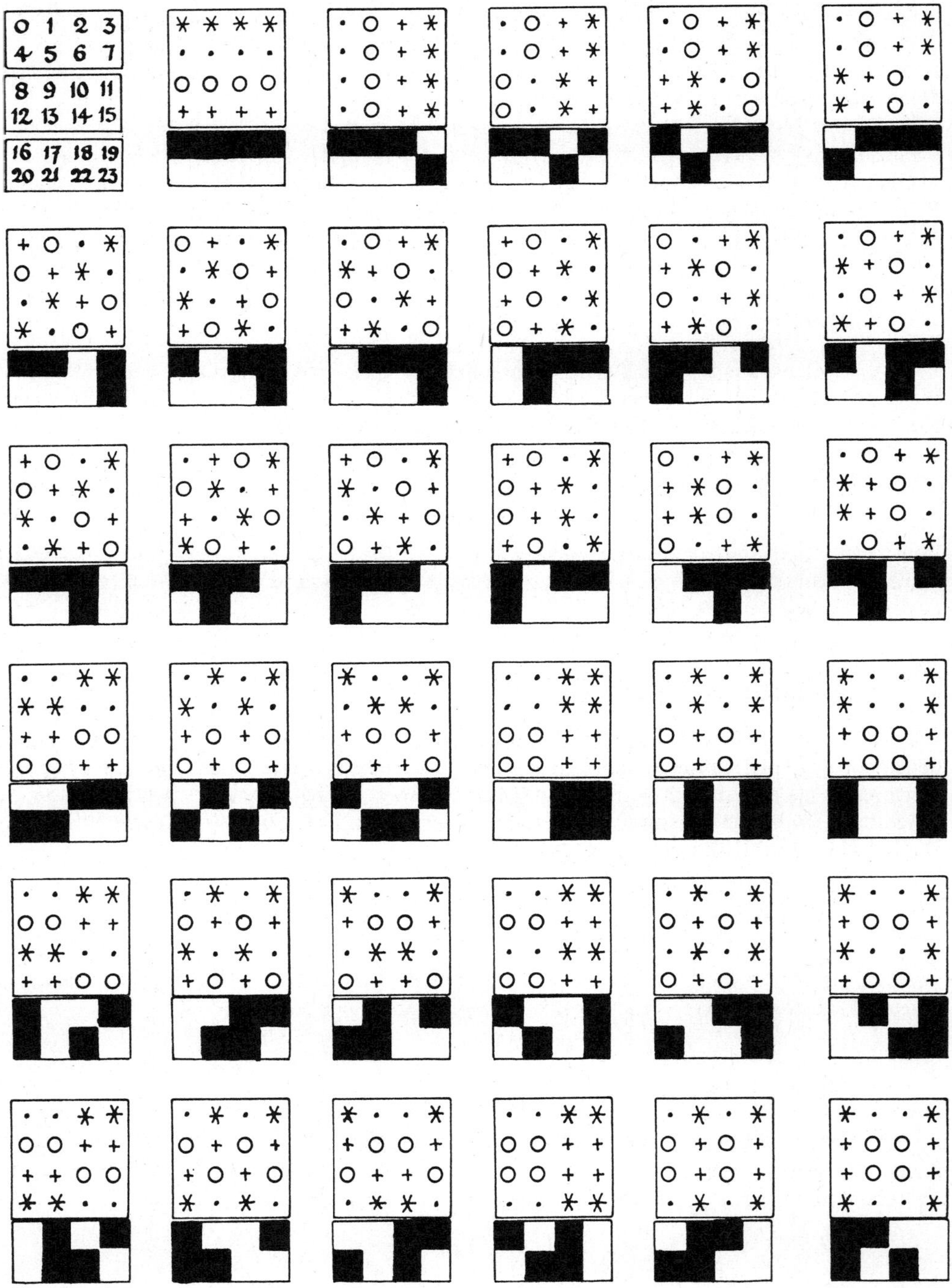

Bild 1.6 Curtis' Magischer Oktaden-Generator

und dieses Paar von Zeilen bildet selbst eine Oktade. Vertauscht man dieses letzte Zeilenpaar mit dem ersten oder dem mittleren Paar der gleichen Figur, so kann man alle Oktaden finden, da man zeigen kann: jedes dieser Paare bildet eine Oktade, und jede andere Oktade hat mit mindestens einem dieser Paare vier Plätze gemeinsam.

Der Magische Oktaden-Generator, auch MOG genannt, geht auf R. T. Curtis zurück. Wir haben ihn aber etwas vereinfacht, damit es für die Mogul-Spieler bequemer ist. Verschiedene Regelmäßigkeiten in seinem Aufbau machen es dem geübten Benutzer leicht, zu vorgegebenen fünf Plätzen die eindeutig bestimmte Oktade zu finden, welche diese fünf Plätze enthält. Es sieht so aus, daß beim 24-Stellen-Mogul der Sieger niemals eine $\mathscr{P}$-Position mit 12 Köpfen spielen muß.

Motley

Dies ist das Spiel, bei dem eine beliebige Anzahl von Münzen gewendet werden kann. Wenn es gut gespielt wird, dauert es höchstens einen Zug lang, denn man kann sofort aus jedem Kopf eine Zahl machen! Als Nim-Werte ergeben sich 2er-Potenzen:

1, 2, 4, 8, 16, 32, 64, 128, 256, 512, ...

Wird also Motley mit mehreren Zeilen gespielt, so haben wir eine weitere Erscheinungsform von Nim. Die Köpfe in einer Zeile sind die Einsen in der Binärentwicklung der Anzahl von Bohnen des entsprechenden Nim-Haufens.

Zwillinge, Drillinge, usw.

Wir können auch das Spiel **Zwillinge** spielen, bei dem *genau* zwei Münzen umgedreht werden, oder das Spiel **Drillinge**, bei dem wir genau drei Münzen umdrehen, usw. Die Folge der Nim-Werte des Spieles bei dem wir genau t Münzen drehen, besteht aus $t-1$ Nullen, welche von der Folge der Nim-Werte desjenigen Spieles gefolgt werden, bei dem man höchstens t Münzen wendet. Die Nim-Werte für Drillinge sind deshalb:

0, 0, 1, 2, 4, 7, 8, 11, 13, 14, 16, 19, 21, 22, 25, ...

Wir können die ersten $t-1$ Münzen als $t-1$ Falsche Schildkröten auffassen, die nur dazu da sind, einen Zug zu seiner vollen Anzahl von Drehungen aufzufüllen.

Das Lineal-Spiel

Wenn die zu drehenden Münzen *aufeinanderfolgen* müssen, aber sonst keiner Beschränkung unterliegen (ausgenommen, daß die am weitesten rechts liegende Münze von Kopf auf Zahl gedreht werden muß), so werden die Nim-Werte nach folgender Regel berechnet:

$$\mathscr{G}(n) = \operatorname{mex} \left\{ \begin{array}{l} 0 \\ \mathscr{G}(n-1) \\ \mathscr{G}(n-1) \overset{*}{+} (n-2) \\ \mathscr{G}(n-1) \overset{*}{+} (n-2) \overset{*}{+} (n-3) \\ \dots\dots\dots\dots\dots\dots \end{array} \right\}$$

Sie erinnern an das Teilungs-Lineal aus Bild 5.7 in Band 2.

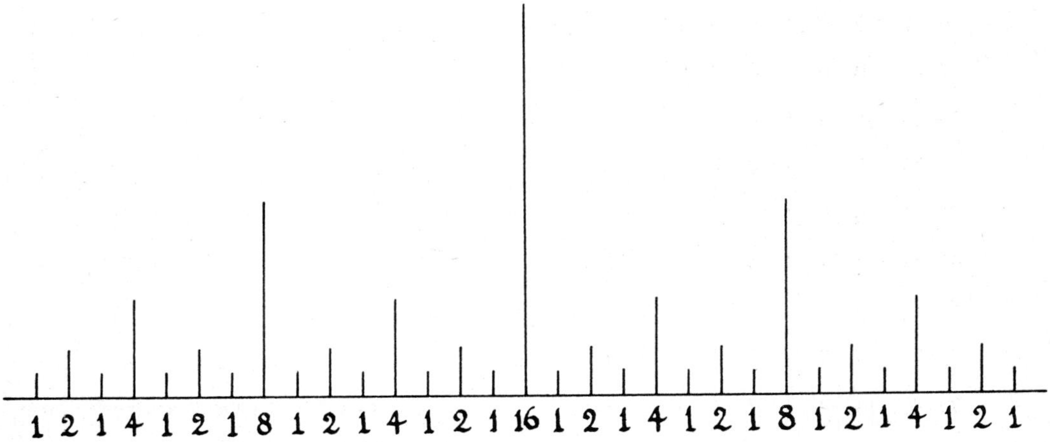

Bild 1.7 Nim-Werte beim Lineal-Spiel

Beginnt man die Numerierung der Münzen bei 1, so ist $\mathcal{G}(n)$ die höchste 2er-Potenz, welche n teilt.

Spiele mit Einschränkungen

Wir können jedes dieser Spiele unter der Zusatzbedingung spielen, daß die zu drehenden Münzen nicht zu weit auseinander liegen dürfen. Bei **Fünfer-Falsche-Schildkröten** z.B. kann man von fünf aufeinanderfolgenden Münzen *bis zu drei* Stück umdrehen. Bei **Fünfer-Drillinge** wendet man *genau drei* von fünf aufeinanderfolgenden Münzen. Beim **Fünfer-Lineal-Spiel** darf man 1, 2, 3, 4 oder 5 aufeinanderfolgende Münzen wenden. Die Nim-Werte dieser drei Spiele sind:

Fünfer-Falsche-Schildkröten	1 2 4 7 8 1 2 4 7 8 1 2 4 7 8 1 2 4 7 8 ...
Fünfer-Drillinge	0 0 1 2 4 0 0 1 2 4 0 0 1 2 4 0 0 1 2 4 ...
Fünfer-Lineal-Spiel	1 2 1 4 1 2 1 4 1 2 1 4 1 2 1 4 1 2 1 4 ...

Das sind Beispiele für einen allgemeinen Sachverhalt. Bei **Neunzehner-Moebius** z.B. wiederholen sich die ersten 19 Werte von Moebius unendlich oft. Das gleiche passiert bei allen oben vorkommenden Spielen, das Lineal-Spiel ausgenommen. Das Vierer-, Sechser- und Siebener-Lineal-Spiel hat die gleichen Werte wie das Fünfer-Lineal-Spiel, während das Achter- bis Fünfzehner-Linealspiel jeweils die Werte

1 2 1 4 1 2 1 8 1 2 1 4 1 2 1 8 1 2 1 4 1 2 1 8 1 2 1 4 1 2 1 8 1 ...

besitzt.

Steckrüben

(„*Turnips* (*or Ternups*)“)

Dieses Spiel besitzt eine reichere Theorie, aber es ist sehr schade, daß die vollständige Theorie nur von Leuten benötigt sind, die wohlhabend genug sind, mit sehr vielen Münzen zu spielen. Ein Zug besteht aus dem Umdrehen von drei Münzen, welche in gleichem Abstand voneinander liegen; dabei muß wie üblich die am weitesten rechts liegende von „Kopf“ auf „Zahl“

gewendet werden. Beginnt man die Numerierung bei 0, so ergibt sich für die Nim-Werte von 0 bis 100:

0–8	0	0	1	0	0	1	2	2	1		
9–17	0	0	1	0	0	1	2	2	1		
18–26	4	4	1	4	4	1	2	2	1		
27–35	0	0	1	0	0	1	2	2	1		
36–44	0	0	1	0	0	1	2	2	1		
45–53	4	4	1	4	4	1	2	2	1		
54–62	7	7	1	7	7	1	2	2	1		
63–71	7	7	1	7	7	1	2	2	1		
72–80	4	4	1	4	4	1	2	2	1		
81–89	0	0	1	0	0	1	2	2	1		
90–100	0	0	1	0	0	1	2	2	1	4	4 ...

Tafel 1.5 Die Nim-Werte bei Steckrüben

Um $\mathcal{G}(n)$ allgemein zu bestimmen, entwickeln wir n zur Basis 3:

ϕ = 0 oder 1
? = 0, 1 oder 2

n in Ternärentwicklung	$\mathcal{G}(n)$
$\ldots\phi\phi\phi\phi\phi\phi\phi$	0
$\ldots??????2$	1
$\ldots?????2\phi$	2
$\ldots????2\phi\phi$	4
$\ldots???2\phi\phi\phi$	7
$\ldots??2\phi\phi\phi\phi$	8
$\ldots?2\phi\phi\phi\phi\phi$	11
....	...

(Werte 0, 1, 2, 4, 7, 8, 11: die krummen Zahlen in der natürlichen Reihenfolge ...)

In Worten heißt das: $\mathcal{G}(n) = 0$, wenn in der Ternärentwicklung keine 2 vorkommt, aber $\mathcal{G}(n)$ ist gleich der k-ten krummen Zahl, falls in der Ternärentwicklung von n die letzte 2 an der k-ten Stelle von rechts steht; in diesem Fall heißt n eine **k-Zahl.** Die Zahlen n, deren Ternärentwicklungen keine 2 enthalten, nennen wir **leere Zahlen.**

Um das alles einzusehen, beachte man, daß $\mathcal{G}(n)$ gleich dem Mex aller Zahlen

$$\mathcal{G}(n-\delta) \overset{*}{+} \mathcal{G}(n-2\delta) \quad (\delta = 1, 2, \ldots) \text{ ist.}$$

Wir zeigen zuerst, daß der mutmaßliche Wert von $\mathcal{G}(n)$ keine dieser Zahlen, oder äquivalent dazu, daß

$$\mathcal{G}(n) \overset{*}{+} \mathcal{G}(n-\delta) \overset{*}{+} \mathcal{G}(n-2\delta) \neq 0$$

ist.

Weil die Nim-Summe von drei krummen Zahlen wieder eine krumme Zahl ergibt, ist die obige Bedingung erfüllt, es sei denn, eine der Zahlen

$$\mathcal{G}(n), \quad \mathcal{G}(n-\delta), \quad \mathcal{G}(n-2\delta)$$

ist gleich Null, und die anderen beiden fallen zusammen. Aber steht bei der Ternärentwicklung von δ die letzte Ziffer ungleich Null (x = 1 oder 2) an der k-ten Stelle, so sehen die Entwicklungen von $n, n-\delta, n-2\delta$ so aus:

$$
\begin{array}{ll}
 & \qquad\quad k \qquad\;\; j \\
\delta: & ???x000000 \\
\hline
\left.\begin{array}{l} n \\ n-\delta \\ n-2\delta \end{array}\right\}: & \left\{\begin{array}{l} ???0???2\phi\phi \\ ???1???2\phi\phi \\ ???2???2\phi\phi \end{array}\right.
\end{array}
\quad \text{oder} \quad
\begin{array}{ll}
 & \qquad\quad k \\
\delta: & ???x00000 \\
\hline
\left.\begin{array}{l} n \\ n-\delta \\ n-2\delta \end{array}\right\}: & \left\{\begin{array}{l} ???0\phi\phi\phi\phi\phi \\ ???1\phi\phi\phi\phi\phi \\ ???2\phi\phi\phi\phi\phi \end{array}\right.
\end{array}
$$

Das hängt davon ab, ob bei der Entwicklung von n an einer Stelle j, $j < k$ eine 2 vorkommt oder nicht. Im ersten Fall sind die drei mutmaßlichen Nim-Werte alle gleich der j-ten krummen Zahl, im zweiten Fall ist genau einer der drei Werte gleich der k-ten krummen Zahl, so daß die Nim-Summe der drei Zahlen auf jeden Fall ungleich Null ist.

Nun wissen wir nach der Analyse von Falsche Schildkröten, daß jede krumme Zahl die erste Zahl ist, welche nicht die Nim-Summe von zwei oder mehr vorhergehenden ist. Es genügt deshalb zu zeigen: ist n eine k-Zahl, so kann δ so gewählt werden, daß $n-\delta$ bzw. $n-2\delta$ eine i- bzw. j- oder eine leere Zahl ist, dabei sind i und j irgendwelche Zahlen kleiner als k. Die Subtraktionssummen in Tafel 1.6 zeigen, wie man das macht.

$$
\begin{array}{lcccccccccccc}
 & & & & k & & & j & & & i & & \\
\delta: & & & & & & & 2 & 0 & 0 & 1 & 0 & 0 \\
n: & \ldots & ? & ? & 2 & \phi & \phi & 1 & \phi & \phi & 1 & \phi & \phi \\
n-\delta: & \ldots & ? & ? & ? & ? & ? & 2 & \phi & \phi & 0 & \phi & \phi \\
n-2\delta: & \ldots & ? & ? & ? & ? & ? & ? & ? & ? & 2 & \phi & \phi \\
 \\
\delta: & & & & & & & 1 & 0 & 0 & 1 & 0 & 0 \\
n: & \ldots & ? & ? & 2 & \phi & \phi & 0 & \phi & \phi & 1 & \phi & \phi \\
n-\delta: & \ldots & ? & ? & ? & ? & ? & 2 & \phi & \phi & 0 & \phi & \phi \\
n-2\delta: & \ldots & ? & ? & ? & ? & ? & ? & ? & ? & 2 & \phi & \phi \\
 \\
\delta: & & & & & & & 1 & 2 & 2 & 2 & 0 & 0 \\
n: & \ldots & ? & ? & 2 & \phi & \phi & 1 & \phi & \phi & 0 & \phi & \phi \\
n-\delta: & \ldots & ? & ? & ? & ? & ? & 2 & \phi & \phi & 1 & \phi & \phi \\
n-2\delta: & \ldots & ? & ? & ? & ? & ? & ? & ? & ? & 2 & \phi & \phi \\
 \\
\delta: & & & & & & & 0 & 2 & 2 & 2 & 0 & 0 \\
n: & \ldots & ? & ? & 2 & \phi & \phi & 0 & \phi & \phi & 0 & \phi & \phi \\
n-\delta: & \ldots & ? & ? & ? & ? & ? & 2 & \phi & \phi & 1 & \phi & \phi \\
n-2\delta: & \ldots & ? & ? & ? & ? & ? & ? & ? & ? & 2 & \phi & \phi
\end{array}
$$

$$
\begin{array}{lccccccccccccc}
 & & & & & & & & & & & k & & \\
\delta & & 1 & 0 & 0 & 0 & 1 & 0 & 1 & 0 & 0 & 1 & 0 & 0 \\
n: & \phi & 2 & \phi & \phi & \phi & 2 & \phi & 2 & \phi & \phi & 2 & \phi & \phi \\
n-\delta: & \phi & 1 & \phi & \phi & \phi & 1 & \phi & 1 & \phi & \phi & 1 & \phi & \phi \\
n-2\delta: & \phi & 0 & \phi & \phi & \phi & 0 & \phi & 0 & \phi & \phi & 0 & \phi & \phi \\
 \\
 & & & & & & & & k & & & i & & \\
n: & \phi & 2 & \phi & \phi & \phi & 2 & \phi & 2 & \phi & \phi & 1 & \phi & \phi \\
n-\delta: & ? & ? & ? & ? & ? & ? & ? & ? & ? & ? & 2 & \phi & \phi \\
n-2\delta: & 0 & 0 & 0 & 0 & 0 & 0 & 0 & \phi & 0 & 0 & 0 & \phi & \phi \\
 \\
n: & \phi & 2 & \phi & \phi & \phi & 2 & \phi & 2 & \phi & \phi & 0 & \phi & \phi \\
n-\delta: & ? & ? & ? & ? & ? & ? & ? & ? & ? & ? & 2 & \phi & \phi \\
n-2\delta: & 0 & 0 & 0 & 0 & 0 & 0 & 0 & \phi & 0 & 0 & 1 & \phi & \phi
\end{array}
$$

In den letzten beiden Fällen ist das erste ϕ in der letzten Zeile entweder 0 oder 1, jenachdem welche der beiden Zahlen bei $n-2\delta$ die gleiche Parität erzeugt wie bei n. δ läßt sich dann aus n und $n-2\delta$ berechnen.

Tafel 1.6 Wie man aus $n-\delta$ bzw. $n-2\delta$ eine i- bzw. j- oder eine leere Zahl macht

Grunzen

Bei diesem Spiel besteht ein Zug darin, vier symmetrisch angeordnete Münzen so umzudrehen, daß die erste umgedrehte Münze die am weitesten links liegende ist, und daß die letzte Münze von „Kopf" zu „Zahl" gedreht wird. Beginnt man die Numerierung bei 0, so besagen die Bedingungen, daß wir Zahlen der Form

$$0, a, n-a \quad \text{und} \quad n, \qquad 0 < a < \tfrac{1}{2}n$$

drehen. Die Nim-Werte sehen so aus:

n	0	1	2	3	4	5	6	7	8	9	10	11	12	13	14	15	16	17	18	19	20	21	22	…
$\mathcal{G}(n)$	0	0	0	1	0	2	1	0	2	1	0	2	1	3	2	1	3	2	4	3	0	4	3	…

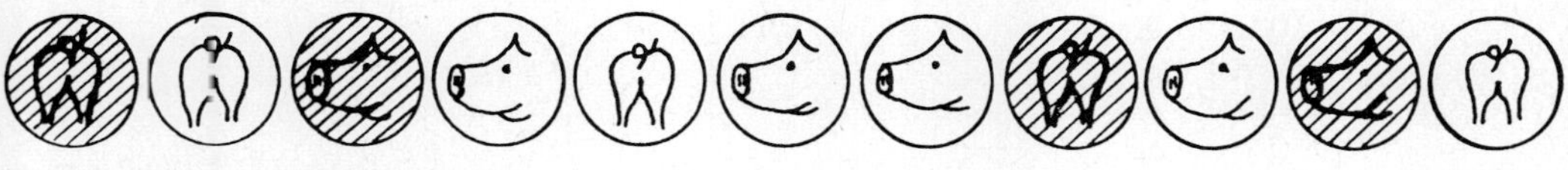

Bild 1.8 Ein Gewinnzug bei Grunzen

Wegen $\mathcal{G}(0) = 0$ kann $\mathcal{G}(n)$ viel einfacher als Mex aller Zahlen der Form

$$\mathcal{G}(a) \overset{*}{+} \mathcal{G}(n-a), \qquad 0 < a < \tfrac{1}{2} n$$

berechnet werden, womit das Spiel ein „maskiertes" Grundy-Spiel ist (siehe Band 1, Kap. 4), bei dem irgendein Haufen in zwei kleinere Haufen von verschiedener Größe aufgespalten wird.

Sym

Als ein Beispiel für ein Spiel, bei dem die Nim-Werte keine erkennbare Regelmäßigkeit aufweisen, drehen wir einfach mal irgendeine beliebige, symmetrisch angeordnete Menge von Münzen um, wobei die am weitesten links liegende Münze, Nummer 0, nicht unbedingt dabei sein muß.

Man findet

$n =$	0	1	2	3	4	5	6	7	8	9	10	11	12	13	14	15	16	…
$\mathcal{G}(n) =$	1	2	4	3	6	7	8	16	18	25	32	11	64	31	128	10	256	…

Sie können auch versuchen, das Spiel **Sympler** zu lösen, bei dem die am weitesten links liegende Münze in die symmetrisch angeordneten Mengen von umzudrehenden Münzen einzubeziehen ist.

Zweidimensionale Wende-Spiele

Alle unsere eindimensionalen Spiele werden mit der Einschränkung gespielt, daß die am weitesten rechts liegende aller zu drehenden Münzen von der „Kopf"-Seite auf die „Zahl"-Seite gedreht wird. Bei den zweidimensionalen Spielen sieht die entsprechende Bedingung so aus: die am meisten „süd-östlich" liegende aller zu drehenden Münzen muß von „Kopf" in „Zahl" übergehen. Wir schreiben bei solchen Spielen $\mathcal{G}(a, b)$ für den Wert einer sich in der a-ten Zeile und b-ten Spalte befindenden Münzen.

Akrostichon-Zwillinge

Wir beginnen mit einem sehr einfachen Spiel. Ein Zug besteht aus dem Drehen zweier Münzen, die entweder in der gleichen Zeile oder in der gleichen Spalte liegen. Der typische Eintrag in der Nim-Werte-Tabelle ist deshalb die kleinste Zahl, welche in der gleichen Zeile oder Spalte vorher noch nicht aufgetaucht ist, und wir erhalten damit Tafel 1.7. Wir sehen also: Akrostichon-Zwillinge definieren die Nim-Addition:

$$\mathcal{G}(a, b) = a \overset{*}{+} b.$$

Ecken-Tauschen

Das ist ein viel interessanteres Spiel. Ein Zug besteht aus dem Vertauschen der vier Ecken eines Rechteckes mit horizontalen und vertikalen Seiten. Die Nim-Werte lassen sich unter Benützung von

$$\mathcal{G}(a, b) = \operatorname{mex} \{\mathcal{G}(a', b) \overset{*}{+} \mathcal{G}(a, b') \overset{*}{+} \mathcal{G}(a', b')\}$$

berechnen. Dabei ist a' bzw. b' irgendeine Zahl kleiner als a bzw. b (siehe Bild 1.9). In Tafel 1.8 findet man die Werte für den Fall „a und b kleiner als 16".

0	1	2	3	4	5	6	7	8	9	10	11	12	13	14	15
1	0	3	2	5	4	7	6	9	8	11	10	13	12	15	14
2	3	0	1	6	7	4	5	10	11	8	9	14	15	12	13
3	2	1	0	7	6	5	4	11	10	9	8	15	14	13	12
4	5	6	7	0	1	2	3	12	13	14	15	8	9	10	11
5	4	7	6	1	0	3	2	13	12	15	14	9	8	11	10
6	7	4	5	2	3	0	1	14	15	12	13	10	11	8	9
7	6	5	4	3	2	1	0	15	14	13	12	11	10	9	8
8	9	10	11	12	13	14	15	0	1	2	3	4	5	6	7
9	8	11	10	13	12	15	14	1	0	3	2	5	4	7	6
10	11	8	9	14	15	12	13	2	3	0	1	6	7	4	5
11	10	9	8	15	14	13	12	3	2	1	0	7	6	5	4
12	13	14	15	8	9	10	11	4	5	6	7	0	1	2	3
13	12	15	14	9	8	11	10	5	4	7	6	1	0	3	2
14	15	12	13	10	11	8	9	6	7	4	5	2	3	0	1
15	14	13	12	11	10	9	8	7	6	5	4	3	2	1	0

Tafel 1.7 So spielt man Akrostichon-Zwillinge

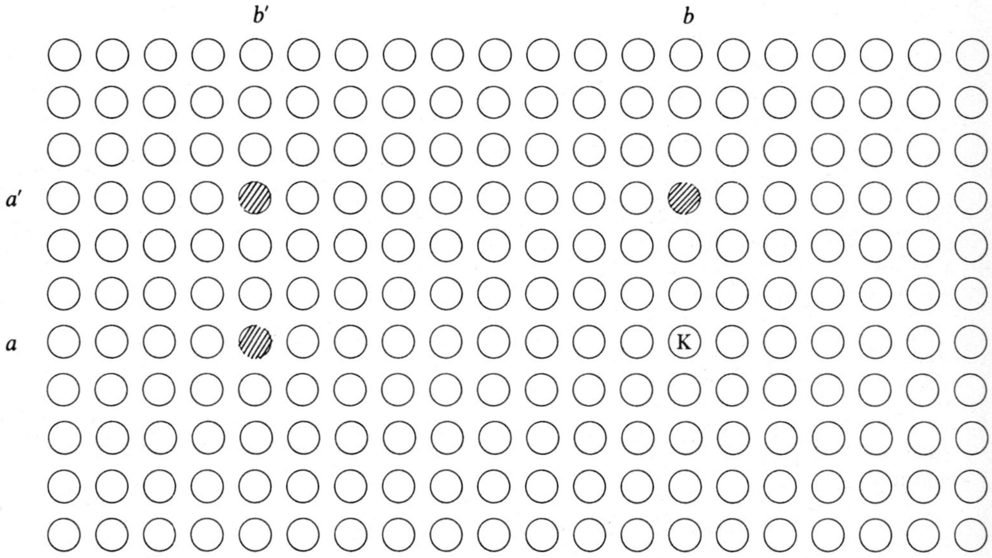

Bild 1.9 Ein typischer Zug bei Ecken-Tauschen

0	0	0	0	0	0	0	0	0	0	0	0	0	0	0	0
0	1	2	3	4	5	6	7	8	9	10	11	12	13	14	15
0	2	3	1	8	10	11	9	12	14	15	13	4	6	7	5
0	3	1	2	12	15	13	14	4	7	5	6	8	11	9	10
0	4	8	12	6	2	14	10	11	15	3	7	13	9	5	1
0	5	10	15	2	7	8	13	3	6	9	12	1	4	11	14
0	6	11	13	14	8	5	3	7	1	12	10	9	15	2	4
0	7	9	14	10	13	3	4	15	8	6	1	5	2	12	11
0	8	12	4	11	3	7	15	13	5	1	9	6	14	10	2
0	9	14	7	15	6	1	8	5	12	11	2	10	3	4	13
0	10	15	5	3	9	12	6	1	11	14	4	2	8	13	7
0	11	13	6	7	12	10	1	9	2	4	15	14	5	3	8
0	12	4	8	13	1	9	5	6	10	2	14	11	7	15	3
0	13	6	11	9	4	15	2	14	3	8	5	7	10	1	12
0	14	7	9	5	11	2	12	10	4	13	3	15	1	8	6
0	15	5	10	1	14	4	11	2	13	7	8	3	12	6	9

Tafel 1.8 Nim-Werte für Ecken-Tauschen

Nim-Multiplikation

Beachtet man, daß $\mathcal{G}(0, n) = 0$ gilt, während $\mathcal{G}(1, n) = n$ ist, könnte man meinen, daß es sich hier um eine Art Nim-Multiplikation handelt. Wir schreiben deshalb für den Nim-Wert $\mathcal{G}(a, b)$ der allgemeinen Münze bei Ecken-Tauschen

$$a \overset{*}{\times} b$$

(lies „*a* **mal** *b*"), und nennen dies das **Nim-Produkt** von *a* und *b*.

In ZUS (Kapitel 6) wird gezeigt, daß diese bemerkenswerte Operation alle üblichen algebraischen Eigenschaften der Multiplikation besitzt, und insbesondere das Distributivgesetz mit der Nim-Addition erfüllt:

$$a \overset{*}{\times} (a \overset{*}{+} c) = a \overset{*}{\times} b + a \overset{*}{\times} c$$

Z.B. gilt

$$7 \overset{*}{\times} (5 \overset{*}{+} 6) = 7 \overset{*}{\times} 3 = 14$$

$$7 \overset{*}{\times} 5 + 7 \overset{*}{\times} 6 = 13 \overset{*}{+} 3 = 14.$$

Man beachte aber z.B., daß die Nim-Summe von 6 und 6 nicht 2-mal 6 sondern 0-mal 6 ist, da $1 \overset{*}{+} 1$ gleich 0 und nicht 2 ist.

Bei der Berechnung von Nim-Produkten größerer Zahlen spielen die **Fermat-Potenzen** von 2 – das sind

$$2,\ 4,\ 16,\ 256,\ 65536,\ 4294967296, \ldots, 2^{2^n}, \ldots -$$

die gleiche Rolle wie *sämtliche* 2er-Potenzen bei der Nim-Addition. Man erinnere sich, daß bei der Nim-Addition für eine 2er-Potenz N folgendes gilt:

$$N \overset{*}{+} n = N + n \quad \text{für } n < N,$$
$$N \overset{*}{+} N = 0.$$

Bei der Nim-Multiplikation gilt für eine Fermat-Potenz von 2:

$$N \overset{*}{\times} n = N \times n \quad \text{für } n < N,$$
$$N \overset{*}{\times} N = \tfrac{3}{2} N.$$

Z.B. ist wie gewöhnlich $16 \overset{*}{\times} 5 = 80$, aber $16 \overset{*}{\times} 16 = 24$. In Tafel 1.9 findet man Produkte von 2er-Potenzen.

1	2	4	8	16	32	64	128	256	...
2	3	8	12	32	48	128	192	512	...
4	8	6	11	64	128	96	176	1024	...
8	12	11	13	128	192	176	208	2048	...
16	32	64	128	24	44	75	141	4096	...
32	48	128	192	44	52	141	198	8192	...
64	128	96	176	75	141	103	185	16384	...
128	192	176	208	141	198	185	222	32768	...
256	512	1024	2048	4096	8192	16384	32768	384	...
...	...	...	...	...	...	...	...	...	...

Tafel 1.9 Nim-Produkte von 2er-Potenzen

Wirbelnde Tartans

Bild 1.10 kennzeichnet diejenigen Münzen, welche bei einem für dieses Spiel typischen Zug umgedreht werden können. Die eingerahmten Felder bilden das, was wir einen **Tartan** nennen. Im allgemeinen wählt man eine bestimmte Anzahl von Zeilen und eine bestimmte Anzahl von Spalten, und die Felder, in denen sich diese Zeilen und Spalten kreuzen, bilden die Felder des Tartans. Bei **Wirbelnde Tartans** kann man die Münzen *jedes* beliebigen Tartans umdrehen, aber bei anderen Spielen sind die zu wählenden Zeilen und Spalten bestimmten Einschränkungen unterworfen. Tafel 1.9 ist in Wirklichkeit eine Tafel für die Nim-Werte von Wirbelnde Tartans. Dies ergibt sich durch Spezialisierung aus der folgenden Theorie.

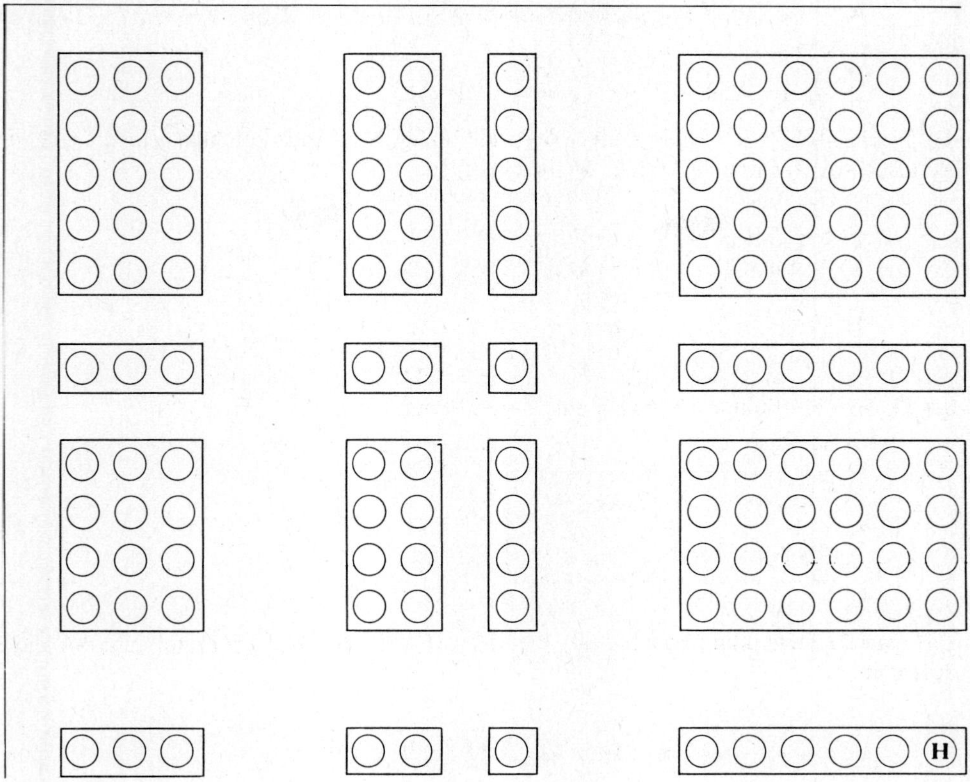

Bild 1.10 Ein Tartan

Das Tartan-Theorem

Wir können ein **Tartan-Spiel** $A \times B$ aus zwei eindimensionalen Wende-Spielen A und B zusammensetzen, und zwar, indem wir festlegen, daß die Zeilen des Tartans den Münzen entsprechen, die bei einem Zug bei A umgedreht werden dürfen, und die Spalten des Tartans den Münzen, die bei einem Zug bei dem Spiel B umgedreht werden können. Wählt man für A und B speziell das Spiel Motley, bei dem *jede* mögliche Menge von Münzen umgedreht werden darf, so findet man

MOTLEY × MOTLEY = WIRBELNDE TARTANS.

Nach dem Tartan-Theorem folgt damit, daß die Nim-Werte von Wirbelnde Tartans die Nim-Produkte der Nim-Werte zweier Motley-Spiele sind. Weil bei Motley nur 2er-Potenzen als Werte auftauchen, beweist das unsere bzgl. Tafel 1.9 aufgestellte Behauptung. Allgemein gilt:

die Nim-Werte des Tartan-Spiels $A \times B$ sind gleich den Nim-Produkten der Werte von A und B:

$$\mathcal{G}_{A \times B}(a, b) = \mathcal{G}_A(a) \overset{*}{\times} \mathcal{G}_B(b)$$

DAS TARTAN-THEOREM

Der Beweis, den wir hier nicht bringen, beruht auf der folgenden charakteristischen Eigenschaft des Nim-Produktes $a \overset{*}{\times} b$:

> Für Zahlen $x_1, x_2, \ldots$ mit
>
> $$a = \operatorname{mex}(a \overset{*}{+} x_i)$$
>
> und Zahlen $y_1, y_2, \ldots$ mit
>
> $$b = \operatorname{mex}(b \overset{*}{+} y_j)$$
>
> gilt
>
> $$a \overset{*}{\times} b = \operatorname{mex}(a \overset{*}{\times} b \overset{*}{+} x_i \overset{*}{\times} y_j).$$

Dies läßt sich aus einem Resultat in ZUS (S. 46) herleiten.

Läufer, Teppiche, Fenster und Türen

Bei Ecken-Tauschen haben wir die Ecken eines Rechteckes vertauscht, womit

ECKEN-TAUSCHEN = ZWILLINGE × ZWILLINGE

gilt. Bei **Läufer** drehen wir *alle* Münzen in irgendeinem massiven Rechteck, was nichts anderes heißt, als daß der Tartan durch einen Block aufeinanderfolgender Zeilen und einen Block aufeinanderfolgender Spalten bestimmt wird. Und da beim Lineal-Spiel ein Zug aus dem Umdrehen eines Blocks aufeinanderfolgender Münzen besteht, gilt

LINEAL-SPIEL × LINEAL-SPIEL = LÄUFER.

Die Nim-Werte ergeben sich aus Tafel 1.10.

Ein **Teppich** ist ein Tartan, bei dem sowohl Zeilen als auch Spalten – wie in Bild 1.11 – symmetrische Mengen bilden. Das entsprechende Spiel, **Teppiche**, hat deshalb die Nim-Werte aus Tafel 1.11:

TEPPICHE = SYM × SYM.

1	2	1	4	1	2	1	8	1	2	1	4	1	2	1	16
2	3	2	8	2	3	2	12	2	3	2	8	2	3	2	32
1	2	1	4	1	2	1	8	1	2	1	4	1	2	1	16
4	8	4	6	4	8	4	11	4	8	4	6	4	8	4	64
1	2	1	4	1	2	1	8	1	2	1	4	1	2	1	16
2	3	2	8	2	3	2	12	2	3	2	8	2	3	2	32
1	2	1	4	1	2	1	8	1	2	1	4	1	2	1	16
8	12	8	11	8	12	8	13	8	12	8	11	8	12	8	128

Tafel 1.10 Ein Läufer mit einer Tafel darauf

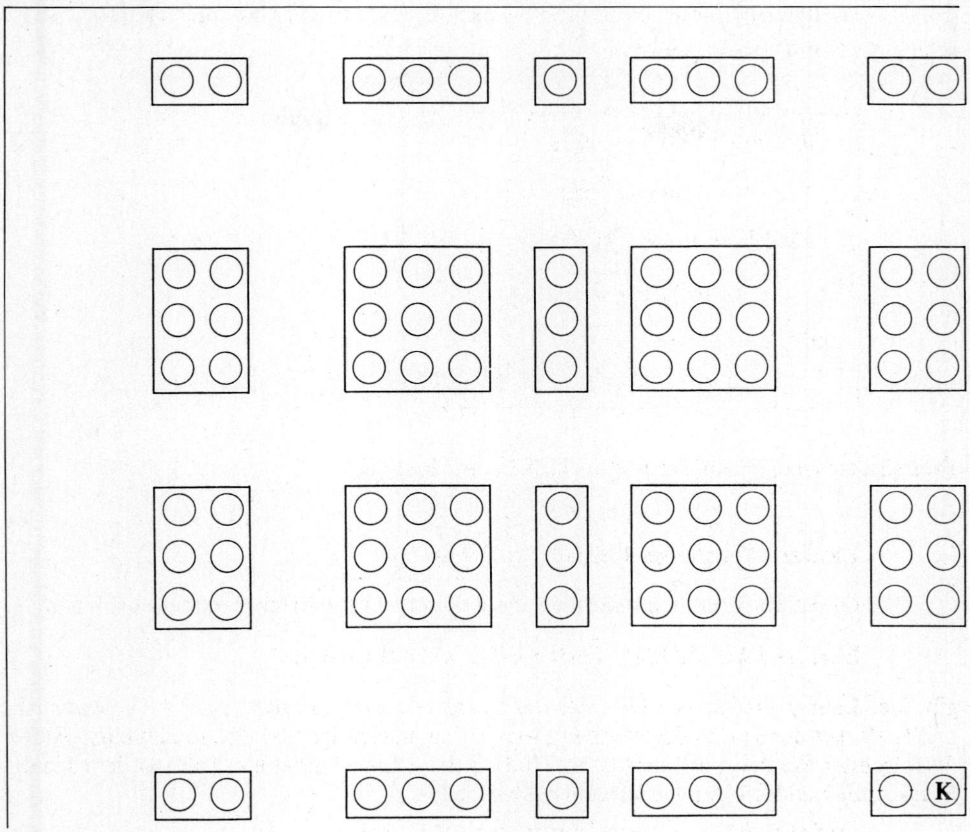

Bild 1.11 Ein Teppich

Bei **Passende Teppiche** darf man nur Teppiche umdrehen, welche genau die Zimmerecke ausfüllen. Es gilt deshalb

PASSENDE TEPPICHE = SYMPLER × SYMPLER,

wobei die Analyse des letzteren Spiels dem Leser überlassen wird.

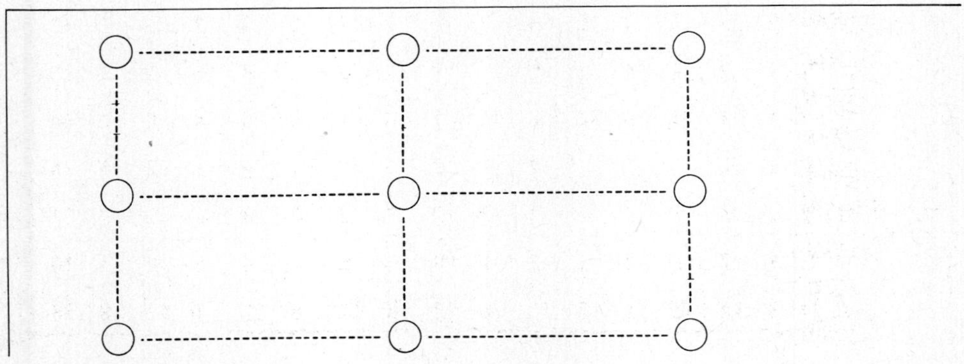

Bild 1.12 Ein Zug bei Fenster

1	2	4	3	6	7	8	16	18	25	32	11	64	31	128	10	256
2	3	8	1	11	9	12	32	35	46	48	13	128	37	192	15	512
4	8	6	12	14	10	11	64	72	79	128	7	96	65	176	3	1024
3	1	12	2	13	14	4	48	49	55	16	6	192	58	64	5	768
6	11	14	13	5	3	7	96	107	97	176	10	224	100	112	12	1536
7	9	10	14	3	4	15	112	121	120	144	1	160	123	240	6	1792
8	12	11	4	7	15	13	128	140	133	192	9	176	130	208	1	2048
16	32	64	48	96	112	128	24	56	136	44	176	75	232	141	160	4096
18	35	72	49	107	121	140	56	27	166	28	189	203	205	77	175	4608
25	46	79	55	97	120	133	136	166	20	204	178	187	117	221	171	6400
32	48	128	16	176	144	192	44	28	204	52	208	141	124	198	240	8192
11	13	7	6	10	1	9	176	189	178	208	15	112	184	144	4	2816
64	128	96	192	224	160	176	75	203	187	141	112	103	91	185	48	16384
31	37	65	58	100	123	130	232	205	117	124	184	91	17	173	167	7936
128	192	176	64	112	240	208	141	77	221	198	144	185	173	222	16	32768
10	15	3	5	12	6	1	160	175	171	240	4	48	167	16	14	2560
256	512	1024	768	1536	1792	2048	4096	4608	6400	8192	2816	16384	7936	32768	2560	384

Tafel 1.11 Ein hochwertiger Teppich

Bei dem Spiel **Fenster** sind neun Münzen umzudrehen, und zwar solche neun, welche Schnittpunkte dreier in gleichem Abstand liegender Zeilen und dreier in gleichem Abstand liegender Spalten bilden (siehe Bild 1.12). Es gilt deshalb

FENSTER = STECKRÜBEN × STECKRÜBEN.

Die Nim-Werte bilden das komplizierteste System, auf welches wir bis jetzt gestoßen sind. Um den Ausgang einer vorgegebenen Position zu berechnen, muß man nicht weniger als vier aufeinanderfolgende Operationen durchführen:

1. Man entwickle die beiden Koordinaten eines „Kopfes" zur Basis 3 und suche (falls überhaupt vorhanden) die letzte 2 (bei jedem „Kopf"!).
2. Man ersetze die Koordinaten durch die passenden krummen Zahlen (oder Null). Das involviert eine weitere Entwicklung zur Basis 2.
3. Für jeden „Kopf" berechne man das **Nim-Produkt** der beiden so erhaltenen Zahlen.
4. Man bilde die **Nim-Summe** aller so erhaltenen Zahlen über alle „Köpfe".

Bei allen bisherigen Spielen hatten wir die Bedingung, daß die am meisten süd-östlich liegende Münze von „Kopf" auf „Zahl" gewendet werden muß. Damit unser folgendes Spiel seinem Namen gerecht wird, wollen wir es genau mit der „entgegengesetzten" Bedingung spielen, d.h. die obige Bedingung soll jetzt für die am meisten nord-östlich liegende Münze gelten. Bei dem Spiel **Türen** dreht man immer zwölf Münzen, welche sich als Schnittpunkte von im gleichen Abstand liegenden Spalten und vier symmetrisch geordneten Zeilen (wobei eine dieser Zeilen die letzte Zeile im ganzen Spiel sein muß) ergeben (siehe Bild 1.13). Man sieht somit:

TÜREN = STECKRÜBEN × GRUNZEN

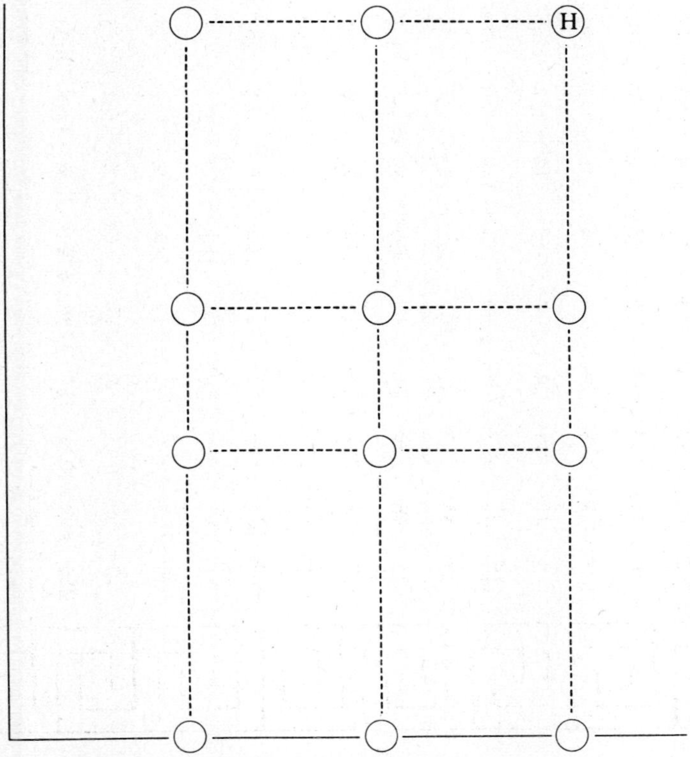

Bild 1.13 Ein typischer Zug bei Türen

Sie können damit schnell den Nim-Wert der Nim-Position bei Türen berechnen, bei der es nur einen einzigen „Kopf" in der 100. Zeile und 100. Spalte gibt. (Vorsicht: die erste Zeile ist die Zeile Nr. 0)

Akrostichon-Spiele

Es gibt noch eine andere Möglichkeit, aus zwei eindimensionalen Spielen A, B ein zweidimensionales zusammenzusetzen. Beim **Akrostichon-Produkt** $A \cup B$ müssen die Münzen, die wir umdrehen, entweder alle in der gleichen Zeile oder alle in der gleichen Spalte liegen. Befinden

0	0	1	0	0	1	2	2	1	0	0	1	0	0	1	2	2	1	4	4	1	4	4	1	2	2	1	0	0	1	0	0	1	2	2	1	0	0	1	0	0
0	0	1	0	0	1	2	2	1	0	0	1	0	0	1	2	2	1	4	4	1	4	4	1	2	2	1	0	0	1	0	0	1	2	2	1	0	0	1	0	0
1	1	1	1	1	1	1	1	1	1	1	1	1	1	1	1	1	1	1	1	1	1	1	1	1	1	1	1	1	1	1	1	1	1	1	1	1	1	1	1	1
0	0	1	0	0	1	2	2	1	0	0	1	0	0	1	2	2	1	4	4	1	4	4	1	2	2	1	0	0	1	0	0	1	2	2	1	0	0	1	0	0
0	0	1	0	0	1	2	2	1	0	0	1	0	0	1	2	2	1	4	4	1	4	4	1	2	2	1	0	0	1	0	0	1	2	2	1	0	0	1	0	0
1	1	1	1	1	1	1	1	1	1	1	1	1	1	1	1	1	1	1	1	1	1	1	1	1	1	1	1	1	1	1	1	1	1	1	1	1	1	1	1	1
2	2	1	2	2	1	1	1	1	2	2	1	2	2	1	1	1	1	1	1	1	1	1	1	1	1	1	2	2	1	2	2	1	1	1	1	2	2	1	2	2
2	2	1	2	2	1	1	1	1	2	2	1	2	2	1	1	1	1	1	1	1	1	1	1	1	1	1	2	2	1	2	2	1	1	1	1	2	2	1	2	2
1	1	1	1	1	1	1	1	1	1	1	1	1	1	1	1	1	1	1	1	1	1	1	1	1	1	1	1	1	1	1	1	1	1	1	1	1	1	1	1	1
0	0	1	0	0	1	2	2	1	0	0	1	0	0	1	2	2	1	4	4	1	4	4	1	2	2	1	0	0	1	0	0	1	2	2	1	0	0	1	0	0
0	0	1	0	0	1	2	2	1	0	0	1	0	0	1	2	2	1	4	4	1	4	4	1	2	2	1	0	0	1	0	0	1	2	2	1	0	0	1	0	0
1	1	1	1	1	1	1	1	1	1	1	1	1	1	1	1	1	1	1	1	1	1	1	1	1	1	1	1	1	1	1	1	1	1	1	1	1	1	1	1	1
0	0	1	0	0	1	2	2	1	0	0	1	0	0	1	2	2	1	4	4	1	4	4	1	2	2	1	0	0	1	0	0	1	2	2	1	0	0	1	0	0
0	0	1	0	0	1	2	2	1	0	0	1	0	0	1	2	2	1	4	4	1	4	4	1	2	2	1	0	0	1	0	0	1	2	2	1	0	0	1	0	0
1	1	1	1	1	1	1	1	1	1	1	1	1	1	1	1	1	1	1	1	1	1	1	1	1	1	1	1	1	1	1	1	1	1	1	1	1	1	1	1	1
2	2	1	2	2	1	1	1	1	2	2	1	2	2	1	1	1	1	1	1	1	1	1	1	1	1	1	2	2	1	2	2	1	1	1	1	2	2	1	2	2
2	2	1	2	2	1	1	1	1	2	2	1	2	2	1	1	1	1	1	1	1	1	1	1	1	1	1	2	2	1	2	2	1	1	1	1	2	2	1	2	2
1	1	1	1	1	1	1	1	1	1	1	1	1	1	1	1	1	1	1	1	1	1	1	1	1	1	1	1	1	1	1	1	1	1	1	1	1	1	1	1	1
4	4	1	4	4	1	1	1	1	4	4	1	4	4	1	1	1	1	1	1	1	1	1	1	1	1	1	4	4	1	4	4	1	1	1	1	4	4	1	4	4
4	4	1	4	4	1	1	1	1	4	4	1	4	4	1	1	1	1	1	1	1	1	1	1	1	1	1	4	4	1	4	4	1	1	1	1	4	4	1	4	4
1	1	1	1	1	1	1	1	1	1	1	1	1	1	1	1	1	1	1	1	1	1	1	1	1	1	1	1	1	1	1	1	1	1	1	1	1	1	1	1	1
4	4	1	4	4	1	1	1	1	4	4	1	4	4	1	1	1	1	1	1	1	1	1	1	1	1	1	4	4	1	4	4	1	1	1	1	4	4	1	4	4
4	4	1	4	4	1	1	1	1	4	4	1	4	4	1	1	1	1	1	1	1	1	1	1	1	1	1	4	4	1	4	4	1	1	1	1	4	4	1	4	4
1	1	1	1	1	1	1	1	1	1	1	1	1	1	1	1	1	1	1	1	1	1	1	1	1	1	1	1	1	1	1	1	1	1	1	1	1	1	1	1	1
2	2	1	2	2	1	1	1	1	2	2	1	2	2	1	1	1	1	1	1	1	1	1	1	1	1	1	2	2	1	2	2	1	1	1	1	2	2	1	2	2
2	2	1	2	2	1	1	1	1	2	2	1	2	2	1	1	1	1	1	1	1	1	1	1	1	1	1	2	2	1	2	2	1	1	1	1	2	2	1	2	2
1	1	1	1	1	1	1	1	1	1	1	1	1	1	1	1	1	1	1	1	1	1	1	1	1	1	1	1	1	1	1	1	1	1	1	1	1	1	1	1	1
0	0	1	0	0	1	2	2	1	0	0	1	0	0	1	2	2	1	4	4	1	4	4	1	2	2	1	0	0	1	0	0	1	2	2	1	0	0	1	0	0
0	0	1	0	0	1	2	2	1	0	0	1	0	0	1	2	2	1	4	4	1	4	4	1	2	2	1	0	0	1	0	0	1	2	2	1	0	0	1	0	0
1	1	1	1	1	1	1	1	1	1	1	1	1	1	1	1	1	1	1	1	1	1	1	1	1	1	1	1	1	1	1	1	1	1	1	1	1	1	1	1	1
0	0	1	0	0	1	2	2	1	0	0	1	0	0	1	2	2	1	4	4	1	4	4	1	2	2	1	0	0	1	0	0	1	2	2	1	0	0	1	0	0
0	0	1	0	0	1	2	2	1	0	0	1	0	0	1	2	2	1	4	4	1	4	4	1	2	2	1	0	0	1	0	0	1	2	2	1	0	0	1	0	0
1	1	1	1	1	1	1	1	1	1	1	1	1	1	1	1	1	1	1	1	1	1	1	1	1	1	1	1	1	1	1	1	1	1	1	1	1	1	1	1	1
2	2	1	2	2	1	1	1	1	2	2	1	2	2	1	1	1	1	1	1	1	1	1	1	1	1	1	2	2	1	2	2	1	1	1	1	2	2	1	2	2
2	2	1	2	2	1	1	1	1	2	2	1	2	2	1	1	1	1	1	1	1	1	1	1	1	1	1	2	2	1	2	2	1	1	1	1	2	2	1	2	2
1	1	1	1	1	1	1	1	1	1	1	1	1	1	1	1	1	1	1	1	1	1	1	1	1	1	1	1	1	1	1	1	1	1	1	1	1	1	1	1	1
0	0	1	0	0	1	2	2	1	0	0	1	0	0	1	2	2	1	4	4	1	4	4	1	2	2	1	0	0	1	0	0	1	2	2	1	0	0	1	0	0
0	0	1	0	0	1	2	2	1	0	0	1	0	0	1	2	2	1	4	4	1	4	4	1	2	2	1	0	0	1	0	0	1	2	2	1	0	0	1	0	0
1	1	1	1	1	1	1	1	1	1	1	1	1	1	1	1	1	1	1	1	1	1	1	1	1	1	1	1	1	1	1	1	1	1	1	1	1	1	1	1	1
0	0	1	0	0	1	2	2	1	0	0	1	0	0	1	2	2	1	4	4	1	4	4	1	2	2	1	0	0	1	0	0	1	2	2	1	0	0	1	0	0
0	0	1	0	0	1	2	2	1	0	0	1	0	0	1	2	2	1	4	4	1	4	4	1	2	2	1	0	0	1	0	0	1	2	2	1	0	0	1	0	0

Tafel 1.12 Ein Steckrübenfeld

sich alle Münzen in einer Spalte bzw. Zeile, so müssen sie einem Zug bei *A* bzw. *B* entsprechen. Wir sind schon auf ein Spiel dieser Art gestoßen:

AKROSTICHON-ZWILLINGE = ZWILLINGE ∪ ZWILLINGE.

Bei **Akrostichon-Rüben** müssen wir natürlich drei Rüben umdrehen, welche den gleichen Abstand voneinander haben und in der gleichen Zeile oder Spalte liegen. Die am entferntesten von der Ecke des Feldes steckende Rübe muß auf den Kopf gestellt werden.

AKROSTICHON-STECKRÜBEN = STECKRÜBEN ∪ STECKRÜBEN.

Die ersten 1681 Nim-Werte findet man in Tafel 1.12. Es ist nicht schwer zu beweisen, daß bei einer Zeile oder Spalte, die mit Null beginnt, die Nim-Folge von Steckrüben reproduziert wird, während Werte, die nicht in einer solchen Zeile oder Spalte stehen durchweg gleich 1 sind.

Stricheln und Masern

Wir haben keine Ahnung, wie ein allgemeines Akrostichon-Produkt $A \cup B$ gespielt wird, auch für den Fall nicht, daß man die eindimensionalen Spiele *A* und *B* vollständig durchschaut hat. Es kommt aber manchmal vor, daß alle Nim-Werte bei *A* und *B* gleich 7 oder einer 2er-Potenz sind. In diesem Fall können wir Ihnen unsere Hilfe anbieten. Wir besprechen zunächst zwei einfache Spiele dieser Art.

Bei **Masern** dreht man innerhalb eines Zuges eine Menge von Münzen um, die alle in derselben Zeile oder Spalte liegen. Es gilt damit

MASERN = MOTLEY ∪ MOTLEY

Weil die Nim-Werte von Motley genau alle 2er-Potenzen sind, und jeder Nim-Wert von Masern gleich dem Mex aller der Zahlen ist, welche sich als Summe von früheren Nim-Werten derselben Zeile oder derselben Spalte ergeben, ergibt sich Tafel 1.13.

Beim **Stricheln** hat man eine Gruppe von aufeinanderfolgenden, in einer Zeile oder Spalte liegenden Münzen umzudrehen (die Münzen bilden einen Strich). Die Einträge von Tafel 1.14 mit den Nim-Werten für

STRICHELN = LINEAL-SPIEL ∪ LINEAL-SPIEL

kann man sofort aus den Einträgen von Tafel 1.13 erhalten. Wie begründet man dies?

Verschandeln und Verachten

Wir stellen Ihnen jetzt eine anspruchsvolle Zerstreuung vor. Wir nennen einen Eintrag von Tafel 1.13 (oder 14) das **verschandelte Produkt** der beiden 2er-Potenzen, welche die jeweilige Zeile bzw. Spalte in welcher der Eintrag steht, anführen.

Wir schreiben etwa

$4 \overset{*}{\cup} 8 = 10$ („vier **verschandelt** 8 gleich 10“).

Verschandelte Produkte anderer Zahlen kann man dann mittels des Distributivgesetzes berechnen:

$$4 \overset{*}{\cup} 11 = 4 \overset{*}{\cup} (8 \overset{*}{+} 2 \overset{*}{+} 1) = 10 \overset{*}{+} 5 \overset{*}{+} 4 = 11.$$

$$5 \overset{*}{\cup} 11 = (4 \overset{*}{+} 1) \overset{*}{\cup} 11 = 11 \overset{*}{+} 11 = 0.$$

Die letzte Ungleichung zeigt: 5 und 11 sind **Null-Verächter.** Eine Verschandelungstabelle bis zur Zahl 16 findet man in Tafel 1.15

1	2	4	8	16	32	64	128	256	...
2	1	5	9	17	33	65	129	257	...
4	5	2	10	18	34	66	130	258	...
8	9	10	4	20	36	68	132	260	...
16	17	18	20	8	40	72	136	264	...
32	33	34	36	40	16	80	144	272	...
64	65	66	68	72	80	32	160	288	...
128	129	130	132	136	144	160	64	320	...
256	257	258	260	264	272	288	320	128	...
...	...	...	...	...	...	...	...	...	...

Tafel 1.13 Werte bei Masern

1	2	1	4	1	2	1	8	1	2	1	4	1	2	1	16
2	1	2	5	2	1	2	9	2	1	2	5	2	1	2	17
1	2	1	4	1	2	1	8	1	2	1	4	1	2	1	16
4	5	4	2	4	5	4	10	4	5	4	2	4	5	4	18
1	2	1	4	1	2	1	8	1	2	1	4	1	2	1	16
2	1	2	5	2	1	2	9	2	1	2	5	2	1	2	17
1	2	1	4	1	2	1	8	1	2	1	4	1	2	1	16
8	9	8	10	8	9	8	4	8	9	8	10	8	9	8	20
1	2	1	4	1	2	1	8	1	2	1	4	1	2	1	16
2	1	2	5	2	1	2	9	2	1	2	5	2	1	2	17
1	2	1	4	1	2	1	8	1	2	1	4	1	2	1	16
4	5	4	2	4	5	4	10	4	5	4	2	4	5	4	18
1	2	1	4	1	2	1	8	1	2	1	4	1	2	1	16
2	1	2	5	2	1	2	9	2	1	2	5	2	1	2	17
1	2	1	4	1	2	1	8	1	2	1	4	1	2	1	16
16	17	16	18	16	17	16	20	16	17	16	18	16	17	16	8

Tafel 1.14 Werte bei Stricheln

0	0	0	0	0	0	0	0	0	0	0	0	0	0	0	0	0
0	1	2	3	4	5	6	7	8	9	10	11	12	13	14	15	16
0	2	1	3	5	7	4	6	9	11	8	10	12	14	13	15	17
0	3	3	0	1	2	2	1	1	2	2	1	0	3	3	0	1
0	4	5	1	2	6	7	3	10	14	15	11	8	12	13	9	18
0	5	7	2	6	3	1	4	2	7	5	0	4	1	3	6	2
0	6	4	2	7	1	3	5	3	5	7	1	4	2	0	6	3
0	7	6	1	3	4	5	2	11	12	13	10	8	15	14	9	19
0	8	9	1	10	2	3	11	4	12	13	5	14	6	7	15	20
0	9	11	2	14	7	5	12	12	5	7	14	2	11	9	0	4
0	10	8	2	15	5	7	13	13	7	5	15	2	8	10	0	5
0	11	10	1	11	0	1	10	5	14	15	4	14	5	4	15	21
0	12	12	0	8	4	4	8	14	2	2	14	6	10	10	6	6
0	13	14	3	12	1	1	15	6	11	8	5	10	7	4	9	22
0	14	13	3	13	3	0	14	7	9	10	4	10	4	7	9	23
0	15	15	0	9	6	6	9	15	0	0	15	6	9	9	6	7
0	16	17	1	18	2	3	19	20	4	5	21	6	22	23	7	8

Tafel 1.15 Die Verschandelungstafel bis 16

Für größere Zahlen kann man die folgenden Regeln verwenden:

Ist N eine 2er-Potenz und $n < N$, so gilt

$$N \overset{*}{\cup} n = \begin{cases} N + \lfloor \frac{1}{2} n \rfloor, & \text{falls } n \text{ krumm} \\ \lfloor \frac{1}{2} n \rfloor, & \text{falls } n \text{ gerade,} \end{cases}$$

und

$$N \overset{*}{\cup} N = \lceil \tfrac{1}{2} N \rceil .$$

In Tafel 1.15 sind die Zeilen und Spalten, welche mit einer 7 oder einer 2er-Potenz beginnen, fett gedruckt, und ihre Schnittpunkte sind eingerahmt. Wir werden uns folgende Eigenschaften dieser Zeilen zunutzemachen:

1. Die Einträge einer **fetten** Zeile sind alle voneinander verschieden. In Zeichen heißt das: ist a gleich 7 oder eine 2er-Potenz und $b \neq \overline{b}$, so gilt

$$a \overset{*}{\cup} b \neq a \overset{*}{\cup} \overline{b}.$$

2. Jeder eingerahmte Eintrag ist gleich dem Mex aller vorherigen Einträge der entsprechenden Zeile und Spalte. D.h.: sind sowohl a als auch b gleich 7 oder einer 2er-Potenz, so ist $a \overset{*}{\cup} b$ gleich dem Mex aller Zahlen der Form

$$a' \overset{*}{\cup} b \quad \text{oder} \quad a \overset{*}{\cup} b', a' < a, b' < b.$$

Man verwendet diese Eigenschaften beim Beweis des folgenden Theorems.

Ist jeder Nim-Wert eines Feldes sowohl in A als auch in B gleich 7 oder eine 2er-Potenz, so erhält man die Nim-Werte des Akrostichon-Spieles $A \cup B$ durch Verschandelung der Werte von A und B:

$$\mathcal{G}_{A \cup B}(a, b) = \mathcal{G}_A(a) \overset{*}{\cup} \mathcal{G}_B(b).$$

DAS VERSCHANDELUNGS-THEOREM

Um das einzusehen, bestehe jetzt mal ein typischer Zug in A bzw. B aus dem Umdrehen der an den Stellen

$$a_1 < a_2 < \ldots < a$$

bzw.

$$b_1 < b_2 < \ldots < b$$

liegenden Münzen. Wir bezeichnen die entsprechenden Nim-Werte mit

$$\alpha_1, \alpha_2, \ldots, \alpha$$

bzw.

$$\beta_1, \beta_2, \ldots, \beta.$$

Der Nim-Wert $\mathcal{G}(a, b)$ im Akrostichon-Produkt $A \cup B$ ist dann gleich dem Mex aller Zahlen, die von der Form

$$\alpha_1 \overset{*}{\cup} \beta \overset{*}{+} \alpha_2 \overset{*}{\cup} \beta \overset{*}{+} \ldots$$

oder

$$\alpha \overset{*}{\cup} \beta_1 \overset{*}{+} \alpha \overset{*}{\cup} \beta_2 \overset{*}{+} \ldots$$

sind, d.h. gleich dem Mex aller Zahlen der Form

$$\overline{\alpha} \overset{*}{\cup} \beta \quad \text{oder} \quad \alpha \overset{*}{\cup} \overline{\beta}$$

mit

$$\overline{\alpha} = \alpha_1 \overset{*}{+} \alpha_2 \overset{*}{+} \ldots$$

$$\overline{\beta} = \beta_1 \overset{*}{+} \beta_2 \overset{*}{+} \ldots .$$

Nun ist α das Mex aller Zahlen $\bar{\alpha}$, die man auf diese Weise bekommt, und β ist das Mex aller Zahlen $\bar{\beta}$. Damit ist jedes $\alpha' < \alpha$ eines der $\bar{\alpha}$ und jedes $\beta' < \beta$ eines der $\bar{\beta}$. Aber sowohl α als auch β sind nach Voraussetzung entweder gleich 7 oder einer 2er-Potenz, womit $\alpha \cup \beta$ bestimmt das Mex aller Zahlen der Form

$$\alpha' \overset{*}{\cup} \beta \quad \text{oder} \quad \alpha \overset{*}{\cup} \beta'$$

ist. Ferner ist α verschieden von allen Zahlen $\bar{\alpha}$, und somit auch $\alpha \overset{*}{\cup} \beta$ verschieden von allen Zahlen $\bar{\alpha} \overset{*}{\cup} \beta$, und genauso von allen $\alpha \overset{*}{\cup} \bar{\beta}$, womit $\alpha \overset{*}{\cup} \beta$ auch das Mex *dieser* Zahlen ist.

Damit haben wir die Werte, welche wir für Stricheln gefunden haben, erklärt, und sind in der Lage, einige ähnliche Spiele zu besprechen. Z.B. **Striche und Maserungen**: bei diesem Spiel kann man einen horizontalen Strich oder eine vertikale Maserung von Münzen umdrehen. Die ersten paar Nim-Werte findet man in Tafel 1.16

1	2	1	4	1	2	1	8	1	2	1	4	1	2	1	16	1	2	...
2	1	2	5	2	1	2	9	2	1	2	5	2	1	2	17	2	1	...
4	5	4	2	4	5	4	10	4	5	4	2	4	5	4	18	4	5	...
8	9	8	10	8	9	8	4	8	9	8	10	8	9	8	20	8	9	...
16	17	16	18	16	17	16	20	16	17	16	18	16	17	16	8	16	17	...

....

Tafel 1.16 Striche und Maserungen

Tafel 1.17 liefert die Werte für Akrostichon-Fünfer-Falsche-Schildkröten, bei dem man *bis zu drei* Münzen umdrehen darf, vorausgesetzt, sie sind alle in einem horizontalen oder vertikalen *5er*-Strich enthalten.

1	2	4	7	8	1	2	4	7	8	1	2	4	7	8	...
2	1	5	6	9	2	1	5	6	9	2	1	5	6	9	...
4	5	2	3	10	4	5	2	3	10	4	5	2	3	10	...
7	6	3	2	11	7	6	3	2	11	7	6	3	2	11	...
8	9	10	11	4	8	9	10	11	4	8	9	10	11	4	...
1	2	4	7	8	1	2	4	7	8	1	2	4	7	8	...
2	1	5	6	9	2	1	5	6	9	2	1	5	6	9	...

....

Tafel 1.17 Akrostichon-Fünfer-Falsche-Schildkröten

Zusätze

Türen Aufschliessen

Für Steckrüben gilt nach Tafel 1.5 $\mathcal{G}(99) = 4$, während man für Grunzen mittels der Besprechung von Grundys Spiel aus Kapitel 4 (Band 1) $\mathcal{G}(99) = 5$ erhält. Eine Münze in der 100. Zeile und 100. Spalte bei Türen hat damit den Wert

4 mahl 5 = 2.

Spat, Kasten und Zaun

Wende-Spiele kann man in jeder Dimension spielen. Wir erwähnen hier nur dreidimensionale Spiele. Bei **Spat** dreht man immer zwei Münzen aus der gleichen Zeile, Spalte oder Senkrechten, d.h. man nimmt die beiden Enden eines „Spats". Der typische Eintrag in der Nim-Werte-Tabelle ist das Mex der vorangegangenen Einträge in der Zeile, Spalte oder Senkrechten des gesuchten Eintrags. Wir haben damit

$$\mathcal{G}(a, b, c) = a \overset{*}{+} b \overset{*}{+} c.$$

Bei **Kasten** dreht man die acht Ecken eines rechteckigen „Kastens". Das ist die dreidimensionale Version von Ecken-Tauschen, und die Nim-Werte sind aus drei Termen bestehende Nim-Produkte:

$$\mathcal{G}(a, b, c) = a \overset{*}{\times} b \overset{*}{\times} c.$$

Bei **Zaun** dreht man die vier Ecken eines rechteckigen „Zaunes", deren Ecken zu irgendwelchen zwei der drei Koordinatenachsen parallel sind. Man kann zeigen:

$$\mathcal{G}(a, b, c) = b \overset{*}{\times} c \overset{*}{+} c \overset{*}{\times} a + a \overset{*}{\times} b.$$

In jedem Fall muß die vom Nullpunkt am weitesten weg liegende, umzudrehende Münze von „Kopf" auf „Zahl" wechseln.

„Münzen" (oder Haufen) mit unendlich vielen (oder 2^{2^N}) „Seiten"

können zur Konstruktion einer ganzen Menge neuer „Wende"-Spiele, bei deren Theorie die Nim-Multiplikation vorkommt, verwendet werden. Besteht also ein Zug aus dem Verändern zweier der Haufen $H_{-1}, H_0, H_1, \ldots$, von denen der rechteste verkleinert werden muß, so sind die $\mathcal{P}$-Positionen diejenigen, für welche

$$H_0 \overset{*}{+} H_1 \overset{*}{+} H_2 \overset{*}{+} \ldots = 0 \quad \text{und} \quad 0 \overset{*}{\times} H_0 \overset{*}{+} 1 \overset{*}{\times} H_1 \overset{*}{+} 2 \overset{*}{\times} H_2 \overset{*}{+} \ldots = H_{-1}$$

gilt.

Literaturhinweise

J. H. Conway, „On Numbers and Games", Academic Press, London and New York, 1976, Kapitel 6. (Deutsche Ausgabe: „Über Zahlen und Spiele" (ZUS), Vieweg, Braunschweig, 1983.)

Richard K. Guy, She loves me, she loves me not; relatives of two games of Lenstra, Een Pak met een Korte Broek, Papers presented to H. W. Lenstra, 77:05:18, Mathematisch Centrum, Amsterdam.

H. W. Lenstra, Nim multiplication, Séminaire de Théorie des Nombres, 1977–78 exposé No. 11, Université de Bordeaux.

Kapitel 2

Chips und Streifen

There is some ill a-brewing towards my rest
For I did dream of money-bags tonight.
William Shakespeare, *The Merchant of Venice*, II, v, 17.

Viele Spiele in diesem Kapitel sind irgendwie von Nim abgeleitet. Obwohl Nim normalerweise mit Haufen von Chips gespielt wird, kann man es auch mit Münzen auf einem Streifen spielen, wobei ein Zug aus dem Linksverschieben einer Münze um eine beliebige Anzahl von Feldern besteht. Bild 2.1 zeigt die gleiche Nim-Position in beiden Versionen. Das Verschieben einer Münze nach links entspricht dem Verkleinern eines Haufens.

Wir erhalten viele Verallgemeinerungen von Nim, indem wir die Bedingungen unter denen Haufen verkleinert oder Münzen verschoben werden können, variieren.

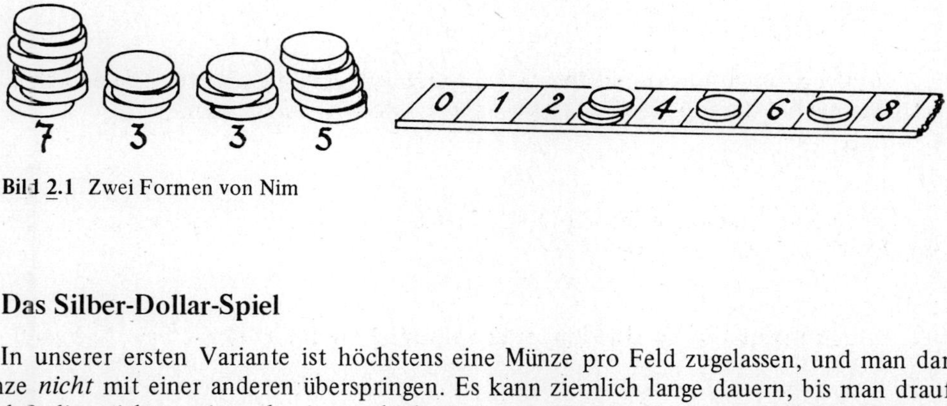

Bild 2.1 Zwei Formen von Nim

Das Silber-Dollar-Spiel

In unserer ersten Variante ist höchstens eine Münze pro Feld zugelassen, und man darf eine Münze *nicht* mit einer anderen überspringen. Es kann ziemlich lange dauern, bis man draufkommt, daß dies nichts weiter als ein geschickt getarntes Nim-Spiel ist, das mit Poker-Nim aus Kapitel 3 (Band 1) verwandt ist. Die Größen der Nim-Haufen entsprechen den Längen jeder *zweiten* Lücke zwischen den Münzen, beginnend bei der am weitesten rechts liegenden Münze (siehe Bild 2.2).

Man beachte, daß man jede dieser Zahlen beliebig *verkleinern* kann (man schiebt die Münze einfach an das *rechte* Ende der Lücke), und daß auch einige *Vergrößerungen* möglich sind (man schiebt die Münze an das *linke* Ende der Lücke). Wir haben in der Abbildung für beide Fälle einen zufälligen Zug angegeben. Aber wie in der Theorie von Poker-Nim sind die vergrößernden Züge nur reversible, verzögernde Züge, und der Sieger gewinnt dadurch, daß er Nim spielt.

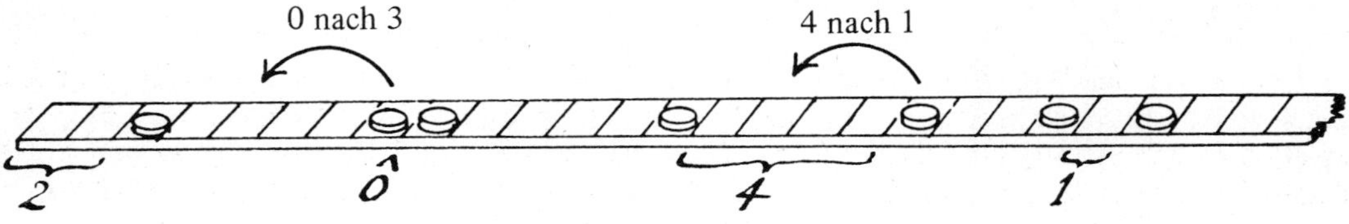

Bild 2.2 Das Silber-Dollar-Spiel ohne den Dollar

N. G. de Bruijn hat dieses Spiel interessanter gemacht: er verwandelte das ganz linke Feld in einen Geldsack, welcher in der Lage ist, beliebig viele Münzen aufzunehmen, und hat außerdem eine der Münzen – den Silber-Dollar – dadurch ausgezeichnet, daß ihr Wert denjenigen aller anderen Münzen zusammen übersteigen sollte. Man kann nun einen Zug daraus machen, die ganz linke Münze, die noch nicht im Geldsack ist, in den Geldsack zu stecken. Derjenige, der den Dollar in den Sack steckt, verliert das Spiel, denn wir führen einen weiteren Zug ein, und der besteht aus dem Wegnehmen des Geldsackes!

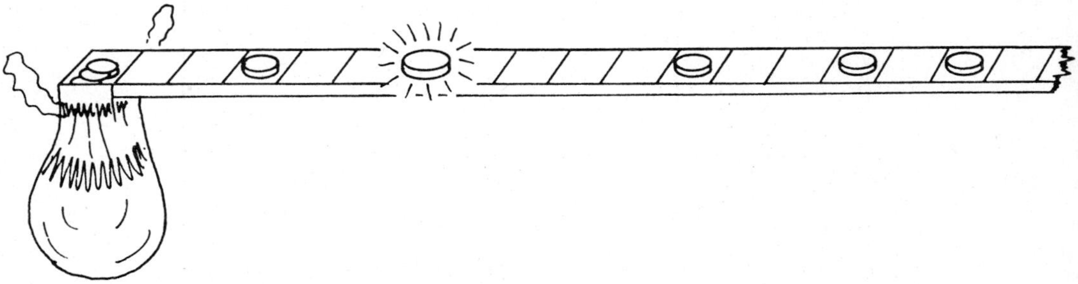

Bild 2.3 De Bruijns Silber-Dollar-Spiel

Bei dieser Version zählt der Geldsack als *volles* Feld, wenn die nächste Münze, welche rechts von ihm liegt, der Silber-Dollar ist, sonst gilt er als *leeres* Feld (wir nennen den Geldsack deshalb voll, wenn die nächstliegende Münze der Dollar ist, weil wir diesen nicht in den Sack stecken wollen). Gewinnen wir das Nim-Spiel, so werden wir nicht dazu gezwungen, den Dollar in den Sack zu stecken.

Lassen wir zu, daß derjenige, der den Dollar in den Sack steckt, in einem Zug auch den Sack wegnehmen darf, so gilt der Sack nur dann als *voll*, wenn genau eine Münze zwischen ihm und dem Dollar liegt. (Wir möchten *diese* Münze nicht in den Sack stecken, weil unser Gegner dieser Münze sicherlich den Dollar folgen läßt!)

Bestimmen Sie bei Bild 2.3 für beide Versionen die Gewinnzüge.

Wie man von Spiele-Tafeln profitiert

Was tun Sie, wenn Sie auf ein in *diesem* Buch *nicht* analysiertes Spiel stoßen? Sind Sie ein Glückspilz, so haben Sie vielleicht nach ein paar Spielen den Bogen 'raus. Aber wenn Sie nicht dahinterkommen, wie es geht, und unsere Theorien keinen Anhaltspunkt liefern, so ist es das beste, Sie stellen eine **Spiele-Tafel** zusammen. Um davon profitieren zu können, muß man für die Zusammenstellung der vorhandenen Informationen manchmal viel Geschicklichkeit aufwenden. In diesem Kapitel findet man dafür verschiedene Beispiele.

Antonim

Antipathie-Nim oder **Antonim** ist ein Nim-Spiel, bei dem es keine zwei Haufen mit einer gleichen Anzahl Chips geben darf. Leere Haufen werden dabei natürlich nicht berücksichtigt. Spielt man das Spiel mit Münzen auf einem Streifen, so sieht die Bedingung deshalb so aus: es dürfen keine zwei Münzen auf demselben Feld liegen, es sei denn, dieses Feld ist der Geldsack (Feld 0).

Wir können das 3-münzige Antonim mit einer einzigen Tafel (Tafel 2.1) analysieren. Die Kopfzahlen bezeichnen die Größen von zwei Haufen, und der Eintrag gibt die eindeutig bestimmte Haufengröße an, welche diese zu einer $\mathscr{P}$-Position macht. Der typische Eintrag besteht aus der kleinsten Zahl, die weder mit einem der früheren Einträge der gleichen Zeile oder Spalte übereinstimmt, noch gleich der Spalten- oder Zeilen-Kopfzahl ist. Ein X bezeichnet eine nicht zulässige Position. Man erkennt leicht eine Regelmäßigkeit, welche zeigt, daß

> (a, b, c) bei Antonim genau dann eine
> $\mathscr{P}$-Position ist, wenn
> $(a + 1, b + 1, c + 1)$ bei Nim eine solche ist.

	0	1	2	3	4	5	6	7	8	9	10	11	12	13	14
0	0	2	1	4	3	6	5	8	7	10	9	12	11	14	13
1	2	X	0	5	6	3	4	9	10	7	8	13	14	11	12
2	1	0	X	6	5	4	3	10	9	8	7	14	13	12	11
3	4	5	6	X	0	1	2	11	12	13	14	7	8	9	10
4	3	6	5	0	X	2	1	12	11	14	13	8	7	10	9
5	6	3	4	1	2	X	0	13	14	11	12	9	10	7	8
6	5	4	3	2	1	0	X	14	13	12	11	10	9	8	7
7	8	9	10	11	12	13	14	X	0	1	2	3	4	5	6
8	7	10	9	12	11	14	13	0	X	2	1	4	3	6	5
9	10	7	8	13	14	11	12	1	2	X	0	5	6	3	4
10	9	8	7	14	13	12	11	2	1	0	X	6	5	4	3
11	12	13	14	7	8	9	10	3	4	5	6	X	0	1	2
12	11	14	13	8	7	10	9	4	3	6	5	0	X	2	1
13	14	11	12	9	10	7	8	5	6	3	4	1	2	X	0
14	13	12	11	10	9	8	7	6	5	4	3	2	1	0	X

Tafel 2.1 $\mathscr{P}$-Positionen bei Antonim mit drei Münzen

Für Antonim mit 4 Münzen benötigen wir eine 3-D-Tafel, die wir aus Schichten aufbauen können. Die folgende Schicht (Tafel 2.2) zeigt, daß es selbst für

$$(1, a, b, c),$$

unwahrscheinlich ist, eine einfache Regel zu finden. Wir haben die nachfolgenden Schichten deshalb verkürzt (Tafel 2.3).

1

0	X	1	2	3	4	5	6	7	8	9	10	11	12	13	14
X	2	X	0	5	6	3	4	9	10	7	8	13	14	11	12
1	X	X	X	X	X	X	X	X	X	X	X	X	X	X	X
2	0	X	X	4	3	6	5	8	7	10	9	12	11	14	13
3	5	X	4	X	2	0	7	6	9	8	11	10	13	12	15
4	6	X	3	2	X	7	0	5	12	11	14	9	8	15	10
5	3	X	6	0	7	X	2	4	11	12	13	8	9	10	16
6	4	X	5	7	0	2	X	3	14	13	12	15	10	9	8
7	9	X	8	6	5	4	3	X	2	0	15	14	16	17	11
8	10	X	7	9	12	11	14	2	X	3	0	5	4	16	6
9	7	X	10	8	11	12	13	0	3	X	2	4	5	6	17
10	8	X	9	11	14	13	12	15	0	2	X	3	6	5	4
11	13	X	12	10	9	8	15	14	5	4	3	X	2	0	7
12	14	X	11	13	8	9	10	16	4	5	6	2	X	3	0
13	11	X	14	12	15	10	9	17	16	6	5	0	3	X	2
14	12	X	13	15	10	16	8	11	6	17	4	7	0	2	X

Tafel 2.2 $\mathscr{P}$-Positionen bei Antonim von der Form $(1, a, b, c)$

Es ist nicht schwer zu zeigen, daß die $\mathscr{P}$-Positionen mit Zahlen $\leqslant 7$ genau die folgenden sind:

(0)12, (0)34, (0)56, 135, 146, 236, 245,
1234, 1256, 1367, 1457, 2357, 2467, 3456
(0)123456.

Die 3-haufigen $\mathscr{P}$-Positionen entsprechen den Linien bei Bild 2.4, wobei der oberste Schnittpunkt als 0 gezählt wird. Die 4-haufigen $\mathscr{P}$-Positionen entsprechen den Komplementen der Linien, dabei zählt der oberste Schnittpunkt als 7.

Synonim

Beim **Sympathie-Nim** oder **Synonim** müssen alle gleichgroßen Haufen auch gleich behandelt werden: verkleinert man einen Haufen um eine bestimmte Anzahl, so muß man alle anderen gleichgroßen Haufen um die gleiche Anzahl verkleinern (d.h. ein Zug kann niemals Veränderungen bei Haufen verschiedener Größe hervorbringen). In der Streifenversion sieht ein Zug so aus: man nimmt *alle* Münzen, die auf demselben Feld liegen, und setzt sie auf irgendein vorhergehendes Feld.

2

0	X	1	2	3	4	5	6	7
X	1	0	X	6	5	4	3	10
1	0	X	X	4	3	6	5	8
2	X	X	X	X	X	X	X	X
3	6	4	X	X	1	7	0	5
4	5	3	X	1	X	0	7	6
5	4	6	X	7	0	X	1	3
6	3	5	X	0	7	1	X	4
7	10	8	X	5	6	3	4	X

3

0	X	1	2	3	4	5	6	7
X	4	5	6	X	0	1	2	11
1	5	X	4	X	2	0	7	6
2	6	4	X	X	1	7	0	5
3	X	X	X	X	X	X	X	X
4	0	2	1	X	X	6	5	8
5	1	0	7	X	6	X	4	2
6	2	7	0	X	5	4	X	1
7	11	6	5	X	8	2	1	X

4

0	X	1	2	3	4	5	6	7
X	3	6	5	0	X	2	1	12
1	6	X	3	2	X	7	0	5
2	5	3	X	1	X	0	7	6
3	0	2	1	X	X	6	5	8
4	X	X	X	X	X	X	X	X
5	2	7	0	6	X	X	3	1
6	1	0	7	5	X	3	X	2
7	12	5	6	8	X	1	2	X

5

0	X	1	2	3	4	5	6	7
X	6	3	4	1	2	X	0	13
1	3	X	6	0	7	X	2	4
2	4	6	X	7	0	X	1	3
3	1	0	7	X	6	X	4	2
4	2	7	0	6	X	X	3	1
5	X	X	X	X	X	X	X	X
6	0	2	1	4	3	X	X	8
7	13	4	3	2	1	X	8	X

Tafel 2.3 $\mathscr{P}$-Positionen bei Antonim von der Form (k, a, b, c) $2 \leq k \leq 5$

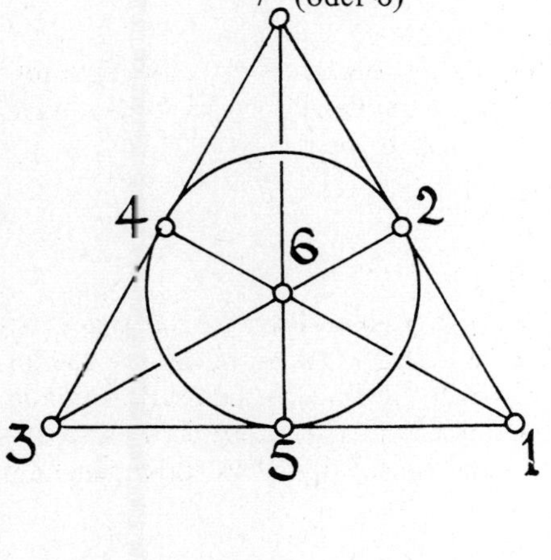

Bild 2.4 Fanos tolle Antonim-Maschine

Mit diesem Spiel brauchen wir uns nicht lange aufzuhalten. Da alle gleichgroßen Haufen auf dieselbe Art und Weise behandelt werden, können wir sie alle zusammen als einen einzigen Haufen auffassen. Ein Zug, der diesen Haufen auf die Größe eines schon existierenden Haufens reduziert, hat die gleiche Wirkung, wie der Zug, welcher den Haufen ganz verschwinden läßt. Wir können deshalb genauso gut sagen, daß die Haufen immer verschieden groß sein müssen, d.h.:

> SYNONIM ist nur ein
> Synonym
> für ANTONIM!

Simonim

Das Spiel **Simonim** wurde von Simon Norton wiederentdeckt. Es ist dasselbe wie Nim mit der zusätzlichen Eigenschaft, daß ein Spieler eine beliebige Anzahl genau gleicher Züge auf einmal machen darf. „Genau gleich“ heißt z.B., daß sie alle eine Zahl *a* zu einer anderen Zahl *b* verkleinern. Es unterscheidet sich von Synonim dadurch, daß man hier *nicht* gezwungen ist, *alle* Haufen einer bestimmten Größe zu verkleinern. Spielt man es mit Münzen auf einem Streifen, so sehen die Regeln so aus: man kann jede Anzahl von Münzen von jedem Feld zu einem anderen – besetzten oder nicht besetzten – bringen. Tafel 2.4 ist etwas schwieriger zu berechnen.

	0	1	2	3	4	5	6	7	8	9	10	11	12	13
0	↓→0	2	1	4	3	6	5	8	7	10	9	12	11	14
1	2	3	0	↓1	→4	7	8	5	6	11	12	9	10	15
2	1	0	4	→3	↓2	8	7	6	5	12	11	10	9	16
3	4	→1	↓3	2	0	9	10	11	12	5	6	7	8	17
4	3	↓4	→2	0	1	10	9	12	11	6	5	8	7	18
5	6	7	8	9	10	11	0	1	2	3	4	↓5	→12	19
6	5	8	7	10	9	0	12	2	1	4	3	→11	↓6	20
7	8	5	6	11	12	1	2	9	0	↓7	→10	3	4	21
8	7	6	5	12	11	2	1	0	10	→9	↓8	4	3	22
9	10	11	12	5	6	3	4	→7	↓9	8	0	1	2	23
10	9	12	11	6	5	4	3	↓10	→8	0	7	2	1	24
11	12	9	10	7	8	→5	↓11	3	4	1	2	6	0	25
12	11	10	9	8	7	↓12	→6	4	3	2	1	0	5	26
13	14	15	16	17	18	19	20	21	22	23	24	25	26	27

Tafel 2.4 $\mathscr{P}$-Positionen bei Simonim mit drei Münzen

Wie gewöhnlich versuchen wir es zunächst mal mit der kleinsten Zahl, welche vorher in der betreffenden Zeile oder Spalte (oder Diagonale, falls der Eintrag auf einer Diagonale liegt) nicht vorgekommen ist. Aber: höchstens ein Eintrag n (i.z. $\vec{n}$) in einer Zeile kann gleich seiner Spalten-Marke sein, und höchstens ein Eintrag m (i.z. $\downarrow m$) in einer Spalte kann gleich seiner Zeilen-Marke sein, und nur der diagonale Eintrag 0 kann gleich seiner Zeilen- *und* Spalten-Marke sein.

Haben Sie Tafel 2.4 ein bis zwei Stunden angestarrt, so werden Sie verschiedene Muster entdecken, welche die Struktur kristallklar erscheinen lassen. Die durchgezogenen Linien kennzeichnen den Abschluß der diagonalen

$$1 \times 1, 5 \times 5, 13 \times 13$$

und i. a.

$$2^n - 3 \times 2^n - 3$$

Teile, welche Lateinische Quadrate bilden. Die mit Pfeilen versehenen Einträge bilden 2 × 2-Kästchen. Verschiedene Teile der Tafel ähneln der Tafel über die Nim-Addition.

Nachdem wir unsere Tafel auf drei Dimensionen erweitert und sie in zwei Dimensionen vergrößert hatten, waren wir in der Lage, eine allgemeine Regel für das 4-Haufen-Simonim herzuleiten. Mit Simons Hilfe konnten wir sie sogar beweisen!

Man teile die positiven ganzen Zahlen in die **Klassen**

$$1, 2-3, 4-7, 8-15, 16-31, \ldots,$$

und transformiere die Simonim-Position dann wie folgt: Man ersetze die Zahl n beim ersten Vorkommen durch n', beim zweiten Vorkommen durch n'', beim dritten Vorkommen durch n'''. Dabei sei

$$n' = \begin{cases} n+3, & \text{wenn diese Zahl in der größten Klasse liegt, welche bei der transformierten Position vorkommt,} \\ n+1, & \text{wenn diese Zahl in der nächstgrößten Klasse liegt, welche bei der transformierten Position vorkommt} \\ n, & \text{sonst} \end{cases}$$

$n'' =$ die größte Zahl in der Klasse vor n' oder die der größten Zahl am nächsten liegende Zahl in dieser Klasse, wenn n bei der ursprünglichen Position der größten Zahl am nächsten ist

$n''' =$ die größte Zahl in der Klasse vor n''.

Die ursprüngliche Position ist bei SIMONIM genau dann eine $\mathcal{P}$-Position, wenn die transformierte Position bei NIM eine solche ist.

REGEL FÜR SIMONIM MIT 4 HAUFEN

Bei der Anwendung dieser Regel ist es am besten, die Zahlen absteigend der Größe nach zu ordnen. Was machen wir mit

n	16	9	4	1?
n'	19	10	4	1,

Wir erhalten (Zeile n'),

bei deren Nim-Summe die 16 vorkommt, weshalb wir es nicht mit einer $\mathscr{P}$-Position zu tun haben. Wir müssen also 16 zu einem Wert x verringern, für den $x + 3$ nicht in der 16-31-Klasse liegt. Man hat dann

n	x	9	4	1
n'	?	12	5	1,

und es muß ? gleich $12 \overset{*}{+} 5 \overset{*}{+} 1 = 8$ sein. Weil 8 in der größten, bei der transformierten Position vorkommenden Klasse liegt, muß

x gleich $8 - 3 = 5$ gelten.

Bearbeiten wir jetzt mal

n	9	9	7	2
n'	12		10	2
n''		7		

Wir bekommen (Zeilen n', n'') Nim-Summe 3.

Wir können die Nim-Summe zu Null machen, indem wir die 2 durch eine 1, die 10 durch eine 9 und die 7 durch eine 4 ersetzen, was zu den Positionen

n	9	9	7	1
n'	12		10	1
n''		7		

	9	9	6	2
	12		9	2
		7		

	9	3	7	2
	12	4	10	2

führt.

Ein wirklich trickreiches Beispiel ist

n	44	33	22	11
n'	47	36	23	11

Nim-Summe 23.

Es ist hoffnungslos, irgendeinen der Nim-Werte 47, 36 oder 11 durch 23 zu ersetzen, während man durch *Wegnehmen* des 22er-Haufens keine $\mathscr{P}$-Position bekommt:

n	44	33	0	11
n'	47	36	0	12

Nim-Summe 7.

Der Trick besteht darin, die beiden kleinen Haufen gleichgroß zu machen:

n	44	33	11	11
n'	47	36	12	
n''				7

Nim-Summe 0.

Fünfer-Treppe

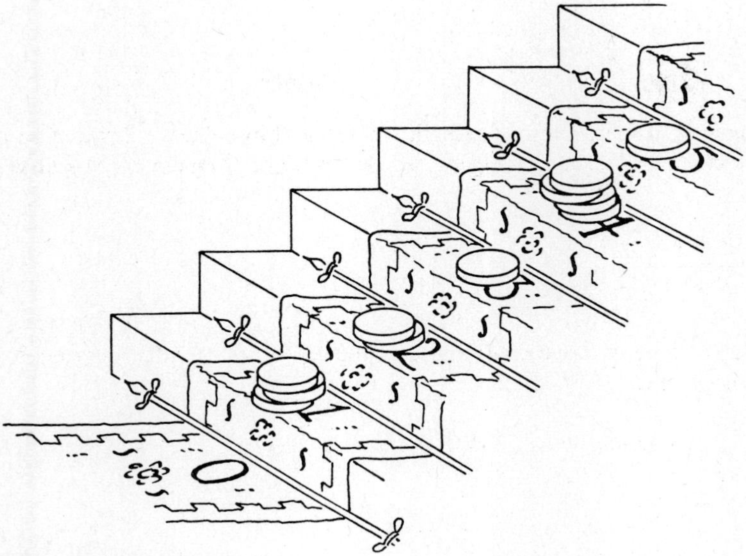

Bild 2.5 Stapel auf Stufen

Man spielt dieses Spiel mit Münzen auf einer Treppe (siehe Bild 2.5). Ein Zug besteht darin, beliebig viele, aber *höchstens fünf* Münzen von einer Stufe auf eine weiter unten gelegenere, *höchstens fünf* Stufen entfernte Stufe zu setzen. Der Sieger ist derjenige, der die letzte Münze auf die unterste Stufe setzt.

Bei 4 Münzen und 5 Stufen hat die „fünfer"-Einschränkung keinen Einfluß mehr, und das Spiel reduziert sich auf Antonim. Eine Untersuchung des oberen 5×5-Teiles der Tafeln 2.1–3 ergibt eine unerwartet einfache Regel:

> Man vertausche im Geiste die Münzen der Stufen 2 und 4. Die Position ist dann genau dann eine $\mathcal{P}$-Position, wenn die Summe der Höhen aller Münzstapel ein Vielfaches von 5 ist.

Sie sollten es also so arrangieren, daß nach Ihrem Zug für den Fall

„*a* Münzen auf 0, *b* auf 1, *c* auf 2, *d* auf 3 und *e* auf 4"

$$0 \cdot a + 1 \cdot b + 4 \cdot c + 3 \cdot d + 2 \cdot e$$

durch 5 teilbar ist.

Die Regel läßt sich auch dann anwenden, wenn man mehr Münzen und Stufen hat, man muß nur die Stufen $5n + 2$ und $5n + 4$ vertauschen.

Zweier-Kegeln

(*„TWOPINS (pronounced „Tuppins“)“*)

ist ein Kegel-Spiel, welches Kegeln (**·77**) und Dawsons Kegeln (**·07**) aus Kapitel 4 (Band 1) verallgemeinert. Diesmal sind die Kegeln in 1er- oder 2er-Spalten aufgestellt, und man hat die gleiche Bedingung wie bei Kegeln: ein zulässiger Zug darf nur 1 oder 2 benachbarte Spalten umwerfen. Aber es gilt zusätzlich, daß es nicht erlaubt ist, nur einen einzigen Kegel zu entfernen.

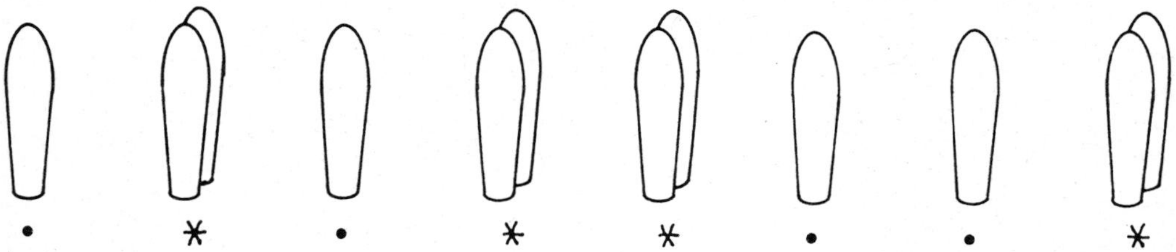

Bild 2.6 Ein Zweier-Kegeln-Spiel

Bei der Diskussion von Zweier-Kegeln-Konfigurationen werden wir die folgenden Bezeichnungen verwenden:

- · für eine 1er-Spalte
- ∗ für eine 2er-Spalte.

Die 2^n möglichen Konfigurationen von n nicht-leeren Zweier-Kegeln-Spalten lassen sich damit durch eine Folge der Länge 2^n von ∗'s und ·'s darstellen. Man sieht sofort:

$$\cdot = 0, \quad \cdot\cdot = \cdot\cdot\cdot = \cdot * = \cdot * \cdot = *, \quad * \cdot * = * + * = 0.$$

Und glücklicherweise haben ∗, ∗∗, ∗∗∗ die Werte ∗, ∗2, ∗3; aber es ist ∗∗∗∗ = ∗. Gott sei Dank benötigen wir die vollständige Liste aller möglichen Folgen, in der jede Folge einzeln auftaucht, nicht. Es gibt nämlich ein paar nützliche Äquivalenzen. Man sieht z.B. leicht, daß sich

~~~~~~∗ · .   ~~~~~~· ·   und   ~~~~~~ ∗

im Spiel genau gleich verhalten, während sich

~~~~~~ ∗ · · ∗ ~~~~~~   genauso verhält wie   ~~~~~~ ∗ ∗ ∗ ~~~~~~

Es gibt auch ein brauchbares **Zweier-Kegeln-Zerlegungs-Theorem**:

~~~~~~ ∗ · ∗ ~~~~~~ = ~~~~~~ ∗ + ∗ ~~~~~~

Diese Ergebnisse führen zu folgenden Annahmen: bei jeder Schlange steht an beiden Enden ein ∗, und Punkte treten in inneren Blöcken der Länge drei oder mehr auf. Außerdem verhält sich die Folge $(*)^n$ genauso wie die Position K_n beim Kegeln, während die Folgen $(\cdot)^n$ und $*(\cdot)^{n-4}*$ die gleichen Eigenschaften haben wie D_n bei Dawsons Kegeln. Man kann die Werte dieser Folgen deshalb aus Kapitel 4 (Band 1) entnehmen. Unser Zweier-Kegeln-Rad (Bild 2.7) liefert die Nim-Werte aller anderen Positionen der Länge 9 oder weniger. Ausgenommen davon ist

∗ · · · ∗ · · · ∗   mit dem Nim-Wert 1.
~~~~~~

Bild 2.7 Ein Zweier-Kegeln-Rad

Unsere Äquivalenzen bleiben alle auch beim misère-Spiel richtig, aber die Einträge beim Zweier-Kegeln-Rad müssen dann nach dem folgenden Schema ausgetauscht werden.

Für	lies	Geschlecht	Für	lies	Geschlecht
0	0	0^1	**0**	2 + 2	0^0
1	1	1^0	**1**	3 + 2	1^1
2	2	2^2	**2**	$k_1 k 3_2 2_2 30$	2^2
3	3	3^3	**3**	$2_2 21 = d$	3^{1431}
4	$2_2 321 = k$	4^{146}	**4**	$3_2 320$	4^{046}
5	$k + 1$	5^{057}	**5**	$kd3_2 210$	5^{3146}

Zweier-Kegeln hat Anwendungen bei Käse-Kästchen (Kapitel 3) und beim

Neutralen Schachteln (kurz: N-Schachteln)

(*„Cram“*)

„Cram“ ist Martin Gardners Bezeichnung für die neutrale Form von Schachteln. Man nennt es auch *„Pluggs“* oder *„Dots and Pairs“*, und es ist verbunden mit den Namen von Geoffrey Mott-Smith, Sol Golomb und John Conway. Es unterscheidet sich nur dadurch von Schachteln (Kapitel 5, Band 1; Martin Gardner nannte es *„Crosscram“*), daß jetzt *beide* Spieler ihre Dominos in *jeder* möglichen Richtung plazieren können. (*„You just cram them in however you can“*!)

Beginnt man mit einem aus einer geraden Anzahl von Feldern bestehenden Rechteck, so gibt es, falls es das Ziel ist, als Letzter zu ziehen, für den zweiten Spieler eine einfache symmetrische Strategie. Es ist deshalb eine gute Idee, festzulegen, daß der Letzte, der zieht, *verliert*, d.h. misère-N-Schachteln zu spielen.

Um zu durchschauen, was vor sich geht, ist es hilfreich, die erreichbaren Bereiche durch Graphen mit Knoten zu ersetzen, wobei die Knoten für benachbarte Felder stehen, welche durch Kanten verbunden sind. So haben wir es auch bei Col (Kapitel 2, Band 1) und Snort (Kapitel 6, Band 1) gemacht.

In dieser Form besteht ein Zug darin, zwei benachbarte Knoten und alle in sie mündenden Kanten verschwinden zu lassen. Man kann also das Spiel mit beliebigen Graphen spielen. Nur die abstrakte Struktur des Graphen ist ausschlaggebend, womit verschieden geformte Bereiche denselben Graphen haben können. Z.B. haben

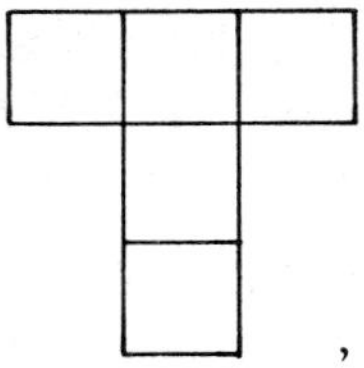 , 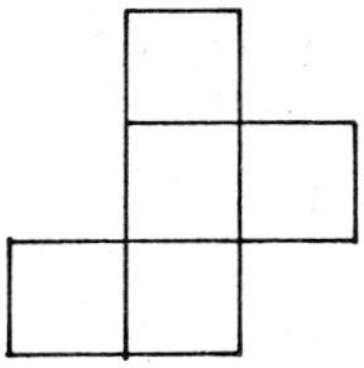 und 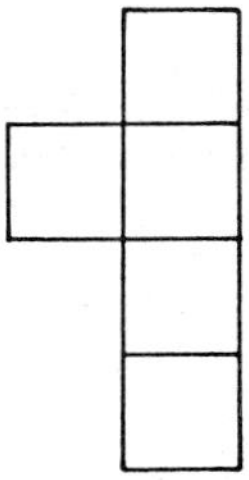 haben den gleichen Graphen: 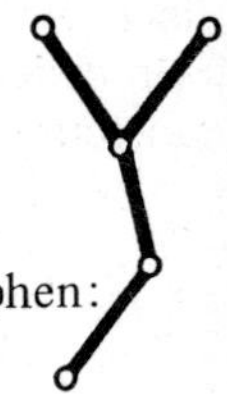

Dieser Graph ist, wie viele andere, eine Raupe. Formal ist eine **Raupe** ein Graph, dessen Körper

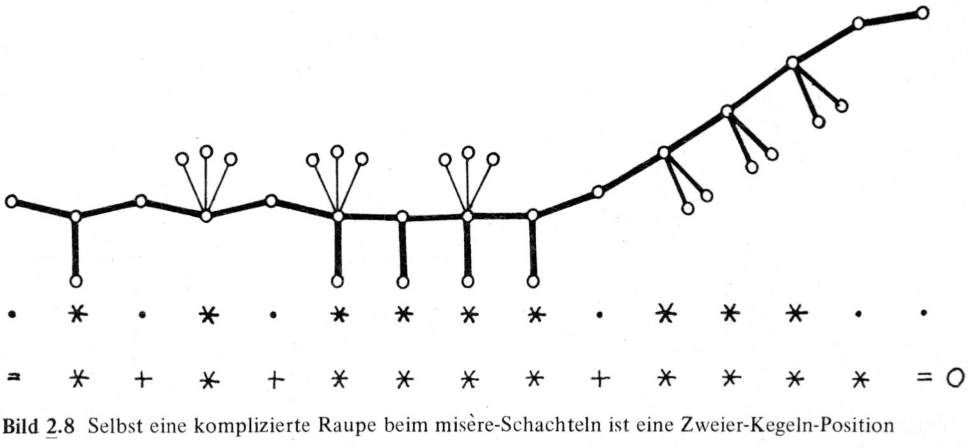

Bild 2.8 Selbst eine komplizierte Raupe beim misère-Schachteln ist eine Zweier-Kegeln-Position

aus einer Kette von Knoten besteht, von denen einige **Quasten** (oder Beine) haben können, d.h., daß 1 oder mehr Kanten zu anderen, isolierten Knoten führen. Glücklicherweise ist auch die komplizierteste Raupe (Bild 2.8) zu einer Zweier-Kegeln-Konfiguration äquivalent, indem man

jeden quastenlosen Körperknoten durch ·,
und jeden mit einer Quaste versehenen durch * ersetzt.

Mit diesen Bezeichnungen gehen unsere Zweier-Kegeln-Äquivalenzen in

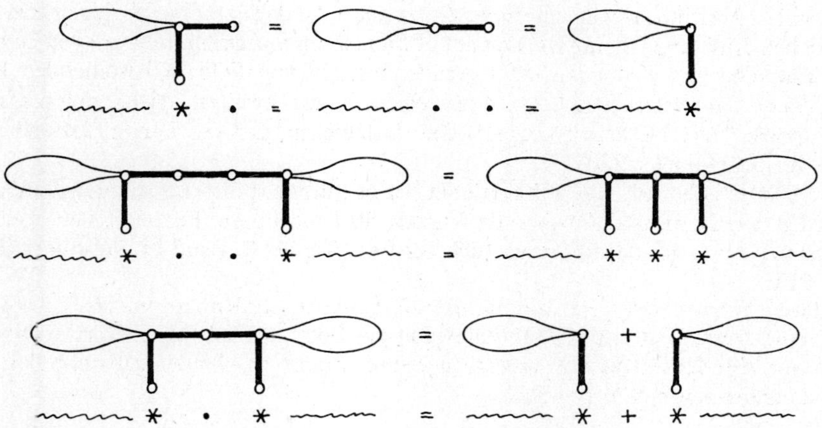

über, wobei wir die letzte dieser Äquivalenzen in einem separaten Bild darstellen wollen, bei dem wir diejenigen Kanten, deren Weglassen den Wert nicht beeinflussen, mit dünnen Linien kennzeichnen.

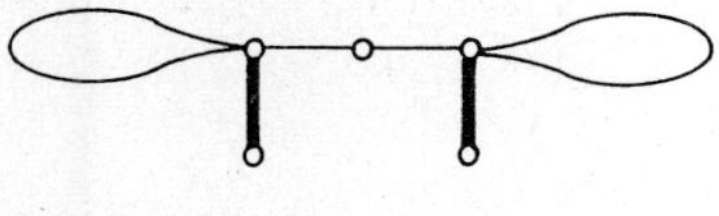

Die Ballons in unseren Bildern müssen nicht raupen-förmig sein, dürfen aber trotzdem zusammentreffen, womit unsere letzte Gleichheit in

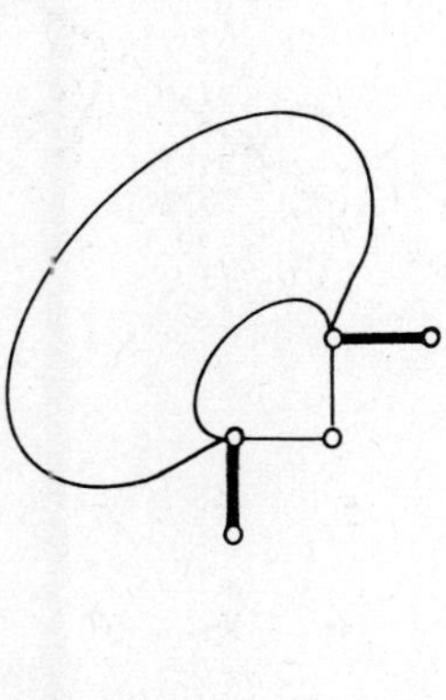

, z.B.

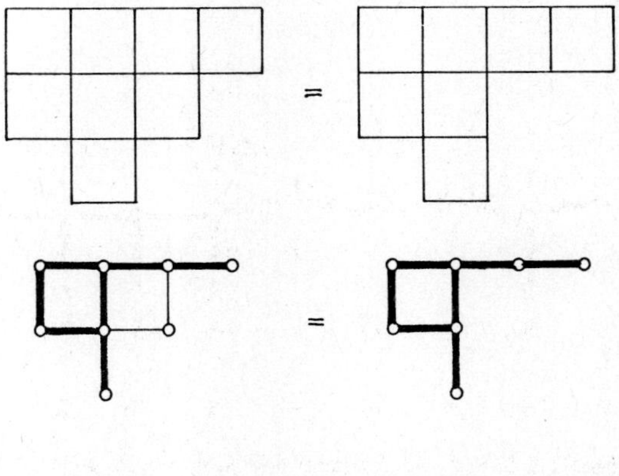

übergeht.

Die Diagramme aus Bild 2.9 besitzen ähnliche Eigenschaften. Z.B. gilt: das Weglassen aller dünnen Kanten eines Diagramms beeinflußt seinen Wert nicht

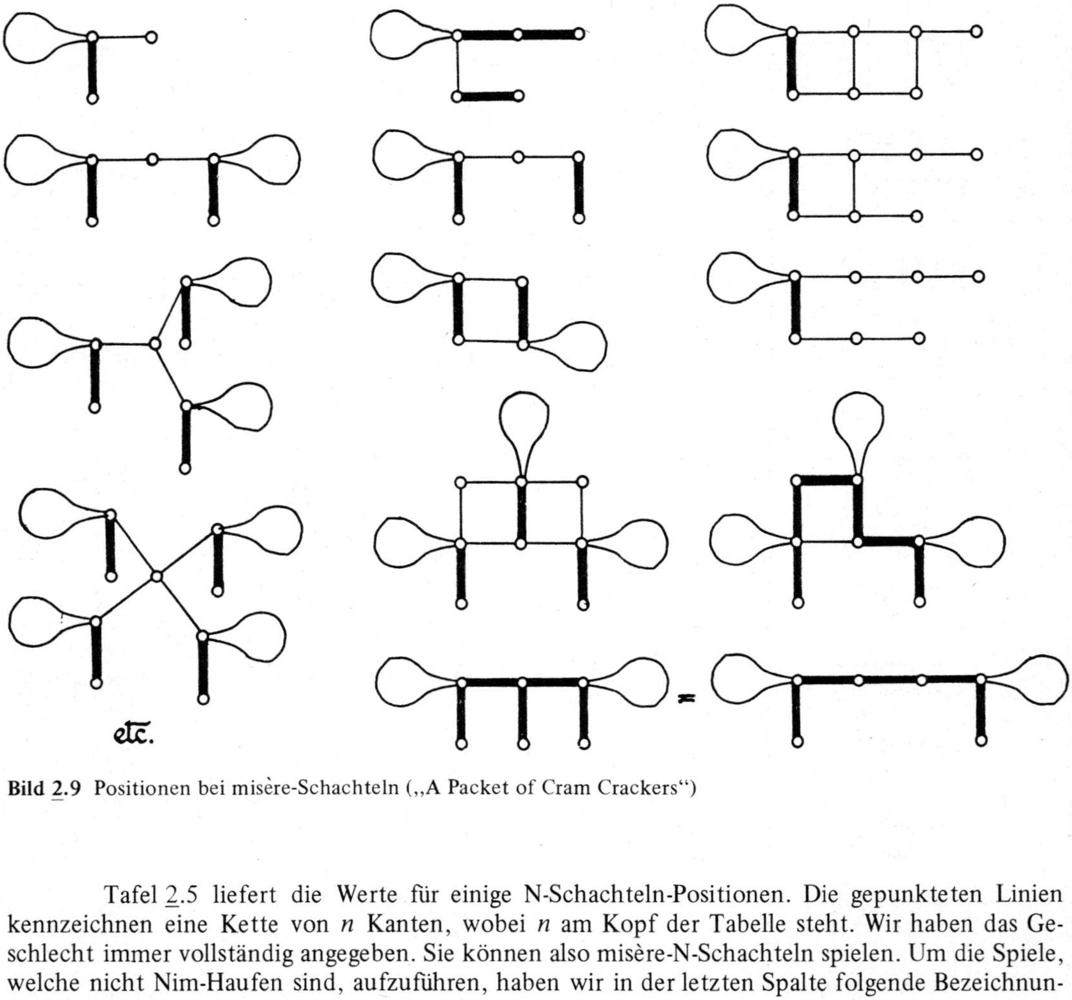

Bild 2.9 Positionen bei misère-Schachteln („A Packet of Cram Crackers")

Tafel 2.5 liefert die Werte für einige N-Schachteln-Positionen. Die gepunkteten Linien kennzeichnen eine Kette von *n* Kanten, wobei *n* am Kopf der Tabelle steht. Wir haben das Geschlecht immer vollständig angegeben. Sie können also misère-N-Schachteln spielen. Um die Spiele, welche nicht Nim-Haufen sind, aufzuführen, haben wir in der letzten Spalte folgende Bezeichnungen verwendet:

k für $2_2 321$ (Position K_5 bei Kegeln)
d für $2_1 21$ (Position D_{10} bei Dawsons Kegeln)
e für $2_2 31$ (erscheint beim *Ex*-Offiziere-Spiel, ·**06**)
f für $2_2 1$ (erscheint bei Flanigans Spiel, ·**34**)

Ein paar andere Werte findet man in Bild 2.10. Speziell die Leiter-Werte kann man sich leicht merken. Sie sind wegen der Bemerkung über Quasten besonders nützlich.

Anzahl der Kanten entlang der gepunkteten Linie	0	1	2	3	4	5	6	Nicht-Nim-Haufen
	1	1	2	0	3	1	1	–
	2	2	3	3	1	2	4^{146}	k
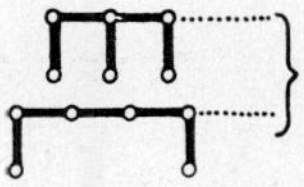	3	3	1	2	4^{146}	3	3	k
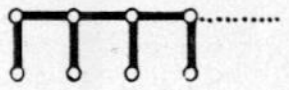	1	1	4^{146}	0	3	5^{057}	2^2	$k, k+1, k_1 k 3_2 2_2 30$
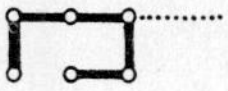	3	3	2	2	0	3	5^{057}	$kd3_2 320$
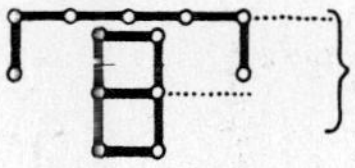	1	1	2	0	3	1	2^{0520}	$k3_2 30$
	0	0	1	1	2	2^{1420}	3	f
	0	3	1	2	2^{1420}	3	5^{3146}	$e, ked3_2 10$
	3	1	2	0	3^{1431}	3	2^{0520}	$d, d+1$
	1	1	2	0	3	1	2^{0520}	$kd3_2 30$
		3	1	0^0	4^{146}	1^1	3	$2_2, k, 3_2$
		1	2	2	3	3^{31}	5^{057}	$kf3_2 210, k+1$
		2	2^{1420}	0	1	1	2	f

Tafel 2.5 Das Geschlecht verschiedener Positionen bei N-Schachteln

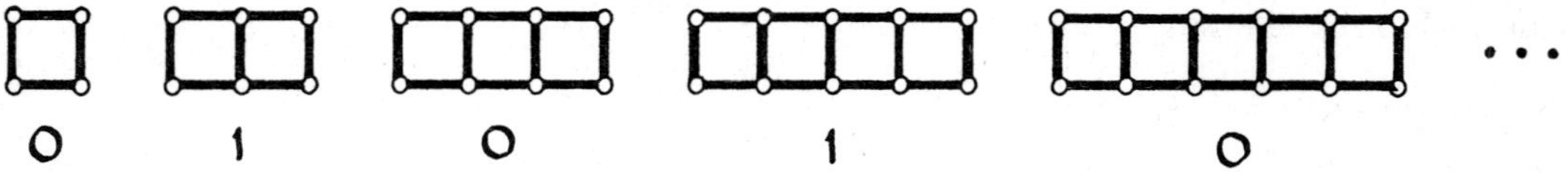

(Die Werte dieser Leitern alternieren und werden durch Addition von bis zu zwei Quasten nicht beeinflußt.)

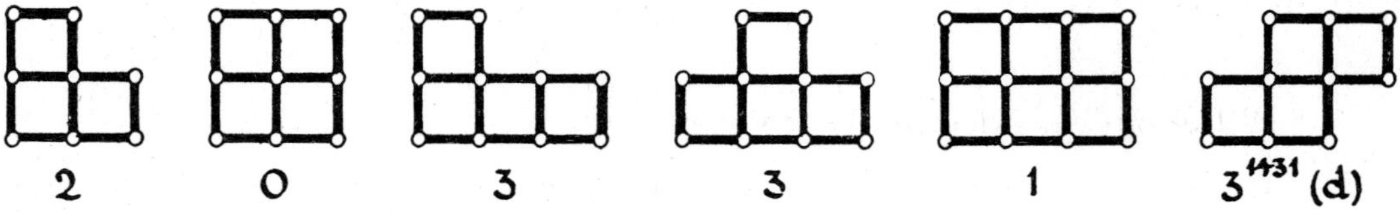

Bild 2.10 Noch ein paar Werte bei N-Schachteln

Welters Spiel

Das ist ein Spiel mit Münzen auf einem Streifen, bei dem auf einem Feld höchstens eine Münze liegen darf, und bei dem jedes Linksverschieben einer Münze auf ein leeres Feld erlaubt ist, auch wenn man dabei andere Münzen überspringt. Die einfachsten Fälle wurden schon von Roland Sprague behandelt, während C. P. Welter viele bemerkenswerte Eigenschaften bei der allgemeinen Theorie aufgedeckt hat. Eine vereinfachte Version der Theorie findet man in ZUS. Wir zeigen Ihnen hier nur, was man herausbekommt, und beschreiben einige neue Entdeckungen.

Für den Nim-Wert einer Position bei Welters Spiel mit Münzen auf k verschiedenen Feldern

$$a, b, c, \ldots$$

schreiben wir

$$[a|b|c|\ldots]_k \quad (\text{„}a \textbf{ welt } b \text{ welt } c \text{ welt } \ldots\text{“}).$$

Wenn über die Anzahl der Glieder kein Zweifel besteht, lassen wir das k meistens weg. Die einfachste Möglichkeit, diese **Welter-Funktion** zu berechnen, ist die **Paarungsmethode**.

Man **paare** diejenigen zwei der k Zahlen, welche kongruent modulo der höchstens Potenz von 2 sind. Danach wähle man nach derselben Regel ein Paar aus den verbliebenen $k-2$ Zahlen, usw. Schließlich haben wir alle Zahlen bis auf möglicherweise eine (die **alte Jungfer**, „the spinster“, s) gepaart, etwa in der Form

$$(a, b), (c, d), \ldots \text{ und möglicherweise } s.$$

Dann gilt

$$[a|b|c|\ldots]_k = [a|b] \overset{*}{+} [c|d] \overset{*}{+} \ldots (\overset{*}{+} s, \text{ wenn } k \text{ ungerade}).$$

Und eine zwei-gliedrige Welter-Funktion kann nach der folgenden Formel ausgewertet werden:

$$[x|y] = (x \overset{*}{+} y) - 1.$$

Es ist z. B.

$$[2|3|5|7|11|13|17|19]_8 =$$
$$= [3|19] \overset{*}{+} [5|13] \overset{*}{+} [7|11] \overset{*}{+} [2|17] =$$
$$= 15 \overset{*}{+} 7 \overset{*}{+} 11 \overset{*}{+} 18 = 17,$$

und es gibt keine alte Jungfer. Aber bei

$$[0|1|4|9|16|25|36] =$$
$$= [4|36] \overset{*}{+} [0|16] \overset{*}{+} [9|25] \overset{*}{+} 1 =$$
$$= \quad 31 \overset{*}{+} 15 \overset{*}{+} 15 \overset{*}{+} 1 = 30$$

sieht man, daß 1 eine alte Jungfer ist. Im letzten Beispiel gibt es zwei gleichgute Paare: (0,16) und (9,25). In so einem Fall ist es egal, welches Paar man zuerst zusammenbringt.

Welter mit vier Münzen ist genau Nim

Haben Sie erst ein paar Spiele gespielt, so werden Sie, wie viele andere Leute, rasch merken, daß für Welters Spiel mit vier Münzen gerade eine Nim-artige Strategie das Richtige ist. Es gilt deshalb

$$[a|b|c|d] = 0 \text{ genau dann, wenn } a \overset{*}{+} b \overset{*}{+} c \overset{*}{+} d = 0.$$

Welters Theorie erklärt das so: sind *a, b* und *c, d* die Paare, so reduzieren sich die obigen Gleichungen auf

$$[a|b] = [c|d] \quad \text{und} \quad a \overset{*}{+} b = c \overset{*}{+} d.$$

Diese sind aber wegen $[x|y] = (x \overset{*}{+} y) - 1$ äquivalent.

Und so geht Welter mit drei Münzen

Liegt einer der vier Münzen auf dem Feld 0, so spielt man mit den anderen in Wirklichkeit gerade ein um 1 Feld verschobenes Welter mit drei Münzen. In Zeichen heißt das

$$[0|a|b|c] = [a-1|b-1|c-1]$$

oder

$$[a|b|c] = [0|a+1|b+1|c+1].$$

Die Welter-Position mit Münzen auf den Feldern 2, 5, 7 ist damit äquivalent zu der Welter- oder Nim-Position mit Münzen auf 0, 3, 6, 8. Diese wird durch Ziehen von 8 nach 5 verbessert, weshalb wir bei der drei-münzigen Position von 7 nach 4 ziehen sollten.

Die Kongruenz Modulo 16

Obwohl die Paarungsmethode das Berechnen der Nim-Werte sehr einfach macht, ist es nicht so leicht, einen Zug zu finden, der den Nim-Wert 0 wiederherstellt. Ist aber die Anzahl der Münzen ein Vielfaches von 4, so stößt man auf einen bemerkenswerten Zusammenhang mit Nim:

$[a\|b\|c\|\ldots]_{4k} \equiv 0 \bmod 16$
genau dann, wenn
$a \overset{*}{+} b \overset{*}{+} c \overset{*}{+} \ldots \equiv 0 \bmod 16.$

Dadurch wird insbesondere folgendes sichergestellt: liegen die $4k$ Münzen auf irgendwelchen der ersten 16 Felder, so sind die $\mathscr{P}$-Position des Welter-Spiels genau die $\mathscr{P}$-Positionen mit verschiedenen Zahlen bei Nim. Welche guten Züge gibt es von

(0, 1, 2, 3, 5, 7, 11, 13) aus ?

Die Zahlen	0	1	2	3	5	7	11	13	Nim-addiert man zu 4,
und bekommt	4	5	6	7	1	3	15	9	indem man zu ihnen 4 Nim-addiert hat.
Aber die Marken	×	×	×	×	×	×	×	√	zeigen, daß nur

die letzte dieser Zahlen zulässig ist (bei allen anderen hat man Erhöhungen der Münzenzahl oder Züge zu schon besetzten Feldern), deshalb ist der einzige gute Zug derjenige von 13 nach 9.

Nehmen wir jetzt mal

	2	3	5	7	11	13	17	19,	Nim-Summe 7,
ergibt	5	4	2	0	12	10	22	20	durch Nim-Addition von 7,
was sich reduziert zu	5	4	2	0	12	10	6	4	modulo 16
	×	×	×		×				

Die einzigen hoffnungsvollen Züge sind deshalb diejenigen von

7 nach 0, 13 nach 10, 17 nach 6 und 19 nach 4.

Aber von den Welter-Funktionen

[2|3|5|0|11|13|17|19], [2|3|5|7|11|10|17|19],
[2|3|5|7|11|13| 6|19], [2|3|5|7|11|13|17| 4]

kann nur die dritte Null werden (man schaue sich den Partner von 17 an, um zu sehen, daß bei der Binär-Entwicklung der anderen Welter-Funktionen eine 16er-Ziffer auftauchen muß). Der einzige gute Zug ist damit der von 17 nach 6.

Was passiert, wenn die Anzahl der Münzen *kein* Vielfaches von 4 ist? Hat man z.B. 6 Münzen etwa auf den Feldern

1, 2, 3, 5, 8, 13,

so kann man sagen, daß es in Wirklichkeit 8 Münzen auf den Feldern

− 2, − 1, 1, 2, 3, 5, 8, 13

eines Streifens sind, bei dem Sie unnatürlicherweise mit der Numerierung bei − 2 beginnen. Numeriert man um indem man wieder bei 0 beginnt, sieht man: die Position

	0	1	3	4	5	7	10	15	mit Nim-Summe 1
führt zu	1	0	2	5	4	6	11	14,	
	×	×		×	×		×		

womit wir diesmal drei gute Züge haben: von

3 nach 2, 7 nach 6, 15 nach 14 mit der neuen Bezeichnungsweise,
oder 1 nach 0, 5 nach 4, 13 nach 12 mit der alten.

Hat man 5 Münzen, etwa auf den Feldern

				2	3	5	7	11,	
so vergrößert man um 3:	0	1	2	5	6	8	10	14,	Nim-Summe 12.
Das führt zu				9	10	4	6	2.	
				×	×		×	×,	
Verkleinert man wiederum um						1		,	

so sieht man: der einzige gute Zug führt von 5 nach 1.

Fries-Muster

Zahlenmuster wie

```
1   1   1   1   1   1   1   1   1   1   1   1   1  ...
  1   2   2   3   1   2   4   1   2   2   3   1  ...
    1   3   5   2   1   7   3   1   3   5   2  ...
      1   7   3   1   3   5   2   1   7   3  ...
    1   2   4   1   2   2   3   1   2   4  ...
  1   1   1   1   1   1   1   1   1   1  ...
```

(bei denen jeder Zahlen-Diamant

$$\begin{matrix} & b & \\ a & & d \\ & c & \end{matrix} \qquad ad = bc + 1 \text{ erfüllt, so daß } d = \frac{bc+1}{a} \text{ gilt)}$$

haben viele wunderbare Eigenschaften. Es gilt z.B.: beginnt man mit zwei aus lauter Einsen bestehenden horizontalen Zeilen, welche durch irgendeinen Zick-Zack-Pfad von dazwischenliegenden Einsen verbunden werden, etwa so:

```
1   1   1   1   1   1   1   1   1   1   1
  1   ?   ?   ?   ?   !   ?   ?   !   .   .
    1   ?   ?   ?   !   ?   ?   ?   !   .
  1   ?   ?   ?   !   ?   ?   ?   !   .   .
    1   ?   ?   ?   !   ?   ?   ?   !   .
      1   ?   ?   !   ?   ?   ?   ?   !   .
        1   1   1   1   1   1   1   1   1
```

dann entdeckt man: sämtliche Einträge sind ganzzahlig, und jedes ! ist eine 1, womit sich das Grundmuster jeweils immer umgedreht wiederholt. Diese Eigenschaften bedeuten, daß Ihre Kinder beim Verbessern Ihrer Rechenkünste viel Spaß haben können. Wollen Sie an dem obigen Beispiel Ihre eigenen Künste überprüfen, so schauen Sie mal bei den Zusätzen nach.

G. C. Shephard hat bemerkt, daß man die Multiplikation durch Addition ersetzen kann, was folgendes bedeutet: jeder Diamant

$$\begin{matrix} & b & \\ a & & d \\ & c & \end{matrix} \qquad \text{erfüllt } (a+d) = (b+c)+1, \text{ so daß } d = b+c+1-a \text{ gilt.}$$

Ersetzt man die anfänglichen Einsen durch Nullen, so hat das sich ergebende Muster

0 0 0 0 0 0 0 0 0 0 0 0 0 ...
0 1 2 4 3 0 1 2 4 3 0 1 ...
0 2 5 6 2 0 2 5 6 2 0 2 ...
0 4 6 4 1 0 4 6 4 1 0 ...
0 1 4 3 2 0 1 4 3 2 0 1 ...
0 0 0 0 0 0 0 0 0 0 0 0 ...

ähnliche Eigenschaften, aber diesmal wiederholt sich das Grundmuster immer genauso.

Wir dachten, es wäre eine gute Idee, statt der gewöhnlichen Addition oder Multiplikation, für die Grundoperation die Nim-Addition zu wählen, und zu unserer großen Überraschung haben wir damit eine neue Methode zur Berechnung der Welter-Funktion gefunden!

Man beginnt mit einer Zeile von Nullen über der auszuwertenden Welter-Position, und arbeitet sich nach unten hin weiter, indem man fordert: jeder Diamant

$$\begin{array}{ccc} & b & \\ a & & d \\ & c & \end{array} \quad \text{erfüllt} \quad (a \overset{*}{+} d) = (b \overset{*}{+} c) + 1, \quad \text{so daß} \quad c = ((a \overset{*}{+} d) - 1) \overset{*}{+} b \quad \text{gilt.}$$

Tritt das Unwahrscheinliche ein, und Sie haben sich nicht verrechnet, so finden Sie die Welter-Funktion im Dreieck ganz unten. Z.B. führt

0 0 0 0 0 0 0 0 0
2 3 5 7 11 13 17 19
0 5 1 11 5 27 1
7 6 14 6 16 8
5 6 12 16 12
4 7 29 11
4 21 5
23 18
17

zur gleichen Lösung wie vorhin. Wir haben uns also wohl nicht verrechnet! Diese Regel ist äquivalent zu der Gleichheit

$$[a|b|\ldots y|z]_{k+1} = [[a|b|\ldots|y]_k|[b|\ldots|y|z]_k] \overset{*}{+} [b|\ldots|y]_{k-1},$$

welche man in ZUS (S. 134) findet (im engl. Orig., ONAG, steht sie auf S. 159).

Obwohl man per Hand auf diese Weise wohl viel mehr Zeit braucht, hat man damit doch für den Fall, daß man seinen Computer das Welter-Spielen beibringen will, eine ziemlich gute Technik parat.

Wie man die Welter-Funktion umkehrt

Angenommen, Sie haben

$$[a|b|c|\ldots] = n$$

ausgewertet, und jetzt eine andere Zahl $n' \neq n$ im Sinn. Dann gibt es eindeutig bestimmte Zahlen

$$a' \neq a, \quad b' \neq b, \quad c' \neq c, \ldots$$

mit

$$\begin{aligned}
&[a'|b|c|\ldots] = n' \\
&[a|b'|c|\ldots] = n' \\
&[a|b|c'|\ldots] = n' \\
&\ldots\ldots\ldots\ldots\ldots
\end{aligned}$$

Ferner kann man zeigen, daß die Gleichung

$$[a|b|c|\ldots] = n$$

richtig bleibt, wenn man eine *gerade* Anzahl von Buchstaben $a, b, c, \ldots, n$ durch die entsprechenden gestrichenen Buchstaben ersetzt. Wir drücken diesen glücklichen Umstand durch die einzelne „Gleichung"

$$\left[\begin{array}{c|c|c|c} a & b & c & \ldots \\ a' & b' & c' & \ldots \end{array}\right] = \begin{array}{c} n \\ n' \end{array}$$

aus. Unter Verwendung dieses Gerade-Vertauschungen-Theorems und der Eigenschaften von Fries-Mustern kann nun Ihr Computer die Welter-Funktion umkehren. Haben Sie z.B. fünf Zahlen mit der Welter-Funktion

$$[a|b|c|d|e] = n,$$

und möchten Sie die Zahlen

$$a', b', c', d', e'$$

mit

$$\left[\begin{array}{c|c|c|c|c} a & b & c & d & e \\ a' & b' & c' & d' & e' \end{array}\right] = \begin{array}{c} n \\ n' \end{array}$$

finden, so müssen Sie folgendes Fries-Muster, bei dem sich n und n' in der untersten Zeile immer abwechseln, vervollständigen,

$$\begin{array}{c}
0 \quad 0 \quad 0 \quad 0 \quad 0 \quad 0 \quad 0 \quad 0 \quad 0 \quad 0 \quad 0 \\
a \quad b \quad c \quad d \quad e \quad a' \quad b' \quad c' \quad d' \quad e' \\
\swarrow \quad \swarrow \quad \swarrow \quad \swarrow \quad \nearrow \quad \nearrow \quad \nearrow \quad \nearrow \quad \nearrow \\
\swarrow \quad \swarrow \quad \swarrow \quad \nearrow \quad \nearrow \quad \nearrow \quad \nearrow \quad \nearrow \\
\swarrow \quad \swarrow \quad \nearrow \quad \nearrow \quad \nearrow \quad \nearrow \quad \nearrow \\
\swarrow \quad \nearrow \quad \nearrow \quad \nearrow \quad \nearrow \quad \nearrow \\
n \quad n' \quad n \quad n' \quad n \quad n'
\end{array}$$

wobei Sie immer in Richtung der angegebenen Pfeile vorgehen sollten.

Um die guten Züge von der Position

1 4 9 16 25

aus zu finden, müssen wir eine Zahl austauschen, um die Welter-Funktion zu Null zu machen. Die Überlegung

0 0 0 0 0 0 0 0 0 0 0 0 0

1 4 9 16 25 36 33 12 13 28 1 4

4 12 24 8 60 4 44 0 16 28 4

3 26 31 42 19 6 39 2 23 22

20 28 60 4 16 12 36 4 28

29 0 29 0 29 0 29 0

(wobei die beiden ganz rechts stehenden Diagonalen nur zur Überprüfung gedacht sind) zeigt

$$\left[\begin{array}{c|c|c|c|c} 1 & 4 & 9 & 16 & 25 \\ 36 & 33 & 12 & 13 & 28 \end{array}\right] = \begin{matrix} 29 \\ 0, \end{matrix}$$

womit der einzige gute Zug von 16 nach 13 führt.

Abakus-Positionen

Eines Tages haben wir „nur mal so" folgendes unendliche Fries-Muster aufgeschrieben:

… 0 0 0 0 0 0 0 0 **0** 0 0 0 0 0 0 0 0 …

… 14 12 10 8 6 4 2 **0** 1 3 5 7 9 11 13 15 …

… 1 5 1 13 1 5 1 **0** 1 5 1 13 1 5 1 …

… 15 9 3 13 7 1 **0** 1 0 6 12 2 8 14 …

… 0 8 0 8 0 1 **0** 1 0 8 0 8 0 …

… 14 4 10 0 1 **0** 1 0 1 11 5 15 …

… 1 13 1 0 1 **0** 1 0 1 13 1 …

… 15 1 0 1 **0** 1 0 1 0 14 …

… 0 1 0 1 **0** 1 0 1 0 …

… … … … … … … … … …

welches uns an eine Folge von Gleichungen denken ließ:

$$\begin{bmatrix} 0 \\ 1 \end{bmatrix} = \begin{matrix} 0 \\ 1 \end{matrix} \quad \left[\begin{array}{c|c} 2 & 0 \\ 1 & 3 \end{array}\right] = \begin{matrix} 1 \\ 0 \end{matrix} \quad \left[\begin{array}{c|c|c} 4 & 2 & 0 \\ 1 & 3 & 5 \end{array}\right] = \begin{matrix} 1 \\ 0 \end{matrix} \quad \left[\begin{array}{c|c|c|c} 6 & 4 & 2 & 0 \\ 1 & 3 & 5 & 7 \end{array}\right] = \begin{matrix} 0 \\ 1 \end{matrix} \cdots$$

$$\cdots \left[\begin{array}{c|c|c|c|c|c|c|c} 14 & 12 & 10 & 8 & 6 & 4 & 2 & 0 \\ 1 & 3 & 5 & 7 & 9 & 11 & 13 & 15 \end{array}\right] = \begin{matrix} 0 \\ 1 \end{matrix} \cdots$$

Da wir jede ungerade Anzahl von Paaren

$(a, a'), (b, b'), (c, c'), \ldots, (n, n')$

vertauschen können, lassen sich diese Gleichungen so umordnen, daß man

$$\begin{bmatrix} 0 \\ 1 \end{bmatrix} = \left[\begin{array}{c|c} 0 & 1 \\ 3 & 2 \end{array}\right] = \left[\begin{array}{c|c|c} 0 & 1 & 2 \\ 5 & 4 & 3 \end{array}\right] = \left[\begin{array}{c|c|c|c} 0 & 1 & 2 & 3 \\ 7 & 6 & 5 & 4 \end{array}\right] = \left[\begin{array}{c|c|c|c|c} 0 & 1 & 2 & 3 & 4 \\ 9 & 8 & 7 & 6 & 5 \end{array}\right] = \cdots = \begin{matrix} 0 \\ 1 \end{matrix}$$

bekommt.

Aus bestimmten Gründen haben wir beim Anblick der Gleichung

$$\begin{bmatrix} 0 & 1 & 2 & 3 & 4 \\ 9 & 8 & 7 & 6 & 5 \end{bmatrix} = \begin{matrix} 0 \\ 1 \end{matrix}$$

an unser Abakus (siehe Bild 2.11) gedacht, und deshalb die Positionen, welche durch die Gleichung

$$\begin{bmatrix} 0 & 1 & 2 & \ldots & k-3 & k-2 & k-1 \\ 2k-1 & 2k-2 & 2k-3 & & k+2 & k+1 & k \end{bmatrix}_k = \begin{matrix} 0 \\ 1 \end{matrix}$$

ausgewertet werden, k-münzige **Abakus-Positionen** genannt. Die Gleichung

$$[9|1|2|6|5]_5 = 1$$

repräsentiert somit eine 5-münzige Abakus-Funktion mit Welter-Funktion (oder Nim-Wert) 1.

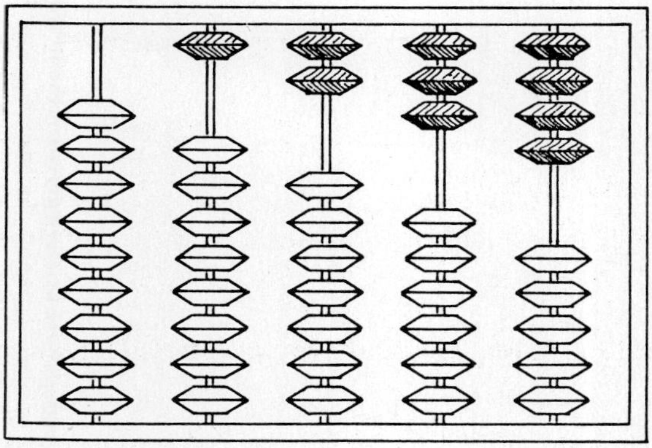

Bild 2.11 „Swanpan"

Die Abakus-Strategie

Wir können für Abakus-Positionen eine explizite Strategie angeben. Die mutmaßliche Gleichung

$$[a|b|c|\ldots]_k = 0$$

repräsentiere eine der Abakus-Positionen, von denen wir glauben, daß sie die Welter-Funktion 0 besitzen. Man definiere

$$a' = 2k - 1 - a, \quad b' = 2k - 1 - b, \quad c' = 2k - 1 - c, \ldots,$$

und beachte, daß wir eine gerade Anzahl von

$$a > a', \quad b > b', \quad c > c', \ldots$$

haben. Nun nehme man an, daß der Gegner denjenigen Zug macht, welcher a durch x ersetzt. Da jede Zahl $\leqslant 2k - 1$ bei der Auflistung der

$$a, a', b, b', c, c', \ldots$$

vorkommt, muß x eines der

$$a', b', c', \ldots$$

sein,

etwa b' oder a'. Ist $x = b'$, so muß

$$a > b', \quad \text{und} \quad \text{damit} \quad b > a'$$

sein, und wir können mit einem Zug von b nach a' antworten, da

$$[b' | a' | c | \ldots]_k = 0$$

eine einfachere Abakus-Position darstellt. Ist $x = a'$, so gilt $a > a'$, und es gibt deshalb eine *ungerade* Anzahl von

$$b > b', c > c', \ldots .$$

Wir können also mit einem der Züge

$$b \text{ nach } b', \ c \text{ nach } c', \ldots$$

antworten. Eine ähnliche Strategie zeigt: repräsentiert

$$[a | b | c | \ldots]_k = 1$$

eine der Abakus-Positionen mit mutmaßlicher Welter-Funktion 1, so können wir auf jeden Zug des Gegners, ausgenommen dem letzten, mit einem Zug zu einer weiteren derartigen Position antworten.

Die misère-Form von Welters Spiel

Unsere oben gemachten Bemerkungen zeigen nicht nur, daß Abakus-Positionen tatsächlich die mutmaßlichen Nim-Werte 0 und 1 besitzen, sondern in Wirklichkeit, daß sie gerade bei der misère-Form von Welters Spiel äquivalent zu Nim-Haufen der Größe 0 und 1 sind, denn man sieht leicht: von jeder Abakus-Position (welche keine Endposition ist) aus gibt es einen Zug zu einer Abakus-Position vom jeweils anderen Wert. In der Sprache von Kapitel 2, Band 5, heißt das:

jede Abakus-Position ist *launisch*,

denn Nim-Haufen der Größe 0 und 1 kehren den Spielausgang um, wenn man vom üblichen Spiel zur misère-Form übergeht.

Auf der anderen Seite gilt:

jede *Nicht*-Abakus-Position ist *solide*.

Und dieses Resultat liefert:

Welters Spiel ist wirklich zahm!

Es genügt zu zeigen: können wir von einer *Nicht*-Abakus-Position

$$(x, b, c, \ldots)$$

zu einer Abakus-Position

$$(a, b, c, \ldots)$$

ziehen, so hätten wir auch zu einer Abakus-Position vom entgegengesetzten Wert ziehen können. Aber mit unseren früheren Bezeichnungen gilt: ist $x > a'$, so können wir nach

$$(a', b, c, \ldots)$$

ziehen. Sonst muß $x < a'$ gelten, denn

$$(a', b, c, \ldots)$$

ist eine Abakus-Position. Da die Werte

$$a, a', b, b', c, c', \ldots$$

alle Zahlen $\leqslant 2k - 1$ enthalten, können wir etwa $x = b'$ annehmen, womit

$$b' < a' \quad \text{und somit} \quad a < b$$

gilt. Wir hätten also nach

$$(b', a, c, \ldots)$$

ziehen können.

> Beabsichtigen Sie, bei Welters Spiel zu *verlieren*, so sollten Sie so spielen, als wollten Sie gewinnen, bis diese Strategie Sie zu dem Punkt führt, an dem Sie zu einer Abakus-Position ziehen müßten; hier sollten Sie stattdessen zu einer Abakus-Position der entgegengesetzten Art ziehen.

T. H. O'Beirne hat die misère-Form von Welters Spiel ebenfalls untersucht. Aber unsere vollständige Analyse, welche unabhängig zu den gleichen Ergebnissen wie denjenigen von Yamasaki führt, zeigt, daß seine einfache Regel nur bei sehr kleinen Zahlen anwendbar sind.

Kotzigs Nim

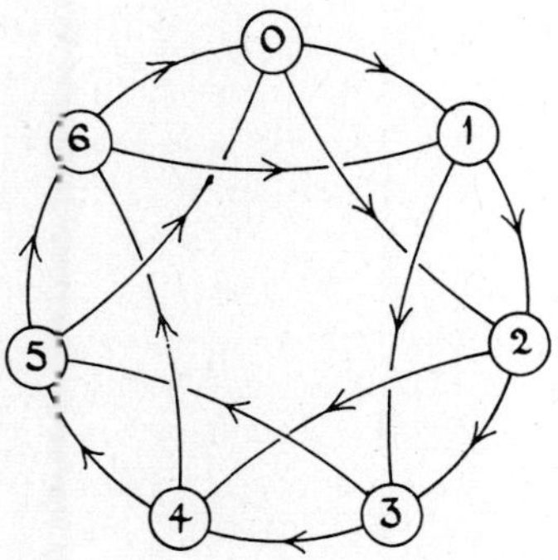

Bild 2.12
Kotzigs Nim auf einem 7er-Streifen mit der Zug-Menge $\{1, 2\}$

Man spielt es mit Münzen, die auf eine zu einem Kreis geschlossenen Streifen gesetzt werden. Man beginnt mit dem Setzen einer Münze auf irgendein Feld. Danach legt jeder an der Reihe befindliche Spieler eine weitere Münze auf den Streifen, und zwar so, daß sie genau m Felder von der zuletzt placierten Münze entfernt liegt. Man geht dabei im Uhrzeigersinn vor. m hat man aus einer vorher bestimmten **Zug-Menge** zu wählen. Verloren hat man, wenn jedes Feld, auf welches man setzen könnte, schon belegt ist (es ist nicht erlaubt, zwei oder mehr Münzen auf ein Feld zu legen). Bild 2.12 stellt den gerichteten Graphen (damit hat Anton Kotzig das Spiel ursprünglich beschrieben) dar, welcher diejenigen aufeinanderfolgenden Felder zeigt, die man besetzen kann, wenn die Zug-Menge gleich $\{1, 2\}$ ist und man auf einem Streifen mit 7 Feldern spielt. Was ist dann los?

Aus Symmetriegründen können wir annehmen, daß der erste Spieler auf die 0 setzt. Er kann dann so gewinnen:

2.	1.	2.	1.	2.	1.
1?	3!	~	6!		
2?	4!	5?	6	1	3.
		6?	1	3	5.

Das Zeichen ~ bedeutet „irgendein zulässiger Zug". Gibt es mehrere Zugmöglichkeiten, so schreiben wir ! oder ?, je nach dem, ob man mit dem betreffenden Zug gewinnt oder verliert. Die anderen Züge sind zwingend.

Besteht die Zug-Menge nur aus einem Zug, etwa m, so ist das Spiel nur eine Version von „Sie-liebt-mich-sie-liebt-mich-nicht". Denn hat der Streifen n Felder, so gibt es genau n/d Zugmöglichkeiten, wobei d der g.g.T. von n und m ist. Also: ist n/d gerade, gewinnt der zweite Spieler, ist es ungerade, so der erste.

Bei der Zugmenge $\{1, 2\}$ sind fast alle Werte von n $\mathscr{P}$-Positionen; ausgenommen sind die Fälle $n = 1, 3$ und 7. Daß $n = 7$ eine $\mathscr{N}$-Position ist, haben wir schon gesehen; man überprüft leicht, daß dies auch für $n = 1$ und $n = 3$ gilt. Jetzt kommt eine Strategie für den zweiten Spieler, die in allen anderen Fällen anwendbar ist:

	1.	2.	1.	2.	1.	2.		2.	1.	2.	1.	2.
$n = 3k+2\ (k \geqslant 0)$	0?	1!	~	4!	~	7!	~ ... ~	$(3k+1)$!				
$n = 3k\ (k \geqslant 2)$	0?	2!	3?	4!	~	7!	~ ... ~	$(3k-2)$!	$3k-1$	1		
			4?	5!	~	8!	~ ... ~	$(3k-1)$!	1	3		
$n = 3k+1\ (k=1, k \geqslant 3)$	0?	2!	3?	5!	~	8!	~ ... ~	$(3k-1)$!	$3k$	1		
			4?	6!	7?	8!	~ ... ~	$(3k-1)$!	$3k$	1	3	5
					8?	9!	~ ... ~	$(3k)$!	1	3	5	7

(im letzten Fall, $k = 1$, ist der Zug 4 unzulässig, das Spiel sieht deshalb so aus: 0?2!31).

Wir haben uns ziemlich an Spiele gewöhnt, die sich, bis auf einige Ausnahmen am Anfang, nach einer bestimmten Zeit regulär verhalten. Ist die Zug-Menge gleich $\{1, 3\}$, so ist das Spiel *exakt* periodisch mit Periode 6. Die $\mathscr{N}$-Positionen sind genau die mit $n \equiv 1$ oder 3 mod 6. Nun zu Richard Nowakowskis Begründung.

Ist n gerade, so setzt er erste Spieler seine Münzen immer auf gerade Felder. Somit gewinnt also der zweite Spieler, denn für diesen ist der Zug $m = 1$ immer erreichbar.

Für ungerades n gilt bei der ersten Runde entlang des Streifens: antwortet ein Spieler A auf eine auf p placierte Münze mit einer Münze auf $p + 1$, so gewinnt der andere Spieler, indem er eine Münze auf $p + 2$ setzt (so lange $p + 2 < n$ gilt!), und A ist bei der nächsten Runde blockiert. Somit verwenden beide Spieler den Zug $n = 3$ so lange es geht.

Ist also $n \equiv 3 \bmod 6$, so erreicht der erste Spieler $n-3$, was den zweiten Spieler zu $n-2$ zwingt, der dem ersten wiederum $n-1$ hinterläßt, welcher bei der nächsten Runde gewinnt.

Ist $n \equiv 1 \bmod 6$, so erreicht der erste Spieler $n-1$. Bei der zweiten Runde sind beide Spieler dazu gezwungen, auf Felder $p \equiv 2 \bmod 3$ zu setzen; bei der letzten Runde müssen sie auf Felder $p \equiv 1 \bmod 3$ setzen. Weil n ungerade ist, gewinnt der erste Spieler.

Ist $n \equiv 5 \bmod 6$, so gewinnt der zweite Spieler, da er bei der ersten Runde bei $n-2$ anlangt. Der erste Spieler setzt nun auf $n-1$ oder 1, und die entsprechenden, zum Sieg führenden Antworten sind 2 und 4.

Für die Zug-Menge $\{2, 3\}$ überlassen wir es dem Leser, folgendes zu zeigen:

$n \equiv 0$, 1 und 4 mod 5 sind $\mathscr{P}$-Positionen, *ausgenommen* sind $n = 1$, 5 und 11,
$n \equiv 2$ und 3 mod 5 sind $\mathscr{N}$-Positionen, *ausgenommen* ist $n = 2$.

Omar wird auch bestätigen, daß für die Zug-Menge $\{1, 2, 3\}$ folgendes gilt:

die $\mathscr{P}$-Positionen sind $n \equiv 0$, 1, 2 mod 4, ausgenommen $n = 1$ und 5,
die $\mathscr{N}$-Positionen sind $n \equiv 3$ mod 4, ausgenommen $n = 7$;

und er wird sich daranmachen, kompliziertere Zug-Mengen zu untersuchen.

Fibonacci-Nim

Angenommen, Sie spielen nur mit einem Haufen Chips, und der erste Spieler darf so viele Chips wegnehmen, wie er will, nur nicht den ganzen Haufen. Danach dürfen beide Spieler höchstens zweimal soviel wegnehmen wie der Vorgänger. Wer gewinnt?

Es stellt sich heraus, daß $\mathscr{P}$-Positionen Haufen mit einer Fibonacci-Anzahl

$$u_1 = u_2 = 1,\ u_3 = 2,\ u_4 = 3,\ u_5 = 5,\ 8,\ 13,\ 21,\ 24,\ 55,\ 89, \ldots$$

von Chips sind. Zeckendorf hat ein bemerkenswertes Theorem bewiesen, welches besagt, daß jede ganze Zahl *eindeutig* als Summe *nicht-benachbarter* Fibonacci-Zahlen darstellbar ist, z.B.

$$54 = 34 + 13 + 5 + 2.$$

Besteht der Haufen aus einer *Nicht*-Fibonacci-Anzahl von Chips, so kann der nachfolgende Spieler gewinnen, indem er die Summe irgendeiner Anzahl von kleinen Termen einer solchen Darstellung wegnimmt. Dabei ist noch vorauszusetzen, daß die Summe dieser Terme *kleiner ist als die Hälfte* des nächstgrößeren Terms. Aus einem 54er-Haufen sollte man z.B. 2 wegnehmen, aber nicht $2 + 5 = 7$, dann nimmt der Gegner nämlich 13.

Allgemeiner eingeschränktes Nim

Angenommen, man ändert die Regeln wie folgt: statt

„dürfen höchstens zweimal soviel wegnehmen wie"

sagt man

„dürfen weniger als zweimal soviel wegnehmen wie".

Macht das einen großen Unterschied? Es ist reichlich seltsam, aber wir bekommen das gleiche heraus, als hätten wir die Regeln so verändert:

„dürfen nicht mehr wegnehmen als".

Ist die Anzahl der Chips eine 2er-Potenz, so hat man in jedem Fall eine $\mathscr{P}$-Position; ansonsten kann der nachfolgende Spieler dadurch gewinnen, daß er die höchste 2er-Potenz wegnimmt, welche die Anzahl der Chips teilt.

Sagen die Regeln

„dürfen weniger wegnehmen als",

so hat man natürlich sofort gewonnen, wenn man nur einen Chip wegnimmt, denn der Gegner kann dann nicht mehr ziehen. Das ist ein verstecktes „sie-liebt-mich-immerfort".

Es gibt zwei ganze Serien derartiger Spiele, deren Regeln besagen:

„dürfen weniger als k-mal soviel wegnehmen wie"

bzw.

„dürfen höchstens k-mal soviel wegnehmen wie".

Für die „weniger als"-Spiele erfüllt die Folge $\{a_n\}$ der $\mathscr{P}$-Positionen folgende Gleichung

$$a_{n+1} = a_n + a_{n-l}, \quad n \geqslant n_l,$$

und für die „höchstens"-Spiele gilt

$$a_{n+1} = a_n + a_{n-m}, \quad n \geqslant n_m,$$

wobei l, m, n_l und n_m mit der folgenden Tabelle zu bestimmen sind:

k = 1	2	3	4	5	6	7	...
l = –	0	2	5	7	10	13	...
m = 0	1	3	5	7	10	13	...
n_l = –	2	5	13	14	23	28	...
n_m = 2	3	6	9	11	19	24	...

Um mit der üblichen Indizierung der Fibonacci-Zahlen nicht in Kollision zu geraten, beginnen wir jede Folge mit $a_2 = 1$. Die „weniger als"-Folgen gehen so weiter:

$$a_i = i - 1 \quad (2 \leqslant i \leqslant k+1), \qquad a_i = 2i - k - 2 \quad (k+1 \leqslant i \leqslant (3k+2)/2), \ldots,$$

und die „höchstens"-Folgen so:

$$a_i = i - 1 \quad (2 \leqslant i \leqslant k+2), \qquad a_i = 2i - k - 3 \quad (k+2 \leqslant i \leqslant (3k+5)/2), \ldots.$$

Aber mit wachsendem k dauert es immer länger, bis die Folgen absinken. Falls Omar uns bis hierher begleitet hat, wird er zweifellos genau erkennen, wie sich diese Folgen und die obige Tabelle fortsetzen.

Epsteins Setze-oder-nimm-ein-Quadrat-Spiel

Dieses Spiel wird auch nur mit einem Haufen gespielt. Bei jedem Zug gibt es nur zwei Möglichkeiten: entweder man nimmt die größtmögliche quadratische Anzahl von Chips weg oder legt sie dazu („größtmöglich" heißt „größte Quadratzahl im Haufen"). Ist z.B. die Haufengröße selber eine Quadratzahl verschieden von Null, so kann der jetzt folgende Spieler gewinnen, indem er den ganzen Haufen verschwinden läßt.

Es handelt sich hier um ein Spiel mit Schleifen! Beginnen wir mit einem 2er-Haufen, so bestehen die zulässigen Züge aus dem Addieren oder Subtrahieren von 1. Der erste Spieler wird 1 nicht wegnehmen, da er sonst eine Quadratzahl hinterläßt; er addiert deshalb 1, was 3 ergibt. Aus demselben Grund *addiert* der Gegner *nicht* 1, sondern nimmt 1, und das Spiel ist damit unschlüssig.

Aber 5 ist eine $\mathscr{P}$-Position, denn sowohl $5+4$ als auch $5-4$ sind Quadrate! Und $4\times 5 = 20$, $9\times 5 = 45$, $16\times 5 = 80$ sind auch $\mathscr{P}$-Positionen; warum ist 125 keine? Eine etwas interessantere $\mathscr{P}$-Position ist 29. Der Spieler, der jetzt an der Reihe ist, wird 25 nicht *subtrahieren*, aber wenn er 25 addiert, so ergibt das 54, der Gegner kann also zu 5 ziehen, und damit gewinnen.

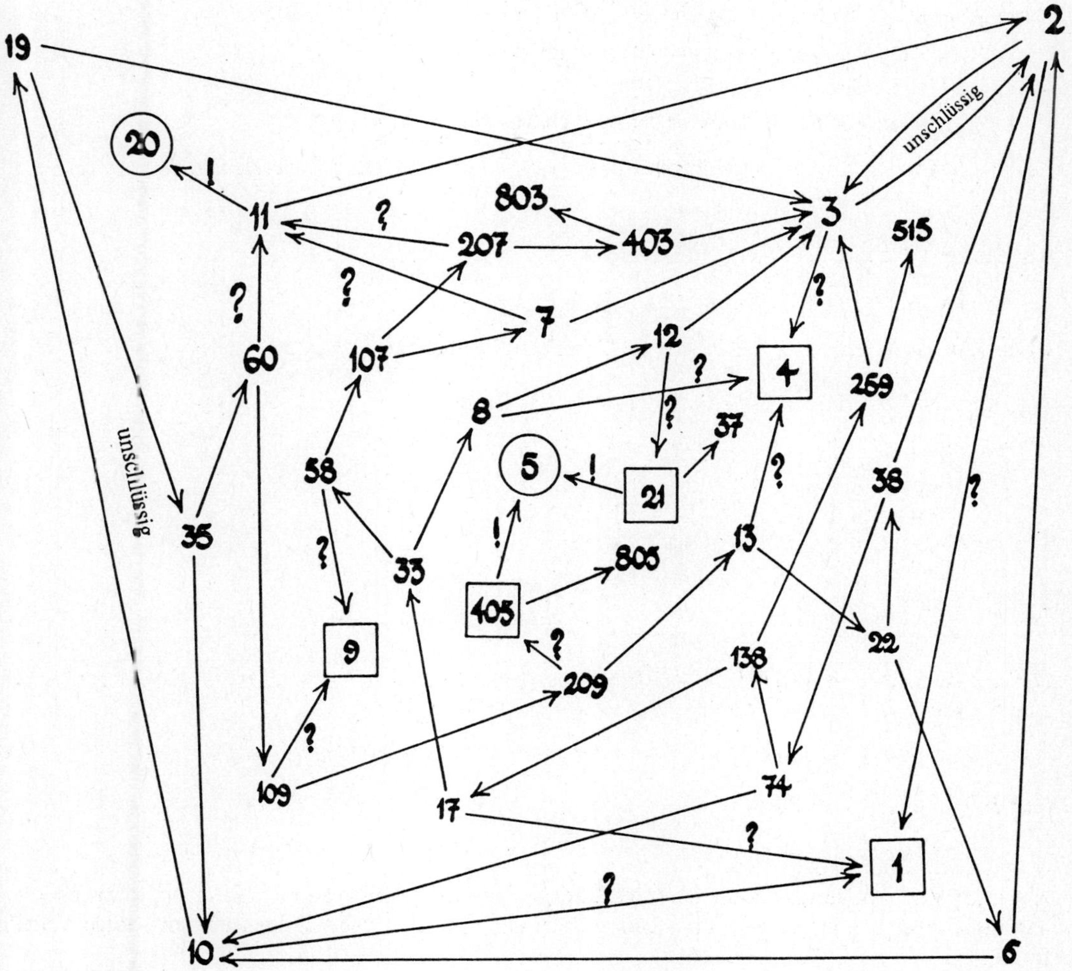

Bild 2.13 Partielle Analyse eines 10er-Haufens

Bild 2.13 zeigt Teile der Analyse des Spieles, welches man bei 10 beginnt. Führen Sie die Zeichnung weiter, so werden Sie bald merken, warum wir nicht die vollständige Analyse von Epsteins Spiel bringen. Quadrate und andere $\mathscr{P}$-Positionen sind quadratisch eingerahmt, während $\mathscr{N}$-Positionen eingekreist sind.

Es folgt eine Liste aller $\mathscr{P}$-Positionen unterhalb von 5000 mit einer Weite $\leqslant 14$ und einiger interessanterer $\mathscr{N}$-Positionen.

$\mathcal{P}$-Positionen	$\mathcal{N}$-Positionen
Weite 0 : 0	*Weite* 1 : all squares
Weite 2 : 5, 20, 45, 80, 145, 580, 949, 1305, 1649, 2320, 3625, 4901, 5220, …	*Weite* 3 : 11, 14, 21, 30, 41, 44, 54, 69, 86, 105, 120, 126, 141, 149, 164, 174, 189, 216, 291, …
Weite 4 : 29, 101, 116, 135, 165, 236, 404, 445, 540, 565, 585, 845, 885, 909, 944, 954, 975, 1125, 1310, 1350, 1380, 1445, 1616, 1654, 1669, 2325, 2340, 2405, 2541, 2586, 2705, 3079, 3150, 3185, 3365, 3380, 3405, 3601, 3630, 3705, 4239, 4921, 4981, 5225, 5265, …	*Weite* 5 : 52, 71, 84, 208, 254, 284, 296, 444, …
Weite 6 : 257, 397, 629, 836, 1177, 1440, 1818, 1833, 1901, 1937, 1988, 2210, 2263, 2280, 2501, 2516, 2612, 2845, 2861, 3039, 3188, 3389, 3621, 3654, 3860, 4053, 4105, 4541, 4693, 4708, 4813, 4930, …	*Weite* 7 : 136, 436, 1291, …
Weite 8 : 477, 666, 5036, …	*Weite* 9 : 252, 342, …
Weite 10 : 173, …	*Weite* 11 : 92, …
Weite 12 : 3341, 3573, 3898, 4177, 4229, 4581, …	*Weite* 13 : 1809, 1962, …
Weite 14 : 1918, …	…………
…………	

Wenn Sie wissen wollen, wie man von einem 92er-Haufen aus gewinnt, so werfen Sie einen Blick in die Zusätze. Die misère-Version des Spieles ist uninterssant, da der vergrößernde Zug immer möglich ist.

„Tribulations" und „Fibulations"

Was ist, wenn wir mal statt der Quadrate ein anderes System von Zahlen benutzen? Ein einfaches Beispiel ist das System aller Zahlen $2^k - 1$. Aber uns sind interessantere eingefallen, wie etwa die Zahlen des Pascalschen Dreiecks 1, 2, 3, 6, 10, … (Simon Norton), und die Fibonacci-Zahlen plus 1: 1, 2, 3, 4, 6, 9, 14, 22, 35, … (Mike Guy). Werfen Sie mal einen Blick in die Zusätze.

… dann freut sich der Dritte

Gewöhnliches Nim ist dann zu Ende, wenn einer der Spieler das letzte Stöckchen weggenommen hat. Beim misère-Nim kann man sagen: es ist beendet, wenn nur noch ein Stöckchen übrig ist. Was ist nun, wenn wir sagen: das Spiel ist dann aus, wenn noch genau zwei Stöckchen übrig sind, und derjenige siegt, welcher das drittletzte Stöckchen nimmt.

Selbst die mit nur drei Haufen gespielte Version dieses Spieles ist ziemlich schwer.

Hat man im ersten Haufen m Stöckchen, und im zweiten n, so muß der dritte eine eindeutig bestimmte Größe haben, damit man insgesamt eine $\mathscr{P}$-Position bekommt. Für festes m ist diese Größe schließlich arithmetisch-periodisch in n. Für

m = 1 2 3 4 55 6 7 8 9 10 11 12 13 14 15 16 17 18 19 ...

bekommt man die
Perioden 1 2 4 2 12 12 12 8 8 10 60 60 84 84 84 16 18 180 20 ....

Hickory, Dickory, Dock

Dieses Spiel geht auf Dean Hickerson zurück. Ein Zug dabei besteht aus dem Ersetzen eines n-Haufens durch drei Haufen der Größe

$$k, n, n-2k \quad \text{mit} \quad 1 \leqslant k \leqslant \tfrac{1}{2}\, n.$$

Es sieht Steckrüben aus dem vorherigen Kapitel ziemlich ähnlich, aber in Wirklichkeit sind die Nim-Werte für $n = 1, 2, 3, \ldots$ gleich den Exponenten – 0, 1, 0, 2, 0, 1, 0, 3, 0, ... – der Nim-Werte des Lineal-Spiels (siehe Bild 1.7).

D.U.D.E.N.E.Y.

(*„Deductions Unfailing, Disallowing Echoes, Not Exceeding Y“*)

ist ein Spezialfall des von Dudeney eingeführten „The 37 Puzzle Game“. Dabei können beide Spieler einen einzelnen Haufen um eine Anzahl zwischen 1 und Y verkleinern (*„Not Exceeding Y“*). Es ist aber nicht erlaubt, genauso viel wegzunehmen, wie beim direkt vorangegangenen Zug (*„Disallowing Echos“*). Gewonnen hat man, wenn man immer ziehen kann (*„Deductions Unfailing“*), aber der Gegner dies zu irgendeinem Zeitpunkt nicht mehr vermag.

Sind Wiederholungen (*„echoes“*) *nicht* verboten, so sind die $\mathscr{P}$-Positionen gerade die Vielfachen von Y + 1, und der Sieger antwortet auf eine Verkleinerung um X mit einer Verringerung um Y + 1 – X. Diese Strategie funktioniert bei D.U.D.E.N.E.Y. auch dann, wenn Y gerade ist, denn Y + 1 – X kann niemals gleich X sein. Wir nehmen deshalb im folgenden immer „Y ungerade“ an.

Das sind für Y = 3 die guten Züge von N aus:

von N =	0	1	2	3	4	5	6	7	8	9	10	11	...
subtrahiere	?	1	1, 2	3	?	1	1, 2, 3	3	?	1	1, 2, 3	3	...

Und das sind diejenigen für Y = 5:

von N =	0	1	2	3	4	5	6	7	8	9	10	11	12
subtrahiere	?	1	1, 2	3	4	5	**3**	?	1, 4	2, 3	3, 5	4	5
von N =	13	14	15	16	17	18	19	20	21	22	23	24	25 …
subtrahiere	?	1	1, 2, 4	3	4, 5	5	**3**	?	1	1, 2, 3	3, 5	4	5 ….

Bei Y = 3 hat man schließlich die Periode 4, bei Y = 5 ergibt sich die Periode 13. Der einfachste Weg zum Sieg besteht darin, zu einer der **Perlen** unter den Zahlen zu ziehen, deren Eintrag mit ? bezeichnet ist. Das bedeutet: der nun folgende Spieler hat keine gute Zugmöglichkeit. Perlen sind $\mathscr{P}$-Positionen, unabhängig vom vorhergehenden Zug. Aber es gibt andere $\mathscr{P}$-Positionen, bei denen der einzige Gewinnzug nach der Echo-Regel nicht zulässig ist.

Im allgemeinen treten Perlen in folgenden Abständen auf: entweder im Abstand

E = Y + 1, das ist die erste gerade („E" für „even") Zahl größer Y,

oder D = Y + 2, das ist die erste ungerade („D" für „odd") Zahl größer Y.

Denn ist P eine Perle, so können wir nach den meisten Zügen von P + D oder P + E aus sofort wieder P erreichen. Die einzigen Ausnahmen bilden die Züge von

$$P + E \text{ nach } P + \tfrac{1}{2}E \quad \text{und} \quad P + D \text{ nach } P + E.$$

Ist der erste dieser beiden Züge schlecht, so ist P + E eine Perle, ist er aber gut, so ist P + D eine.

Von einer vorgegebenen Position aus gibt es normalerweise nur einen Zug, der den Gegner davon abhalten kann, zu einer früheren Perle zu ziehen, obwohl es manchmal auch zwei geben kann. Es ist also ziemlich einfach den Status des kritischen Zuges

$$P + E \text{ nach } P + \tfrac{1}{2}E$$

zu bestimmen:
Im Fall Y = 5 sind die kritischen Züge von

13 nach 10 und 26 nach 23

schlecht, da sie mit den Zügen von

10 nach 5 und 23 nach 18

beantwortet werden können, aber diejenigen von

6 nach 3 und 19 nach 6

sind gut, und werden mit fettgedruckten **3**ern bezeichnet.

Perlenketten

Kennen Sie die Perlen, so hilft Ihnen das beim Gewinnen: wenn möglich sollten Sie direkt zu einer Perle ziehen, ansonsten müssen Sie verhindern, daß Ihr Gegner dies tut. Alles was wir Ihnen jetzt noch verraten, ist die Folge der Ds und Es, welche die Perlen trennen. Die Folge dieser Folgen (für verschiedene Ys) ist (schließlich; siehe 55 und 95) periodisch. In Tafel 2.6 sind die Perioden eingeklammert, und es gilt $r \geqslant 0$. Einen Großteil der Arbeit dabei haben John Selfridge und Roger Eggleton geleistet.

Schuh hat in seinem Kapitel über Subtraktionsspiele dieses Spiel mit der misère-Form zusammen besprochen. Ferner behandelt er dort auch diejenigen beiden Varianten, bei denen der Ausgang sich ändert, wenn das Spiel bei 1 endet.

Y	Perlenkette	Y	Perlenkette
3 oder $8r + 3$	(E)EEE ...	41	(DDDEDE) ...
5 oder $8r + 5$	(DE)DEDE ...	55	DD(EDE)EDE ...
7	(DEE)DEE ...	63 oder $128r + 63$	(E)EE ...
9	(DDE)DDE ...	65 oder $128r + 65$	(DDDE)DDDE ...
15 oder $32r + 15$	(E)EE ...	71 oder $64r + 71$	(DE)DEDE ...
17 oder $32r + 17$	(DDE)DDE ...	73 oder $128r + 73$	(DDEDE)DDEDE ...
23	(DDEDDDDEE) ...	87 oder $128r + 87$	(DDE)DDE ...
25 oder $32r + 25$	(DE)DE ...	95	DDEE(DDE)DDE ...
31 oder $128r + 31$	(DEE)DEE ...	97	(DDEDDDE) ...
33	(DDDEDDE) ...	103	(DE)DEDE ...
39 oder $128r + 39$	(DEE)DEE ...	105 oder $128r + 105$	(DE)DEDE ...

Tafel 2.6 Perlenketten bei D.U.D.E.N.E.Y. für $\frac{53}{64}$ der ungeraden Werte von Y

Schuh-Ketten

Prof. Schuh bespricht auch diejenige Variante, bei der das Subtrahieren von 0 zulässig ist, aber derjenige, der zuerst bei 0 anlangt, gewinnt.

Beginnt man bei irgendeiner positiven Zahl n, so gibt es immer mindestens einen guten Zug, denn gibt es keinen siegreichen Zug, bei dem man etwas Positives abzieht, so kann man einfach 0 subtrahieren, und damit den Gegner in die gleiche Situation bringen, es sei denn, der Zug 0 ist mittlerweile unzulässig.

Wann ergibt das Subtrahieren einer positiven Zahl, d.h.

n geht über in $n-g$,

einen guten Zug? Der einzige Zug von $n-g$ aus, der es verhindert, ist

$n-g$ geht über in $n-2g$,

weshalb dies der einzige gute Zug von $n-g$ aus sein muß. Aber dann sind genauso

$n-2g$ geht über in $n-3g$
$n-3g$ geht über in $n-4g$
. . . .

gute Züge, von denen der letzte so auszusehen hat:

g geht über in 0.

Eine echte Subtraktion kann sich daher nur bei einer **Kette**

$g, 2g, 3g, \ldots, kg, \ldots$

von Vielfachen von g als gut auswirken. Von $(k+1)g$ aus ist sie genau dann gut, wenn es der *einzige* gute Zug von kg aus ist. Das erste Vielfache von g, von dem aus es einen weiteren guten Zug gibt, beendet die g-Kette.

Ist es also erlaubt, 0, 1, 2, 3, 4 oder 5 zu subtrahieren, findet man folgende gute Züge

von n	1	2	3	4	5	6	7	8	9	10	11	12
subtrahiere	1	1,2]	3	4	5	3	0	4	3	5	0	3,4]

von n	13	14	15	16	17	18	19	20	...
subtrahiere	0	0	5	0	0	0	0	5	...

Die 1er- und 2er-Ketten enden bei 2, die 3er- und 4er-Ketten bei 12, aber die 5er-Kette setzt sich unbestimmt fort.

Allgemein gilt: gibt es zwei oder mehr Zahlen

$$a, b, \ldots,$$

deren Ketten noch nicht zu Ende sind, so beendet diese Ketten die erste Zahl, welche in zwei oder mehr Ketten vorkommt. Höchstens eine Kette setzt sich unendlich fort. In Tafel 2.7 bedeutet ein Eintrag von der Form (a, b): die a- und b-Ketten enden bei ihrem k.g.V. Ein Eintrag der Form $g\infty$ entspricht einer unendlichen g-Kette und ist nur dann relevant, wenn die maximale Verringerung ungerade ist. Es ist nicht bekannt, ob es ein Schuh-Ketten-Spiel gibt, bei dem 2 oder 3 Ketten gleichzeitig zu Ende sind.

<table>
<tr><th>2 oder 3</th><th>4 oder 5</th><th>6 oder 7</th><th>8 oder 9</th><th>10 oder 11</th><th>12 oder 13</th><th>14 oder 15</th></tr>
<tr><td>(1,2)</td><td>(1,2)</td><td>(1,2)</td><td>(1,2)</td><td>(1,2)</td><td>(1,2)</td><td>(1,2)</td></tr>
<tr><td>3∞</td><td>(3,4)</td><td>(3,6)</td><td>(3,6)</td><td>(3,6)</td><td>(3,6)</td><td>(3,6)</td></tr>
<tr><td></td><td>5∞</td><td>(4,5)</td><td>(4,8)</td><td>(4,8)</td><td>(4,8)</td><td>(4,8)</td></tr>
<tr><td colspan="2">(1,2)</td><td>7∞</td><td>(5,7)</td><td>(5,10)</td><td>(5,10)</td><td>(5,10)</td></tr>
<tr><td colspan="2">(3,6)</td><td>(1,2)</td><td>9∞</td><td>(7,9)</td><td>(9,12)</td><td>(7,14)</td></tr>
<tr><td colspan="2">(4,8)</td><td>(3,6)</td><td>(1,2)</td><td>11∞</td><td>(7,11)</td><td>(9,12)</td></tr>
<tr><td colspan="2">(5,10)</td><td>(4,8)</td><td>(3,6)</td><td>(1,2)</td><td>13∞</td><td>(11,13)</td></tr>
<tr><td colspan="2">(7,14)</td><td>(5,10)</td><td>(4,8)</td><td>(3,6)</td><td>(1,2)</td><td>15∞</td></tr>
<tr><td colspan="2">(9,18)</td><td>(7,14)</td><td>(5,10)</td><td>(4,8)</td><td>(3,6)</td><td>(1,2)</td></tr>
<tr><td colspan="2">(11,22)</td><td>(9,18)</td><td>(7,14)</td><td>(5,10)</td><td>(4,8)</td><td>(3,6)</td></tr>
<tr><td colspan="2">(12,24)</td><td>(11,22)</td><td>(9,18)</td><td>(7,14)</td><td>(5,10)</td><td>(4,8)</td></tr>
<tr><td colspan="2">(13,26)</td><td>(12,24)</td><td>(11,22)</td><td>(9,18)</td><td>(7,14)</td><td>(5,10)</td></tr>
<tr><td colspan="2">(15,20)</td><td>(15,20)</td><td>(12,16)</td><td>(12,16)</td><td>(9,18)</td><td>(7,14)</td></tr>
<tr><td>(21,27)</td><td>(16,17)</td><td>(13,16)</td><td>(15,20)</td><td>(15,20)</td><td>(12,16)</td><td>(9,12)</td></tr>
<tr><td>(16,17)</td><td>(19,21)</td><td>(17,19)</td><td>(13,17)</td><td>(11,13)</td><td>(11,13)</td><td>(11,13)</td></tr>
<tr><td>(19,23)</td><td>(23,25)</td><td>(21,23)</td><td>(19,21)</td><td>(17,19)</td><td>(15,17)</td><td>(15,16)</td></tr>
<tr><td>25∞</td><td></td><td>25∞</td><td>23∞</td><td>21∞</td><td>19∞</td><td>17∞</td></tr>
<tr><td>27</td><td>26</td><td>25 oder 24</td><td>23 oder 22</td><td>21 oder 20</td><td>19 oder 18</td><td>17 oder 16</td></tr>
</table>

Tafel 2.7 Schuh-Ketten

Die Prinzessin und die Rosen

Bei der ursprünglichen Planung dieses Buches war für die Prinzessin ein ganzes Kapitel vorgesehen, aber wie bei anderen schönen und fesselnden Frauen haben wir zuviel Zeit in ihrer Gesellschaft vertändelt, weshalb es wohl taktvoller erscheint, unsere Erinnerungen auf ein kurzes Résumé unserer Bekanntschaft zu beschränken.

Vielleicht hält unsere Erzählung die Waage zwischen den ursprünglichen, bloßen Berechnungen von Prof. Schuh und den späteren Phantasiegebilden von Monsieur Filet de Carteblanche.

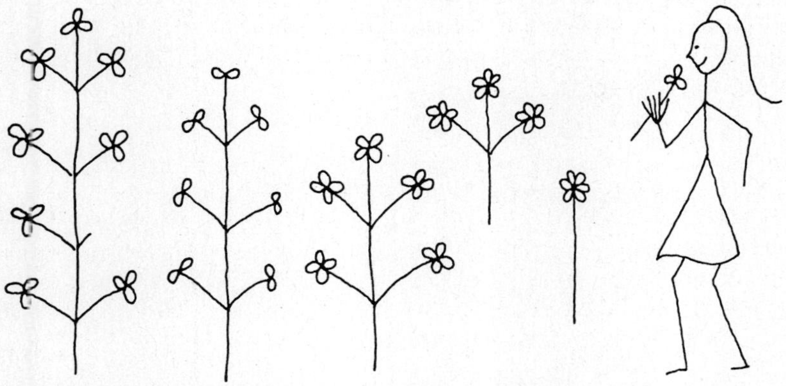

Bild 2.14 Prinzessin Romantica genießt den Duft der Rose von Charles, dem Charmanten

Um Prinzessin Romantica freiten einst zwei Prinzen, Charles, der Charmante und Hans, der Stattliche. Beide Bewerber gingen abwechselnd in den Rosengarten und brachten eine, oder zwei Rosen von verschiedenen Sträuchern mit. Bild 2.14 zeigt, wie die Prinzessin gerade den Duft der wunderschönen Rose genießt, welche Charles der Charmante ihr gerade vom größten Strauch gepflückt hat. Einer der beiden Bewerber kann schließlich keine Rose mehr bringen, weil im Garten keine mehr übrig ist; er schleicht verzweifelt von dannen, und überläßt die Hand der Prinzessin dem anderen (siehe Bild 2.15). Welcher von beiden ist dieser glückliche Andere?

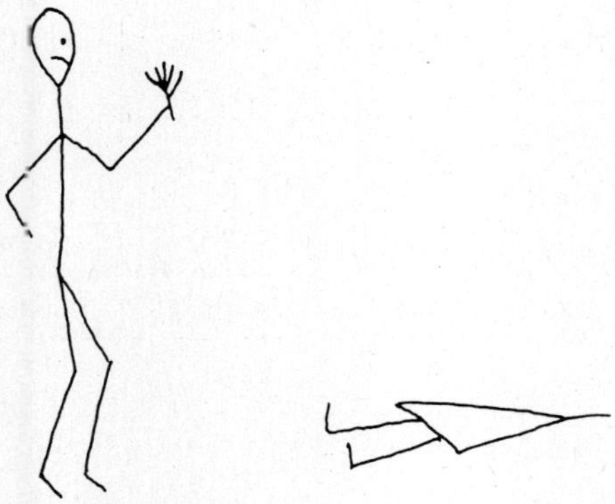

Bild 2.15 Wer gewann die Hand der Prinzessin?

Man kann dieses Spiel natürlich mit Haufen spielen, wobei ein zulässiger Zug aus dem Wegnehmen eines oder zwei Chips von zwei verschiedenen Haufen besteht. Prof. Schuh hat gezeigt: ein irdischer Prinz kann es in einem Garten mit 5 Sträuchern immer so arrangieren, daß die Zahlen – sind die absteigend geordnet – eines der folgenden Muster bilden:

gerade – gerade – gerade – gerade – gerade
gerade – ungerade – ungerade – ungerade – ungerade
ungerade – gerade– gerade – ungerade – ungerade
ungerade – ungerade – ungerade – gerade – gerade

Charles weiß natürlich, wo's 'lang geht, und Prof. Schuhs Untersuchungen hinterlassen nur geringe Zweifel darüber, daß er – Charles – die in Bild 2.15 abgebildete Person ist.

Prof. Schuhs Regeln zeigen: gibt es nur wenige Sträucher (welche aber eine große Anzahl von Rosen tragen können), so ist die Gleichberechtigung oberstes Gebot („party considerations are paramount"). Hat man aber viele Sträucher mit wenig Rosen, so ist die Drei favorisiert („it is triality that triumphs"), denn die $\mathscr{P}$-Positionen sind schließlich genau diejenigen Positionen, bei denen die Gesamtzahl der Rosen ein Vielfaches von Drei ist.

Dies offenbart sich durch die Dreien, welche bei den Tafeln 2.8, 9 und 10 als letzte untere Indices auftauchen. In diesen Tafeln sind alle $\mathscr{P}$-Positionen der Form

$3^x 2^y 1^z$ bzw. $a.2^y 1^z$ bzw. $a.b.1^z$

aufgeführt. Dabei bedeutet

$3^x 2^y 1^z$:	$a.2^y 1^z$:	$a.b.1^z$:
x Sträucher mit 3 Rosen	1 Strauch mit a Rosen	1 Strauch mit a Rosen
y Sträucher mit 2 Rosen	y Sträucher mit 2 Rosen	1 Strauch mit b Rosen
z Sträucher mit 1 Rose	z Sträucher mit 1 Rose	z Sträucher mit 1 Rose

In all diesen Tafeln steht ein Eintrag n_3 für die unendliche arithmetische Progression

$$n, n+3, n+6, n+9, \ldots,$$

während $m_d n$ die endliche arithmetische Progression

$$m, m+d, m+2d, \ldots, n, \quad \text{usw.}$$

bezeichnet. ${}_6 7_5 17_3$ repräsentiert z.B. 1, 7, 12, 17, 20, 23, 26, 29, … .

x \ y	0	1	2	3	4	5	6	7	8	9	10	11
0	0_3	${}_4 4_3$	${}_5 5_3$	0_3	${}_4 4_3$	${}_5 5_3$	0_3	${}_4 4_3$	${}_5 5_3$	0_3	${}_4 4_3$	${}_5 5_3$
1	${}_4 6_3$	4_3	2_3	3_3	4_3	2_3	3_3	4_3	2_3	3_3	4_3	2_3
2	${}_5 6_3$	4_3	2_3	3_3	1_3	2_3	3_3	1_3	2_3	3_3	1_3	2_3
3	0_3	${}_4 4_3$	${}_5 5_3$	0_3	1_3	2_3	0_3	1_3	2_3	0_3	1_3	2_3
4	3_3	4_3	2_3	0_3	1_3	2_3	0_3	1_3	2_3	0_3	1_3	2_3
5	${}_5 6_3$	4_3	2_3	0_3	1_3	2_3	0_3	1_3	2_3	0_3	1_3	2_3
6	0_3	1_3	2_3	0_3	1_3	2_3	0_3	1_3	2_3	0_3	1_3	2_3
7	0_3	1_3	2_3	0_3	1_3	2_3	0_3	1_3	2_3	0_3	1_3	2_3

Tafel 2.8 $\mathcal{P}$-Positionen vom Typ $3^x 2^y 1^z$

y \ a	0	1	2	3	4	5	6	7	8	9	10	11
0	0_3	2_3	${}_4 4_3$	${}_4 6_3$	${}_4 8_3$	${}_4 10_3$	${}_4 12_3$	${}_4 14_3$	${}_4 16_3$	${}_4 18_3$	${}_4 20_3$	${}_4 22_3$
1	${}_4 4_3$	3_3	${}_5 5_3$	4_3	${}_6 6_3$	$4_4 8_3$	${}_6 6_4 10_3$	$4_4 12_3$	${}_6 6_4 14_3$	$4_4 16_3$	${}_6 6_4 18_3$	$4_4 20_3$
2	${}_5 5_3$	4_3	0_3	2_3	${}_4 4_3$	${}_4 6_3$	${}_4 8_3$	${}_4 10_3$	${}_4 12_3$	${}_4 14_3$	${}_4 16_3$	${}_4 18_3$
3	0_3	2_3	${}_4 4_3$	3_3	${}_5 5_3$	4_3	${}_6 6_3$	$4_4 8_3$	${}_6 6_4 10_3$	$4_4 12_3$	${}_6 6_4 14_3$	$4_4 16_3$
4	${}_4 4_3$	3_3	${}_5 5_3$	4_3	0_3	2_3	${}_4 4_3$	${}_4 6_3$	${}_4 8_3$	${}_4 10_3$	${}_4 12_3$	${}_4 14_3$
5	${}_5 5_3$	4_3	0_3	2_3	${}_4 4_3$	3_3	${}_5 5_3$	4_3	${}_6 6_3$	$4_4 8_3$	${}_6 6_4 10_3$	$4_4 12_3$
6	0_3	2_3	${}_4 4_3$	3_3	${}_5 5_3$	4_3	0_3	2_3	${}_4 4_3$	${}_4 6_3$	${}_4 8_3$	${}_4 10_3$
7	${}_4 4_3$	3_3	${}_5 5_3$	4_3	0_3	2_3	${}_4 4_3$	3_3	${}_5 5_3$	4_3	${}_6 6_3$	$4_4 8_3$

Tafel 2.9 $\mathcal{P}$-Positionen vom Typ $a.2^y 1^z$

b \ a	0	1	2	3	4	5	6	7	8	9	10	11
0	0_3	2_3	${}_4 4_3$	${}_4 6_3$	${}_4 8_3$	${}_4 10_3$	${}_4 12_3$	${}_4 14_3$	${}_4 16_3$	${}_4 18_3$	${}_4 20_3$	${}_4 22_3$
1	2_3	1_3	3_3	${}_4 5_3$	${}_4 7_3$	${}_4 9_3$	${}_4 11_3$	${}_4 13_3$	${}_4 15_3$	${}_4 17_3$	${}_4 19_3$	${}_4 21_3$
2	${}_4 4_3$	3_3	${}_5 5_3$	4_3	6_3	$4_4 8_3$	$6_4 10_3$	$4_4 12_3$	$6_4 14_3$	$4_4 16_3$	$6_4 18_3$	$4_4 20_3$
3	${}_4 6_3$	${}_4 5_3$	4_3	${}_5 6_3$	${}_5 8_3$	${}_6 7_3$	${}_6 9_3$	${}_6 7_4 11_3$	${}_6 9_4 13_3$	${}_6 7_4 15_3$	${}_6 9_4 17_3$	${}_6 7_4 19_3$
4	${}_4 8_3$	${}_4 7_3$	6_3	${}_5 8_3$	${}_5 10_3$	${}_5 9_3$	${}_6 6_5 11_3$	${}_6 10_3$	${}_6 12_3$	${}_6 10_4 14_3$	${}_6 12_4 16_3$	${}_6 10_4 18_3$
5	${}_4 10_3$	${}_4 9_3$	$4_4 8_3$	${}_6 7_3$	${}_5 9_3$	${}_5 11_3$	${}_5 13_3$	${}_6 7_5 12_3$	${}_6 9_5 14_3$	${}_6 13_3$	${}_6 15_3$	${}_6 13_4 17_3$
6	${}_4 12_3$	${}_4 11_3$	$6_4 10_3$	${}_6 9_3$	${}_6 6_5 11_3$	${}_5 13_3$	${}_5 15_3$	${}_5 14_3$	${}_6 6_5 16_3$	${}_6 10_5 15_3$	${}_6 12_5 17_3$	${}_6 16_3$
7	${}_4 14_3$	${}_4 13_3$	$4_4 12_3$	${}_6 7_4 11_3$	${}_6 10_3$	${}_6 7_5 12_3$	${}_5 14_3$	${}_5 16_3$	$3_5 18_3$	${}_6 7_5 17_3$	${}_6 9_5 19_3$	${}_6 13_5 18_3$
8.	${}_4 16_3$	${}_4 15_3$	$6_4 14_3$	${}_6 9_4 13_3$	${}_6 12_3$	${}_6 9_5 14_3$	${}_6 6_5 16_3$	$3_5 18_3$	${}_5 20_3$	${}_5 19_3$	${}_6 6_5 21_3$	${}_6 10_5 20_3$
9	${}_4 18_3$	${}_4 17_3$	$4_4 16_3$	${}_6 7_4 15_3$	${}_6 10_4 14_3$	${}_6 13_3$	${}_6 10_5 15_3$	${}_6 7_5 17_3$	${}_5 19_3$	${}_5 21_3$	${}_5 23_3$	${}_6 7_5 22_3$
10	${}_4 20_3$	${}_4 19_3$	$6_4 18_3$	${}_6 9_4 17_3$	${}_6 12_4 16_3$	${}_6 15_3$	${}_6 12_5 17_3$	${}_6 9_5 19_3$	${}_6 6_5 21_3$	${}_5 23_3$	${}_5 25_3$	${}_5 24_3$
11	${}_4 22_3$	${}_4 21_3$	$4_4 20_3$	${}_6 7_4 19_3$	${}_6 10_4 18_3$	${}_6 13_4 17_3$	${}_6 16_3$	${}_6 13_5 18_3$	${}_6 10_5 20_3$	${}_6 7_5 22_3$	${}_5 24_3$	${}_5 26_3$

Tafel 2.10 $\mathcal{R}$-Positionen vom Typ $a \cdot b \cdot 1^z$

Die Tafeln veranschaulichen auch, daß es zwischen den gleichberechtigten und den Dreier-Regionen Stellen gibt, bei der der Ausgang von Überlegungen mod 4 und mod 5 und evtl. mod 6 abhängt (d.h. „*quaternity's quality*“, „*quinticity can be quintessential*“ und evtl. „*sex may be significant*“). Wir haben aber auch Bereiche entdeckt, bei welchen es so aussieht, daß der Zufall regiert („*randomness reigns*“).

In seiner ersten Arbeit über dieses Thema fragt M. de Carteblanche nach einem Verhaltenskodex für Prinzen in einem Garten mit 6 Sträuchern, wobei es einen Strauch mit nur einer Rose gibt. Sie finden einen derartigen Kodex in den Zusätzen. In einer zweiten Arbeit beschreibt er außerdem, wie die Prinzen nach ihren Heiraten mit Romantica und deren noch schönerer jüngerer Schwester Belladonna das Rosen-Spiel in ein einfacheres Spiel mit Schokolade umwandeln, und noch einige weitere interessante Spiele entdecken.

Eins-links, zwei-links

(„*One-step, Two-step*")

Das ist ein Spiel mit Münzen und Streifen, bei dem auf einem Feld beliebig viele Münzen liegen dürfen. Ein zulässiger Zug besteht aus einem oder zwei Schritten, wobei ein **Schritt** bedeutet, daß man eine einzelne Münze genau ein Feld nach links verschiebt. Die Münzen, welche bei den zwei Schritten eines 2er-Schrittes bewegt werden, müssen nicht unbedingt gleich sein.

Bezeichnet a_n die Anzahl aller Münzen auf dem Feld n, so kann man die Frage aufwerfen, wann

$$a_0 a_1 a_2 \ldots$$

eine $\mathscr{P}$-Position darstellt. Die Antwort hängt sicher nicht von a_0 ab, da eine Münze, welche auf dem Feld 0 liegt, nie mehr verschoben wird.

Zwischen diesem und dem vorherigen Spiel besteht ein überraschender Zusammenhang. Die oben beschriebene Position verhält sich tatsächlich genauso wie

$$a_1 + a_2 + a_3 + \ldots + a_n,\ a_2 + a_3 + \ldots + a_n,\ a_3 + \ldots + a_n, \ldots, a_{n-1} + a_n, a_n$$

beim Prinzessinnen-und-Rosen-Spiel! Wir überlassen es Omar, dies zu begründen.

Liegen etwa alle Münzen auf den ersten sechs Feldern, so kann man also Prof. Schuhs Regeln übersetzen, um die $\mathscr{P}$-Positionen zu bekommen. Diese sind

?eeeee, ?deeed, ?deded, ?eedee,

wobei *e* für „gerade" (engl. „even"), und *d* für „ungerade" (engl. „odd") steht. ? bedeutet „beliebig".

Noch etwas über Subtraktionsspiele

Weil $\mathscr{G}(n)$ für einen Haufen von n Bohnen bei dem Subtraktionsspiel

$$S(s_1, s_2, \ldots, s_k)$$

(siehe Kapitel 4, Band 1) nur von k vorhergehenden Werten, nämlich

$$\mathscr{G}(n - s_1),\ \mathscr{G}(n - s_2), \ldots,\ \mathscr{G}(n - s_k)$$

abhängt, erkennt man leicht, daß $\mathscr{G}(n) \leqslant k$ gilt. Ferner muß sich die Folge dieser k Werte schließlich wiederholen, womit die Nim-Folgen aller Subtraktionsspiele (schließlich) periodisch sind. Aber die obere Schranke für die Länge der Periode, welche diese Argumentation liefert, scheint im Vergleich zu den Tatsachen astronomisch hoch. Können Sie vielleicht etwas finden, das der Wahrheit näherkommt?

Wir haben gesehen: ist der g.g.T. von $(s_1, s_2, \ldots, s_k)$ gleich $d > 1$, so ist das Spiel gerade das d-fache eines einfacheren Spiels. So ist etwa $S(s_1)$ das s_1-fache von $S(1)$, – das ist „Sie-liebt-mich, sie-liebt-mich-nicht" – und besitzt deshalb die Periode $2s_1$ und die Nim-Folge $\dot{0}.00\ldots0111\ldots\dot{1}$.

Wir können auch $S(s_1, s_2)$ und $S(s_1, s_2, s_1 + s_2)$ vollständig analysieren. Sei

$$s_1 = a,\ s_2 = b = 2h \pm r \quad \text{mit} \quad 0 \leqslant r \leqslant a$$

und passendem h. Nach der Bemerkung über den g.g.T. können wir, ausgenommen $a = 1$, die Fälle $r = 0$ oder a weglassen.

$S(1, 2h)$ hat die Periode $2h + 1$ und die Nim-Folge $\dot{0}.10101 \ldots 01\dot{2}$, und es ist $S(1, 2h + 1) = S(1)$. (Tatsächlich liefert $s_1 = 1$ und alle s_i ungerade „sie-liebt-mich, sie-liebt-mich-nicht".)

Für $a > 1$ hat die Periode von $S(a, b)$ $a + b$ Stellen, wobei sich jeweils aus a Nullen und a Einsen bestehende Blöcke abwechseln. Nur die letzten $a - r$ Nullen werden durch Zweien ersetzt, dabei ist r wie oben definiert. Sei z.B. $a = 3$, $r = 1$; die Nim-Folgen von $S(3, 11)$ und $S(3, 13)$ sehen dann so aus:

$\dot{0}.001110001112\dot{2}$ und $\dot{0}.00111000111022\dot{1}$

Jetzt folgt eine allgemeine Methode zur Analyse von $S(s_1, s_2, \ldots, s_k)$. Man schreibe die Zahlen in $k + 1$ Spalten. Die erste Zeile soll so aussehen:

$0, s_1, s_2, \ldots, s_k.$

Jede weitere Zeile sei von der Form

$l, l + s_1, l + s_2, \ldots l + s_k;$

dabei ist l die kleinste ganze Zahl, welche in den vorhergehenden Zeilen noch nicht vorkam. Die so erhaltene Tafel wird schließlich in folgender Weise periodisch: man erhält einen Block von c aufeinanderfolgenden Zeilen, indem man zu allen Einträgen des vorhergehenden c-zeiligen Blocks p hinzuaddiert, dabei müssen c und p passend gewählt sein.

Die erste Spalte enthält alle Zahlen n mit $\mathcal{G}(n) = 0$, und die zweite – nach der Paareigenschaft von Ferguson – genau die mit $\mathcal{G}(n) = 1$. In den nachfolgenden Spalten stehen Zahlen mit $\mathcal{G}(n) \geqslant 2$, abgesehen von Wiederholungen einiger Einträge der zweiten Spalte. Wir demonstrieren dies an dem Beispiel $S(1, b, b + 1)$.

Ist b gerade (Bild 2.16(a)), so gibt es keine derartigen Wiederholungen; die Periode ist gleich $2b$, und die Nim-Folge sieht so aus:

$\dot{0}.101 \ldots 012323 \ldots 2\dot{3}.$

$\mathcal{G}(n) =$	0	1	2	3
$n =$	0	1	10	11
	2	3	12	13
	4	5	14	15
	6	7	16	17
	8	9	18	19
	20	21	30	31
	22	23	32	33
	24	25	34	35
	26	27	36	37
	28	29	38	39
	40	41	50	51
	42 …			

(a)

$\mathcal{G}(n) =$	0	1	3	2	ausgenommen
$n =$	0	1	9	10	$\mathcal{G}(9) = 1$
	2	3	11	12	
	4	5	13	14	
	6	7	15	16	
	8	9	17	18	
	19	20	28	29	$\mathcal{G}(28) = 1$
	21	22	30	31	
	23	24	32	33	
	25	26	34	35	
	27	28	36	37	
	38	39	47	48	$\mathcal{G}(47) = 1$
	40 …				

(b)

Bild 2.16 Die Subtraktionsspiele S(1, 10, 11) und S(1, 9, 10)

Ist b ungerade, so gibt es in jeder Periode, welche von der Länge $2b + 1$ ist, eine Wiederholung (9, 28, 47, …). Die Nim-Folge ist, bis auf die letzte 3, die weggelassen wird, die gleiche wie oben:

$\dot{0}.101 \ldots 012323 \ldots \dot{2}.$

Um die Analyse von $S(a, b, a + b)$ zu vervollständigen, beachte man, daß der Fall $a > 1$, $b = 2ha - r$, $0 < r < a$ ziemlich einfach ist. Er ist in Bild 2.17 mittels ha-zeiliger Perioden dargestellt. Es gibt r Wiederholungen (diese sind in der Abbildung eingerahmt), womit sich die Periode $4ha - r = 2b + r$ ergibt. Eine Periode umfaßt h aus a Nullen und a Einsen bestehende Blöcke, denen $h - 1$ aus a Zweien, a Dreien und dann wieder a Zweien und $a - r$ Dreien bestehende Blöcke nachfolgen.

$G(n) =$	0	1		
$n =$	0	a	$2ha-r$	$(2h+1)a-r$
	1	$a+1$	$2ha-r+1$	$(2h+1)a-r+1$
	2	$a+2$	$2ha-r+2$	$(2h+1)a-r+2$
	…	…	…	…
	$r-1$	$a+r-1$	$2ha-1$	$(2h+1)a-1$
	r	$a+r$	$2ha$	$(2h+1)a$
	…	…	…	…
	$a-1$	$2a-1$	$(2h+1)a-r-1$	$(2h+2)a-r-1$
	$2a$	$3a$	$(2h+2)a-r$	$(2h+3)a-r$
	$2a+1$	$3a+1$	$(2h+2)a-r+1$	$(2h+3)a-r+1$
	…	…	…	…
	$3a-1$	$4a-1$	$(2h+3)a-r-1$	$(2h+4)a-r-1$
	$4a$	$5a$	$(2h+4)a-r$	$(2h+5)a-r$
	$4a+1$	$5a+1$	$(2h+4)a-r+1$	$(2h+5)a-r+1$
	…	…	…	…
	$5a-1$	$6a-1$	$(2h+5)a-r-1$	$(2h+6)a-r-1$
	…	…	…	…
	$(2h-2)a$	$(2h-1)a$	$(4h-2)a-r$	$(4h-1)a-r$
	$(2h-2)a+1$	$(2h-1)a+1$	$(4h-2)a-r+1$	$(4h-1)a-r+1$
	…	…	…	…
	$(2h-1)a-r-1$	$2ha-r-1$	$(4h-1)a-2r-1$	$4ha-2r-1$
	$(2h-1)a-r$	$2ha-r$	$(4h-1)a-2r$	$4ha-2r$
	…	…	…	…
	$(2h-1)a-1$	$2ha-1$	$(4h-1)a-r-1$	$4ha-r-1$

Bild 2.17 Analyse von $S(a, b, a+b)$, $b = 2h - r$, $0 < r < a$, $(a, b) = 1$

Der Fall $b = 2ha + r$, $0 < r < a$ ist komplizierter. Es ergibt sich eine a-mal längere Periode: $(2b + r)a$. Wir demonstrieren das in Bild 2.18 an den Spezialfällen $a = 5$, $b = 43$, $h = 4$, $r = 3$. Die ar (= 15) Wiederholungen sind wiederum eingerahmt.

In jedem der Fälle $b = 2ha \pm r$ ist der i-te Wert von n mit $\mathcal{G}(n) = 0$ gleich

$$n_i = i + \left[\frac{i}{a}\right] a + \left[\frac{2i}{b+r}\right] b;$$

der i-te Wert von n mit $\mathcal{G}(n) = 1$ nach der Paareigenschaft von Ferguson ist gleich $a + n_i$.

0	5	43	48	93	98	136	141					269	274	312	317				
1	6	44	49	94	99	137	142					270	275	313	318				
2	7	45	50	95	100	138	143					271	276	314	319				
3	8	46	51	96	101	139	144					272	277	315	320				
4	9	47	52	97	102	140	145					273	278	316	321				
10	15	53	58	103	108	146	151	186	191	229	234	279	284	322	327	362	367	405	410
11	16	54	59	104	109	147	152	187	192	230	235	280	285	323	328	363	368	406	411
12	17	55	60	105	110	148	153	188	193	231	236	281	286	324	329	364	369	407	412
13	18	56	61	106	111	149	154	189	194	232	237	282	287	325	330	365	370	408	413
14	19	57	62	107	112	150	155	190	195	233	238	283	288	326	331	366	371	409	414
20	25	63	68	113	118	156	161	196	201	239	244	289	294	332	337	372	377	415	420
21	26	64	69	114	119	157	162	197	202	240	245	290	295	333	338	373	378	416	421
22	27	65	70	115	120	158	163	198	203	241	246	291	296	334	339	374	379	417	422
23	28	66	71	116	121	159	164	199	204	242	247	292	297	335	340	375	380	418	423
24	29	67	72	117	122	160	165	200	205	243	248	293	298	336	341	376	381	419	424
30	35	73	78	123	128	166	171	206	211	249	254	299	304	342	347	382	387	425	430
31	36	74	79	124	129	167	172	207	212	250	255	300	305	343	348	383	388	426	431
32	37	75	80	125	130	168	173	208	213	251	256	301	306	344	349	384	389	427	432
33	38	76	81	126	131	169	174	209	214	252	257	302	307	345	350	385	390	428	433
34	39	77	82	127	132	170	175	210	215	253	258	303	308	346	351	386	391	429	434
40	45	83	88	133	138	176	181	216	221	259	264	309	314	352	357	392	397	435	440
41	46	84	89					217	222	260	265	310	315	353	358	393	398	436	441
42	47	85	90	177	182	220	225	218	223	261	266					394	399	437	442
				178	183	221	226	219	224	262	267	354	359	397	402	395	400	438	443
86	91	129	134	179	184	222	227					355	360	398	403	396	401	439	444
87	92	130	135	180	185	223	228	263	268	306	311	356	361	399	404				

Bild 2.18 Analyse von S(5, 43, 48)

Moores Nim_k

Dieses Spiel mit Haufen, bei dem man innerhalb eines zulässigen Zuges beliebig viele, aber höchstens k Haufen um etwas Positives verkleinert, stammt von E. H. Moore, Nim_1 ist einfach gewöhnliches Nim, Nim_2 ist das Spiel, bei dem man gerade einen oder zwei Haufen verkleinern kann. Die Theorie beinhaltet überraschenderweise Berechnungen zur Basis 2 und zur Basis $k + 1$. Man

entwickle die Zahlen zur Basis 2, und
addiere sie ohne vorherige Umrechnung zur Basis $k + 1$.

Sie sollten zu einer Position ziehen, bei der diese „Summe" Null ist.

Ist etwa $k = 2$, und man mit folgenden Positionen konfrontiert:

$$\begin{array}{rcr} 5 &=& 101 \\ 6 &=& 110 \\ 9 &=& 1001 \\ 10 &=& \underline{1010} \\ && 2222 \end{array} \qquad \begin{array}{rcr} 5 &=& 101 \\ 6 &=& 110 \\ 3 &=& 11 \\ 7 &=& \underline{111} \\ && 000 \end{array},$$

so muß man den 9er- bzw. 10er-Haufen zu 3 bzw. 7 verkleinern.

Smiths Analyse der subselektiven zusammengesetzten Spiele (Band 2, Kapitel 4) ist ähnlich. Für Moores Spiel haben Jenkyns und Mayberry Nim-Werte berechnet. Yamasaki hat gezeigt, daß es zahm ist, und daß eine Position genau dann launisch ist, wenn die nichtleeren Haufen alle von der Größe 1 sind, und deren Anzahl gleich 0 oder 1 mod $k + 1$ ist.

Je mehr desto lustiger
(„*The more the merrier*")

Bob Li hat vorgeschlagen, daß man gewöhnliches Nim auch mit n Spielern spielen könnte. Die Spieler ziehen dabei in einer festgelegten, zyklischen Reihenfolge, und es gibt verschiedene Grade des Gewinnens.

Der erste Preis geht an den Spieler, der den letzten Zug macht.
Der zweite Preis geht an den direkt vorhergehenden Spieler, usw. bis zum
Trost-Preis, der an den ersten zugunfähigen Spieler vergeben wird.

Das Teilen der Preise ist nicht erlaubt: sobald das Spiel beendet ist, hat jeder Spieler seinen Preis zu nehmen und die Heimreise anzutreten, ohne unter der Hand irgendwelche Belohnungen für eventuell von anderen Spielern erfahrene Hilfe zu verteilen.

Li war überrascht, zwischen diesen und Moores Spiel große Ähnlichkeiten zu entdecken. Nehmen Sie die Position, mit der Sie gerade konfrontiert sind, und addieren Sie die Binärentwicklung Ihrer Zahlen ohne Umrechnung zur Basis n. Sie sind nur dann der Letzte, wenn diese Summe gleich 0 ist.

Moore und mehr
(„*Moore and more*")

Ist es jedem der Spieler erlaubt beliebig viele, aber höchstens k Haufen zu verkleinern, so ergibt sich die gleiche, auch auf Li zurückgehende Theorie. Der Letzte ist diesmal derjenige, der 0 herausbekommt, wenn er die Binärentwicklungen seiner Zahlen ohne Umrechnung modulo $k(n - 1) + 1$ aufaddiert.

Wir haben in „Gewinnen" sonst keine Spiele mit mehr als zwei Spielern besprochen, da die Bedingungen zur Verhinderung von Koalitionen etwas künstlich sind, und zu Paradoxa vom Typ des „surprise exam" führen. Man vergleiche dazu den Artikel von Paul Hudson (siehe Literaturhinweise).

Es gibt so viele Verallgemeinerungen von Nim mit interessanter Theorie, daß darüber bestimmt noch nicht das letzte Wort gesprochen ist, und so schließen wir dieses Kapitel ohne weitere Erörterungen.

Nicht mit Donnergetöse sondern mit einem Seitensprung

Angenommen, Sie wollen Nim spielen, aber einem der beiden Spieler sei es einmalig erlaubt, seiner Laune (engl. „whim“) nachzugeben, und zu entscheiden, ob man nach der üblichen Konvention oder die misère-Version spielt. Verwenden wir die Bezeichnung

0-Nim für normales Nim
1-Nim für misère-Nim und
2-Nim für **Whim**,

so können wir die Folge fortsetzen:

3-Nim = **Trim**
4-Nim = **Quam**, etc.

Ein Zug bei d-Nim („**Denim**“) für $d \geqslant 2$ sieht so aus:

man zieht *entweder* so wie bei Nim,
oder reduziert d (aber nicht beides gleichzeitig).

Man kann diese Spiele leicht analysieren, indem man einen **Zustandshaufen** einführt, der festhält, welche Art Spiel man gerade spielt. Jedes der obigen Spiele wird dann zu Nim mit einem zusätzlichen Haufen. Ist $2^k \leqslant d < 2^{k+1}$ und sind alle anderen Haufen kleiner als 2^{k+1}, so verhält sich der Zustandshaufen wie ein Haufen der Größe d, sind die anderen Haufen aber alle $\leqslant 2^{k+1}$, so verhält er sich wie ein $d-1$-Haufen.

Zusätze

Haben Sie den Silberdollar gewonnen?

Sie haben, wenn Sie die Münze hinter dem Dollar genau 2 oder 1 Feld verschoben haben, womit Sie (3, 2, 1) oder (2, 3, 1) hinterlassen hätten, je nach dem, welche Version gespielt wird. Man beachte: im letzteren Fall liegt zwischen dem Dollar und dem Geldsack nur eine Münze.

Wie gut waren Sie im Rechnen?

Das Fries-Muster sollte am Schluß so aussehen:

1		1		1		1		1		1		1		1		1		1		1		1		…		
	1		2		3		2		2		1		4		3		1		2		3		…			
		1		5		5		3		1		3		11		2		1		5		5		…		
	1		2		8		7		1		2		8		7		1		2		8		…			
		1		3		11		2		1		5		5		3		1		3		11		…		
			1		4		3		1		2		3		2		2		1		4		3		…	
				1		1		1		1		1		1		1		1		1		1		1		…

Beim Setze-oder-nimm-ein-Quadrat ist 92 eine $\mathcal{N}$-Position

In Bild 2.19 stehen die $\mathcal{P}$-Positionen in der mittleren Spalte, Quadrate stehen rechts davon, andere $\mathcal{N}$-Positionen links.

„Tribulations" und „Fibulations"

Norton vermutet, daß es bei **Tribulations** keine unschlüssigen Positionen gibt, und das $\mathcal{N}$-Positionen zahlreicher sind als $\mathcal{P}$-Positionen mal goldener Schnitt. Richard Parker hat diese Vermutungen für Zahlen < 5000 bewiesen (die Berechnungen bewegen sich in der Größenordnung 10^6). Die Weiten und die Spannungszahlen findet man in Tafel 2.11. Das Spiel ist von 51, 52 und 56 aus besonders interessant; zeichnen Sie für diese Fälle Diagramme, ähnlich demjenigen aus Bild 2.19.

Für Mike Guys Spiel **Fibulations** haben wir eine entsprechende Vermutung bewiesen, und können wirklich mit einer vollständigen Analyse aufwarten. Es ist wohlbekannt, daß jede Zahl mittels des **Zeckendorf-Algorithmus** recht „ökonomisch" durch eine Summe von Fibonacci-Zahlen darstellbar ist: man subtrahiert immer die größtmögliche Fibonacci-Zahl. Weniger „ökonomisch" ist der **Secondoff-Algorithmus** („Secondoff" = „Die-Zweite-weg"): dabei nimmt man immer die *zweit*größtmögliche Fibonacci-Zahl weg, z.B.:

$100 = 89 + 8 + 3$ (Zeckendorf) oder $55 + 21 + 13 + 5 + 3 + 2 + 1$ (Secondoff).

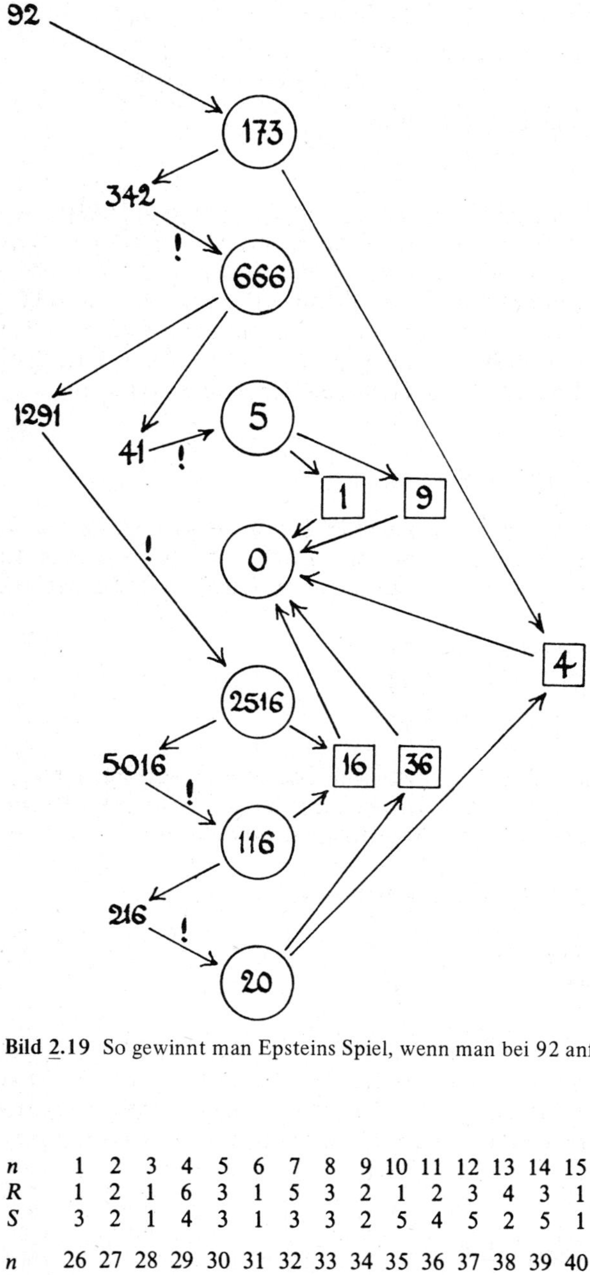

Bild 2.19 So gewinnt man Epsteins Spiel, wenn man bei 92 anfängt

n	1	2	3	4	5	6	7	8	9	10	11	12	13	14	15	16	17	18	19	20	21	22	23	24	25
R	1	2	1	6	3	1	5	3	2	1	2	3	4	3	1	9	3	6	7	8	1	10	3	2	3
S	3	2	1	4	3	1	3	3	2	5	4	5	2	5	1	3	3	2	5	4	3	4	5	2	5
n	26	27	28	29	30	31	32	33	34	35	36	37	38	39	40	41	42	43	44	45	46	47	48	49	50
R	4	5	1	4	3	8	7	5	9	7	1	14	3	4	7	4	2	9	4	1	2	3	4	7	8
S	4	3	5	4	3	2	5	3	5	5	3	4	5	2	5	4	2	5	4	7	2	5	2	5	4
n	51	52	53	54	55	56	57	58	59	60	61	62	63	64	65	66	67	68	69	70	71	72	73	74	75
R	12	16	9	3	1	12	3	14	7	6	4	8	6	3	2	1	6	3	5	7	11	4	13	8	3
S	2	4	5	3	5	4	5	2	5	4	2	4	4	7	2	1	4	3	3	5	5	2	3	4	5

Tafel 2.11 Weiten und Spannungszahlen bei „Tribulations“

Bei Fibulations ist eine Zahl genau dann eine $\mathscr{P}$-Position, wenn

entweder ihre Secondoff-Darstellung auf 3 + 1 + 1 oder 5 + 2 + 1 endet,
oder sie gleich einer Fibonacci-Zahl plus 3 ist, was mindestens 8 ergibt.

Die Zahlen	0, 11, 5, 8, 13, 21, 34, 55, 89, 144, ...
haben die Weiten	0, 8, 2, 2, 2, 4, 6, 8, 10, 12, ...

Die Weite jeder anderen $\mathscr{P}$-Position ergibt sich durch Addition der verdoppelten Anzahl von Secondoff-Schritten, welche man benötigt, um eine solche zu erreichen. Die Weite einer $\mathscr{N}$-Position ist eins mehr als das Minimum aller Weiten seiner $\mathscr{P}$-Optionen. Z.B. erreicht man von 1000 aus nach 4 Subtraktionen (610, 233, 89 und 34) 34 (Weite 6), womit sich für 1000 die Weite $6 + (4 \times 2) = 14$ ergibt. Andererseits hat 1001 die Weite 3 (man ziehe nach 13). Wir meinen, und Omar wird uns darin bestärken, daß die Spannungszahlen (welche alle endlich sind) und die Nim-Werte (welche alle gleich 0, 1, 2 oder ∞_0 sind) ähnlichen Vorschriften gehorchen.

Unser Verhaltenskodex für Prinzen

mit 6 Sträuchern und einem 1-rosigen Strauch in dem Rosengarten, läßt sich am besten beschreiben, wenn man es in die Sprache von Eins-Links, Zwei-Links übersetzt. Man kann nachprüfen, daß bis auf die nachfolgenden, jede Position zu einer von Schuhs $\mathscr{P}$-Positionen führt.

?*edede*1	?*eddde*1	?*ddede*1	?*dddde*1
?*ededd*1	?*edddd*1	?*ddedd*1	?*ddddd*1
?0*eeee*1	?0*edee*1	?*ed*0*ed*1	?*dd*0*ee*1

Man kann sich auch überlegen, daß diese 12 Klassen von Positionen, verbunden durch mögliche Züge, genau den Graphen aus Bild 2.20 ergeben. In dem Bild ist eine eingerahmte Position $\mathscr{P}$, eine nicht-eingerahmte $\mathscr{N}$, weiterhin werden folgende Bezeichnungen verwendet

e kennzeichnet eine gerade Zahl, wobei 0 auch als gerade gilt,
d kennzeichnet eine ungerade Zahl,
E kennzeichnet eine gerade Zahl $\geqslant 2$,
D kennzeichnet eine ungerade Zahl $\geqslant 3$, und
? steht für eine beliebige Zahl.

Ein gepunkteter Pfeil bedeutet, daß man den betreffenden Zug nur in dieser Richtung machen kann. Die Positionen der Form ?00*dee*1 und ?00*eee*1 haben wir bei dem Bild weggelassen, da sie von den anderen aus nicht erreicht werden können. Um das Bild zu vervollständigen, füge man noch

?00*dee*1	?00*eee*1
ausgenommen	ausgenommen
?00*dEE*1	?00*EEE*1
?001021	?000*E*01
?001041	?002021

hinzu.

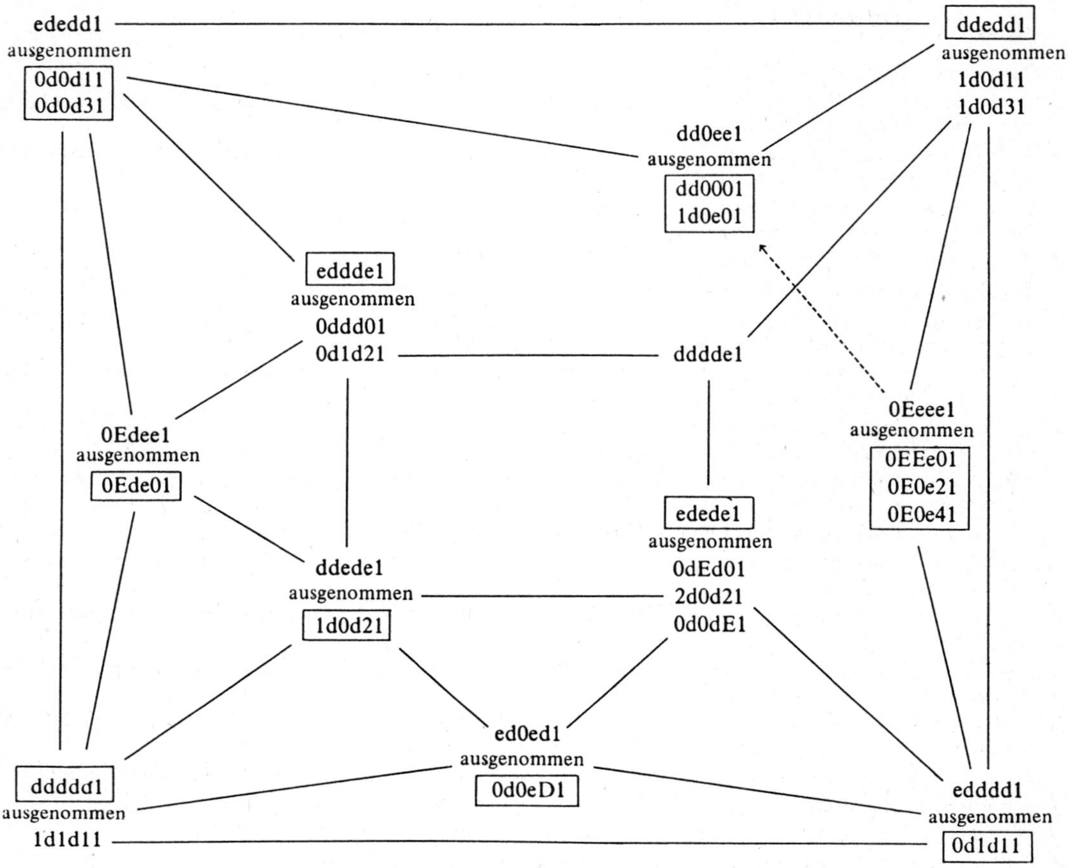

Bild 2.20 Unser Verhaltenskodex für Prinzen in einem 6-Sträucher-Garten mit einem 1-rosigem Strauch

Literaturhinweise

Richard Austin, Impartial and Partisan Games, M.Sc. thesis, University of Calgary, 1976.

W. W. Rouse Ball und *H. S. M. Coxeter*, „Mathematical Recreations & Essays", 12. Aufl., University of Toronto Press, 1974 (insbesondere S. 38–39).

E. R. Berlekamp, Unsolved problem #4, in W. T. Tutte (Hrsg.) „Recent Progress in Combinatorics", Academic Press, New York und London, 1969, S. 342–343.

E. R. Berlekamp, Some recent results on the combinatorial game called Welter's Nim, Proc. 6th Conf. Information Sci. and Systems, Princeton, 1972, 203–204.

F. de Carteblanche, The princess and the roses, J. Recreational Math. **3** (1970) 238–239.

F. de Carte Blanche, The roses and the princes, ibid. **7** (1974) 295–298.

J. H. Conway, „On Numbers and Games", Academic Press, London and New York, 1976, Deutsche Ausgabe: „Über Zahlen und Spiele" (ZUS), Vieweg Braunschweig 1983, Kapitel 11 und 13, und S. 154.

J. H. Conway and *H. S. M. Coxeter*, Triangulated polygons and frieze patterns, Math. Gaz. **57** (1973) 87–94, 175–183; MR **57** #1254–5.

H. E. Dudeney, „536 Puzzles and Curious Problems" (Hrsg. Martin Gardner) Chas. Scribner's Sons, N.Y., 1969, #475 The 37 Puzzle Game, 186–187, 392–393.

Robert, J. Epp and *Thomas S. Ferguson*, Remarks on take-away games and Dawson's Game, Abstract 742–90–3, Notices Amer. Math. Soc. **24** (1977) A-179.

Jim Flanigan, Generalized two-pile Fibonacci Nim, Fibonacci Quart, **16** (1978) 459–469.

Richard K. Guy, Anyone for Twopins?, in David Klarner (ed.) „The Mathematical Gardner", Prindle Weber and Schmidt, 1980.

Paul D. C. Hudson, The logic of social conflict: a game-theoretic approach in one lesson, Bull. Inst. Math. Appl. **14** (1978) 54–66.

Thomas A. Jenkyns and *John P. Mayberry*, The skeleton of an impartial game and the nim-function of Moore's Nim_k, Internat. J. Game Theory **9** (1980) 51–63.

S.-Y. R. Li, *N*-Person Nim and *N*-person Moore's games, Internat. J. Game Theory, **7** (1978) 31–36; MR **58** #4367.

Eliakim H. Moore, A generalization of the game called Nim, Ann. of Math. Princeton (2) **11** (1910) 93–94.

J. von Neumann und *O. Morganstern*, „Theory of Games and Economic Behavior", Princeton, 1944.

T. H. O'Beirne, „Puzzles and Paradoxes", Oxford University Press, London, 1965, Kapitel 9.

I. C. Pond und *D. F. Howells*, More on Fibonacci Nim, Fibonacci Quart. **3** (1965) 61.

Fred. Schuh, „The Master Book of Mathematical Recreations", (Übers. F. Göbel, von „Wonderlijke Problemen; Leerzaam Tijdverdrijf Door Puzzle en Spel", W. J. Thieme, Zutphen, 1943; Hrsg. T. H. O'Beirne) Dover, London, 1968, Kapitel VI, 131–154; Kapitel XII, 263–280.

Allen J. Schwenk, Take-away games, Fibonacci Quart. **8** (1970) 225–234, 241; MR **44** #1446.

G. C. Shephard, Additive frieze patterns and multiplication tables, Math. Gaz. **60** (1976) 178–184; MR **58** #16353.

Roland Sprague, „Recreations in Mathematics" (Übers. T. H. O'Beirne) Blackie, 1963; #14: Pieces to be moved, S. 12–14, 41–42.

R. Sprague, Bemerkungen über eine spezielle Abelsche Gruppe, Math. Z. **51** (1947) 82–84; MR **9**, 330–331.

C. P. Welter, The advancing operation in a special abelian group, Nederl. Akad. Wetensch. Proc. Ser. A **55** = Indagationes Math. **14** (1952) 304–314; MR **14**, 132.

C. P. Welter, The theory of a class of games on a sequence of squares, in terms of the advancing operation in a special group, ibid. **57** = **16** (1954) 194–200; MR **15**, 682; **17**, 1436.

Michael J. Whinihan, Fibonacci Nim, Fibonacci Quart. **1** (1963) 9–13.

Yōhei Yamasaki, On misère Nim-type games, J. Math. Soc. Japan, **32** (1980) 461–475.

Kapitel 3

Käse-Kästchen

Come, children, let us shut up the box.
William Makepeace Thackeray, *Vanity Fair,* Ch. 67.

I could never make out what those damned dots meant.
Lord Randolph Churchill.

Käse-Kästchen („*Dots and Boxes*") ist ein bekanntes 2-Personen-Spiel mit Papier und Bleistift, welches in anderen Teilen der Welt die verschiedensten Namen hat. Zwei Spieler beginnen mit einer rechteckigen Anordnung von Punkten; ein Zug besteht darin, zwei horizontal oder vertikal benachbarte Punkte durch einen Strich zu verbinden. Hat ein Spieler bei seinem Zug ein Einheits-Quadrat (**Kästchen**) zustande gebracht, so kennzeichnet er dieses Kästchen, und zieht einen weiteren Strich (das Vollenden eines Kästchens ist somit ein Kompliment-Zug). Das Spiel ist zu Ende, wenn alle Kästchen vollendet sind, und der Sieger ist derjenige mit den meisten Kästchen.

Ist ein Spieler *in der Lage*, ein Kästchen fertigzumachen, so ist er dazu nicht verpflichtet, er kann auch einen anderen Zug wählen. Die Einführung dieser Verpflichtung macht das Spiel bedeutend einfacher. Man vergleiche dazu den bei den Literaturhinweisen aufgeführten Artikel von Holladay.

Bild 3.1 zeigt Arthurs und Berthas erstes Spiel, bei dem Arthur beginnt. Bei der ziemlich typischen Eröffnung wird bis zu dem von Arthur erzwungenen, unglücklichen 13. Zug, der Bertha 2 Kästchen hinterläßt, nichts vergeben. Berthas letzter Bonus-Zug ermöglicht es Arthur, sich die 3 untersten Kästchen zu sichern, aber auf die restlichen 4 muß er dann verzichten.

So spielen die meisten Kinder, aber Bertha ist klüger als die meisten: sie beginnt das Rückspiel mit der von Arthur verwendeten Eröffnung. Dieser wiederum ist froh, Berthas Antworten vom vorherigen Spiel nachmachen zu können, und ist hoch erfreut, als Bertha bis zu dem unglücklichen 13. Zug seine Züge aus dem ersten Spiel wiederholt, womit seine Unfähigkeit bewiesen ist. Er holt sich die 2 Kästchen und verzichtet in Erwartung von 4 Kästchen gutgelaunt auf die untersten 3. Aber Bertha verblüfft ihn, indem sie ihm nur 2 Kästchen überläßt. Er stürzt sich auf diese beiden, doch als er seinen Bonus-Zug macht, merkt er, daß man ihm eine Falle gestellt hat.

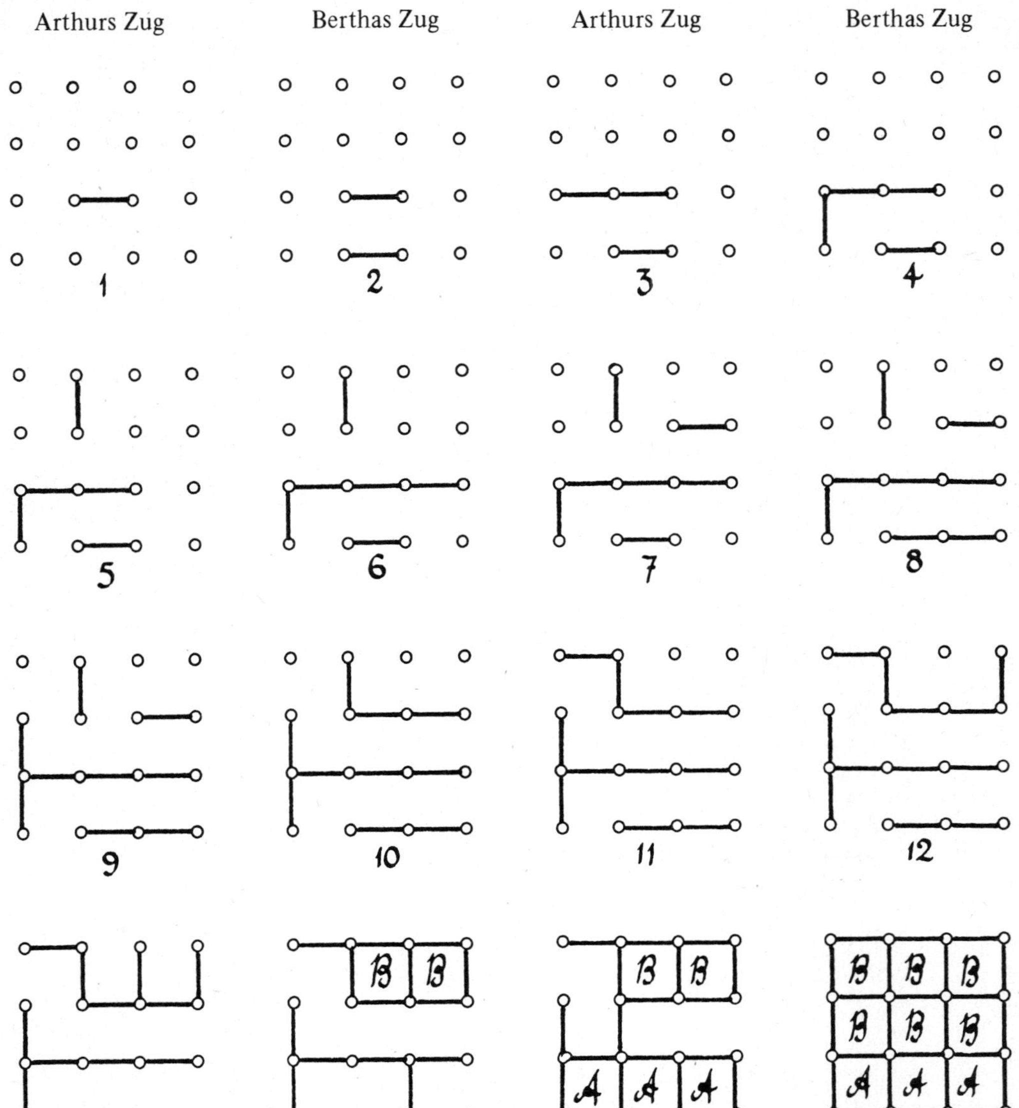

Bild 3.1 Arthurs und Berthas erstes Spiel

Bertha besiegt mit dieser doppelzüngigen Methode alle ihre Freunde. Die meisten Kinder spielen zufällig, es sei denn, sie schauen genau hin, und finden heraus, daß jeder Zug der Anfang einer Kette von Kästchen ist. Sie vergeben dann die kürzeste Kette, und bekommen die nächstkürzere zurück, usw.

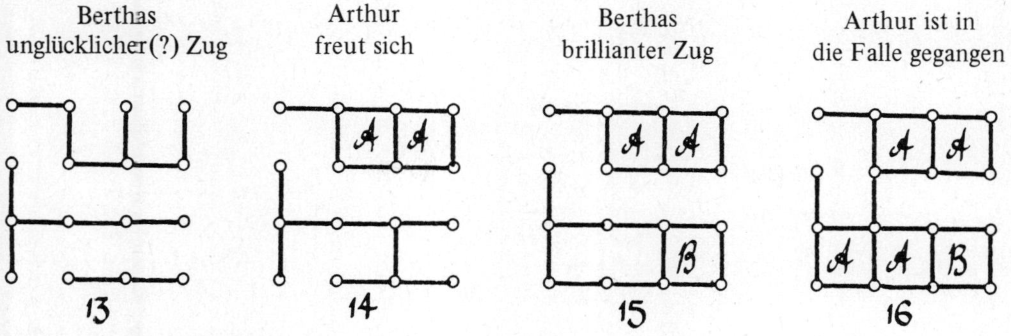

Bild 3.2 Arthur ist von Berthas Geschicklichkeit verblüfft.

Eröffnet man jedoch eine lange Kette für Bertha, so könnte sie diese mit einem doppelzüngigen Zug, der einem zwar die letzten 2 Kästchen überläßt, aber zur Eröffnung der nächsten Kette für Bertha nötigt, beenden (Bild 3.3). Auf diese Weise kontrolliert *sie* das Spiel bis zum Schluß.

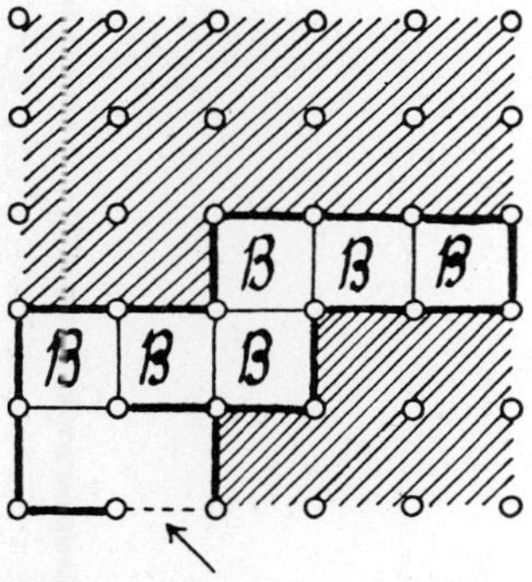

Bild 3.3 Berthas doppelzüngiger Zug

Sie können in Bild 3.4 sehen, wie effektiv diese Strategie sein kann. Indem sie immer den letzten von zwei auf einem Teller angebotenen Kuchen zurückweist, verschafft sich Bertha einen triumphalen 19-zu-6-Sieg. Sie hätten in der gleichen Situation ein gewöhnliches Kind 14-zu-11 geschlagen.

Doppelzüngigkeit führt zu Fallen-Zügen

(„*Double-Dealing leads to Double-Crosses*")

Nach jedem doppelzüngigen Zug folgt – meistens sofort – ein Zug, bei dem mit einem einzigen Strich zwei Kästchen vollendet werden (Bild 3.5). Diese Züge spielen in der nachfolgenden Theorie eine wichtige Rolle. Wir nennen sie **Fallen-Züge**, da jeder der sie macht, normalerweise in eine solche hineingetappt ist.

Sie sind am Zug | Bertha (*B*) schlägt Sie (*S*) | Sie schlagen das gewöhnliche Kind (*K*)

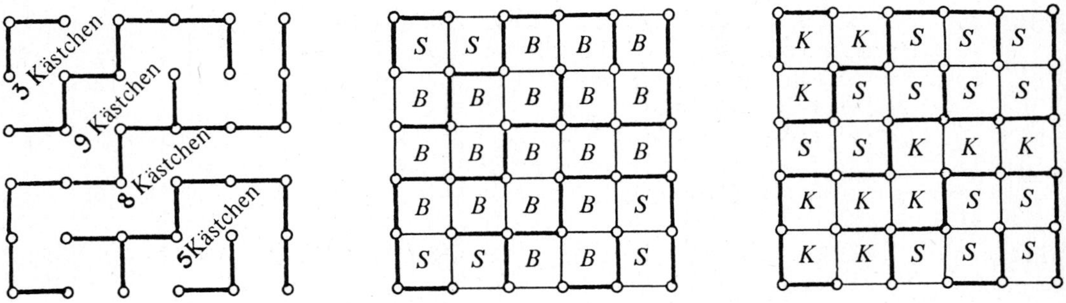

3er-Kette
5er-Kette
8er-Kette
9er-Kette

B	*S*
1	2
3	2
6	2
9	
19	6

n	*S*
3	
	5
8	
	9
11	14

Bild 3.4 Doppelzüngigkeit zahlt sich aus

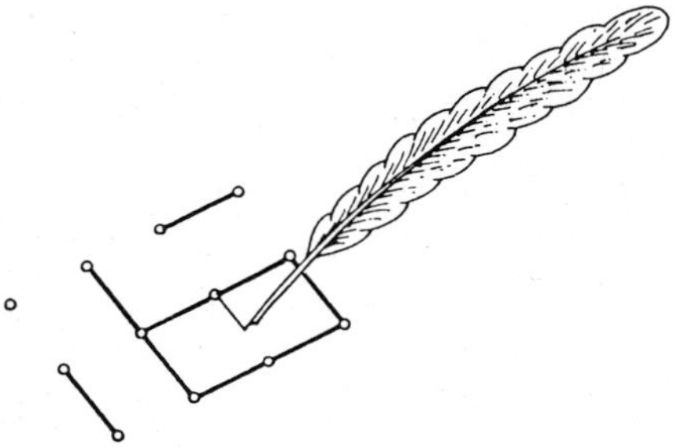

Bild 3.5 Ein Fallen-Zug – Zwei Kästchen auf einen Streich

Berthas Strategie legt nun folgende Vorgehensweise nahe:

> Man sichere die Existenz von langen Ketten, und versuche, den Gegner dazu zu bringen, als Erster eine solche zu eröffnen.

Versuchen Sie, die Kontrolle über das Spiel zu erhalten, ...

Wir sagen: jeder, der seinen Gegner dazu bringt, eine lange Kette zu eröffnen, hat das Spiel unter **Kontrolle**. Weiter gilt:

> Haben Sie die Kontrolle über das Spiel, so sichern Sie sie sich auch weiterhin, indem Sie von jeder Kette, bis auf die letzte, höflich 2 Kästchen zurückweisen.

... und behalten Sie sie.

Gibt es Ketten verschiedener Länge, so gewinnt derjenige Spieler, welcher das Spiel kontrolliert normalerweise ganz entscheidend.

In Wirklichkeit wird also um die Kontrolle gekämpft. Wie kann man das Erlangen dieses wertvollen Gutes sichern? Es hängt davon ab, ob man die gerad- oder ungeradzahligen Züge macht ...

Bild 3.6 Wer ist Dodie und wer ist Evie?

Arthur und Bertha wohnen neben der Familie Parr. Dort gibt es zwei kleine Mädchen, genannt Dodie und Evie (engl. „odd" = gerade, „even" = ungerade!) (Bertha neckt sie oft, indem sie sie *„Parrotty Girls"* nennt („Parrotty" = engl. Bez. für „Papagei" oder „Schwätzer")!). In Bild 3.6 können Sie sie beim Spielen eines 4-Kästchen-Spieles beobachten. Dodie ist ein Jahr jünger als Evie, und darf deshalb jedesmal, wenn sie zusammen spielen als erste ziehen. Sie haben sich so an diese Regel gewöhnt, daß Dodie und Evie auch dann auf den ungeradzahligen bzw. geradzahligen Zug bestehen, wenn sie mit jemand anderem zusammen spielen:

> Dodie Parr: ungerade (*„odd"*) Parität
> Evie Parr: gerade (*„even"*) Parität

Folgende Regel hilft ihnen, die Kontrolle zu erlangen.

Dodie
versucht eine *ungerade* Anzahl
von Anfangspunkten + Fallen-Zügen
zu erreichen.
Evie
versucht zu erreichen, daß diese
Anzahl *gerade* wird.

Seien Sie SELBSTsüchtig bei Punkten + Fallen-Zügen!

Bei einfachen Spielen ist die Anzahl der Fallen-Züge um 1 geringer als die Anzahl der langen Ketten. Das ist

DIE LANGE-KETTEN-REGEL

Spielen Sie gegen *Evie*, so versuchen Sie,
eine *gerade* Anzahl von Punkten + evtl.
langen Ketten zu erreichen.
Spielen Sie gegen *Dodie*, so versuchen Sie,
zu erreichen, daß diese Anzahl *ungerade* wird.

Das GEGENteil für Punkte + lange Ketten!

Diese Regeln kann man so begründen: egal, welche Anordnung von Punkten man auf dem Papier hat:

Die Anzahl der Punkte mit denen man beginnt
+ Die Anzahl der Fallen-Züge
= Die Gesamtanzahl von Zügen im Spiel.

Wir beweisen das in den Zusätzen.

Wie lang ist „lang"?

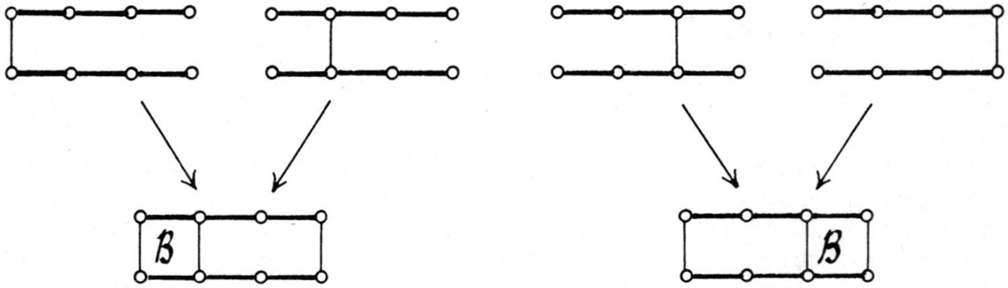

Bild 3.7 Berthas Schluß-Spiel-Technik

Wir stoßen auf die passende Definition von „lang“, wenn wir uns über Berthas Schluß-Spiel-Technik Gedanken machen. Eine **lange Kette** besteht aus 3 oder mehr Quadraten. Das liegt an folgendem: egal, welche Kante Arthur bei einer derartigen Kette setzt, Bertha kann sich bis auf 2 alle bei ihr vorhandenen Kästchen nehmen, und ihren Zug mit einem Strich beenden, der kein Kästchen vollendet. Bild 3.7 demonstriert dies am Beispiel einer Kette mit 3 Quadraten. Eine aus 2 Quadraten bestehende Kette ist *kurz*, denn durch Setzen der *mittleren* Kante hindert uns der Gegner daran, unseren Zug bei der gleichen Kette zu beenden. Man nennt so etwas ein **hartherziges** Almosen.

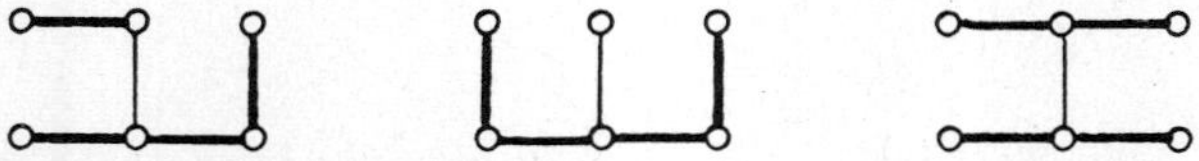

Bild 3.8 (a) Hartherzige Almosen

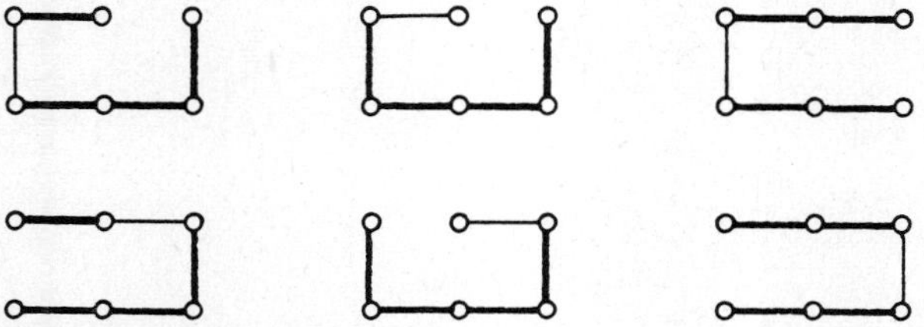

Bild 3.8 (b) Halbherzige Almosen

Meinen Sie zu gewinnen, aber sind Sie genötigt, ein Kästchen-Paar aufzugeben, so sollten Sie immer ein hartherziges Almosen vergeben. Dem Gegner bleibt keine andere Möglichkeit, als es anzunehmen. Geben Sie ein **halbherziges** Almosen (Bild 3.8(b)), so könnte er mit einem doppelzüngigen Zug die Kontrolle zurückerlangen. Sind Sie aber am Verlieren, so können Sie es nach dem Verwirrungsprinzip (Band 1, Kap. 1, Zusätze) mit einem halbherzigen Almosen versuchen. Oberflächlich gesehen ist das ein schlechter Zug, denn der Gegener wird sich, hat er auch nur ein bißchen Grips, beide Quadrate holen. Aber schon viele hat Berthas Scharfsinn, mit dem sie sich beide Quadrate ohne weiteres zurückholt, verwirrt. („*But boys by billions, being bemused by Bertha's brilliance, blindly blunder both boxes back*“).

Das 4-Kästchen-Spiel

Als Dodie noch *sehr* jung war, haben die Mädchen oft das 4-Kästchen-Spiel gespielt, und dabei Dodies den ersten Zug betreffenden Vorteil dadurch ausgeglichen, daß ein Spiel, bei dem sich jeder 2 Kästchen verschafft hatte als Sieg für Evie (dem zweiten Spieler) zählte.

Zwei Zweien sind ein Gewinn für zwei („*Two Tows is a win to two*“)

Am Anfang wird Dodie, wenn es irgendeinen anderen Ausweg gibt, sich nie ein Kästchen durch die Lappen gehen lassen, und Evie, bei der man sieht, daß sie ein sehr symmetrischer Spieler ist, wird immer gewinnen, indem sie auf der anderen Seite des Brettes die Züge von Dodie nachmacht. Aber nachdem Dodie bei einem Spiel „Bertha gegen Evie“ zugesehen hat, hat sie herausbekommen, wie man dieser Strategie durch ein gerissenes Geschenk beim 7. Zug entgegenwirken kann. Evie kann auch dann noch gewinnen, wenn Dodie es wagt, vom rechten Weg abzuweichen, aber sie muß der Versuchung wiederstehen, *jedesmal* symmetrisch zu ziehen (Bild 3.9).

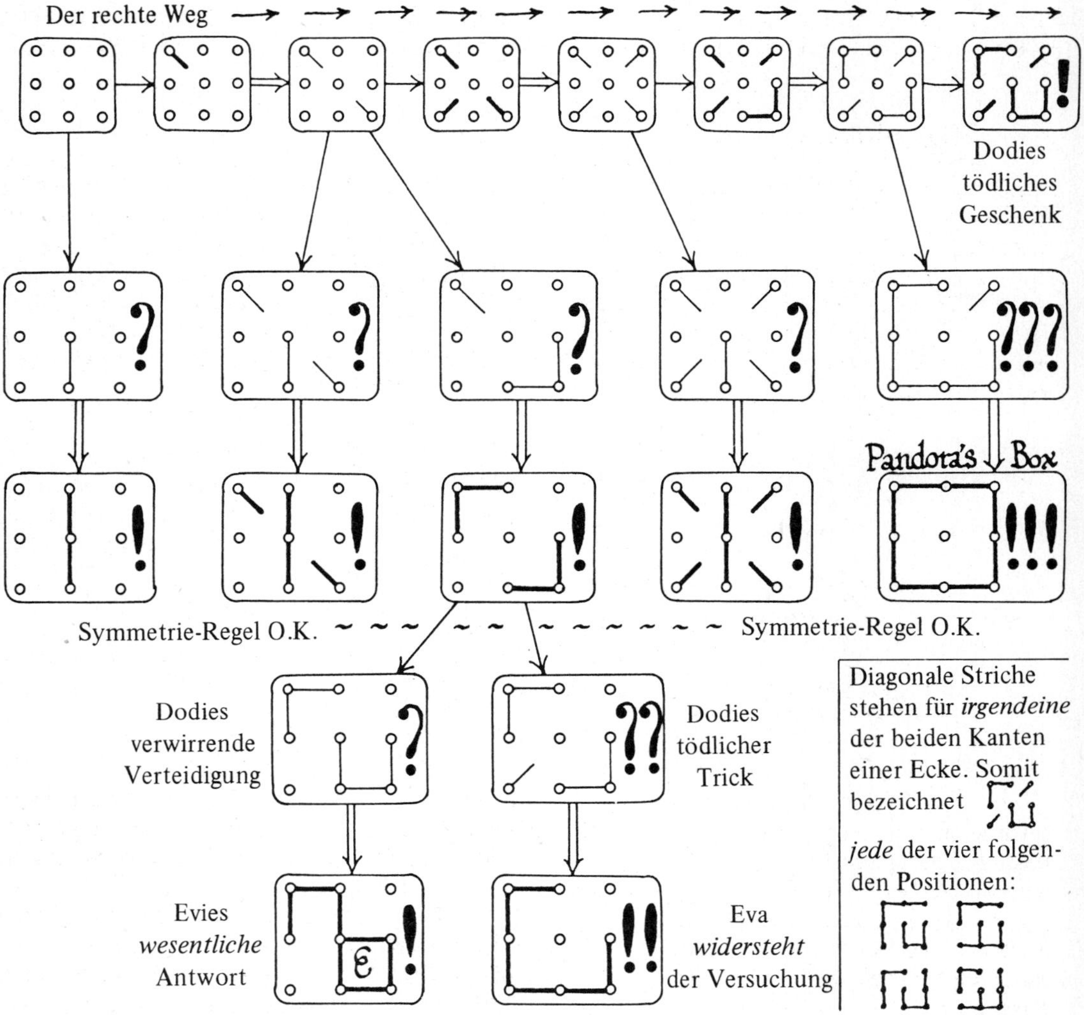

Bild 3.9 Evie faßt jede Möglichkeit ins Auge ("Evie Envisaging Every Eventuality")

Selbst wenn Dodie gewinnt, ist es viel schwerer, ihre beste Strategie beim Spiel gegen hinreichend geschickte Gegner vollständig aufzuschreiben. In Bild 3.34 bei den Zusätzen findet man eine passende Strategie für Dodie, und Bild 3.35 liefert eine komplette Liste der $\mathscr{P}$-Positionen für beide Spieler. Dieses kleine Spiel ist für den unbedachten Spieler überall mit Fallen gespickt, und diejenigen unter Ihnen, die Profi-Kästchen-Spieler werden wollten, und uns deshalb schriftlich um Rat gefragt haben, werden diese Tafeln beim aufreibenden Anfangskampf auf einem 4-Kästchen-Brett für sehr nützlich befinden.

Bei Ketten der Form:

		Schleife mit 4 Quadraten
4	bzw.	2 + 2
3 + 1		1 + 1 + 1 + 1,

gewinnt

Dodie	bzw.	Evie.

Das gilt in Übereinstimmung mit der Lange-Ketten-Regel. Aber auf diesem kleinen Brett sollte sich Dodie dieser Regel öfter widersetzen, und durch Aufspaltung der Ketten in 2 + 1 + 1 gewinnen.

Das 9-Kästchen-Spiel

Überraschenderweise scheint nach der Lange-Ketten-Regel das 9-Kästchen-Spiel einfacher zu sein als das mit 4 Kästchen. Dieses mal gewinnt Evie, und ihre Grundstrategie besteht aus dem Einsetzen von 4 Speichen (siehe Bild 3.10), was dazu führt, daß jede lange Kette durch das Zentrum geht. Evie gewinnt damit gegen die meisten Kinder mit mindestens 6 zu 3. Aber Dodie kann sie auf 5 zu 4 ,runterdrücken, möglicherweise durch Opfern des mittleren Quadrates. Danach sollte Evie ihre Speichenstrategie aufgeben. Natürlich ist Evies eigentliches Ziel, es so zu arrangieren, daß es nur eine lange Kette gibt, und sie bessert ihr Punktekonto oft damit auf, daß sie dieser einen Kette eine andere Form gibt.

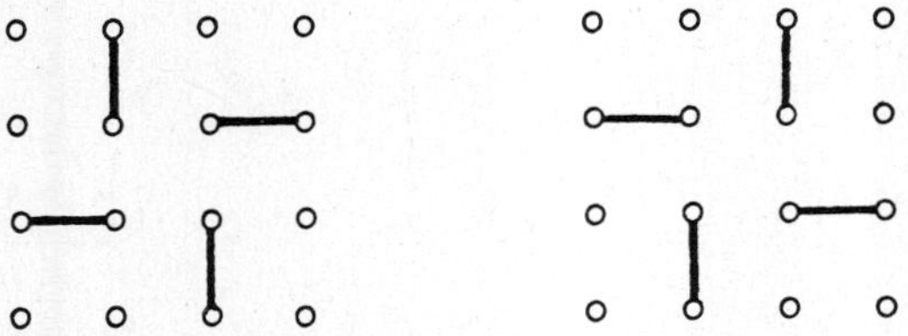

Bild 3.10 Mit einer guten Zauberformel kann man mehr als eine lange Kette abwenden – Evie setzt Speichen in Dodies Rad

Evie wird es normalerweise vorziehen, ihre Speichen bei Quadraten mit einer schon eingezeichneten Seite zu placieren, und sie wird darum bemüht sein, ihre Speichen nur nach *einem* der beiden Hakenkreuz-Muster aus Bild 3.10 anzuordnen. Fallen-Züge gibt es normalerweise nicht, womit Evie beim (16 + 0 =) 16. Zug gewinnt.

Dodie versucht, *ihre* Züge so zu arrangieren, daß eine Speiche nur durch Opfern eines Kästchens eingesetzt werden kann. Und sie zersprengt *entweder* die Ketten, so gut es geht (evtl. durch Opfern des mittleren Quadrats), *oder* sie bildet, während Evie mal nicht aufpaßt, *zwei* lange Ketten. In beiden Fällen ist das Spiel für sie, selbst wenn sie denkt, es ist schon alles verloren, durch ein halbherziges Almosen gerettet.

Das 16-Kästchen-Spiel

Wir wissen nicht, wer beim 4 × 4-Brett gewinnt, was zu einem sehr spannenden Spiel führt. Evie versucht, 2 lange Ketten zu erzeugen, während Dodie ihre Anzahl auf 1 reduzieren, oder 3 Ketten erzwingen will.

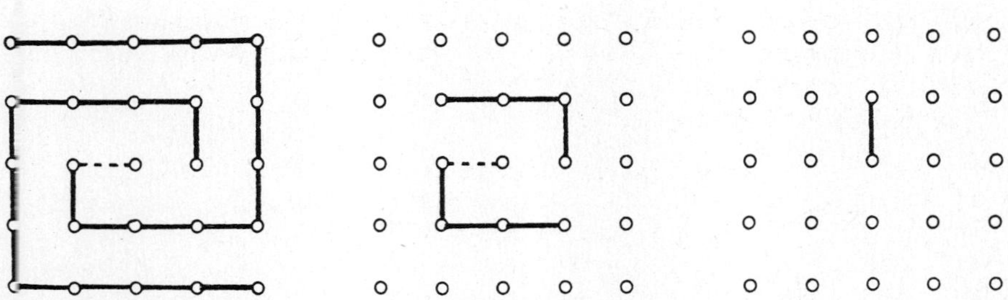

Bild 3.11 „Komm in meine symmetrische gute Stube!“

Evie schlägt mit ihrer symmetrischen Strategie eine ganze Menge Kinder, aber Dodie erinnert sich an ihren Trick beim 4-Kästchen-Spiel. Merkt sie, daß ihr Gegner jeden ihrer Züge nachmachen will, so kann sie ihn in das Spinnennetz aus Bild 3.11(a) locken. Ist der Gegner weniger berechenbar, so hält sie es für sicherer, nur den mittleren Teil des Netzes (Bild 3.11(b)) zu benutzen.

Anders geformte Bretter

Um all Ihre Freunde bei größeren quadratischen und rechteckigen Brettern zu besiegen, brauchen Sie die Lange-Ketten-Regel. Vergessen Sie nicht, eine aus 4 oder mehr Quadraten bestehende geschlossene Schleife als *zwei* lange Ketten zu zählen, und denken Sie daran, daß jeder Fallen-Zug, egal, wer ihn macht, die Anzahl der von Ihnen gewünschten langen Ketten verändert. (Stellen Sie sich einen Fallen-Zug als eine gerade ins Spiel eingebrachte lange Kette vor.) Es ist taktisch günstig, die langen Ketten so lang wie möglich zu machen, und wenn's geht, geschlossene Schleifen zu vermeiden, denn Sie verspielen *vier* Kästchen, wenn Sie eine Schleife ausschlagen. Diese Regeln sind bei allen großen Brettern anwendbar, auch beim dreieckigen Käse-Kästchen-Brett (siehe Bild 3.12).

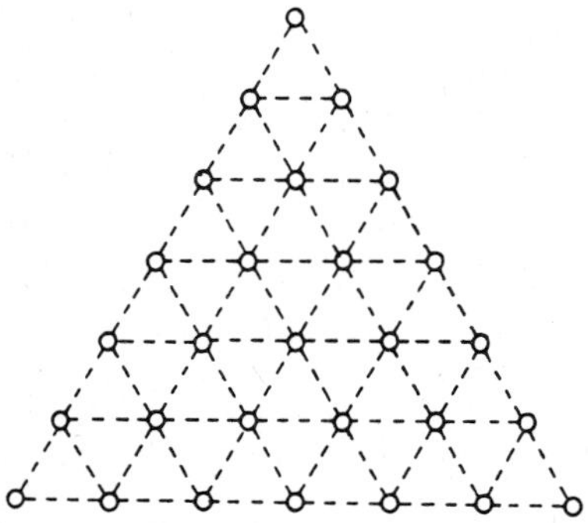

Bild 3.12 Ein Brett mit 28 Punkten und 36 dreieckigen Zellen

Spielt auch der Gegner mit der Lange-Ketten-Regel, so kann es natürlich zu einem ziemlich harten Kampf um die Kontrolle des Spiels kommen. Das Spiel Nim-Fäden, welches im verbleibenden Teil des Kapitels besprochen wird, enthält alles, worum es beim Kontrollieren geht. In den Zusätzen werden an einer Stelle einige der seltenen Gelegenheiten besprochen, bei denen es vorteilhaft sein könnte, die Kontrolle abzugeben.

Käse-Kästchen und Fäden-und-Münzen
(*„Dots-and-Boxes and Strings-and-Coins"*)

Es gibt eine duale Version von Käse-Kästchen, genannt **Fäden-und-Münzen**, das mit Fäden, Münzen und einer Schere gespielt wird. Die Enden jedes Fadens sind an zwei verschiedene Münzen oder an einer Münze und dem Boden befestigt (die Fäden sind höchstens mit einem Ende am Boden befestigt). Ein Zug besteht aus dem Durchtrennen eines noch unbeschädigten Fadens. Haben Sie eine Münze ganz losgelöst, so stecken Sie sie weg, und schneiden dann einen weiteren Faden durch (falls es überhaupt noch nicht durchtrennte gibt). Das Spiel ist aus, wenn alle Münzen abgetrennt sind. Gewonnen hat der Spieler mit den meisten Münzen.

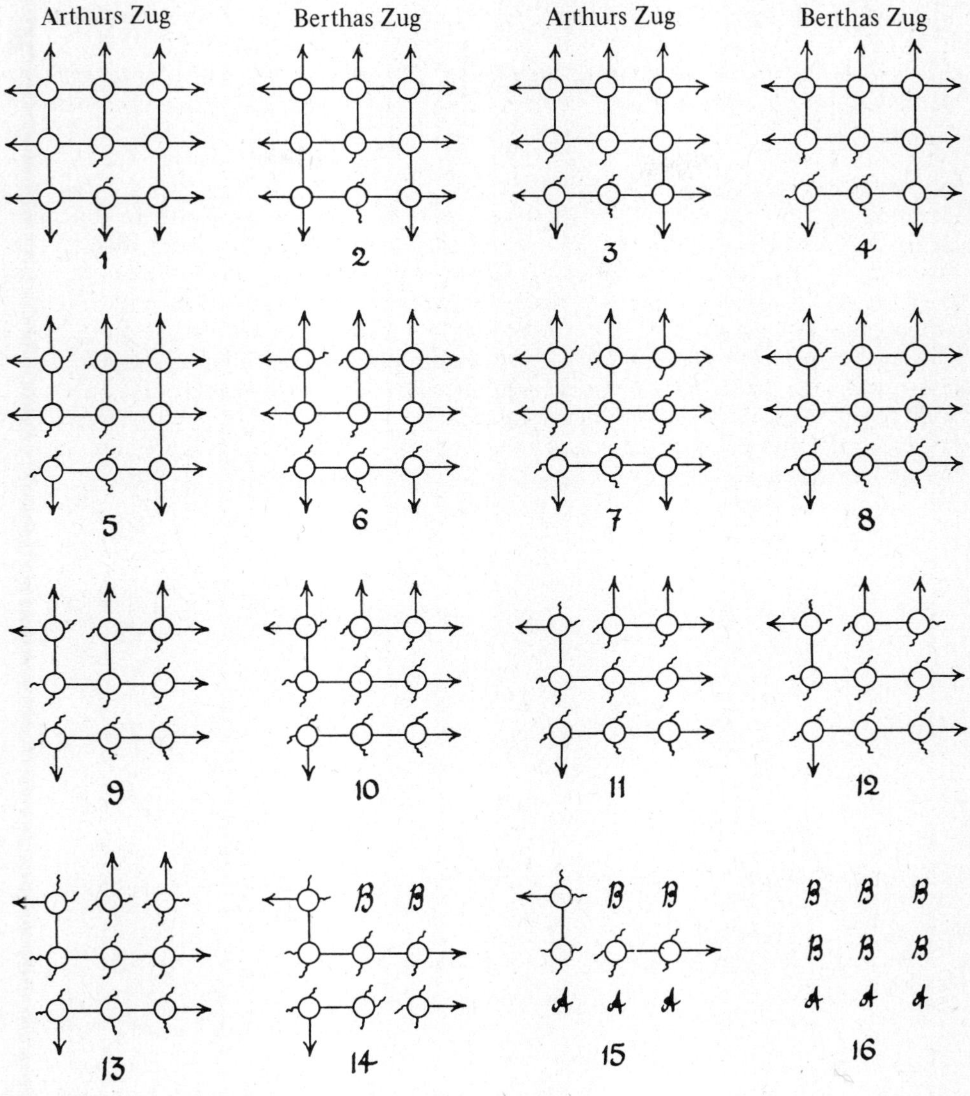

Bild 3.13 Ein Fäden-und-Münzen-Spiel: das Dual von Bild 3.1

Bild 3.13 zeigt das Dual zu Arthurs und Berthas erstem Spiel (man vergleiche es mit Bild 3.1). Es beginnt mit 9 durch 24 Fäden verbundenen Münzen, von welchen 12 zwischen Münze und Münze gespannt sind, während die anderen 12 von einer Münze zum Boden führen. Die mit dem Boden verbundenen Fäden sind mit kleinen Pfeilen gekennzeichnet. Die Münzen und Fäden bilden die Kanten und Ecken eines **Graphen**. Es ist sehr einfach, den zu irgendeiner Käse-Kästchen-Position gehörenden Graphen zu finden. Aber es gibt eine ganze Menge von Graphen, zu welchen *keine* derartige Position existiert. Z.B. kann der Graph Zyklen ungerader Länge oder Knoten mit mehr als 4 Kanten haben, er kann auch *nicht-planar* sein. In Wirklichkeit ist Fäden-und-Münzen eine Verallgemeinerung von Käse-Kästchen.

Nim-Fäden

Das Spiel **Nim-Fäden** wird auf denselben Graphen gespielt wie Fäden-und-Münzen, und man zieht auch genauso wie bei Fäden-und-Münzen, indem man immer einen Faden durchtrennt (das ist ein *Kompliment-Zug*, wenn man eine Münze wegstecken kann). Bei Fäden-und-Münzen hat derjenige mit den meisten weggesteckten Münzen gewonnen, bei Nim-Fäden hingegen spielt man nach der üblichen Konvention. Dies bedeutet: bei einer gewöhnlichen Nim-Fäden-Position hat man *verloren*, wenn man die letzte Münze wegsteckt. Denn die Regeln erfordern es, noch einmal zu ziehen, was in diesem Fall aber nicht möglich ist. (Aber ein Nim-Fäden-Graph *kann* auch Fäden haben, welche den Boden mit sich selbst verbinden. Besteht also der letzte Zug aus dem Durchschneiden eines *solchen* Fadens, hat man dabei keine Münze abgetrennt, und damit *gewonnen.*)

Nim-Fäden scheint sich sehr von Fäden-und-Münzen zu unterscheiden, aber genauere Untersuchungen zeigen: Nim-Fäden ist eigentlich ein Spezialfall von Fäden-und-Münzen.

Man kann nicht alles über Fäden-und-Münzen wissen, so lange man nicht genau über Nim-Fäden Bescheid weiß.

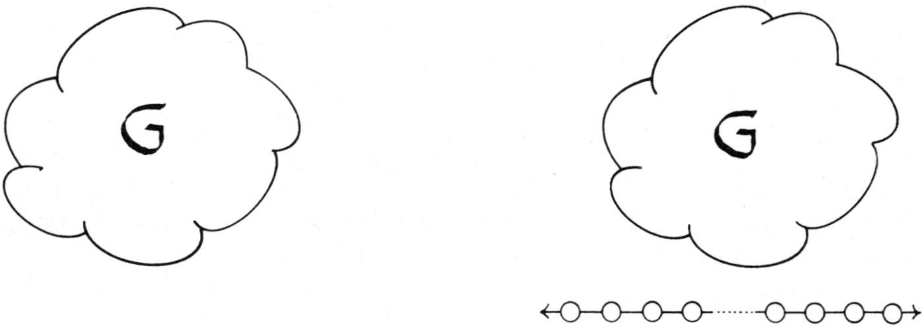

Bild 3.14 (a) Eine schwierige Nim-Fäden-Position (b) Ein entsprechendes Fäden-und-Münzen-Spiel

Bild 3.14 zeigt die Konstruktion, welche das beweist. Steht G für ein beliebiges Nim-Fäden-Problem, so nehmen wir eine lange Kette dazu, und betrachten das resultierende Fäden-und-Münzen-Spiel (die lange Kette sollte mehr Münzen enthalten als G). Da die Kette so lang ist, und derjenige, der als erster einen Faden bei ihr durchtrennt, seinem Gegner die Möglichkeit gibt, sich beim darauffolgenden Zug alle Münzen der Kette zu holen, werden es beide Spieler möglichst vermeiden, einen Faden der Kette durchzuschneiden. So lange nicht alle Fäden bei G durchtrennt sind, kann kein Spieler den anderen dazu zwingen, einen Ketten-Faden zu zerschneiden. Mit anderen Worten: der einzige Weg zu einem Sieg bei dem Fäden-und-Münzen-Spiel aus Bild 3.14(b) führt über einen Sieg bei dem Nim-Fäden-Spiel auf dem Graphen G.

Bild 3.15 (a) Ein weiteres Nim-Fäden-Spiel (b) Ein entsprechendes Fäden-und-Münzen-Spiel

Bild 3.15 zeigt eine andere Konstruktion. Bei dieser erhält man das Fäden-und-Münzen-Spiel durch Hinzunahme verschiedener langer Ketten und Zyklen. Sind diese lang genug, so sieht die Gewinnstrategie für das Fäden-und-Münzen-Spiel so aus:

> *Zieht der Gegner bei G*, so antworte man bei *G* mit einem Zug der Nim-Fäden-Gewinnstrategie.
> *Zieht er bei einer langen Kette,* so nehme man sich, *bis auf zwei, alle* Münzen dieser Kette, und lasse nur den Faden, der diese beiden zusammenhält, übrig.
> *Zieht er bei einem langen Zyklus,* so nehme man sich, *bis auf vier, alle* Münzen des Zyklus, und hinterlasse diese als *zwei Paare,* welche beide durch einen Faden verbunden sind.

Mit dieser Strategie bekommt man alle bis auf zwei Münzen bei jeder langen Kette und alle bis auf vier Münzen bei jedem langen Zyklus. Man gewinnt also mit ihr, wenn die Gesamtanzahl der Knoten bei den hinzugenommenen Ketten und Zyklen die folgende Zahl übertrifft:

(Anzahl der Knoten bei G)
$+ 4\times$ (Anzahl der hinzugenommenen langen Ketten)
$+ 8\times$ (Anzahl der hinzugenommenen langen Zyklen).

In der Praxis enthalten oft schon die Nim-Fäden-Positionen selber (potentielle) lange Ketten, womit es für die obige Strategie einen größeren Anwendungsbereich gibt. Erinnern Sie sich?: Das „alle bis auf 2"-Prinzip wurde bereits von Bertha bei ihrem zweiten Spiel mit Arthur angewendet (siehe Bild 3.2). Bei gut gespielten Käse-Kästchen-Spielen wird oft die gleiche Strategie gespielt, wie beim jeweils entsprechenden Nim-Fäden-Spiel. Ausgenommen davon ist nur das Ende des Spiels. Mit der letzten langen Kette bei einem Nim-Fäden-Spiel wird genauso verfahren, wie mit den anderen: der Sieger nimmt sich alle bis auf zwei Münzen, die er dem Verlierer als ein hartherziges Almosen übrigläßt. Bei der letzten Kette von Käse-Kästchen nimmt sich der Sieger natürlich alle Münzen.

Warum ist „lang" lang?

Die Beweisführung gibt eine Erklärung dafür, warum „lang" genau wie folgt definiert werden muß. Wir sollten eine Kette **lang** nennen, wenn sie 3 oder mehr Münzen enthält, denn: egal, welchen Faden einer derartigen Kette unser Gegner kappt, wir können uns alle bis auf zwei Münzen sichern, und unseren Zug mit einem Schnitt bei der gleichen Kette beenden. Wir müssen eine Kette von 2 Münzen **kurz** nennen, da der Gegner den mittleren Faden durchtrennen, und uns damit vom Zurückweisen dieser beiden wesentlichen Münzen abhalten könnte (das hartherzige Almosen). Aus dem gleichen Grund heißt auch eine geschlossene Schleife mit 2 oder 3 Münzen **kurz** (beim rechteckigen Käse-Kästchen gibt es keine kurzen Schleifen). Aber eine Schleife mit mindestens 4 Münzen nennt man **lang**. Wir können nämlich, unabhängig davon, welchen Faden der Gegner durchtrennt, die letzten 4 Münzen höflich zurückweisen. Bild 3.16(a) zeigt, wie man das bei einer 6er-Schleife macht. Hat der Gegner den ersten Faden wie in der Abbildung gekappt, so nimmt man nur 2 Münzen und durchtrennt dann den mittleren Faden zwischen den restlichen 4 Münzen. Bild 3.16(b) zeigt, in welcher Beziehung dies zu Berthas Spieltaktik bei Käse-Kästchen steht.

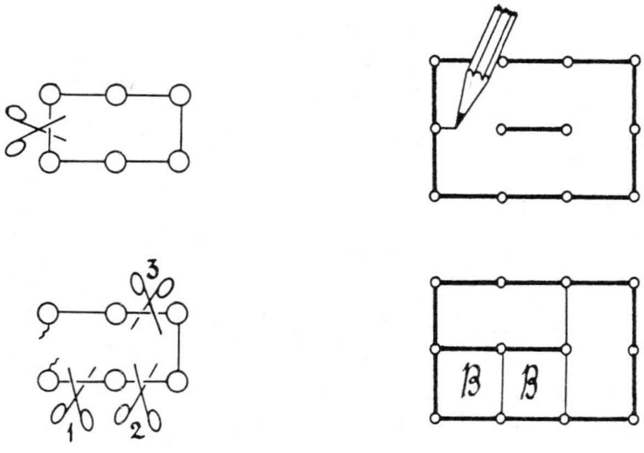

Bild 3.16 Bertha weist höflich eine lange Schleife zurück.

Ein gut gespieltes Käse-Kästchen-Spiel führt oft zu Positionen, die zu Positionen, wie den in Bild 3.15(b) gezeigten, dual sind. Die meisten Münzen findet man in den langen Ketten und Schleifen, und gewonnen hat immer derjenige, der seinen Gegner dazu bringt, als erster einen Faden bei diesen Ketten oder Schleifen durchzuschneiden. Es sieht so aus, daß die Gewinnstrategie für Nim-Fäden fast immer auch eine Gewinnstrategie für Münzen-und-Fäden liefert. Es gibt außer denen, welche die Bedingungen von Bild 3.15(b) erfüllen noch viele andere Graphen, für die man das beweisen kann. Um ein Käse-Kästchen- oder Fäden-und-Münzen-Spiel zu gewinnen, sollte man versuchen, beim entsprechenden Nim-Fäden-Spiel zu siegen, und gleichzeitig es so arrangieren, daß es ein paar ziemlich lange Ketten gibt. Im verbleibenden Teil dieses Kapitels werden wir Ihnen beibringen, wie man ein Experte für Nim-Fäden wird.

Nimmt man, oder nimmt man sie nicht (die Münze bei Nim-Fäden)

Eine Münze, an der nur ein Faden befestigt ist, nennt man **wegnehmbar**. Bei einer derartigen Münze hat der am Zug befindliche Spieler die Möglichkeit, einen Faden zu entfernen. damit die Münze freizulegen, und einen weiteren komplimentierten Zug zu machen. Für einige Graphen ist das der beste Zug; bei anderen, die von Bertha entdeckten aus Bild 3.2 eingeschlossenen, muß man sich bei der Gewinnstrategie hüten, die Münze loszulösen. Wie Sie sich denken können, hängt die Entscheidung darüber, ob es besser ist, eine Münze zu nehmen oder nicht, oft vom ganzen Graphen ab. Aber es kann sehr hilfreich sein, die lokalen Eigenschaften des Graphen in der Nähe von Münzen zu untersuchen.

Jede wegnehmbare Münze taucht in einer der sechs möglichen Varianten aus Bild 3.17 auf. Der Faden einer wegnehmbaren Münze führt entweder zum Boden (Bild 3.17(a)), oder zu einer anderen Münze. Im letzteren Fall

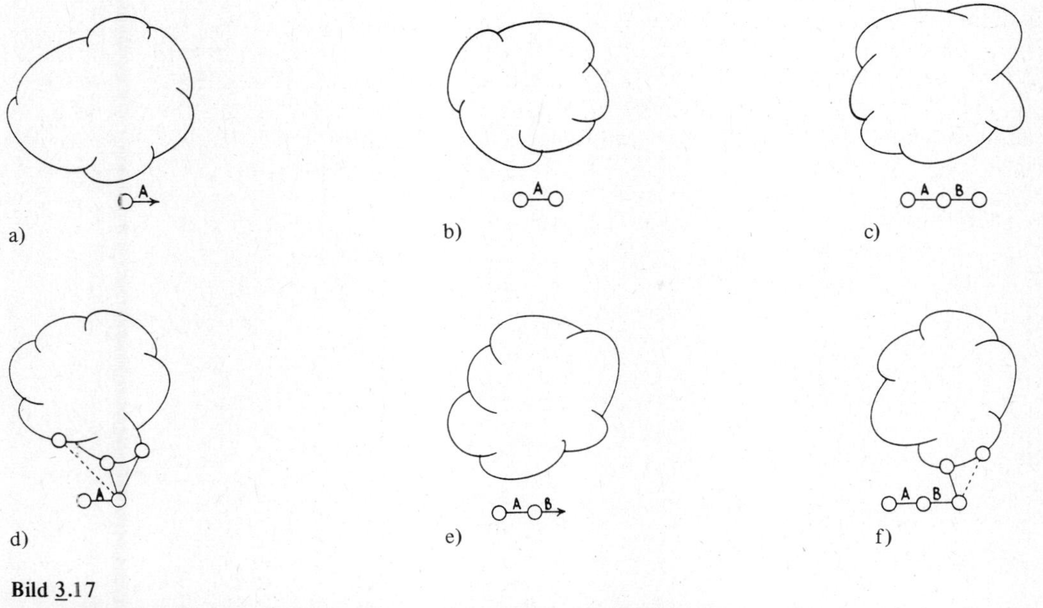

Bild 3.17

(a) NIMM! Eine freie Münze (b) NIMM! Zwei freie Münzen und ein Fallen-Zug
(c) NIMM! Drei freie Münzen und ein Fallen-Zug (d) NIMM! Eine freie Münze
(e) GEWINNE!
(f) GEWINNE! Halbherzige Almosen

ist die Anzahl der Fäden entweder gleich 1 (Bild 3.17(b)), 2 (Bild 3.17(c), Bild 3.17(e), Bild 3.17(f)) oder 3 und mehr (Bild 3.17(d)). Gibt es zwei Fäden, so führt der zweite entweder zu einer wegnehmbaren Münze (Bild 3.17(c)), zum Boden (Bild 3.17(e)), oder zu einer Münze mit mehr als zwei Fäden (Bild 3.17(f)). In allen sechs Fäden enthält die Wolke alle diejenigen Münzen und Fäden, welche von der wegnehmbaren Münze zu weit weg sind. Die gepunkteten Linien bei Bild 3.17(d) und (f) sind mögliche zusätzliche Fäden, welche nicht unbedingt vorkommen müssen.

Wir machen darauf aufmerksam, daß in den ersten vier Fällen (Bild 3.17(a)–(d)) der Spieler, der am Zug ist, ebensogut den Faden A durchschneiden und sich die Münze holen kann, und in Bild 3.17(c) kann er genausogut damit fortfahren, den Faden B zu kappen, und sich zwei weitere Münzen zu nehmen. Denn angenommen, Sie beginnen bei einem dieser Graphen und haben eine Gewinnstrategie. Wenn Ihnen diese vorschreibt, beim ersten Zug nur einen bestimmten *unmarkierten* Faden zu kappen, so hat Ihr Gegner die Möglichkeit, *seinen* Zug mit dem Durchschneiden eines markierten Fadens zu beginnen. Aber es führt zur gleichen Position, wenn Sie stattdessen zuerst alle markierten, und dann dieselben unmarkierten wie vorher durchschneiden. Gibt es von diesen vier Positionen aus Gewinnstrategien, so existiert auch eine, welche mit dem Kappen der markierten Fäden beginnt. Man kann damit ohne Beschränkung der Allgemeinheit annehmen, daß ein guter Spieler eine wegnehmbare Münze vom Typ 3.17(a), bzw. (b) bzw. (c) bzw. (d) WEGNEHMEN wird.

Die beiden anderen Positionen sind viel interessanter. Sind Sie bei einer dieser Situation am Zug, so können Sie die wegnehmbare Münze durch Kappen des Fadens A entweder *abtrennen*, oder sie *zurückweisen*, indem Sie Faden B zerschneiden. Egal, wie der Rest des Graphen aussieht, *einer dieser beiden* Züge wird GEWINNEN. Aber um zu entscheiden, ob die Gewinnstrategie mit dem Zerschneiden von A oder B beginnt, muß man sich den ganzen Graphen anschauen!

Dieses etwas überraschende Ergebnis beweist man durch geschickte Anwendung des Strategienklaus (Bild 3.18).

Wir möchten für die Spiele aus Bild 3.17(e) und (f) wissen:

wer das kleinere, genau aus den unmarkierten Fäden bestehende Spiel G (Bild 3.18(e) und (f)) gewinnt?

Das ist entweder der Spieler, der von G aus ziehen muß, oder derjenige, der dies nicht muß. Wer immer dieser Glückliche ist: Sie sollten es so arrangieren, daß Sie ihm seine Strategie klauen können. Kann der Spieler, der von G aus zu ziehen hat, gewinnen, so sollten Sie, wenn von Bild 3.1(e) oder (f) aus spielen, mit dem Durchschneiden von Faden A anfangen (damit wird eine Münze frei gemacht, Sie können also fortfahren), dann den Faden B kappen (womit eine weitere Münze abgetrennt wird, und Sie wiederum weitermachen können), und nun das Spiel G beginnen, bei dem Sie natürlich nach der Gewinnstrategie des ersten Spielers spielen. Gibt es andererseits für den ersten Spieler von G aus keinen Gewinnzug, so sollten Sie bei Start von 3.17(e) oder (f) aus Ihren Zug sofort mit dem Zerschneiden von Faden B beenden, und so Ihren Gegner dazu zwingen, das Spiel G zu beginnen (er könnte genausogut mit dem Kappen von A anfangen; tut er dies nicht, so holen Sie es später nach).

Die Tatsache, daß man durch den zurückweisenden Zug 2 Münzen an den Gegner verliert, ist bei Nim-Fäden ganz unwichtig, da der Sieger durch den letzten Zug bestimmt wird. Bei Fäden-und-Münzen (und Käse-Kästchen) *könnte* es von Bedeutung sein, aber dies ist unwahrscheinlich, wenn es lange Ketten gibt.

Sprague-Grundy-Theorie für Nim-Fäden-Graphen

Wir wollen nun versuchen, den Wert eines beliebigen Nim-Fäden-Graphen zu definieren. Wir hätten gerne, daß diese Werte Nim-Zahlen sind, um die gewöhnlichen Regeln über Mex und Nim-Addition anwenden zu können. Das Dumme ist nur: es gibt Positionen der Art wie in Bild 3.19.

Bild 3.17(e) Bild 3.17(f)

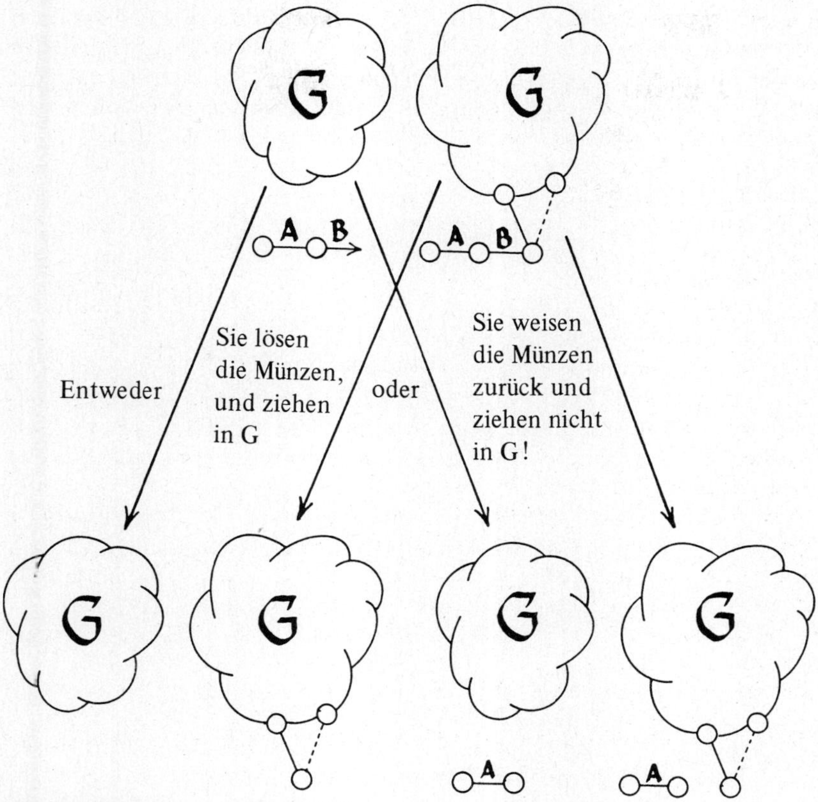

Bild 3.18(e) Bild 3.18(f)

Bild 3.18 Strategienklau nach einem halbherzigen Almosen

Bild 3.19 Eine mondsüchtige Nim-Fäden- (oder Käse-Kästchen-) Position

Unsere Diskussion von Bild 3.17(e) zeigt, daß es gleichgültig ist, welchen Graphen *G* wir zu dieser Position addieren: es ergibt sich immer ein Sieg für den ersten Spieler. Der angenommene Wert, $*x$, von Bild 3.19 muß deshalb folgende Eigenschaft besitzen:

$$*x + *y \neq 0,$$

wobei $*y$ alle Nim-Zahlen durchläuft, und insbesondere gleich $*x$ sein kann, d.h. es gilt speziell:

$$*x + *x \neq 0.$$

Diejenigen, die Kapitel 4 (Band 2) gelesen haben, werden sofort sehen, wie man diesen Widerspruch auflöst. Bild 3.19 ist eine sogenannte **mondsüchtige** Position mit dem Wert ☽. Man kann die Theorie der Kompliment- und der komplimentierten Züge aus Kapitel 4 auf Nim-Fäden (dort sind die Kompliment-Züge genau diejenigen, bei welchen man sich eine Münze holt) anwenden, und erhält, daß jede Position entweder einen gewöhnlichen Nim-Wert, oder den speziellen Wert ☽ besitzt. Sie müssen jetzt aber nicht den 2. Band hervorkramen: wir können die Regeln zum Berechnen der Werte von Nim-Fäden ganz einfach zusammenfassen:

> Der Wert eines Graphen ohne Fäden ist 0.
> Der Wert eines Graphen mit einer wegnehmbaren Münze vom Typ 3.17(a), (b), (c) oder (d) ist gleich dem Wert des Teilgraphen, den man durch Entfernen der wegnehmbaren Münze(n) und des (r) zugehörigen Fadens (Fäden) erhält.
> Der Wert eines Graphen mit einer wegnehmbaren Münze vom Typ 3.17(e) oder (f) ist ☽.
> Der Wert eines Graphen ohne wegnehmbare Münze ergibt sich aus den Werten der Graphen, die man durch das Zerschneiden einzelner Fäden nach der Mex-Regel (Kapitel 4, Band 1) erhält.

WERTE BEI NIM-FÄDEN

Beim Addieren dieser Werte beachte man

☽ + 0 = ☽ + ∗1 = ☽ + ∗2 = … = ☽ + ☽ = ☽

genauso, wie die gewöhnlichen Regeln der Nim-Addition.

Man findet die Berechnungen für einige Graphen in Bild 3.20. Gibt es keine wegnehmbaren Münzen, so schreiben wir an jeden Faden den Wert des Subgraphen, welcher sich durch Zerschneiden dieses Fadens ergibt. Das letzte Bild hat somit Optionen mit den Nim-Werten 0, 1, 3, d.h. mit den Werten ∗0, ∗1, ∗3; der Wert des Bildes ist damit wegen 2 = mex(0, 1, 3) gleich ∗2. Mit ☽ markierte Fäden sind mondsüchtige Positionen für den ersten Spieler; zerschneidet er einen derartigen Faden, so VERLIERT er, auch wenn noch andere Graphen zur Position dazukommen. Der Nim-Wert jedes Graphen ergibt sich aus dem Mex aller Zahlen, mit denen die Fäden markiert sind, dabei ignoriere man den Wert ☽, der einem selbstmörderischen Zug entspricht.

Obwohl Dodie das 4-Kästchen-Spiel bei Käse-Kästchen gewinnt, können wir aus Bild 3.20 herleiten, daß der Sieger bei der entsprechenden Nim-Fäden-Position Evie heißt:

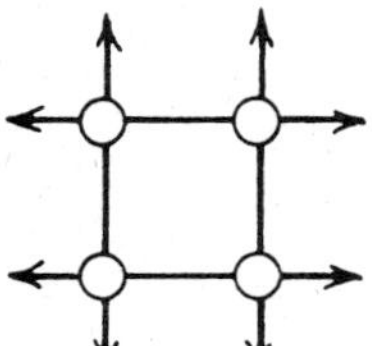

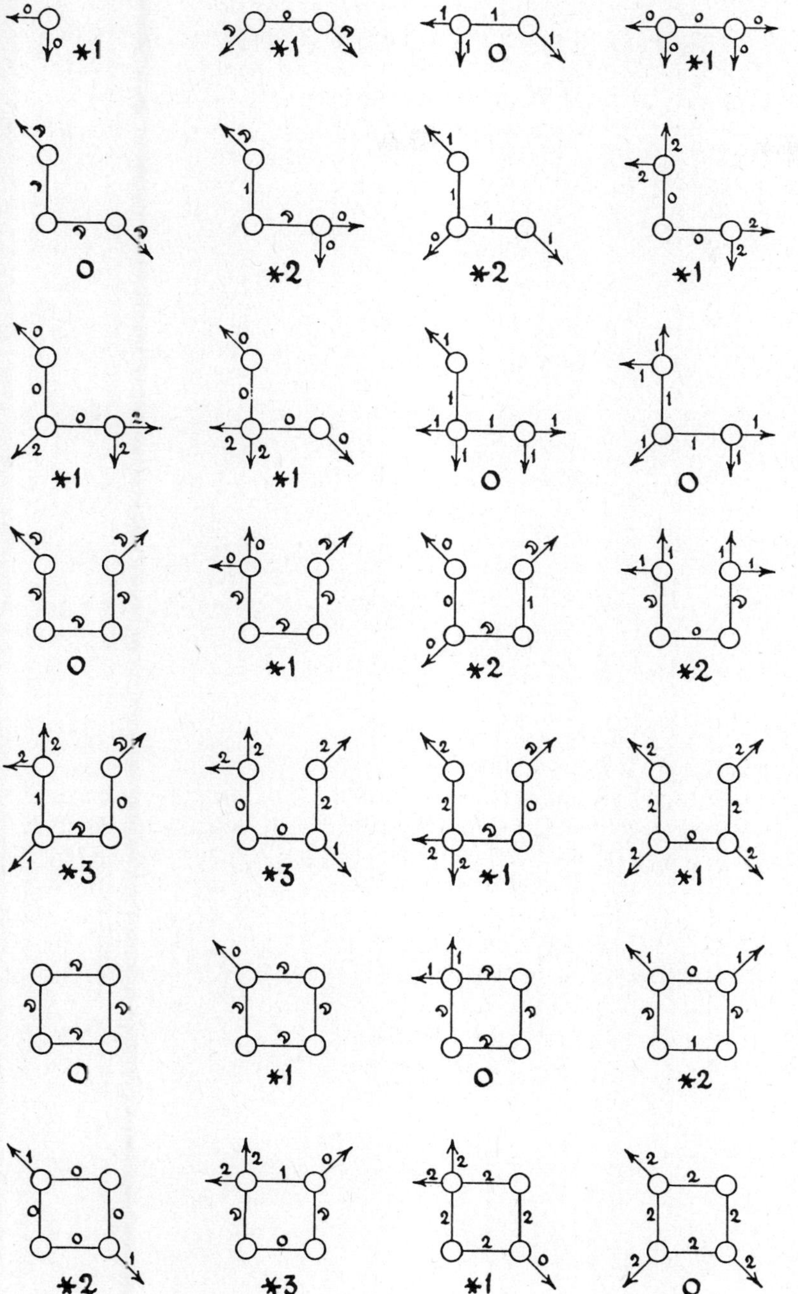

Andere
Teilgraphen
von

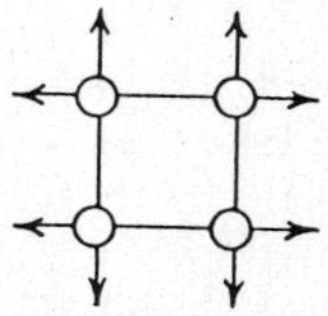

mit 9 oder 11
Fäden haben den
Wert *1;
diejenigen mit 8, 10
oder 12 Fäden
haben den den Wert 0,
ausgenommen:

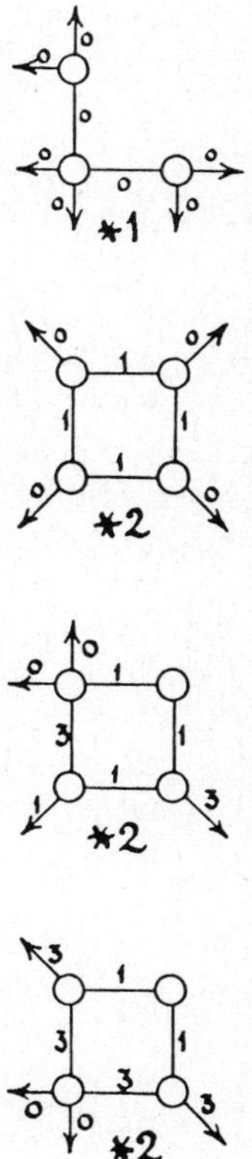

Bild 3.20 Berechnung der Werte von Nim-Fäden-Graphen

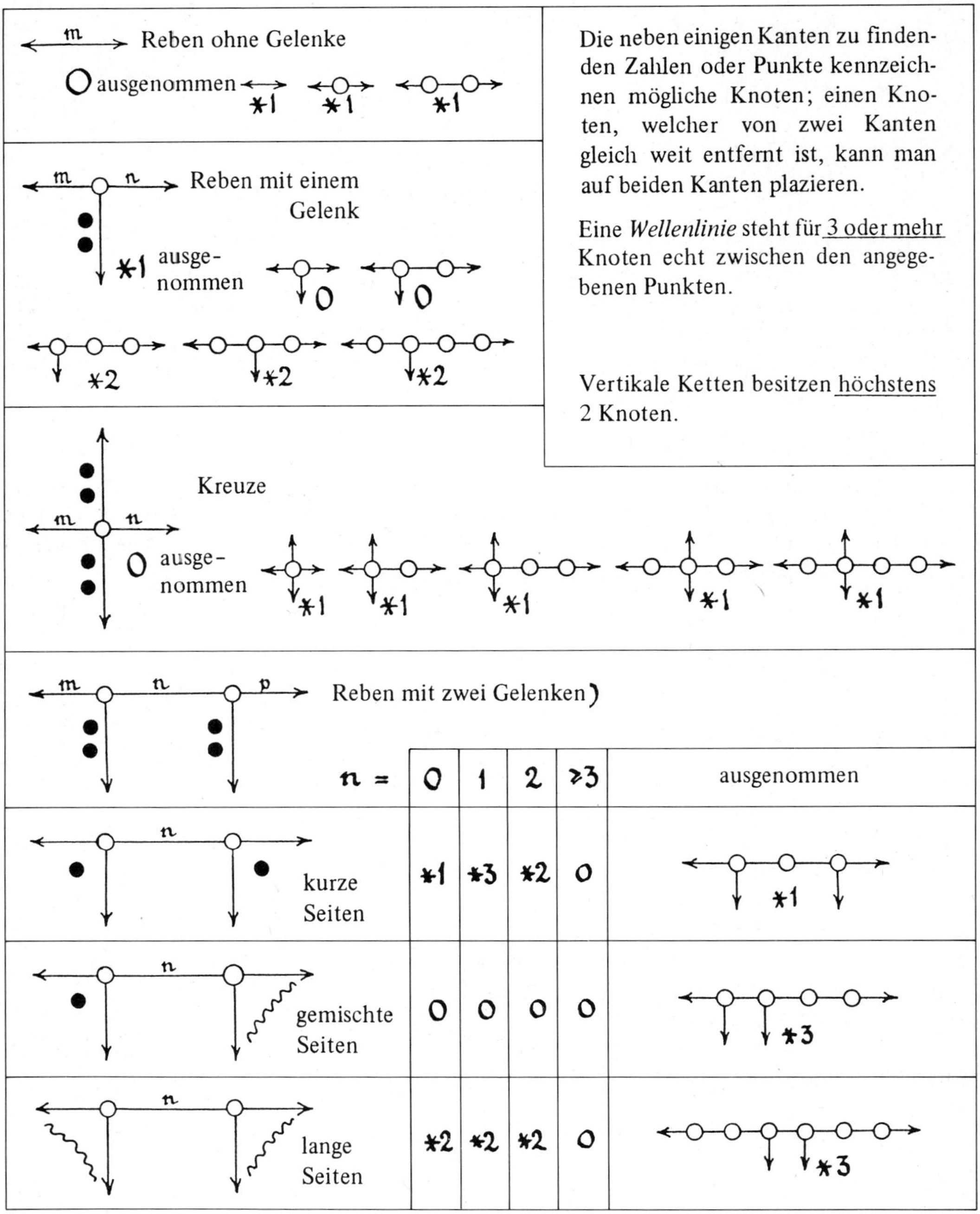

Bild 3.21 Bemerkenswerte Nim-Fäden-Nim-Zahlen ("Noteworthy Nimstring Nimbers")

Das bedeutet: selbst bei Käse-Kästchen wird sie

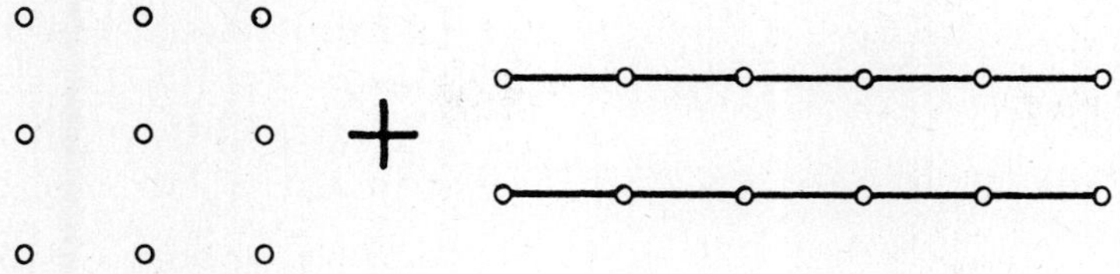

gewinnen.

Bild 3.21 ist eine Zusammenstellung der Lösungen für alle Graphen mit höchstens 4 Enden und ohne Inneres. Eine erweiterte Tafel, welche alle baumartigen Graphen mit 5 Enden abhandelt findet man in den Zusätzen.

Alle langen Ketten sind gleich

Betrachten wir mal die verschiedenen Positionen von Bild 3.22. Dort symbolisieren die Wolken immer dasselbe, und die Halsketten, die von ihnen herunterhängen bestehen mindestens aus drei Glasperlen. Bei Nim-Fäden verhalten sich diese Graphen alle gleich, da alle sichtbaren Kanten mondsüchtigen Zügen entsprechen.

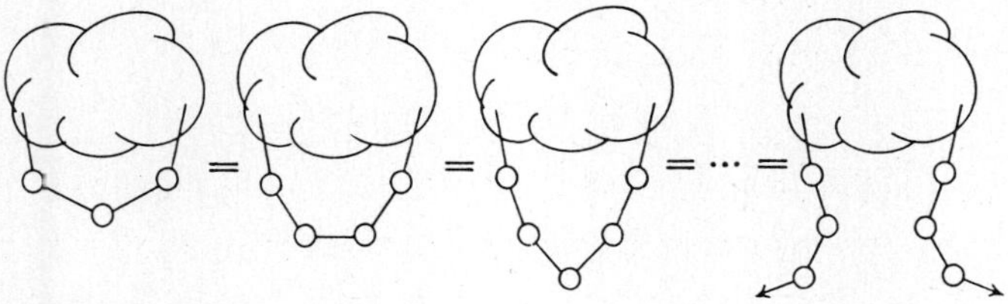

Bild 3.22 Drei oder mehr ist eine Menge

> Bei einer Kette mit mehr als drei Knoten hat die exakte Anzahl der Knoten keinen Einfluß auf den Wert.

Es ist deshalb sinnvoll, für lange Ketten eine besondere Notation einzuführen:

bedeutet

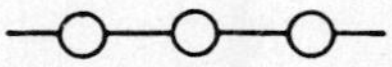 oder  oder 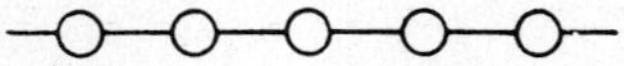 oder •••

Welche Mutationen sind harmlos?

Allgemeiner kann man zu einem Nim-Fäden-Graphen G einige Glasperlen hinzufügen, oder welche entfernen, um **Mutationen** des Graphen zu erhalten (eine **Glasperle** ist natürlich ein Knoten mit 2 Kanten). Bild 3.23 zeigt einen Graphen G und zwei Mutationen H und K.

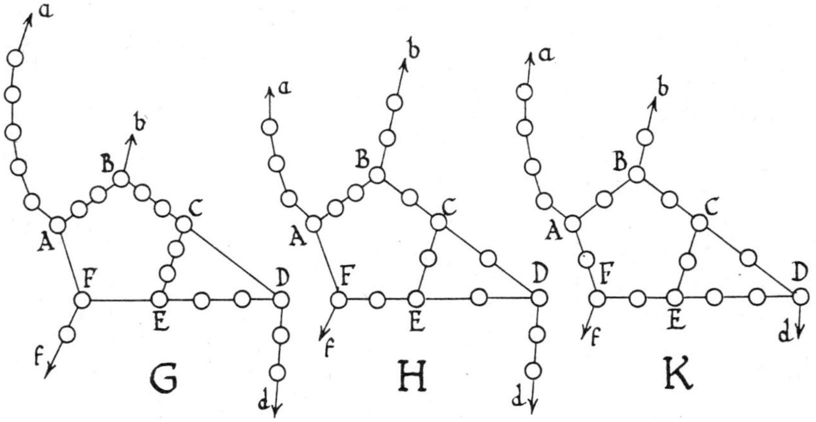

Bild 3.23 Ein Graph, eine harmlose und eine tödliche Mutation

Mit dem Wort **Stop** bezeichnen wir *entweder* eine Pfeilspitze, bei der der Graph zum Boden führt (ein **Ende**), *oder* einen Knoten mit mehr als 3 Kanten (ein **Gelenk**). Ein Pfad zwischen zwei Stops ist **lang**, wenn er über 3 oder mehr innere Knoten führt, und sonst **kurz**. Mutationen haten normalerweise Auswirkungen auf den Wert des Graphen, aber es gibt eine Menge **harmloser** Mutationen, die den Wert nicht verändern:

Eine Mutation zwischen zwei Graphen ist bestimmt harmlos, wenn zu jedem Stops verbindenden kurzen Pfad bei dem einen Graphen ein kurzer Pfad im anderen Graphen gehört.

DAS THEOREM ÜBER HARMLOSE MUTATIONEN

Die Mutation H von G (siehe Bild 3.23) ist harmlos, denn AE, Af, Ef sind die einzigen kurzen Pfade, und diejenigen verschieden von Aa, welche nicht durch einen Stop führen. Aber AE bei K ist lang, und Cd kurz, womit auf diese Mutation das Theorem nicht anwendbar ist. In der Tat haben G und H den Wert $*2$, während K vom Wert 0 ist.

Sind G und H bis auf eine harmlose Mutation gleich, so spielt man H genauso wie G. Ein nicht mondsüchtiger Zug muß irgendeinen Faden einer kurzen Kette zwischen zwei Punkten A und B durchtrennen, welche mindestens bis zum Zeitpunkt des Zuges Stops waren. A und B mußten in dem ursprünglichen Graphen Stops sein, da aber die Distanz zwischen A und B kurz ist, findet man einen analogen nicht mondsüchtigen Zug in dem mutierten Graphen (Bild 3.24).

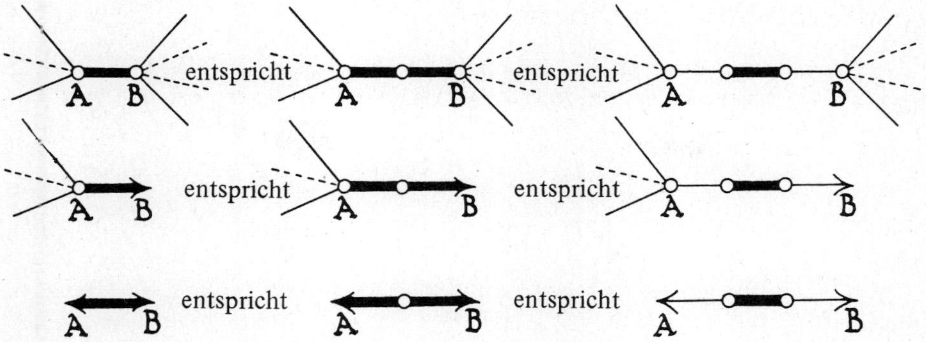

Bild 3.24 Entsprechende Züge bei harmlosen Mutationen

Wir können unser Mutations-Theorem etwas verschärfen:

> Enthält ein Pfad zwischen zwei Stops das eine Ende einer langen Kette, so braucht man sich nicht mehr um die Länge des Pfades zu kümmern.

(Bei einem Graphen wie *B* in Bild 3.25 – bei dem *A* und *B* Enden gewesen sein könnten – ist *AB* keine Kette, es sei denn, irgendjemand kappt mit einem mondsüchtigen Zug die in *C* endende lange Kette.)

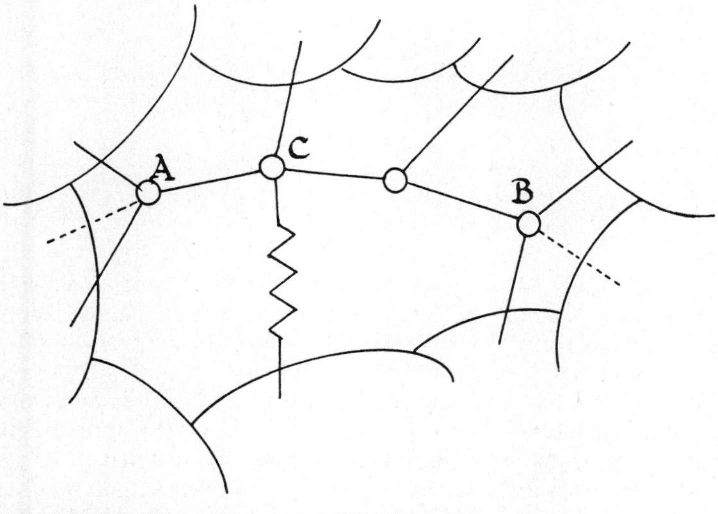

Bild 3.25 Der Pfad *AB* kreuzt bei *C* eine lange Kette

Zerstückeln und vertauschen

Es gibt eine Menge weiterer drastischer Modifikationen, denen man Nim-Fäden-Graphen unterwerfen kann, ohne ihren Wert zu ändern; z. B.:

Lange Ketten zerreißen!

Darauf wurde schon Bild 3.22 hingewiesen. Bild 3.26(a) zeigt, wie das in der Lange-Ketten-Notation aussieht.

Die verbleibenden Gleichungen von Bild 3.26 sind interessanter. Die mittlere Gleichheit bei Bild 3.26(b) ist besonders nützlich (die linke Gleichung entspricht einer langen Kette, die zerreißt). Sie besagt, eine Kante, welche zu einem Knoten führt, an dem zwei lange Ketten beginnen, kann durch eine direkt zum Boden führende Kante ersetzt werden. Allgemeiner gilt sogar: sind an einem Knoten zwei lange Ketten befestigt, so kann man alle zu diesem Knoten führenden Kanten durch mit dem Boden verbundene Kanten ersetzen (Bild 3.26(c)).

Die Beweisidee ist folgende: ein Knoten am Ende von zwei langen Ketten ist so lange unerreichbar, bis einer das Spiel mittels eines mondsüchtigen Zuges aufgibt. Wir können die Gleichheit zwischen dem ersten und dem letzten Term von Bild 3.26(b) auf jede zum Boden führende Kante anwenden, womit man bei jedem Graphen die zum Boden führenden Kanten ganz weglassen kann. Aber es ist normalerweise bequemer, diese Gleichung in der anderen Richtung zu benutzen, indem man viele Kanten und Knoten durch Einführen neuer Enden eliminiert. Dies führt, wie im Bild 3.26(d), manchmal zu Kanten, welche den Boden mit sich selber verbinden (ein 0×1 Käse-Kästchen-Spiel!); eine derartige Kante trägt zum Gesamtwert $*1$ bei.

Die Gleichheit zwischen den ersten drei Termen von Bild 3.26(e) folgt aus dem Theorem über harmlose Mutationen. Die Gleichheit zwischen diesen und den letzten dreien hingegen nicht, da aus einigen kurzen Ketten lange werden. Die Buchstaben bezeichnen entsprechende Züge, die -s stehen für Züge, die man verwerfen sollte. Bild 3.26(b), (d) (f) und (g) zeigen, daß man manchmal aus einem Graphen Zyklen eliminieren kann. Der letzte Term aus Bild 3.26(f) ist unser Kürzel für jeden der vorhergehenden drei Terme, welche harmlose Mutationen voneinander sind. Bild 3.26(h) hat viele Varianten; eine gemeinsame Abkürzung findet man in 3.26(i) (dabei wurde die Notation aus Bild 3.21 verwendet).

Reben

Eine **Rebe** ist ein Nim-Fäden-Graph ohne Zyklen oder wegnehmbare Knoten, bei dem alle Gelenke auf einem langen Pfad (dem **Stengel**) liegen, und jedes Gelenk nur zu 3 Kanten gehört. Eine Kette, welche ein Ende mit dem nächstliegendem Gelenk verbindet, heißt eine **Ranke**. Eine Rebe mit nur einem Gelenk hat also 3 Ranken (Bild 3.21). Reben mit mehreren Gelenken haben 2 Ranken an ihren End-Gelenken und jeweils genau 1 bei den mittleren. Ist die Entfernung zwischen zwei benachbarten Gelenken groß, so zerfällt die Rebe in zwei kleinere, denn lange Ketten zerreißen. Wir können deshalb, wenn wir möchten, solche Abstände als *klein* bezeichnen.

Bei einer **Zweier-Kegeln-Rebe** ist jeder Weg zwischen *nicht* benachbarten Stops (welche Enden oder Gelenke sein können) *lang*. Es ist eine bemerkenswerte Tatsache, daß der Wert jeder Zweier-Kegeln-Rebe gleich dem Wert der entsprechenden Zweier-Kegeln-Konfiguration ist (siehe Kapitel 2). Aus einem Gelenk mit einer *kurzen* Ranke wird eine Spalte mit *zwei* Kegeln (auch wenn es noch eine lange Ranke gibt); jedes andere Gelenk wird zu einer *1*er-Spalte. Zwei weit voneinander entfernte Gelenke entsprechen einer *leeren* Zweier-Kegeln-Spalte. Ein Wurf, der beim Zweier-Kegeln eine *einzelne* Spalte umwirft, entspricht einem *Ranken*-Zug bei Nim-Fäden; einer, der ein *Paar* von Spalten entfernt, entspricht einem Zug beim *Stengel* der *Rebe*.

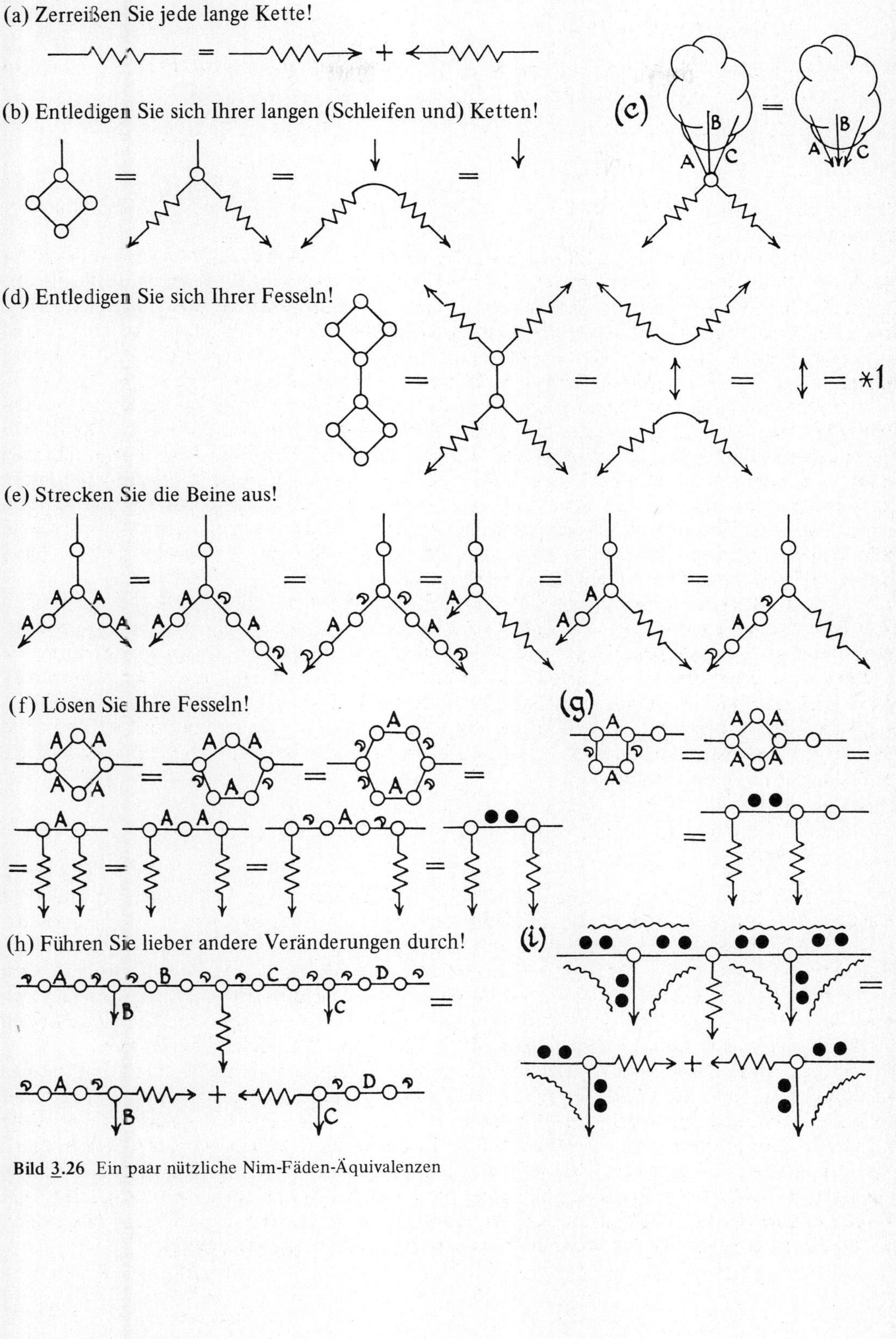

Bild 3.26 Ein paar nützliche Nim-Fäden-Äquivalenzen

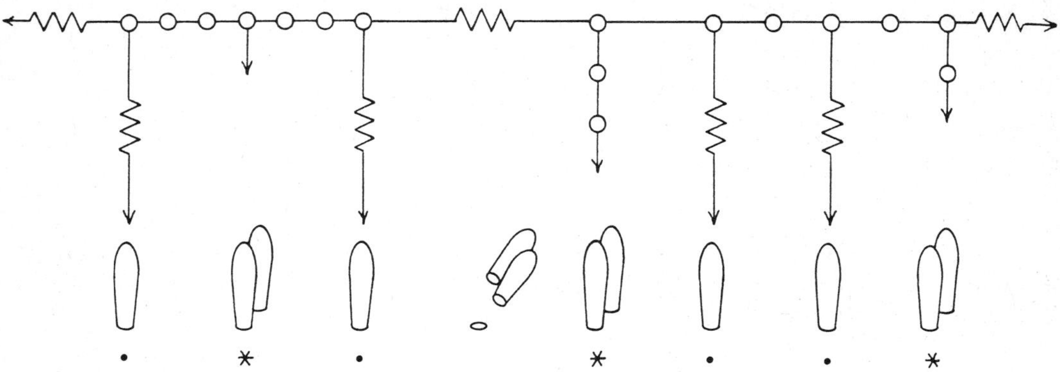

Bild 3.27 Eine Zweier-Kegeln-Rebe und ein Zweier-Kegeln-Spiel

Unsere Bemerkungen über Reben zeigen:

> Man kann nicht alles über Nim-Fäden wissen, ohne genau über Zweier-Kegeln Bescheid zu wissen.

Haben Sie Kapitel 2 gelesen, so wissen Sie, daß Kegeln und Dawsons Kegeln nur Spezialfälle von Zweier-Kegeln sind. Das Kombinieren verschiedener Leitsätze dieses Kapitels liefert also:

> Man kann nicht alles über Käse-Kästchen wissen, ohne genau über Kegeln und Dawsons Kegeln Bescheid zu wissen.

Bild 3.28 Eine zerlegbare Dawson-Rebe $D_1 + D_4$, mit Wert $0 + *2 = *2$

Eine **Dawson-Rebe** (*Parthenocissus dawsonia*) ist eine Zweier-Kegeln-Rebe mit lauter langen Ranken. Sind die Wege zwischen benachbarten Gelenken sämtlich lang, so zerreißt die Dawson-Rebe natürlich, genauso wie diejenige aus Bild 3.28. Sind alle diese Wege *kurz*, so ergeben sich für *n*-gelenkige Dawson-Reben die folgenden Nim-Werte D_n (Kapitel 4, Band 1):

n	0	1	2	3	4	5	6	7	8	9		11		13		15		17		19		21		23		25		27		29		31		33
D_n	**0**	**0**	1	1	2	0	3	1	1	0	3	3	2	2	4	**0**	5	**2**	**2**	3	3	0	1	1	3	0	2	1	1	0	4	5	**2**	7
D_{n+34}	4	**0**	1	1	2	0	3	1	1	0	3	3	2	2	4	4	5	5	**2**	3	3	0	1	1	3	0	2	1	1	0	4	5	3	7
D_{n+68}	4	8	1	1	2	0	3	1	1	0	3	3	2	2	4	4	5	5	9	3	3	0	1	1	3	0	2	…						

Eine *Kegeln*-Position entspricht einer Zweier-Kegeln-Rebe mit einer *kurzen* Ranke an jedem Gelenk. Aber wir können diese Klasse erweitern, indem wir beachten, daß man einige der Wege zwischen Gelenken und Enden vernachlässigen kann:

> Eine Rebe ist eine **Kegeln-Rebe**, wenn
> (i) jedes Gelenk eine *kurze* Ranke hat,
> und
> (ii) jeder Weg zwischen zwei Enden oder zwei Gelenken *lang* ist.

Wiederum gilt: sind bei einer Kegeln-Rebe alle Wege zwischen benachbarten Gelenken *lang*, so zerreißt sie (Bild 3.29). Nach Kapitel 4 (Band 1) hat man für nicht zerreißbare n-gelenkige Kegeln-Reben folgende Nim-Werte K_n:

n	0	1	2	3	4	5	6	7	8	9	10	11	12	13	14	15	16	17	18	19	20	21	22	23
K_n	**0**	1	2	**3**	1	4	**3**	2	1	**4**	2	**6**	4	1	2	**7**	1	4	**3**	2	1	**4**	**6**	7
K_{n+24}	4	1	2	8	**5**	4	7	2	1	8	**6**	7	4	1	2	**3**	1	4	7	2	1	8	2	7
K_{n+48}	4	1	2	8	1	4	7	2	1	**4**	2	7	4	1	2	8	1	4	7	2	1	8	**6**	7
K_{n+72}	4	1	2	8	1	4	7	2	1	8	2	7	4	1	2	8	1	4	7	2	1	8	2	7

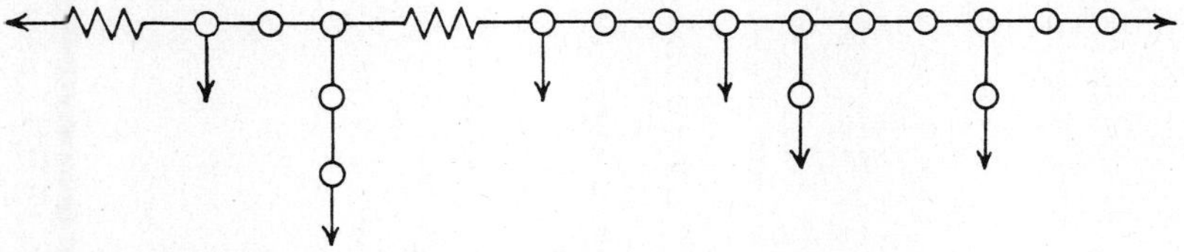

Bild 3.29 Eine zerlegbare Kegeln-Rebe $K_2 + K_4$, mit Wert $*2 + *1 = *3$

Der Zusammenhang zwischen Zweier-Kegeln-Reben und dem Zweier-Kegeln-Spiel ermöglicht es uns, die Zerlegungssätze aus Bild 3.26(h) und (i) als eine Verallgemeinerung des Zerlegungssatzes für Zweier-Kegeln aufzufassen. Für alle Zweier-Kegeln-Äquivalenzen gibt es Nim-Fäden-Verallgemeinerungen:

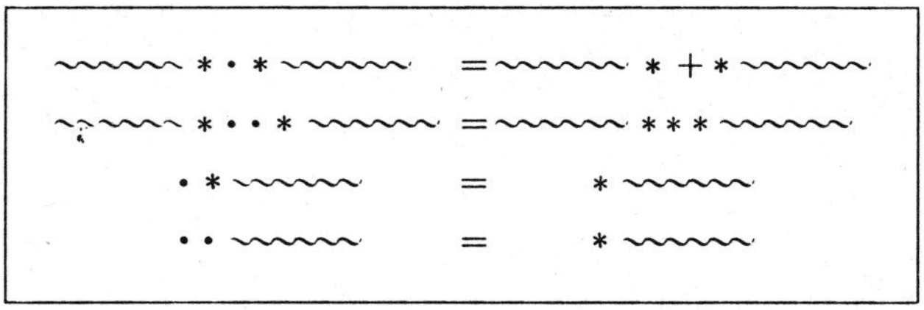

Die letzten beiden Gleichungen ermöglichen es uns, anzunehmen, daß jedes End-Gelenk einer Zweier-Kegeln-Rebe kurze Ranken hat (die Gleichungen entsprechen Anwendungen von Bild 3.26(b)). Insgesamt erlauben es uns die Zweier-Kegeln-Gleichungen, vorauszusetzen, daß Gelenke ohne kurze Ranken in strikt inneren 3er- oder höchstens längeren Blöcken auftreten. Somit reduziert sich jede der einfachsten Zweier-Kegeln-Reben auf Zusammensetzungen von Kegeln-Reben. Bild 3.30 zeigt ein kleines, nach Kapitel 4 (Band 1) und Kapitel 2 zusammengestelltes Zweier-Kegeln-Wörterbuch. Mit Hilfe der Gleichungen aus Bild 3.26 kann man zeigen: viele Graphen, welche nicht so aussehen wie Reben, sind in Wirklichkeit zu solchen äquivalent; z.B. ist Bild 3.31(a) äquivalent zu D_8.

Kegeln-Reben, K_n		n	Dawson-Reben, D_n				Andere Zweier-Kegeln-Reben	
*	= *1	1	•		=	0	* * • • • • *	
* *	= *2	2	• •	=	*	= *1	* * * • • • *	= *3
* * *	= *3	3	• • •	=	* •	= *1	* * • • • * *	= *1
* * * *	= *1	4	• • • •	=	* *	= *2	* * • • • • *	= *4
* * * * *	= *4	5	• • • • •	=	* + *	= 0	* * * * • • • *	= *5
* * * * * *	= *3	6	• • • • • •	=	* * *	= *3	* * * • • • * *	= *4
* * * * * * *	= *2	7	• • • • • • •	=	* • • • *	= *1	* * * • • • • *	= *3
* * * * * * * *	= *1	8	• • • • • • • •	=	* • • • • *	= *1	* * • • • • * *	= *3
* * * * * * * * *	= *4	9	• • • • • • • • •	=	* • • • • • • *	= 0	* * • • • • • *	= *3
* * * * * * * * * *	= *2	10	• • • • • • • • • •	=	* • • • • • • • *	= *3	* • • • * • • • *	= *1

Bild 3.30 Verschiedene Reben-Werte

Zweier-Kegeln-Reben sind im folgenden Sinne **zerfallend**: wird irgendein Zweig der Rebe entfernt, so zerfällt sie – meist durch Zerreißen einer Kette – in zwei kleinere. Einige andere Reben, inklusive derjenigen aus Bild 3.31(b), zerfallen auf die gleiche Weise. Man kann den Wert einer zerfallenden Rebe direkt aus den Werten ihrer Teil-Reben, die aus einer Folge von ursprünglichen Gelenken, bestehende mit eingeschlossen, errechnen. Da die Anzahl der Teil-Reben nur zum Quadrat der Anzahl der Ranken proportional ist, läßt sich diese Idee auch auf sehr lange zerfallende Reben anwenden, und kann leicht von einem Computer durchgeführt werden.

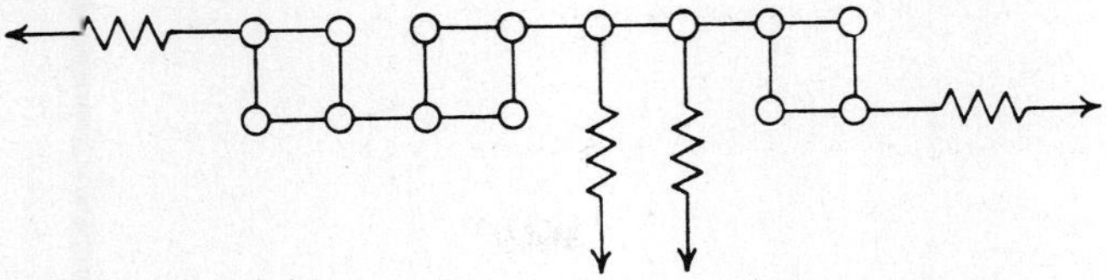

(a) Ein zur Dawson-Rebe D_8 äquivalenter Graph

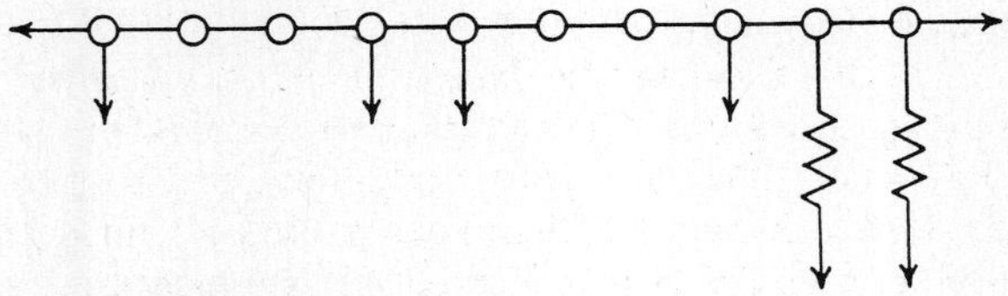

(b) Eine zerfallende Rebe

Bild 3.31 Zwei Anwendungen von Bild 3.26

Käse-Kästchen ist wie andere gute Spiele insofern bemerkenswert, als daß man es auf verschiedenen Niveaus spielen kann.

- Als erstes Arthurs Methode: man eröffnet, solange es nicht nötig ist, überhaupt kein Kästchen, dann aber so viele wie möglich. Das scheint das einzige Niveau zu sein, welches viele Spieler erreichen.
- Dann gibt es Berthas doppelzüngige Schluß-Spiel-Technik, welche dem Sieger gegen Ende des Spiels eine ganze Menge Kästchen einträgt, und nach der es so aussieht, daß Nim-Fäden nützlich sein könnten.
- Als nächstes kommt die Paritätsregel der Parrotty-Mädchen für lange Ketten.
- Dann erkennen wir, daß das Finden der richtigen Parität eine Übung aus der Sprague-Grundy-Theorie ist, wir benötigen daher Tafeln mit Nim-Werten.
- Die Unübersichtlichkeit dieser Tafeln zwingt uns dazu, wo immer es geht, Äquivalenz-Aussagen anzuwenden, und nach interessanten Klassen analysierbarer Graphen Ausschau zu halten.
- Mit Hilfe der Zweier-Kegeln-Theorie können wir viele Spiele auf Positionen der wohlbekannten Spiele Kegeln und Dawsons Kegeln zurückführen.
- Und schließlich müssen Experten über die seltenen Gelegenheiten Bescheid wissen, bei denen Nim-Fäden nicht den richtigen Käse-Kästchen-Sieger liefert.

Welche Züge würden Sie bei der Position aus Bild 3.32 empfehlen? Unsere eigenen Empfehlungen finden Sie in den Zusätzen.

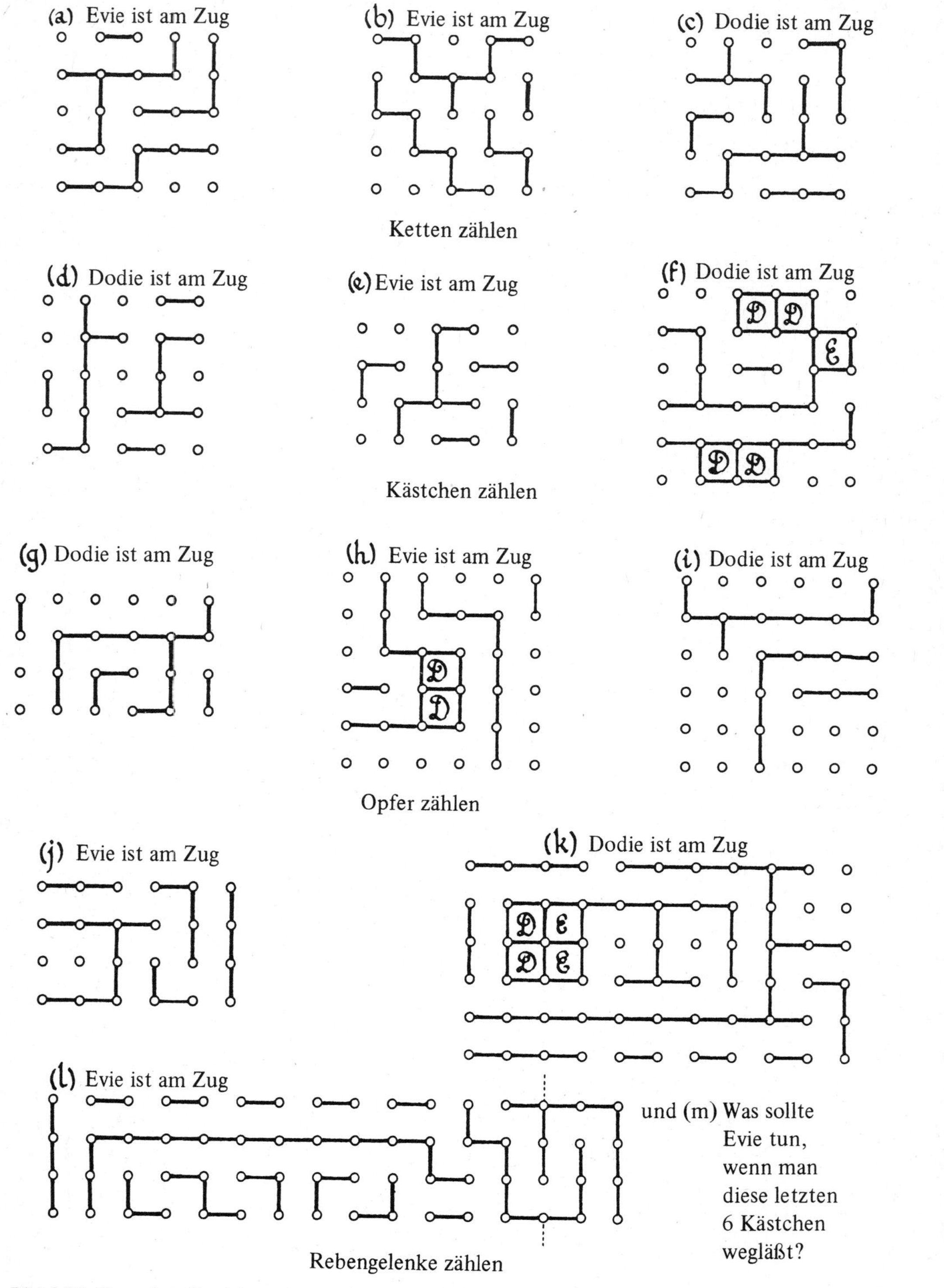

Bild 3.32 Versuchen Sie sich an diesen Käse-Kästchen-Konfigurationen!

Zusätze

Punkte + Fallen-Züge = Gesamtzahl von Zügen
(*„Dots + Doublecrosses = Turns“*)

Angenommen, wir spielen Käse-Kästchen mit P Punkten, bei dem Z Züge benötigt werden um L Linien zu ziehen, und welches mit K Kästchen endet. Gibt es dann keine Fallen-Züge, so erzeugt jede, ausgenommen die letzte Linie, entweder genau ein Kästchen, oder bringt den nächsten Spieler zum Zuge. Es gilt also

$$L = K + Z - 1.$$

Aber Bild 3.33 zeigt

$$L = K + P - 1.$$

Damit hat ein Spiel ohne Fallen-Züge genau so viele Züge, wie die Zahl der Punkte am Anfang des Spiels. Aber jeder Fallen-Zug liefert zwei Kästchen statt einem. Im Allgemeinen wird deshalb die Anzahl der Züge gleich der Anzahl der Punkte, mit denen man begonnen hat, plus der Anzahl der Fallen-Züge sein.

Durchtrennen wir K Kanten, um die K Kästchen zu überfluten, ...

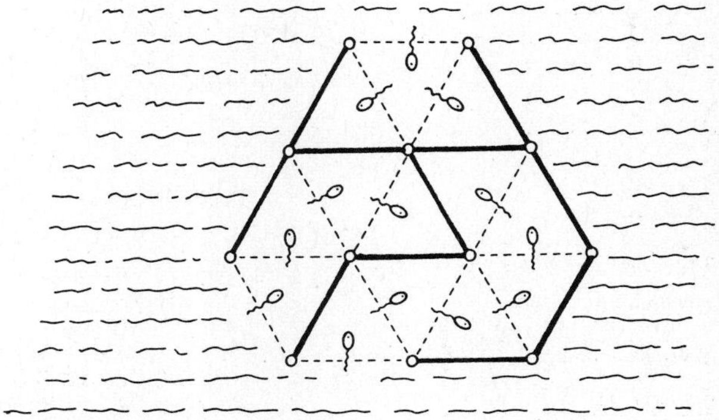

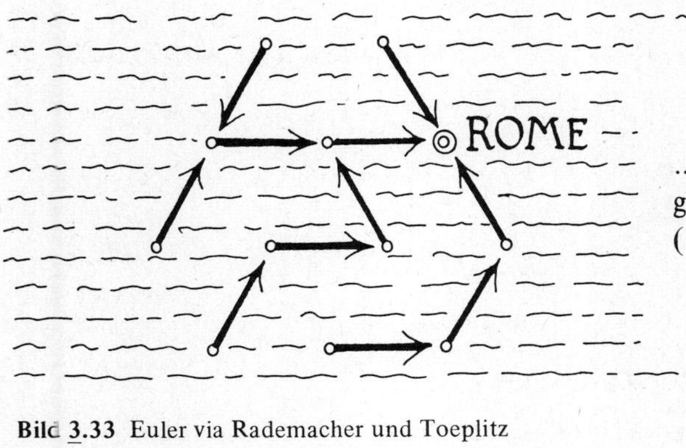

... so wird es nur noch $P - 1$ Wege geben, welche alle nach Rom führen (1 von jeder anderen Stadt aus).

Bild 3.33 Euler via Rademacher und Toeplitz

So gewinnt Dodie das 4-Kästchen-Spiel

Bild 3.34 zeigt eine ausreichende Menge von $\mathscr{P}$-Positionen, welche es Dodie ermöglicht, das 4-Kästchen-Spiel zu gewinnen. Bild 3.35 zeigt *alle* $\mathscr{P}$-Positionen, ausgenommen sind nur die, bei welchen ein Spieler schon genügend Kästchen markiert hat, um gewinnen zu können. Die in 3.35 aufgeführten $\mathscr{P}$-Positionen sind nach der Anzahl der bis dahin gemachten Züge geordnet. In Bild 3.36 findet man diejenigen drei $\mathscr{N}$-Positionen, bei denen man durch ein Opfer gewinnt, aber durch Weglassen des Opfers *verliert*. Bei all diesen Abbildungen kennzeichnen gestrichelte Linien Kästchen mit drei schon vorhandenen Seiten.

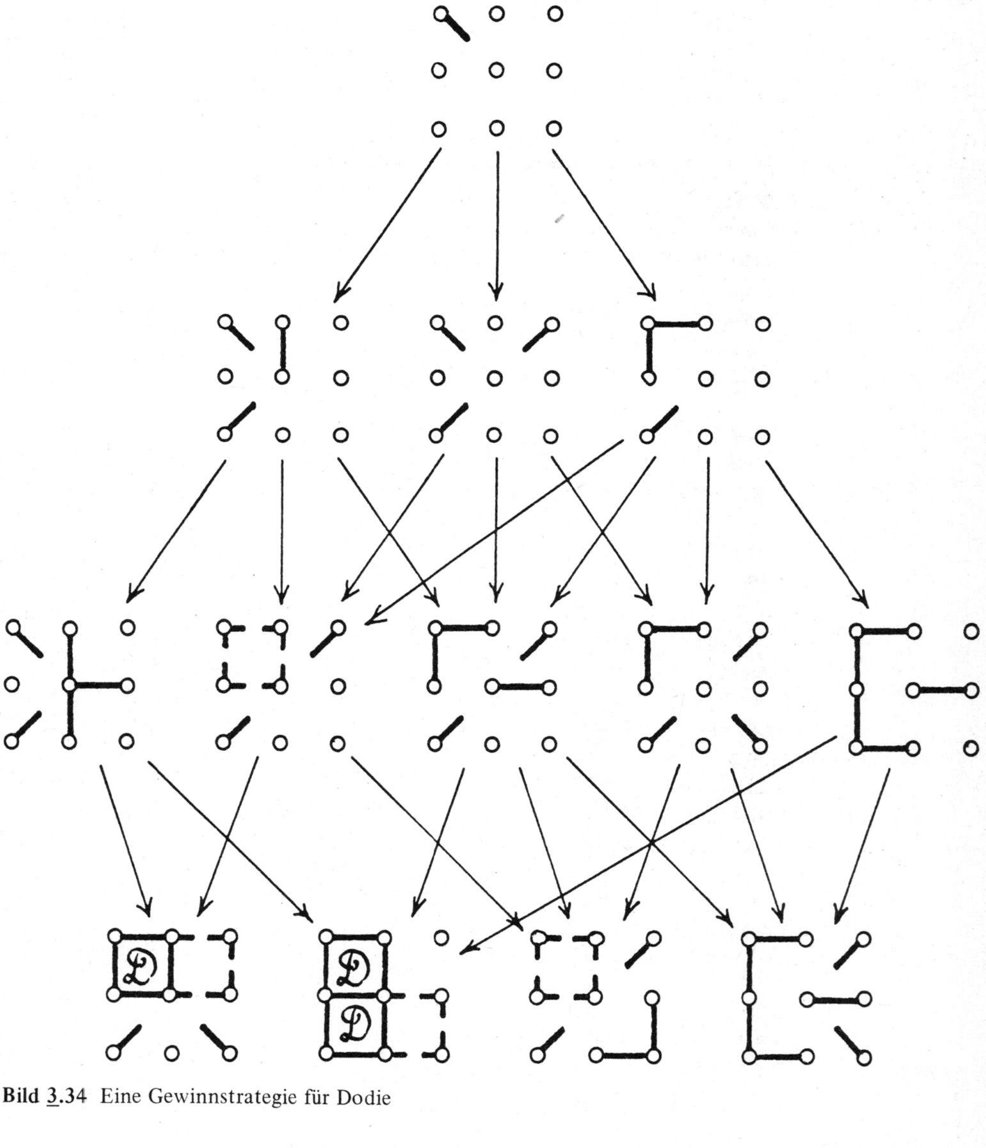

Bild 3.34 Eine Gewinnstrategie für Dodie

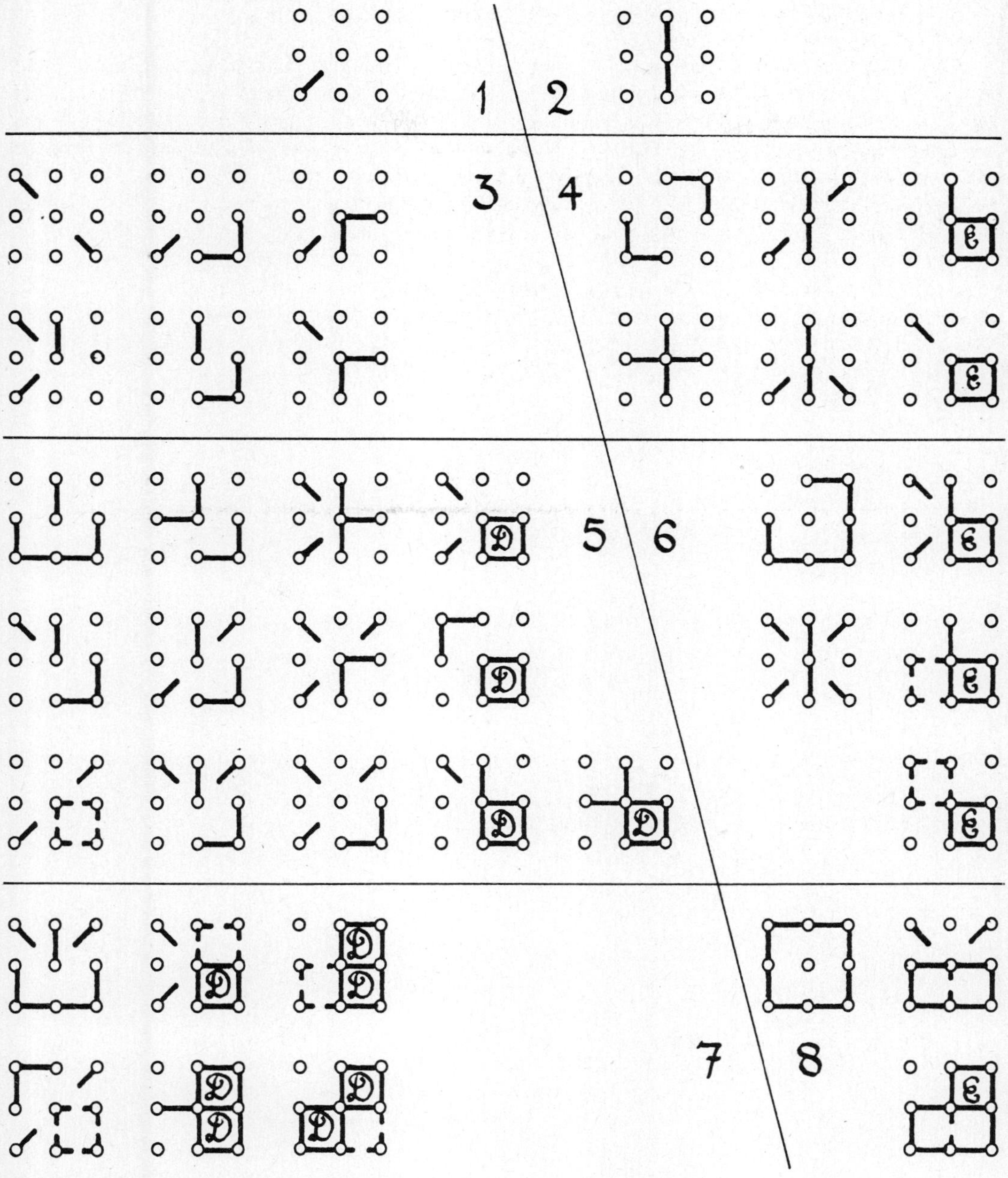

Bild 3.35 Alle $\mathscr{P}$-Positionen eines 4-Kästchen-Spieles

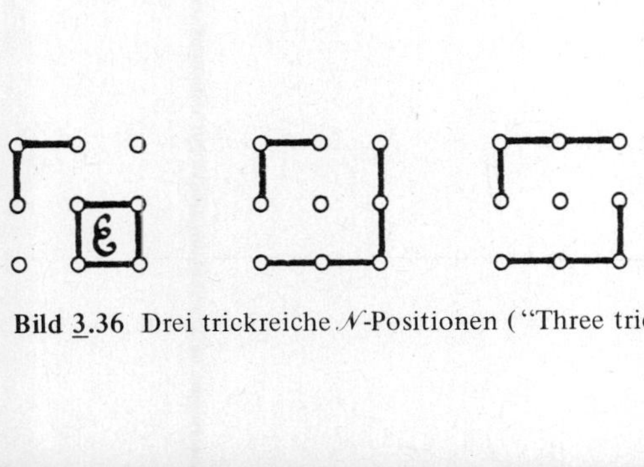

Bild 3.36 Drei trickreiche $\mathscr{N}$-Positionen ("Three tricky $\mathscr{N}$-positions")

Wann ist es am besten, die Kontrolle zu verlieren?

Es ist natürlich nicht *immer* gut, die Kontrolle zu behalten. Denn angenommen, bei einem Spiel seien noch 1001 Ketten der Länge 3 übrig, und der Gegner habe gerade die erste eröffnet. Bestehen Sie in diesem Fall bis zum Schluß sklavisch auf dem Behalten der Kontrolle, so müssen Sie bei jeder, bis auf die letzte Kette, 2 Kästchen verschenken, und bekommen insgesamt nur 1003 gegenüber den 2000 Kästchen des Gegners.

Das Ganze läuft im Endeffekt auf folgende Frage hinaus: sollten Sie, wenn Ihr Gegner gerade eine lange Kette eröffnet oder ein halbherziges Almosen vergeben hat, wie Bertha die letzten 2 Kästchen zurückweisen, oder sie, wie Arthur, alle an sich reißen, und sich damit auferlegen, irgendwo anders zu ziehen? Nehmen wir mal für einen Augenblick an, daß Sie mit Berthas Taktik arbeiten, und 2 Kästchen aufgeben, um den Gegner zu zwingen, bei der verbleibenden Position als erster zu ziehen. Dann bekommen Sie, wenn Sie es gut machen, P Kästchen mehr als der Gegner. Arthurs Strategie würde die zwei Kästchen nehmen und Ihnen von den verbleibenden P weniger als dem Gegner liefern.
Der Vergleich:

Berthas Technik	Arthurs Technik
$-2+P$	$2-P$

zeigt Ihnen, daß Sie

> wenn P nicht kleiner als 2 ist, Berthas Technik übernehmen sollten.
> (Im Fall P gleich 2 kann man beides machen.)

Das ist ja alles schön und gut, aber wenn Sie den Wert von P nicht kennen, wissen Sie immer noch nicht, was günstiger ist. Wir können dazu allgemein nicht viel sagen, aber wir kennen eine Regel, nach der man P für den Fall, daß die Position nur aus langen Ketten der Länge

$a, b, c, \ldots$

bestehen, so berechnen kann:

$$P = (a-4) + (b-4) + (c-4) + \ldots + 4.$$

Dazu muß aber die rechte Seite positiv sein; sonst ist $P = 1$ oder 2.

Mit Hilfe dieser Regel können wir die Frage für nur aus Ketten bestehende Positionen beantworten:

> Sie sollten die Kontrolle behalten bzw. erringen, es sei denn, die Anzahl der kurzen Ketten ist gerade, und es gibt *entweder* keine langen Ketten, *oder* wenn doch, so kann man sie in zwei Mengen zerlegen, bei welchen die mittlere Länge echt kleiner als 4 ist.

Das A-B-C des Kontrollierens, wenn lange Ketten kurz sind.

Natürlich beinhaltet bei solchen Positionen das Behalten bzw. Erringen der Kontrolle, daß man Berthas Zug macht, wenn man damit eine gerade Anzahl nicht eröffneter, kurzer Ketten hinterläßt, während ansonsten Arthurs Zug zu übernehmen ist.

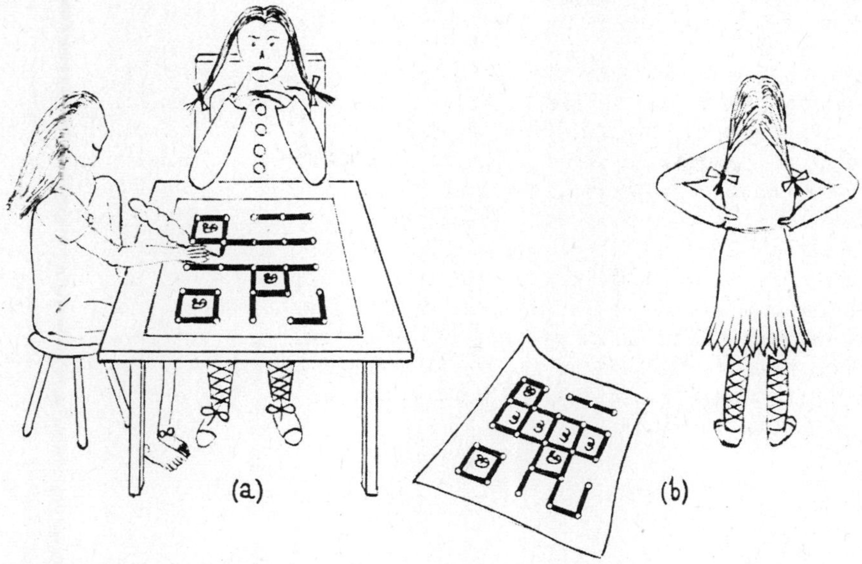

Bild 3.37 Dodie reißt das Spiel an sich. – Evie verliert die Kontrolle.

Bild 3.37(a) zeigt eine Position, bei der Evie, die sich nicht sehr wohl fühlt, es bis zu diesem Zeitpunkt nur durch Opfern dreier Kästchen geschafft hat, die Kontrolle zu behalten. Dodie eröffnet nun dummerweise mit dem gezeigten Zug eine Kette der Länge 4. Da die restlichen langen Ketten die Ausnahme-Bedingungen unseres A-B-C-s erfüllen, ist es für Evie am besten, die Kontrolle zu *verlieren* (siehe Bild 3.37(b)), und sich so wie Arthur alle 4 Quadrate der Kette zu nehmen. Die Aufteilung der Kästchen sieht dann so aus:

			4er Kette	drei 3er-Ketten			
an Evie			4|	2|	2|	ein 8 : 8-Unentschieden
an Dodie	3 von früher +		|1	|1	|3	

Mit Berthas Antwortzug würde sich ergeben:

an Evie		2	|1	|1	|3	eine 7 : 9-Niederlage
an Dodie	3 von früher +		2|	2|	2|	

Berechnung von Reben-Werten

Bei den meisten aus Zweier-Kegeln-Reben und langen Ketten bestehenden Graphen kann man mit einer siegreichen Nim-Fäden-Strategie das Käse-Kästchen-Spiel gewinnen. Sei etwa R die Anzahl der einzelnen Reben, wobei lange Ketten als Reben ohne Gelenke gelten. Verwenden Sie *nicht* Bild 3.26(a) zum Zerlegen von Reben mit langen Stengeln! Bezeichne *stattdessen* I die Anzahl dieser inneren langen Stengel, G die Gesamtanzahl von Gelenken und V den gegenwärtigen Punktestand des Verlierers bei Nim-Fäden. Wir untersuchen die Größen

$$f = V + 2G + 2R, \quad g = I + 2V + 3G + 4R$$

im Ablauf einer Runde, wobei der Zug des Verlierers und die Antwort des Siegers miteingeschlossen sind, und wobei irgendwelche bei einem Zug vergebenen Kästchen diesem Zug statt dem nachfolgenden zugeordnet werden. Für den Sieges-Zug bei Nim-Fäden gilt:

Zug bei	Veränderung bei I	V	G	R	f	g
Stengel	0	$\leqslant 2$	-2	1	$\leqslant 0$	$\leqslant 2$
Innere Ranke	$\leqslant 1$	$\leqslant 2$	-1	0	$\leqslant 0$	$\leqslant 2$
End-Ranke	$\leqslant 0$	$\leqslant 2$	-1	0	$\leqslant 0$	$\leqslant 1$

Und für den Verlierer-Zug bei Nim-Fäden gilt:

Zug bei	Veränderung bei I	V	G	R	f	g	den Sieger-Zug eingeschlossen f	g
Stengel	0	0	-2	1	-2	-2		
Innere Ranke	$\leqslant 1$	0	-1	0	-2	$\leqslant -2$	$\leqslant -2$	$\leqslant 0$
End-Ranke	$\leqslant 0$	0	-1	0	-2	$\leqslant -3$		
Mondsüchtiger Stengel-Zug, welchen der Sieger annehmen muß	$\leqslant 0$	0	-2	1	-2	$\leqslant -2$	$\leqslant -2$	$\leqslant 0$
Mondsüchtiger Ranken-Zug, welchen der Sieger annehmen muß	$\leqslant 1$	0	-1	0	-2	$\leqslant -2$	$\leqslant -2$	$\leqslant 0$
Mondsüchtiger Ketten-Zug (wird vom Sieger zurückgewiesen)	0	2	0	-1	0	0	0	0
Mondsüchtiger Stengel-Zug (wird vom Sieger zurückgewiesen)	$\leqslant 0$	2	-2	1	0	$\leqslant 2$	0	$\leqslant 2^{\dagger}$
Mondsüchtiger Rankenzug (wird vom Sieger zurückgewiesen)	$\leqslant 1$	2	-1	0	0	$\leqslant 2$	0	$\leqslant 2^{\dagger}$

(Kein einziger mondsüchtiger Ketten-Zug bringt den Sieger dazu, *anzunehmen*, denn durch *Zurückweisen* bleibt der Wert unverändert). Die beiden letzten Spalten zeigen: f wird *niemals* größer. Also gilt:

> Übersteigt die Anzahl
> der Knoten K in einem Spiel
>
> $$4(G+R),$$
>
> so gewinnt der Nim-Fäden-Sieger
> auch das Käse-Kästchen-Spiel

(Denn am Ende des Spiels hat der Verlierer einen Punktestand kleiner als $K/2$).

Da alle Dawson- und viele Zweier-Kegeln-Reben mehr als vier Knoten pro Gelenk haben, genügen sie der obigen Bedingung. Würde g nie größer, so könnten wir genauso feststellen, daß die Nim-Fäden-Strategie für Zweier-Kegeln-Reben mit

$$K > I + 3G + 4R$$

anwendbar ist. Doch da die mit + gekennzeichneten Einträge positiv sein können, wäre ein begabter Nim-Fäden-Verlierer in der Lage, das anliegende Käse-Kästchen-Spiel zu gewinnen.

So etwas passiert sehr selten. Der Nim-Fäden-Verlierer kann g nur durch Wählen eines mondsüchtigen Stengel- oder Ranken-Zuges, welchen der Nim-Fäden-Sieger zurückweisen muß (die *meisten* mondsüchtigen Züge können angenommen werden), vergrößern. Normalerweise gibt es für den Sieger weitere Gelegenheiten, g zu verkleinern, indem er etwa bei einer End-Ranke zieht, oder einen Zug macht, bei dem er mehr als zwei Kästchen einbüßt.

Es ist uns trotzdem gelungen, einige Beispiele (Bild 3.32(m)) so zu konstruieren, daß die auftretenden Schwierigkeiten beim Finden dieser Beispiele und deren komplizierte Punktetabellen uns in der Meinung bestärkt haben:

Ihre besten Möglichkeiten bei Käse-Kästchen liefert wahrscheinlich die Nim-Fäden-Strategie.

Mondsüchtige Schluß-Spiele sind NP-hart

Sind Sie mit einer Position konfrontiert, bei der alle Kanten lange Ketten sind, so verlieren Sie bei Nim-Fäden, denn die einzig möglichen Züge sind mondsüchtig. Haben Sie aber schon eine Menge Kästchen angehäuft, so könnten Sie es noch hinbekommen, bei Käse-Kästchen zu gewinnen. Wie finden Sie heraus, *welchen* mondsüchtigen Zug Sie machen sollten, um den Gegner davon abzuhalten, Sie einzuholen?

Um die Argumentation zu vereinfachen, nehmen wir folgendes an: der letzte Zug wird bei einer Kette (zwischen Boden und Boden) vollzogen, welche lang genug ist, um sicherzustellen, daß des Gegners beste Strategie für die verbleibenden Kästchen die Nim-Fäden-Strategie ist, welche ihn dazu zwingt, jeden bis auf den letzten Zug doppelzüngig zu beenden. Jeder der m Züge bei isolierten Zyklen liefert Ihnen 4 Kästchen, während jeder der n anderen Züge bei Ketten (ausgenommen der letzte) jeweils 2 Kästchen liefert. Sie haben damit

$$4m + 2n - 2$$

Kästchen auf Ihrem Konto.

Angenommen, der Graph besitzt g Gelenke mit dem Gesamtwert v, wobei geerdete Enden jeweils den Wert 1 beitragen sollen. Ein Zug bei einem isolierten Zyklus verändert die Valenz nicht, während ein Zug bei einer Kette die Valenz an jedem Ende um 1 erniedrigt, es sei denn, die Valenz eines Gelenkes geht von 3 in 2 über; dieses Gelenk verschwindet dann. Das passiert bei jedem Gelenk genau einmal, womit

$$v = 2n + 2g$$

ist, und Ihr Kontostand sich auf

$$4m + v - 2g - 2$$

Kästchen beläuft. Weil v und g fest sind, möchten wir so oft wie möglich bei isolierten Zyklen ziehen. Diese isolierten Ketten sind zueinander fremd, und jede disjunkte Menge von Zyklen kann isoliert werden, indem man alle Ketten-Züge zuerst spielt.

Man kann nicht alles über (evtl. verallgemeinertes) Käse-Kästchen wissen, ohne genau darüber Bescheid zu wissen, wie man bei einem beliebigen (evtl. nicht planaren) Graphen die größte Menge von eckendisjunkten Zyklen findet.

Es ist bekannt, daß das Auffinden der größten Menge eckendisjunkter Zyklen bei einem beliebigen Graphen NP-hart ist (siehe Kapitel 7, Band 1, Zusätze).

Lösungen für das Käse-Kästchen-Problem

Nun zu *unseren* Lösungen der Probleme aus Bild 3.32:

(a) Evie möchte eine gerade Anzahl langer Ketten haben. Sie führt sofort genau zwei ein, indem sie die beiden Kanten der oberen linken Ecke einsetzt.

(b) Diesmal bringt es Evie zu zwei langen Ketten, indem sie das Kästchen, dessen untere linke Ecke der Mittelpunkt ist, opfert. Wenn Dodie versucht, dort eine dritte lange Kette anzubringen, ist ein weiteres Opfer bei der unteren linken Ecke erforderlich.

(c) Dodie wünscht sich eine ungerade Anzahl langer Ketten. Sie sollte durch ein hartherziges Almosen, bei dem sie rechts vom Mittelpunkt eine Kante einsetzt, 2 Kästchen opfern, und sie wird 9 : 7 gewinnen.

(d) Keiner der Spieler kann es sich leisten, bei der mittleren Schleife 4 Kästchen zu opfern, womit sich die Theorie der langen Ketten nicht so recht anwenden läßt. Beide Spieler können ein Unentschieden erzwingen (indem sie keine Opfer bringen). Bei einem gut gespielten Schluß-Spiel gibt es oben und unten Ketten der Länge 3 und eine 4er-Schleife in der Mitte. Die linke Seite besteht entweder aus einer 4er-Kette, oder ist aus zwei Ketten der Länge 3 und 1 zusammengesetzt; beide Positionen liefern ein Unentschieden.

(e) Eine kleine Falle für Nim-Fäden-Spieler! Der *gepunktete* Zug ist der einzige gute Nim-Fäden-Zug, aber er erfordert zu viele Opfer, und bei Käse-Kästchen wird man mit ihm gegen einen außergewöhnlich talentierten Gegner 5 : 7 verlieren. Mit dem *gestrichelten* Zug verliert man bei Nim-Fäden, aber nur dann, wenn der Gegner beim darauffolgenden Zug zwei Kästchen opfert, und mit dem dann in viele kleine Teile zerstückelten Brett ergibt sich ein Unentschieden.

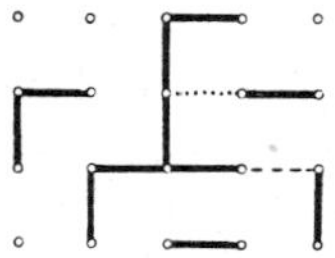

(f) Das Nim-Fäden-Spiel ist im wesentlichen vorbei. Doch worauf es bei Käse-Kästchen ankommt, ist, ob die linke obere Ecke zu einer Kette der Länge 2 oder zu zwei Ketten der Länge 1 wird. Dodie sollte das erstere durch Einsetzen der zweiten Kante in der obersten Zeile erzwingen. Sie wird damit 13 : 12 gewinnen, anstatt 12 : 13 zu verlieren.

(g) Dodie fordert ein dreifaches Opfer! Sie wünscht sich eine gerade Anzahl langer Ketten, findet aber nur eine. Mit ihrem gepunkteten Eröffnungszug droht sie, beim nächsten Zug eine lange Kette bei *EFG* zu erzeugen. Weil Evie davon abgehalten werden kann, eine dritte lange Kette zu machen, muß sie zwischen *F* und *G* schneiden, wobei sie 2 Kästchen opfert. Indem sie dieses Opfer annimmt, wiederholt Dodie ihre Drohung durch den gestrichelten Zug, welcher eine lange Kette bei *CDE* ankündigt. Dies zwingt Evie dazu, *D* und *E* zu opfern. Dodie nimmt diese Kästchen an,

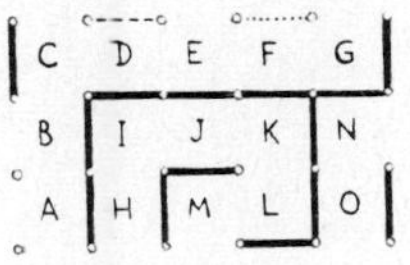

und droht wiederum, indem sie die linke Kante von *B* einsetzt. Obwohl Evie das Nim-Fäden-Spiel durch Opfern von *B* und *C* gewinnt, hat Dodie 8 Kästchen: *F, G; D, E; B, C; N, O;* und das reicht für den Sieg bei Käse-Kästchen.

(h) Evie tut das Gleiche! Beginnend bei der vorletzten der obersten Kanten droht sie wiederholt, auf der rechten Seite eine dritte lange Kette herzustellen. Dodie kann sie nur durch 3 Opfer zu jeweils 2 Kästchen davon abhalten. Evie macht dann einen mondsüchtigen Zug, bei dem sie die 3er-Kette links von den 2 gewonnenen Kästchen aufgibt, und nach dem sich daraus ergebenden Fallen-Zug 2 Kästchen erwirbt. Da sie nun die Seiten gewechselt hat, droht sie mit dem Aufbau einer weiteren Kette an der obersten linken Ecke, womit sie von Dodie ein weiteres Opfer erzwingt. Dann gebietet sie dem weiteren Anwachsen der 7er-Kette Einhalt und erwartet ihre letzten 3 Kästchen, um 13 : 12 zu gewinnen.

(i) Eine sehr komplizierte Position! Dodie *muß* das Entstehen einer dritten langen Kette in der obersten Zeile verhindern. Sie opfert zunächst eines der obersten Eckkästchen (und wird wohl noch mehr opfern müssen), und sie bemüht sich intensiv darum, durch Vergrößern ihrer langen Ketten so viel leeren Raum wie nur möglich auszufüllen. Falls Evie irgendeine lange Kette zu früh opfert, wird das Opfer von Dodie angenommen.

(j) Und nun eine leichte! Man hat eine Kegeln-Rebe mit 3 Gelenken vom Wert $*3$ und unten links 4 Kästchen, nach Bild 3.20 vom Wert $*2$. Evie gewinnt, indem sie die mittlere oberste oder die unten am weitesten rechts befindliche Kante einsetzt; dabei wird K_3 auf K_2 reduziert. (Es gibt andere Züge, welche dies tun, aber sie fordern zu viele Opfer.)

(k) Unten stößt man auf eine Kegeln-Rebe mit 4 Gelenken vom Wert $*1$, und oben rechts auf 4 Kästchen vom Wert $*3$ (nach Bild 3.20). Die verbleibende Figur ist eine 5-gelenkige Kegeln-Rebe vom Wert $*4$, die sie unter einem Vorwand abreißen können, indem sie sich Bild 3.26(a) und (b) anschauen. Dodies Nim-Fäden-Zug muß deshalb K_5 durch $K_3 + K_1$ ersetzen, was sie nur durch Einsetzen der obersten linken Kante oder durch Isolieren der genau rechts von den besetzten Kästchen liegenden Schleife vermag. Bei diesem Problem kann Dodie mit der Nim-Fäden-Strategie nur durch vorsichtiges Spielen das Käse-Kästchen-Spiel gewinnen. Hat sie die Möglichkeit der Auswahl zwischen mehreren Nim-Fäden-Zügen, so sollte sie sich denjenigen aussuchen, welcher die größte Anzahl von Kästchen einbringt. Bei den Kegeln-Reben führt jeder Stengel-Zug (egal, welcher Spieler ihn ausführt) schließlich zu einer anderen Kette, was Evie zwei weitere Kästchen liefert. Dodie zieht, soweit möglich, die Ranken-Züge vor, während Evie sich Stengel-Züge aussucht, welche Dodie dazu bringen, mit einem weiteren Stengel-Zug zu antworten.

(l) Ein eindeutiger Gewinnzug! Zerschneiden Sie die 12-gelenkige Kegeln-Rebe in zwei 5-gelenkige, indem sie *N* von *O* trennen. Der Rest ist einfach!

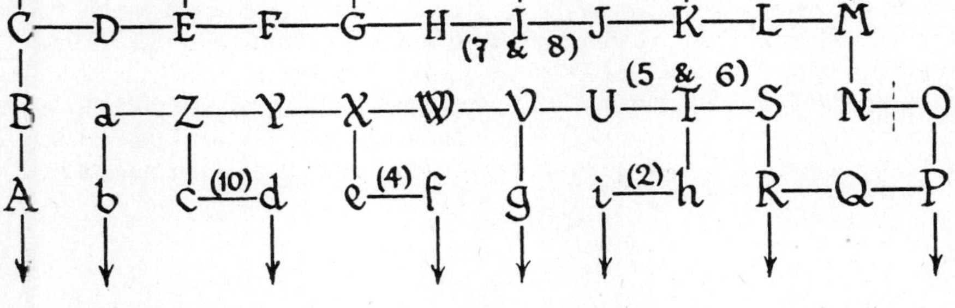

(m) Würde Evie bei dem modifizierten Problem Dodies Geschicklichkeit wirklich respektieren, so würde sie resignieren! Eröffnet sie wie vorhin mit dem Opfern von *N* und *O*, so könnte Dodie *E* vom Boden lösen. Evie sieht sich dann $K_3 + K_1 + K_5$ gegenübergestellt, und die Nim-Fäden-Antworten bringen Dodie zwei weitere Kästchen ein: *e, f* oder *h, i*. Das letztere bezeichnen wir mit (2). Dodie (3) löst dann *I* vom Boden, womit sie $4K_1 + K_3$ hinterläßt und Evie kann nichts besseres tun als (4) Dodie auch (etwa) *e* und *f* zu überlassen. Evie hat jetzt $6K_1$ erreicht, und damit das Nim-Fäden-Spiel gewonnen. Aber Dodie macht einen mondsüchtigen Zug (5) bei *STU*, welcher Evie leider dazu zwingt, abzulehnen (6), und damit zwei weitere Kästchen aufzugeben. Dodie kann ein zweites Mal mondsüchtig ziehen (7), und zwar bei *HIJ*. Sie sichert sich dabei wiederum zwei der Kästchen (8). Schließlich (9) kann Dodie, indem sie *C* vom Boden löst, $2K_1$ auf K_1 reduzieren, was Evie dazu zwingt (10), *c, d* (oder *a, b*) zu opfern. Bei der sich ergebenden Position

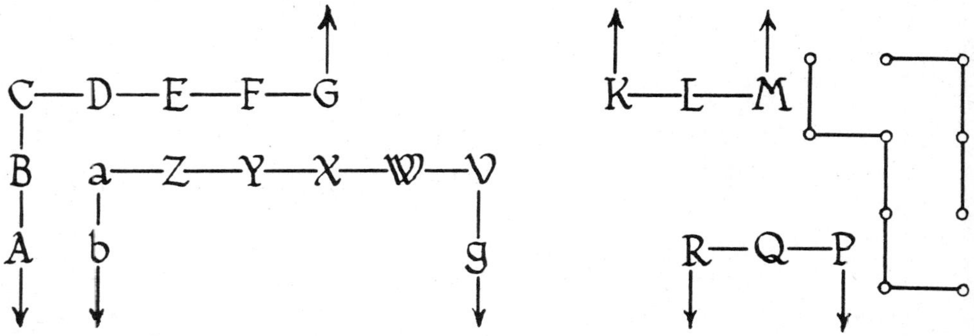

gibt es fünf Ketten mit den Längen 3, 3, 4, 7, 8, aber Evie hat im Gegensatz zu Dodies 12 Kästchen nur 2. Obwohl Evie bei den verbleibenden Ketten gegenüber Dodies 8 17 Kästchen einsammeln kann, gewinnt Dodie 20:19! Anstatt diese Schande zu riskieren, empfehlen wir Evie eine ängstliche Eröffnung, wie etwa das Loslösen von *E*; es ist eben möglich, daß Dodie sich an die ersten neun Kegeln-Werte nicht mehr erinnert.

Noch ein paar Nim-Fäden-Werte

Wie bei Bild 3.21 bedeuten Punkte bei einer Kante zusätzliche mögliche Ecken; und ein von zwei Kanten gleichweit entfernter Punkt kann beiden Kanten zugeordnet werden. Eine Wellenlinie kennzeichnet 3 oder mehr Ecken, welche sich zwischen den gekennzeichneten Punkten befinden. Das Symbol

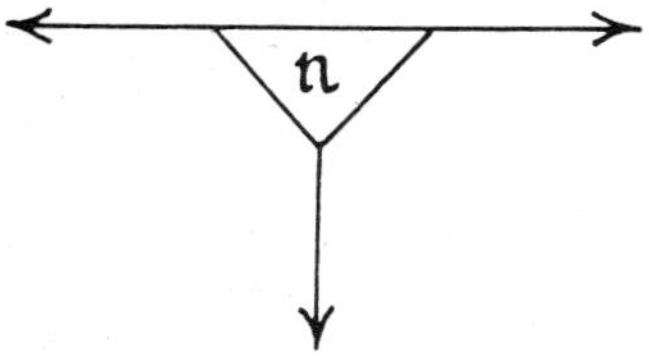

repräsentiert alle möglichen Fälle von

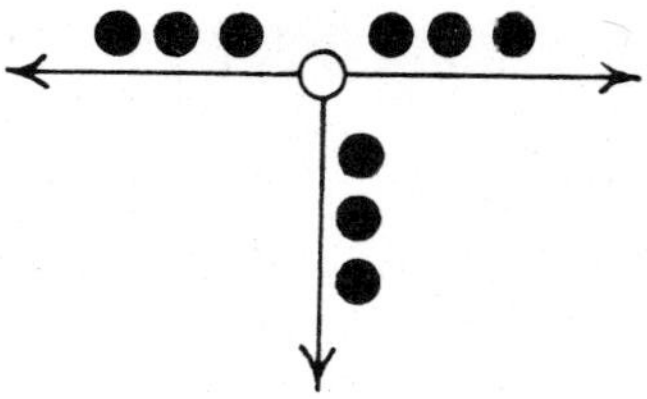

welche vom Wert $*n$ sind (siehe Bild 3.21).

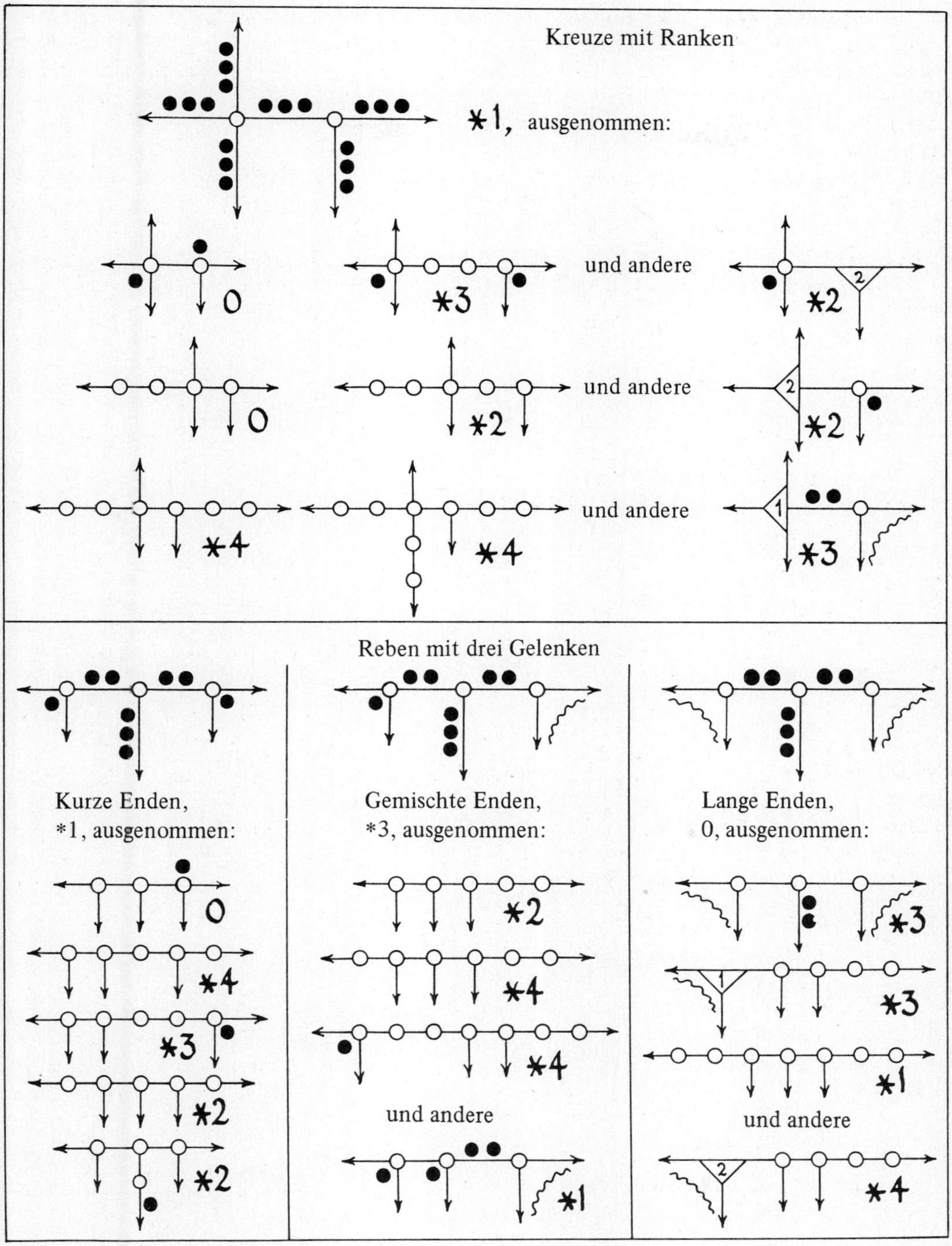

Bild 3.38 Das nächste Kapitel des Nim-Fäden-Wörterbuches

Nim-Zahlen für Nim-Fäden-Anordnungen

Um zu kennzeichnen, an welcher Seite eine rechteckige Anordnung geerdet ist, versehen wir ihre Dimensionen mit Strichen (oder Zwei-Strichen). Z.B.

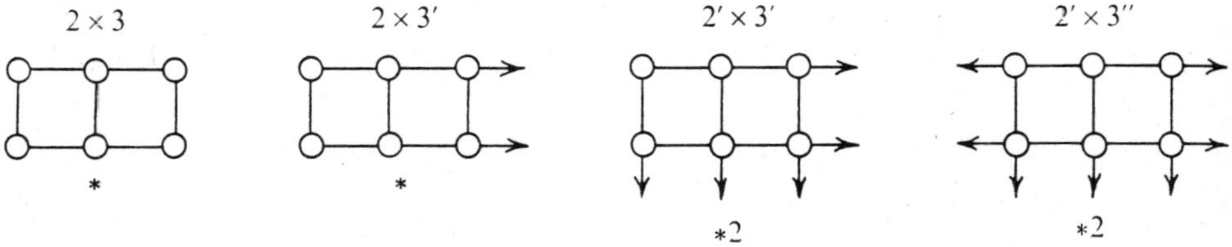

Die Tafeln 3.1 und 3.2 geben die Werte solcher rechteckigen Anordnungen an:

	1′	2	2′	3	3′	4	4′	5	5′	6	6′	7	7′	8
2	*	0	*2	*	*	0	*2	*	*3	0	*2	*	*3	0
3	*2	*	*2	*	*2	*	*2	*						

Tafel 3.1 Nim-Fäden-Werte bodenloser rechteckiger Anordnungen, und Anordnungen, welche entlang einer Seite am Boden befestigt sind

n	2	3	4	5	6	7	8	9	10	11
$1' \times n$	*	*2	*	*2	*3	0	*3	0	*	*2
$1' \times n'$	0	*	0	*3	*2	*3	*2	*5	*4	*5
$1' \times n''$	*	0	*	0	*	*2	*3	*	*3	
$2' \times n$	*2	*2	*	*	*					
$2' \times n'$	*2	*2	*	*						
$2' \times n''$	0	*2	*5	*						

Tafel 3.2 Nim-Fäden-Werte, welche an 1, 2 oder 3 Kanten am Boden befestigt sind

Bild 3.39 zeigt Werte einiger weniger regulärer Anordnungen.

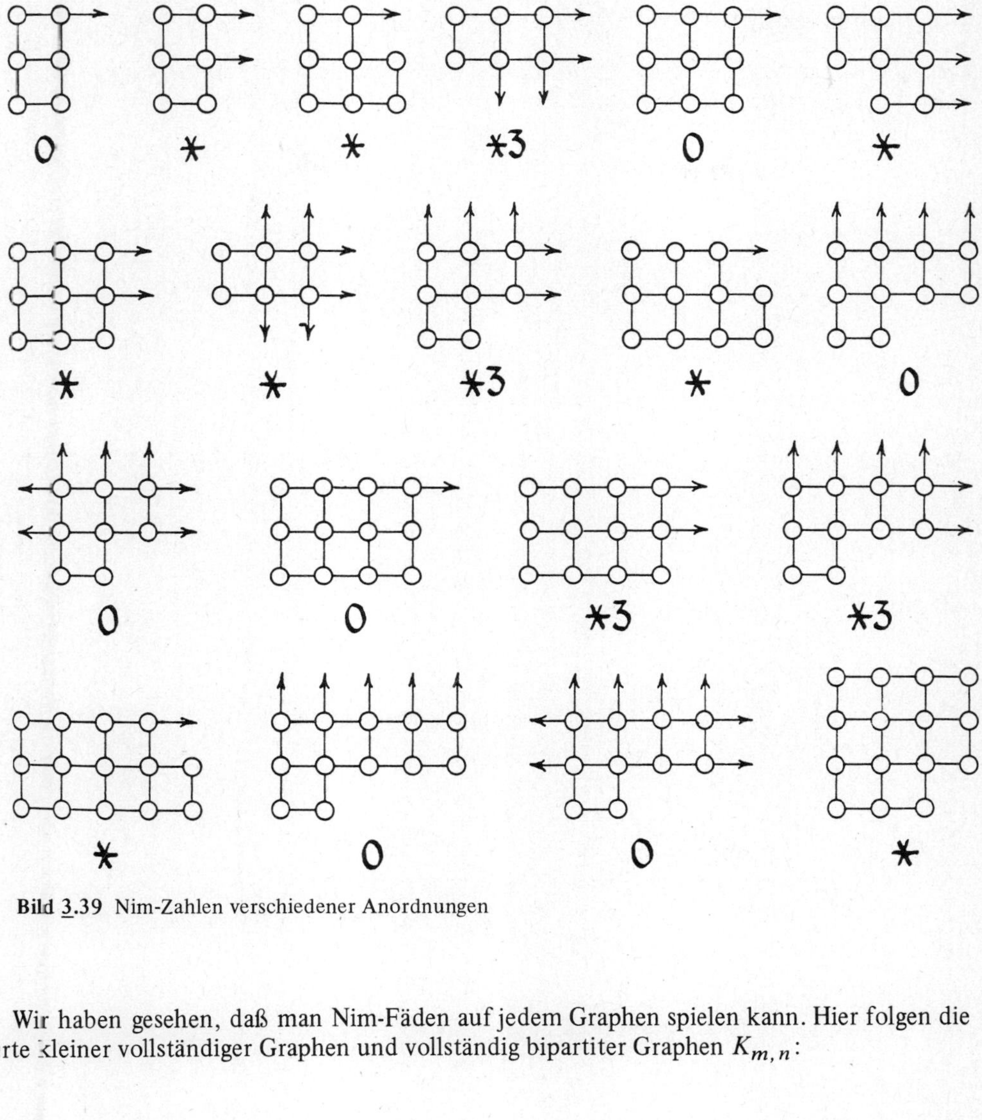

Bild 3.39 Nim-Zahlen verschiedener Anordnungen

Wir haben gesehen, daß man Nim-Fäden auf jedem Graphen spielen kann. Hier folgen die Nim-Werte kleiner vollständiger Graphen und vollständig bipartiter Graphen $K_{m,n}$:

n	2	3	4	5	6	7	8	9	10
K_n	0	*	0	*	*				
$K_{2,n}$	0	*	0	*	0	*	0	*	0
$K_{3,n}$	*	*	*	*	*	*			
$K_{4,n}$	0	*	0	*					

Hängt der Wert von $K_{m,n}$ nur von der Parität von $(m-1)(n-1)$ ab?

Literaturhinweise

John C. Holladay, A note on the game of dots, Amer. Math. Monthly, **73** (1966) 717–720: M.R.

Hans Rademacher und *Otto Toeplitz,* „The Enjoyment of Mathematics“, Princeton University Press, 1957. Die Seiten 75–76 geben den Beweis von Eulers theorem.

Kapitel 4

Punkte und Kohlköpfe

He shall not live, with a spot I damm him.
William Shakespeare, Julius Caesar IV, i, 6.

Die hier behandelten Spiele spielt man mit Punkten (oder Kreuzen) auf einem Blatt Papier. Ein Zug besteht aus dem Verbinden zweier Punkte durch eine Kurve, welche verschiedenen durch die jeweiligen Spielregeln bestimmten Bedingungen genügt. *Was wir immer fordern ist, daß eine Kurve niemals sich selber oder eine andere Kurve schneiden darf.* Wir haben gerade ein ganzes Kapitel einem derartigen Spiel gewidmet; hier hingegen betrachten wir Spiele, deren Theorien, wenn sie auch nicht alle trivial (oder auch nicht gerade vollständig) sind, nur wenige Seiten füllen. Eine Ausnahme bildet Lucasta, ein Spiel, für welches wir eine besondere Vorliebe haben.

Ränder

Ein Zug besteht hier einfach aus dem Zeichnen einer Kurve durch mindestens einen und sonst beliebig viele Punkte. Die einzige Zusatzbedingung ist, daß sich keine zwei Kurven schneiden dürfen. Eine typische Ränder-Position ist in Bild 4.1 zu sehen. Wie sollte denn unser nächster Zug aussehen, wenn nach der üblichen Konvention gespielt wird?

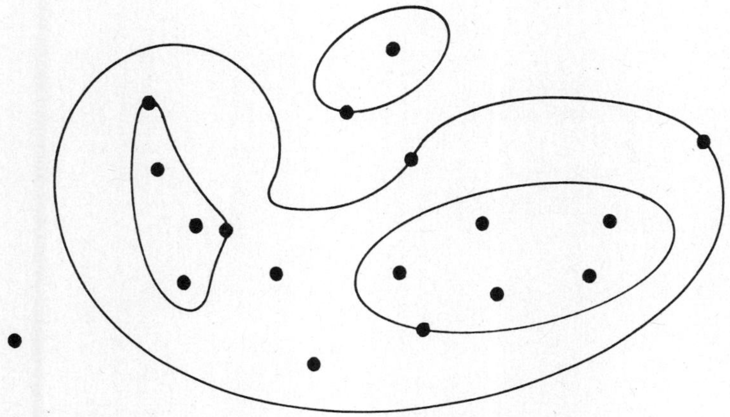

Bild 4.1 Ein Ränder- (oder Geländer-) Spiel

Untersucht man diese Position, so erkennt man, daß die Schleifen die Ebene in Gebiete unterteilen, welche 5 bzw. 2 bzw. 3 bzw. 1 bzw. 1 Punkt(e) (und einige andere Gebiete mit inneren Punkten) enthalten. Ziehen wir bei einem Gebiet mit n Punkten, so teilen wir es automatisch in zwei Gebiete mit a und b Punkten, wobei $a + b$ kleiner gleich n und sonst beliebig ist. Dies impliziert, daß Ränder nichts anderes ist als eine verkappte Version von Nim mit der zusätzlichen Möglichkeit, einen eben verkleinerten Haufen in zwei noch kleinere aufzuteilen. In der oktalen Schreibweise von Kapitel 4 (Band 1) ist dies das Spiel $\mathbf{0 \cdot \dot{7}}$. In Kapitel 4 hatten wir auch gesehen, daß diese zusätzliche Zugmöglichkeit die Strategie nicht beeinflußt, weshalb der einzige gute Zug bei Bild 4.1 aus dem Zeichnen einer Kurve durch genau 4 der 5 Punkte des 5-Punkte-Gebietes besteht. Die Theorie des misère-Nim zeigt, daß man bei misère-Ränder genau den gleichen Zug machen sollte. Im allgemeinen zieht man so, daß die Nim-Summe der zählenden Punkte gleich 0 ist, eine Ausnahme gibt es nur bei der misère-Form, bei der wir, wenn jeder Punkt 0 oder 1 zählt, die Nim-Summe 1 erreichen müssen.

Geländer

Wir fordern jetzt mal, daß jede Schleife nur genau durch *einen* oder *zwei* Punkte führen soll, und lassen die Regeln sonst unverändert. Wie sollten wir denn in diesem Fall bei Bild 4.1 ziehen? Die zulässigen Züge bei einem Gebiet mit n Punkten erzeugen Gebiete mit a und b Punkten, wobei man $a + b = n - 1$ oder $n - 2$ verlangt. Da diese Züge genau den zulässigen Zügen bei Kegeln entsprechen, können wir unsere Züge aus diesem Spiel herleiten. Danach sollten wir bei der Geländer-Position aus Bild 4.1 sowohl bei der üblichen Konvention als auch beim misère-Spiel eine Schleife durch genau einen der Punkte des 5-Punkte-Gebietes zeichnen.

Viele andere Spiele lassen sich ebenfalls sehr schön als Punkte- und Schleifen-Spiele formulieren, und wir haben beobachtet, daß man mehr Menschen dazu überreden kann, sie in dieser, als in der ursprünglichen Form zu spielen. Manchmal legt die geometrischen Form bestimmte Regeln ganz natürlich fest, und manchmal entsprechen die nahegelegten Regeln nicht ganz echten Haufen-Spielen. Es folgen zwei weitere Beispiele.

Schleifen-und-Bögen

Ein Zug besteht aus dem Verbinden zweier Punkte *oder* dem Verbinden eines Punktes mit sich selber indem man eine Schleife bildet. Kein Punkt darf bei zwei verschiedenen Zügen benutzt werden. Das Spiel ist isomorph zu dem Oktal-Spiel **·73**, für welches wir in Kapitel 4 (Tafel 4.6, Band 1) die Nim-Werte und in Kapitel 5, Band 2 (Zusätze, Tafel 5.5, Bemerkungen W und Z, Nattern) die reduzierten Versionen berechnet haben. Das Muster aus Tafel 4.1 setzt sich unendlich fort.

n	0	1	2	3	4	5	6	7	8	9	...
Nim-Wert	0	1	2	3	0	1	2	3	0	1	...
Reduzierte Form	0	1	2	3	2+2	3+2	2+2+2	3+2+2	2+2+2+2	3+2+2+2	...

Tafel 4.1 Nim-Werte und reduzierte Formen bei Schleifen- und -Bögen

Wir haben damit sowohl für das Normal- als auch das misère-Spiel vollständige Strategien zur Verfügung. In beiden Fällen zieht man so, daß die Nim-Summe der Nim-Werte Null ergibt. Eine *Ausnahme* gibt es nur bei der misère-Form, wo man die Nim-Summe zu Eins machen muß, falls in jedem Gebiet höchstens ein Punkt liegt.

Höhenlinien („Contours“)

Dieses Spiel ist viel interessanter. Bei einem Zug zeichnet man eine geschlossene Kurve (oder *Höhenlinie*) durch genau einen Punkt, wobei die Nebenbedingung zu erfüllen ist, daß bei jeder Kurve mindestens ein Punkt in dem von ihr umschlossenen Gebiet liegen muß (wobei dieser Punkt eventuell auch innerer Punkt weiterer Höhenlinien sein kann). Mit anderen Worten: betrachten wir eine Position als ein System von Höhenlinien auf einer Karte, so muß jeder Berg einen markierten Gipfel (und jedes Tal einen markierten Tiefpunkt) haben.

Man muß bei diesem Spiel Gebiete, welche n Punkte und sonst nichts enthalten (Typ n), von Gebieten, in deren Inneren außer n freien Punkten auch eine oder mehrere Höhenlinien mit inneren Punkten zu finden sind, unterscheiden (Typ $\hat{n}$). Aber die Anzahl oder Struktur der Höhenlinien innerhalb eines Gebietes vom Typ $\hat{n}$ ist unwesentlich, und die Punkte in ihrem Inneren gehen bei der Berechnung von n nicht ein. Bei Bild 4.5 gibt es fünf Gebiete vom Typ $\hat{5}$, 5, $\hat{3}$, 3, 2. Wie sollte denn unser Zug bei dieser Position aussehen?

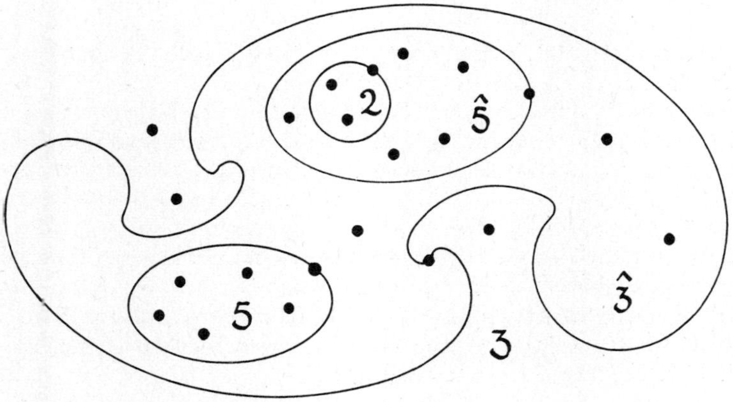

Bild 4.2 Ein Spiel mit Höhenlinien

Von der allgemeinen Position aus sind folgende Züge möglich:

n oder $\hat{n}$ nach $a + \hat{b}$ $(a > 0)$

$\hat{n}$ nach $\hat{a} + \hat{b}$.

Dabei ist in jedem Fall $a + b = n - 1$. Wir können damit eine Tabelle für die Nim-Werte aufstellen, siehe Tafel 4.2.

n:	0	1	2	3	4	5	6	7	8	9	10	11	12	13	14	15	16	17	18	19	20	…
$\mathcal{G}(n)$:		0	1	0	1	0	3	2	0	5	2	0	1	4	3	2	0	5	2	3	1	…
$\mathcal{G}(\hat{n})$:	0	1	2	3	1	4	3	2	0	5	2	3	1	4	3	2	0	5	2	3	1	…

Tafel 4.2 Nim-Werte bei Höhenlinien

Man erkennt, daß die beiden Nim-Folgen für $n \geqslant 12$ zusammenfallen und die Periode 8 besitzen. Die Startposition mit n Punkten ist deshalb beim üblichen Spiel nur für $n = 1, 3, 5, 11$ oder einem Vielfachen von 8 eine $\mathscr{P}$-Position. Mit einer vollständigen misère-Analyse können wir nicht aufwarten, aber Tafel 4.3 liefert den Beginn einer Geschlechter-Analyse (Kapitel 5, Band 2).

n	0	1	2	3	4	5	6	7	8	9	10	11	12	13	14	15	16
Geschlecht von n		0	1	0	1	0	3	2	0	$5^{057}_{A_1}$	2^2_C	0^3	1^0	4^{146}	3^3	2^{20}	0^1
Geschlecht von $\hat{n}$	0	1	2	3	1	4^{146}_A	3	2	0^1_B	$5^{057}_{A_1}$	2^2_D	3^3	1^0	4^{146}	3^3	2^{20}	0^1

Tafel 4.3 Das Geschlecht von Höhenlinien-Positionen

$A = 2_2 321$, $B = A_2 A_1 321$. Für jede Position, bei der alle Zahlen $\leqslant 10$ sind, ergibt sich der korrekte Wert, indem man $A + A = B = 0$, $C = D = 2$ voraussetzt.

Bei der Position aus Bild 4.2 hat man die Nim-Werte 4, 0, 3, 0, 1; wir müssen deshalb einen Zug wählen, der den Nim-Wert 4 in 2 überführt. Das läßt sich nur durch Verwandeln des Gebietes vom Typ $\hat{5}$ in zwei Gebiete vom Typ $\hat{3}$ und $\hat{1}$ bewerkstelligen, weshalb wir eine Schleife zeichnen müssen, welche die innere Höhenlinie dieses Gebietes und genau 1 oder 3 Punkte umgibt. Zumindest bei der üblichen Konvention sollte das so sein. Es stellt sich heraus, daß beim misère-Spiel genau die gleichen Züge gut sind.

Lucasta

Das ist ein altes, zuerst von Lucas beschriebenes Spiel; und da es vorher keinen richtigen Namen besessen zu haben scheint, haben wir es nach ihm benannt. Es ist recht bemerkenswert, daß wir von der Startposition aus sowohl für das übliche als auch das misère-Spiel eine vollständige Strategie angeben können, obwohl die allgemeine Theorie sehr kompliziert ist. Unsere Strategie für das normale Spiel ist, wenn man sie einmal gefunden hat, leicht zu beweisen; die misère-Spiel-Strategie allerdings ist sehr trickreich.

Bei einem Zug hat man eine Kurve zu zeichnen, welche zwei verschiedene Punkte als Endpunkte hat. Das dürfen *nicht* die beiden Endpunkte einer einzelnen früher gezeichneten Kurve sein (aber sie *können* durch eine Kette von Kurven durch dazwischenliegende Punkte verbunden sein). Keine zwei Kurven dürfen sich schneiden, und kein Punkt kann Endpunkt von mehr als zwei Kurven sein. Die Kurven können damit nur Ketten, oder geschlossene Schleifen, welche durch mindestens drei Punkte gehen, bilden.

Die Schleifen teilen, wie beim vorhergehenden Spiel, die Ebene in zusammenhängende Gebiete. Aber diesmal benötigt man, um die Lage der Dinge innerhalb eines Gebietes passend zu beschreiben, ein Tripel von Zahlen (a, b, c). Dabei bezeichnet a die Anzahl der *Atome*, oder isolierten Punkte, b die Anzahl der *Bögen* („*branches*"), welche zwei sonst isolierte Punkte verbinden, und c die Anzahl der *Ketten* („*chains*"), welche aus drei oder mehr durch Kanten verbundenen Punkten bestehen. Es stellt sich heraus, daß die Anzahl der Punkte in einer Kette unwesentlich ist, es sei denn, die Ketten (3 oder mehr Punkte) müssen von Atomen und Böden (1 oder 2 Punkte) unterschieden werden.

Die möglichen Züge lassen sich wie folgt klassifizieren:

aa: verbinde zwei Atome, um einen Bogen zu bilden
ab: verbinde ein Atom mit einem Bogen, was eine Kette ergibt
bb: verbinde zwei Bögen, um eine Kette zu bilden
ac: verlängere eine Kette durch Hinzunahme eines Punktes,
bc: erweitere eine Kette durch Anfügen eines Bogens,
c!: *ziehe* eine Kette durch Verbinden ihrer Endpunkte *zusammen*.

Da das Zusammenziehen einer Kette aus einem Gebiet zwei macht, kann das Resultat davon abhängen, wie es die verbleibenden Atome, Bögen und Ketten voneinander trennt. Wir kennzeichnen das etwa durch $c!(a^3)$ oder $c!(ab)$, was bedeutet, daß wir 3 Atome oder ein Atom und einen Bogen in ein eigenes Gebiet abtrennen. Es ist auch möglich, einen Zug *cc* zu machen: man setzt zwei Ketten zu einer längeren zusammen. Aber denselben Effekt kann man auch erzielen, indem man eine Kette *fest* ($c!!$), d.h. ohne Abtrennen zusammenzieht.

Eine kinderleichte Anleitung für normales Lucasta

Wir hatten Glück, daß die von uns berechneten Nim-Werte für Lucasta ein Muster für den Ausgang aller Positionen mit höchstens einer Kette aufzeigten. Dieses Muster findet man in Tafel 4.4, wobei ein Eintrag (a, b) gleich

P ist, wenn $(a, b, 0)$ eine $\mathscr{P}$- und damit $(a, b, 1)$ eine $\mathscr{N}$-Position ist
+ ist, wenn $(a, b, 1)$ eine $\mathscr{P}$-, und damit $(a, b, 0)$ eine $\mathscr{N}$-Position ist
− ist, wenn sowohl $(a, b, 0)$ als auch $(a, b, 1)$ $\mathscr{N}$-Positionen sind.

Man beachte, daß sich die Spalten ab der 5. mit Periode 4 wiederholen, während die Zeilen sich immer abwechseln.

	$a = 0$	1	2	3	4	5	6	7	8	9	10	11	12	13	14	15
$b = 0$	P	P	−	+	P	P	P	−	P	P	P	−	P	P	P	−
1	P	P	−	−	−	P	−	−	−	P	−	−	−	P	−	−
2	P	P	−	+	P	P	P	−	P	P	P	−	P	P	P	−
3	P	P	−	−	−	P	−	−	−	P	−	−	−	P	−	−
4	P	P	−	+	P	P	P	−	P	P	P	−	P	P	P	−
5	P	P	−	−	−	P	−	−	−	P	−	−	−	P	−	−
6	P	P	−	+	P	P	P	−	P	P	P	−	P	P	P	−
7	P	P	−	−	−	P	−	−	−	P	−	−	−	P	−	−

Tafel 4.4 Lucasta mit höchstens einer Kette

Eine vollständige Analyse kann schwierig werden, obwohl man durch Einsatz eines Computers wahrscheinlich zeigen wird, daß die Nim-Werte in b und c die Periode 2 haben. Wir können aber eine Strategie angeben, die es Ihnen ermöglicht, im Falle einer geringen Anzahl von Ketten, alle Positionen zu gewinnen, welche sie sich verdient haben. Diese Strategie beweist auch, daß sich das Muster aus Tafel 4.4 unbestimmt fortsetzt. Sie verwendet die *speziellen* $\mathscr{P}$-Positionen

$$(0, b, 0),\quad (1+4k, b, 0),\quad (3, 2m, 1),\quad (4+2k, 2m, 0)\quad \text{und}\quad (0, 2m, 2),\quad b, k, m \geqslant 0.$$

Es ist fast immer schlecht, bei einer Position Ketten zu hinterlassen, denn sie lassen sich auf viele verschiedene Arten zusammenziehen.

Unser Gegner kann von einer der speziellen Positionen nur auf wenige Arten so ziehen, daß er zwei oder mehr Ketten hinterläßt. Verbindet er zwei Bögen zu einer Kette, so ziehen wir diese heftig zusammen; verbindet er einen Bogen mit einer Kette, so fügen wir eine weitere hinzu. In beiden Fällen läuft das Ganze auf das Entfernen zweier Bögen hinaus. Die einzige weitere Möglichkeit ist der *ab*-Zug von $(3, 2m, 1)$ nach $(2, 2m-1, 2)$, nach welchem wir die beiden Atome verbinden um zur Position $(0, 2m, 2)$ zu gelangen. Unsere Antworten auf Positionen mit höchstens einer Kette liefert Tafel 4.5. Beachten Sie, daß wir Tafel 4.4 vollständig nachgewiesen haben. Die Nim-Werte, auf welche wir unsere Strategie aufgebaut haben, findet man in Tafel 4.6. Der Eintrag (a, b) gibt die Folge der Nim-Werte für $c = 0, 1, 2, \ldots$ an. Das letzte Wertepaar wiederholt sich unendlich oft, weshalb 13145 als Abkürzung für 131454545 ... steht. Jede nicht bedruckte Zeile in den ersten fünf Spalten besitzt die gleichen Einträge, wie diejenige mit dem jeweiligen $b-2$. Wir haben gezeigt, daß alle $\mathscr{N}$-Positionen $(a, b, 0)$, ausgenommen $(2, 2m+2, 0)$ und $(6, 1, 0)$ den Nim-Wert 1 und alle $\mathscr{N}$-Positionen $(a, b, 1)$, ausgenommen $(0, 2m, 1)$, $(1, 2m+1, 1)$ und $(5, 0, 1)$, einen Nim-Wert $\geqslant 2$ haben.

	$a = 0, 1, 5, \ldots, 1+4k$	$a = 2$	$a = 3$	$a = 4, 6, \ldots, 4+2k$	$a = 7, 11, \ldots, 7+4k$
$c = 0$	$\mathscr{P}$-Positionen Pech! Hoffen Sie auf einen Schnitzer!	*aa* liefert (0, *b* + 1,0)	*aa* liefert (1, *b* + 1,0)	*b* gerade: Pech! *b* ungerade: *ab* liefert (3,2 *m*, 1), falls *k* = 0. *aa* liefert (2 + 2 *k*, 2 *m* + 2,0) sonst	*aa* liefert (5 + 4 *k*, *b* + 1,0)
$c = 1$	*c*!! liefert (0, *b*, 0) oder (1 + 4 *k*, *b*, 0)	*c*! (*a*) um ein einzelnes Atom herum: (1, 0, 0) + (1, *b*, 0)	*b gerade:* Pech! *b ungerade:* *bc* liefert (3,2 m, 1)	*c*!, trennt Atome von Bögen, (0, *b*, 0) + (4 + 2 *k*, 0, 0)	*c*!, trennt alle bis auf einen der Atome von den Bögen (1, *b*, 0) + (6 + 4*k*, 0, 0)

Tafel 4.5 Wie man bei Lucasta gewinnt

	$a = 0$	1	2	3	4	5	6	7
$b = 0$	01	023	13145	10201	0351732	01023245	0245713101	13169498
1	023	01	124567	13132	1464601	02518189	230645	154578Xx
2	01	023	2356745	10401	0258589	046262Tt	06798	1316XTFf
3	023	01	15478967	13132	1567Xx	020101tFf		
4	01	023	2376945	10401	0278549t98	046292TfTt		
5	023	01	15498X67	13132	15696x6xX	020101fF		
6	01	023	2376X45	10401	027854Tt98	0462X2tSs		
7	023	01	15498x67	13132	15696T6xSxX			
8	01	023	2376X45	10401	027854F89			
9	023	01	15498x67	13132	15696T6xSxX			

X = 10
x = 11
T = 12
t = 13
F = 14
f = 15
S = 16
s = 17

Tafel 4.6 Nim-Werte für (*a*, *b*, *c*,)-Positionen bei Lucasta

Misère-Lucasta

Es ist bemerkenswert, daß wir bei misère-Lucasta für jede Startposition (*a*, 0, 0) noch eine Strategie angeben können. Das ist eine ganze Menge, denn der siegreiche Spieler kann gewinnen, ohne die Erzeugung von allzuvielen Ketten zuzulassen; und die Analyse von Positionen mit vielen Ketten ist sehr schwierig. Für kleine Werte *a*, *b*, *c* können wir natürlich wie in Tafel 4.9 (siehe später) das Geschlecht berechnen; man sieht dabei, daß die Theorie im Ganzen sehr kompliziert ist. In Wirklichkeit haben wir Tafel 4.9 zunächst zum Herstellen der anderen Tafeln und Bilder verwendet, und dann hat sie uns auf die allgemeine Strategie gebracht. Diese Strategie wird durch Tafel 4.7, Bild 4.3, Tafel 4.8 und den dazugehörigen erläuternden Bemerkungen beschrieben. Bei Tafel 4.7 gelten die gleichen Bezeichnungen wie bei Tafel 4.4, und das Muster setzt sich fort.

	a = 0	1	2	3	4	5	6	7	8	9	10	11	12	13	14	15	16	17	18	19
b = 0	+	–	P	P	–	P	–	P	–	P	–	–	P	P	–	–	–	P	–	–
1	–	+	P	–	P	–	P	–	P	P	–	+	P	P	P	–	P	P	P	–
2	+	P	–	P	–	P	–	–	P	P	–	–	–	P	–	–	–	P	–	–
3	P	–	P	–	P	P	–	+	P	P	P	–	P	P	P	–	P	P	P	–
4	–	P	–	–	P	P	–	–	–	P	–	–	–	P	–	–	–	P	–	–
5	P	P	–	+	P	P	P	–	P	P	P	–	P	P	P	–	P	P	P	–
6	P	P	–	–	–	P	–	–	–	P	–	–	–	P	–	–	–	P	–	–
7	P	P	–	+	P	P	P	–	P	P	P	–	P	P	P	–	P	P	P	–
8	P	P	–	–	–	P	–	–	–	P	–	–	–	P	–	–	–	P	–	–
9	P	P	–	+	P	P	P	–	P	P	P	–	P	P	P	–	P	P	P	–

Tafel 4.7 Der Ausgang einiger misère-Lucasta-Positionen

Tafel 4.7 gibt den Ausgang von Positionen der Form $(a, b, 0)$ oder $(a, b, 1)$ an, und bildet das Gerüst unserer Strategie. Der größte Teil der übrigen Betrachtungen beschäftigt sich nur mit der Begründung der „+"-Einträge. Zunächst zeigen wir, wie man die verbleibenden Einträge aus diesen herleiten kann. Dabei kommen drei Prinzipien zur Anwendung.

(1) Der Eintrag (a, b) ist P genau dann, wenn er nicht-terminal ist, und es keinen Eintrag der Form

P bei $(a-2, b+1)$	gibt, während	*aa* nach $(a-2, b+1, 0)$
+ bei $(a, b-2)$	die einzigen Züge	*bb* nach $(a, b-2, 1)$
oder + bei $(a-1, b-1)$	von $(a, b, 0)$ aus die folgenden sind:	*ab* nach $(a-1, b-1, 1)$.

(2) Der Eintrag (a, b) kann nicht + sein, wenn es irgendeinen Eintrag der Form

P bei $(a, b-2)$	gibt, denn es	c! (*bb*)	zu jeder	$(a, b-2, 0) + (0, 2, 0)$
P bei $(a-1, b-1)$	gibt von $(a, b, 1)$ aus Züge	c! (*ab*)	der Positionen	$(a-1, b-1, 0) + (1, 1, 0)$
P oder + bei $(a-1, b)$		c! (*a*) oder *ac*		$(a-1, b, 0) + (1, 0, 0)$ oder $(a-1, b, 1)$
P oder + bei $(a, b-1)$		c! (*b*) oder *bc*		$(a, b-1, 0) + (0, 1, 0)$ oder $(a, b-1, 1)$

und die Positionen $(0, 2, 0)$, $(1, 1, 0)$, $(1, 0, 0)$, $(0, 1, 0)$ können vernachlässigt werden, da sie notwendigerweise genau 0 oder 2 Züge lang andauern.

(3) Der Eintrag $(a, 0)$ kann nicht + sein, wenn es bei $(a-4, 1)$ oder $(a-6, 0)$ ein P gibt. (Denn von der Position $(a, 0, 1)$ können wir nach $(a-2, 0, 0) + (2, 0, 0)$ ziehen, und was immer der Gegner daraufhin tut: bei unserem nächsten Zug ist es uns möglich, $(a-4, 1, 0) + (0, 1, 0)$ zu erreichen, wobei in der Summe $(0, 1, 0)$ vernachlässigt werden kann. Wir können auch nach $(a-6, 0, 0) + (6, 0, 0)$ ziehen, und wir werden später zeigen, daß $(6, 0, 0)$ vernachlässigt werden kann, da es zu 0 äquivalent ist.)

Der Leser sollte nun nachprüfen, daß sich alle Einträge von Tafel 4.7 unter Verwendung dieser drei Prinzipien aus den +-Einträgen ergeben, und daß jeder Eintrag wirklich entweder P oder + oder – *ist*, was eine selbstverständliche Tatsache ist, da $(a, b, 0)$ und $(a, b, 1)$ nicht gleichzeitig P sein können.

Die +-Einträge selber nachzuweisen ist nicht so sehr eine Routineangelegenheit, wobei die größte Schwierigkeit darin besteht, daß der Gegner versuchen könnte, zwei oder mehr Ketten zu erzeugen; und wir können deren Fortbestehen nicht zulassen: die Position wird sonst zu schwierig, um sie in Worte (oder Bilder) zu fassen. Das Rückgrat unserer Strategie (welches das Gerüst aus Tafel 4.7 stützt) wird in Bild 4.3 dargestellt, welches für den zweiten Spieler und jede der Positionen

$$(0, 0, 1), (1, 1, 1) = (0, 2, 1), (3, 5, 1), (3, 7, 1), (3, 9, 1), \ldots$$

Gewinnstrategien aufzeigt. Das sind alle bis auf zwei die den +-Einträgen in Bild 4.7 entsprechenden $\mathscr{P}$-Positionen. Wir schreiben $(1, 1, 1) = (0, 2, 1)$, denn ein einzelnes Atom hat den gleichen Einfluß auf das Spiel wie ein zusätzlicher Bogen. Aus dem gleichen Grund haben wir jede bei Bild 4.3 auftauchende Position $(1, b, c)$ durch die äquivalente Position $(0, b+1, c)$ ersetzt.

Über Bild 4.3 sind noch einige weitere Bemerkungen zu machen. Die doppelt umrahmten Positionen repräsentieren $\mathscr{P}$-Positionen, mit welchen wir uns in Kürze beschäftigen werden. Alle anderen $\mathscr{P}$-Positionen sind nur einfach gerahmt, und bei diesen sind auch alle ihre Optionen im Bild zu finden. Jede nicht gerahmte Position steht für eine $\mathscr{N}$-Position, für welche immer eine $\mathscr{N}$-Option angegeben ist. Das Symbol *abcD* bezeichnet die Summe der Position (a, b, c) mit einer anderen Position (wie etwa $(0, 0, 1)$), welche notwendigerweise eine *ungerade* Anzahl von Zügen andauert (normalerweise *einen* Zug lang), egal, wie gespielt wird, während *abcE* die Summe der Position (a, b, c) mit einer Position (wie etwa $(0, 2, 0)$ oder $(1, 1, 0)$) bezeichnet, welche eine *gerade* Anzahl (normalerweise *zwei*) von Zügen andauert. Bei allen weiteren Untersuchungen haben wir immer angenommen, daß diese ungeraden bzw. geraden Zahlen gleich *Eins* bzw. *Zwei* sind. Schließlich bezeichnet **abc* die Summe irgendwelcher zweier Positionen (x, y, z) und $(a-x, b-y, c-z)$. Um das Bild nach unten hin fortzusetzen, vergrößere man b um 2.

Die beiden $\mathscr{P}$-Positionen $(7, 3, 1)$ und $(11, 1, 1)$, welche den noch nicht gerechtfertigten +-Einträgen bei Tafel 4.7 entsprechen, werden in Tafel 4.8 behandelt.

Es verbleibt jetzt nur noch die Diskussion der doppelt gerahmten Positionen aus Bild 4.3.

Satz: Die Summe irgendeiner Anzahl von Positionen der Form $(0, b, 0)$ mit einem Spiel, welches notwendigerweise genau n Züge dauert, ist genau dann eine $\mathscr{P}$-Position, wenn

entweder n ungerade ist, und alle Zahlen b gleich 0, 1, 2 oder 4 sind,

oder n gerade ist, und mindestens eine der Zahlen b *ungleich* 0, 1, 2 oder 4 ist.

Beweis: Die Positionen $(0, 0, 0)$ und $(0, 1, 0)$ sind beendet, während $(0, 2, 0)$ genau zwei Züge dauert, so daß all diese Positionen vernachlässigt werden können. In Wirklichkeit können die Positionen $(0, 4, 0)$ genauso vernachlässigt werden, denn es ist uns immer möglich, sie eine gerade Anzahl von Zügen dauern zu lassen. Der einzige von $(0, 4, 0)$ ausgehende Spielablauf ungerader Länge ist

$$(0, 4, 0) \text{ nach } (0, 2, 1) \text{ nach } (0, 1, 1) \text{ nach } (0, 1, 0).$$

Wir brauchen den Zug von $(0, 2, 1)$ nach $(0, 1, 1)$ nie zu machen, und falls der Gegner dies tut, können wir sofort mit einem Zug von $(0, 1, 1)$ nach $(0, 0, 1)$ antworten, womit das Spiel noch einen zusätzlichen Zug lang dauert.

Vernachlässigt man $(0, 4, 0)$ und Positionen mit ungeradzahliger Dauer, so ist es das einzig richtige, zu behaupten, daß eine Summe von Positionen $(0, b, 0)$ mit b entweder $= 3$ oder $\geqslant 5$ eine $\mathscr{P}$-Position ist. Der einzige Zug von $(0, b, 0)$ führt nach $(0, b-2, 1)$, von wo wir zu irgendeiner Position $(0, x, 0) + (0, y, 0)$ mit $x + y = b - 2$ ziehen können. Obwohl unser Gegner zieht, können wir damit aus der Position eine andere wiederherstellen, welche den Voraussetzungen des Satzes genügt, *es sei denn*, es ist die einzelne Position $(0, 3, 0)$, von der aus der Gegner nur nach $(0, 1, 1)$ ziehen kann; wir ziehen dann nach $(0, 0, 1)$ und hinterlassen ihm den letzten Zug (mit dem er verliert).

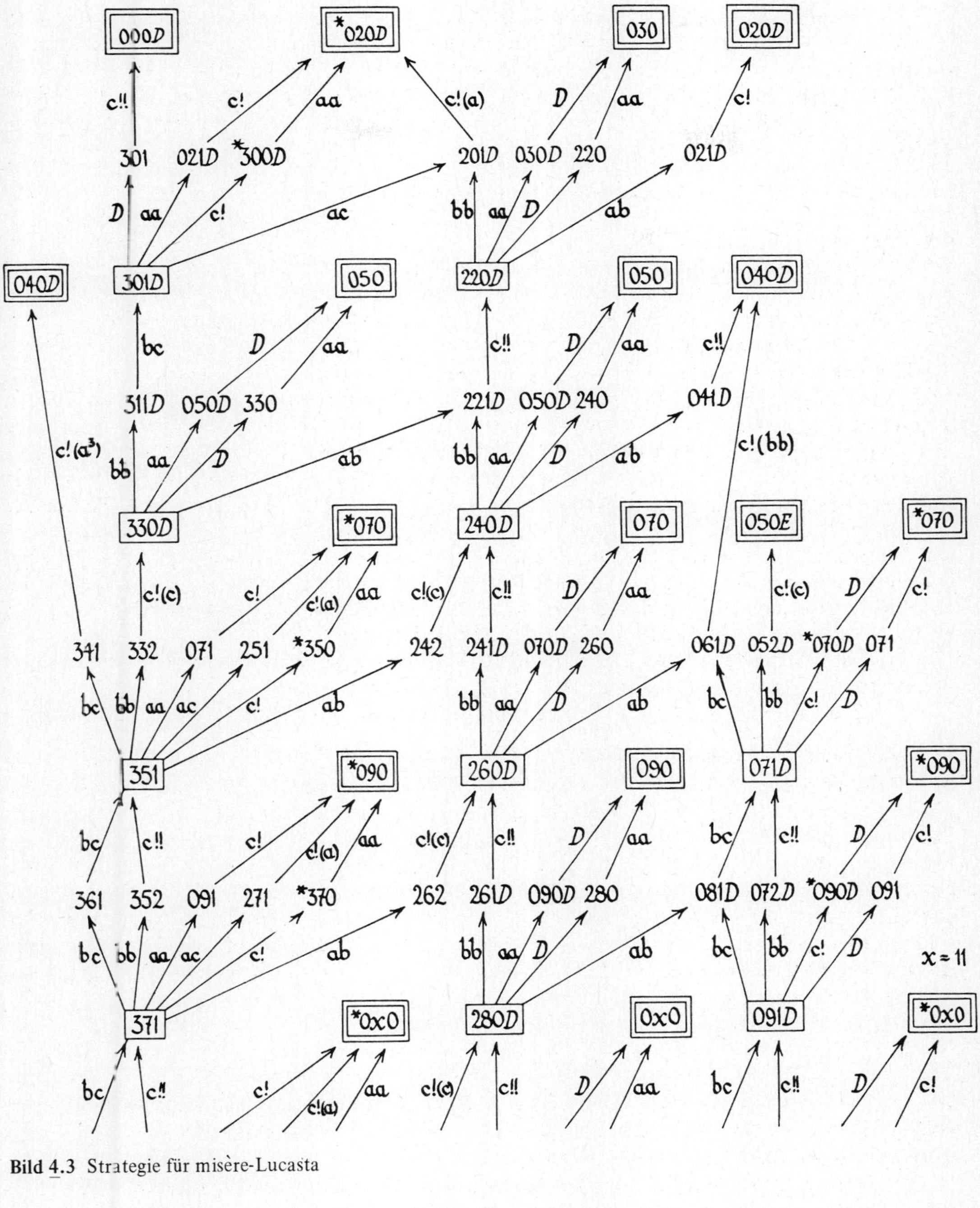

Bild 4.3 Strategie für misère-Lucasta

Die Positionen (7, 3, 1) und (11, 1, 1)

In Tafel 4.8 geben wir für jede Option aller dieser Positionen eine Antwort an, welche in jedem Fall als eine Summe einer $\mathscr{P}$-Position aus Tafel 4.7 und irgendeiner anderen Position, von der man nachweisen kann, daß sie zu 0 aus Bild 4.4 äquivalent ist, dargestellt ist. In Wirklichkeit werden die (7, 3, 1) und (11, 1, 1) entsprechenden +-Einträge in Tafel 4.7 zum Nachweis irgendeines anderen Wertes gar nicht benötigt, womit man sie bei unserer Strategie von keiner Startposition aus benutzt. Tafel 4.8 ist damit für die Strategie nicht wirklich notwendig.

Die Optionen von (7, 3, 1)	haben gute Antworten	Die Optionen von (11, 1, 1)	haben gute Antworten
aa (5, 4, 1)	(5, 2, 0) + (0, 2, 0)	(9, 2, 1)	(9, 0, 0) + (0, 2, 0)
ab (6, 2, 2)	(3, 2, 0) + (3, 0, 1)	(10, 0, 2)	(7, 0, 0) + (3, 0, 1)
bb (7, 1, 2)	(1, 1, 1) + (6, 0, 0)		
ac (6, 3, 1)	(5, 3, 0) + (1, 0, 0)	(10, 1, 1)	(9, 1, 0) + (1, 0, 0)
bc (7, 2, 1)	(7, 0, 0) + (0, 2, 0)	(11, 0, 1)	(7, 0, 0) + (4, 0, 0)

Die anderen Optionen sind alle Summen zweier Positionen (*a, b,* 0), und wir ziehen in jedem Fall bei dem Gebiet, welches genau 2, 3, 6, 7, 10 oder 11 Atome enthält, und verbinden je zwei dieser Atome.

Tafel 4.8 (7, 3, 1) und (11, 1, 1) sind $\mathscr{P}$-Positionen

Es ist interessant, zu beobachten, daß im Sinne des misère-Spiels die Positionen

000, 010 = 100, 020 = 110, 040 = 130,
400, 420, 510, 600, 800
301, 022 = 112, 002, 004, 006, ...

zu 0 äquivalent sind. (Diese Bemerkung kann bei Spielen mit komplizierteren Ausgangspositionen, als denjenigen, welche notwendigerweise bei der Verfolgung unserer Strategie auftreten, recht nützlich sein.) Um zu beweisen, daß eine Position misère-äquivalent zu 0 ist, ist es notwendig und hinreichend, zu zeigen, daß sie eine $\mathscr{N}$-Position ist, und daß außerdem jede ihrer Optionen selber eine zu 0 misère-äquivalente Option besitzt. Dies wird für die obige Position in Bild 4.4 durchgeführt, wobei der Index

P eine $\mathscr{P}$-Position
N eine zu 0 *nicht* misère-äquivalente $\mathscr{N}$-Position
O eine zu 0 misère-äquivalente $\mathscr{N}$-Position

bezeichnet. Bei einem strategisch ausgefochtenen Spiel erkennt man drei Phasen. In der ersten Phase verbinden beide Spieler Paare von Atomen, um Bögen zu bilden. Traut sich einer der Spieler eine Kette zu bilden, so kann der Gegner bestimmt gewinnen, indem er eine Kette um irgendeine geringe Anzahl von Atomen und Bögen (welche vernachlässigt werden können) herum schließt, und den Rest der Position in eine $\mathscr{P}$-Position verwandelt. Ist die Anzahl der Atome auf genau über drei reduziert, gewinnt derjenige Spieler, dem es möglich ist, die Position zu $(3, 2n + 1, 1)$ abzuändern und das Spiel tritt in die zweite Phase ein, bei dem es den Linien von Bild 4.3 folgt. Die dritte Phase ist erreicht, wenn die momentane Position eine Summe von Positionen (0, *b*, 0), bei denen nur Bögen (mit isolierten Atomen) zurückbleiben, und evtl. eines weniger trivialen Spieles ist. Von diesem Zeitpunkt an, bringt der Sieger die Position immer wieder auf eine derartige Form, ausgenommen ganz zum Schluß, wenn er darum bemüht ist, die Position (0, 3, 0) in eine einzige Kette umzuformen.

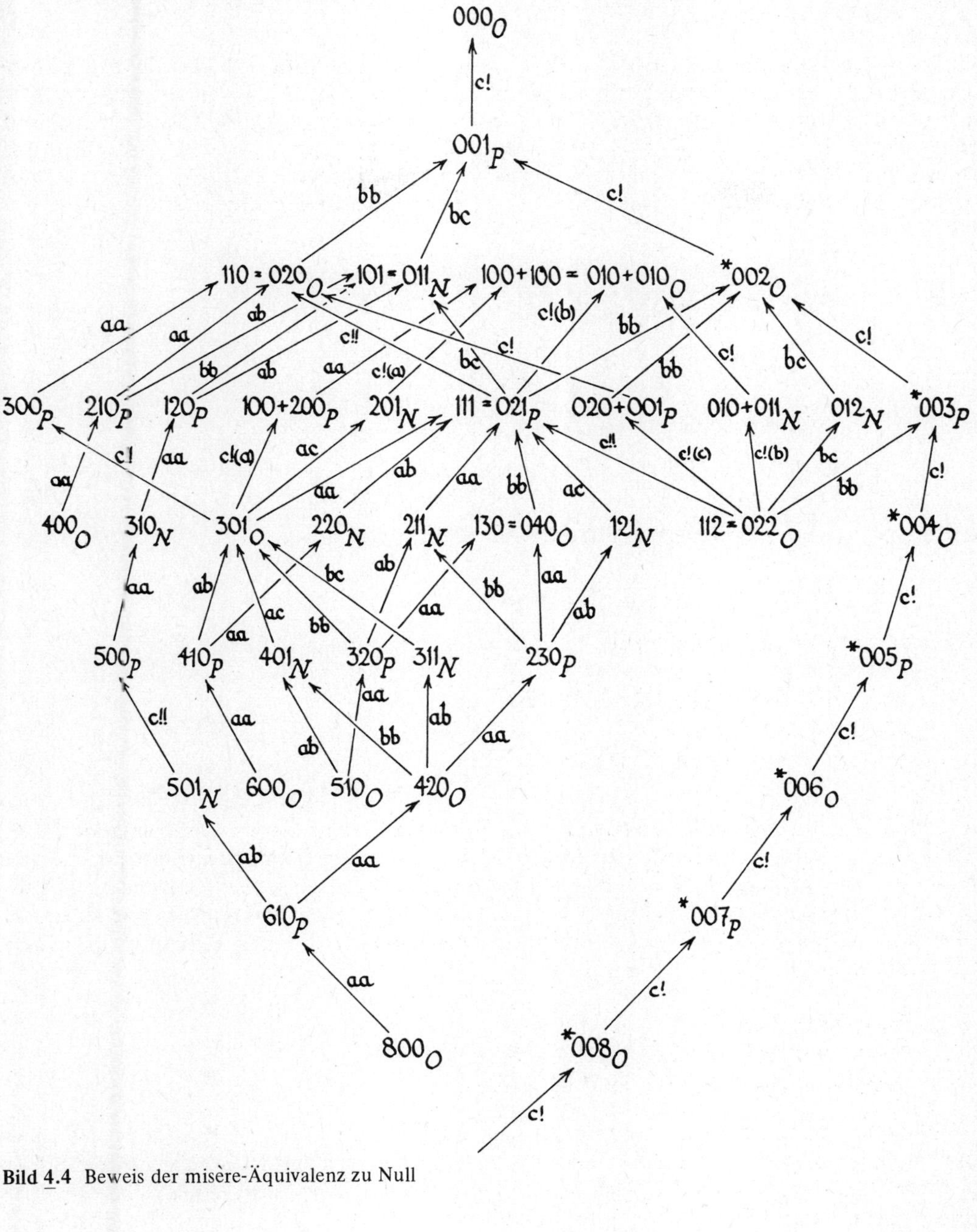

Bild 4.4 Beweis der misère-Äquivalenz zu Null

	$a=0$									$a=1$									$a=2$						
$c=$	0	1	2	3	4	5	6	7	8	0	1	2	3	4	5	6	7	8	0	1	2	3	4	5	6
$b=0$	0	1	0	1	0	1	0	1	0	0	2	3	2	3	2	3	2	3	1	3	1	p	p_1	p	p_1
1	0	2	3	2	3	2	3	2	3	0	1	0	a	a_1	a	a_1	a	a_1	1	2	4	q	r	s	s_1
2	0	1	0	a	a_1	a	a_1	a	a_1	2_+	2	3	b	c	d	d_1	d	d_1	t	u	v	6^{686}			
3	2_+	2	3	b	c	d	d_1	d	d_1	0	e	f	g	h	i	j	k	k_1	1	w	4^{04}				
4	0	e	f	g	h	i	j	k	k_1	2_+	l	3^{04}							K	3^3	5^{16}				
5	2_+	l	3^{04}							e_+	1^3	0^{52}							1^1	5^4					
6	e_+	1^3	0^{52}							l_+	2^1								2^1	3^{203}					
7	l_+	2^1								0^0	1^2								1^2						
8	0^0	1^2								0^0									2^1						
9	0^0									0^0															
10	0^0																								

Tafel 4.9 Das Geschlecht von Lucasta-Positionen

Geschlecht	Name	Struktur
1^{4313}	a	2_2320
2^{2020}	b	$a2_+30$
3^{0431}	c	$ba_1a2_{+1}2$
2^{1520}	d	$cb_1a_2a_1a2_+3$
1^{3131}	e	2_+20
0^{1202}	f	$ea2_{+2}321$
1^{4313}	g	$fe_1ba_12_{+3}2_230$
0^{5202}	h	$gf_1ecba2_{+2}3_21$
1^{4313}	i	$hg_1fe_1dcb_2a_12_{+3}2_20$
0^{5202}	j	$ih_1gf_1ed_1dc_2b_3a2_{+2}3_21$
1^{4313}	k	$ji_1hg_1fe_1d_2d_1dc_3b_2a_aa_12_{+3}2_20$
0^{0202}	a_a	$a_{22}a_3a_2a$
2^{2020}	l	$e2_+30$
4^{1464}	p	2_2321
5^{5757}	q	$pa3_243210$
6^{6846}	r	$qp_1pa_1a2_25320$
7^{7957}	s	$rq_1p_2p_1pa_2a_1a3_24321$
2^{1420}	t	2_+31
3^{3131}	u	$t2_+210$
5^{5757}	v	$ut_1pa2_{+2}43210$
5^{2057}	w	$ute2_{+1}2_+4310$

Geschlecht	Name	Struktur
0^{3131}	A	$pa3_221$
1^{2020}	B	$Ap_1pa_12_230$
0^{3131}	C	$BA_1p_2p_1pa3_221$
1^{5313}	D	$p2_+4320$
3^{6464}	E	$DAqp_1b2_{+1}2_2421$
1^{1313}	F	$2_+3=2_{+1}$
1^{2020}	H	F_+30
2^{0313}	I	$H0$
1^{1313}	J	$u2_+3$
2^{1313}	K	$ue2_+$
0^{0202}		$2_+, e_+, l_+, F_+$

	$a = 3$							$a = 4$		$a = 5$		$a = 6$		7	8	9
$c =$	0	1	2	3	4	5	6	0	1	0	1	0	1	0	0	0
$b = 0$	1	0	2	A	B	C	C_1	0	3	F_+	H	0	2^3	1	0	0^0
1	F	3	D	E				1	4^4	0		I		1^1		
2	1							0		0^0						
3	J															

Beachte: Ist $c \geqslant 2b + 2a$, so hat
(a, b, c) den Wert x_1, während $(a, b, c-1)$ den Wert x besitzt.

Um bei Tafel 4.9 Platz zu sparen, haben wir nicht die gleichen Abkürzungen verwendet wie in Kapitel 5 (Band 2). $g^{a\ldots x}$ bedeutet hier $g^{a\ldots xyxy\ldots}$ mit $y = x \overset{*}{+} 2$, und es ist keine Aussage über Zahmheit oder Störrischsein beabsichtigt. In den Bemerkungen auf der gegenüberliegenden Seite ist das Geschlecht mit vier oberen Indizes angegeben, auch wenn die Periode früher beginnt, und dann wiederholen sich die letzten beiden oberen Indizes unendlich oft.

Kohlköpfe; oder Käfer, Raupen und Seidenraupen

Modifizieren wir Lucasta indem wir einen Zug, welcher eine nur durch zwei Punkte führende und aus zwei diese Punkte verbindenden Kurven bestehende geschlossene Kurve herstellt, zulassen, erhalten wir ein einfacheres Spiel. Wir nennen jetzt die isolierten Punkte *Wanzen*, Ketten mit zwei oder mehr Punkten *Raupen* und geschlossene Kurven *Seidenraupen*. Die Seidenraupen teilen die Ebene in zwei Gebiete, womit die allgemeine Position bei diesem Spiel gleich einer Summe von Positionen (b, c) ist, wobei diese Zahlen die Anzahl der Wanzen und Raupen pro Gebiet festlegen.

Es stellt sich heraus, daß sich die Positionen (b, c) hier genauso verhalten wie die Positionen $(0, b, c)$ bei Lucasta, womit die Analyse schon erledigt ist. (Unter Verwendung der Nim-Werte-Tabelle für Lucasta können wir beim üblichen Spiel sogar beliebige Positionen analysieren.) Es gilt insbesondere:

Die Anfangsposition $(n, 0)$ ist beim üblichen Spiel für alle, beim misère-Spiel für alle bis auf $n = 0, 1, 2, 4$ eine $\mathscr{P}$-Position.

Jocasta

Es ergibt sich ein noch einfacheres Spiel, wenn zusätzlich der folgende Zug erlaubt ist: man darf einen isolierten Punkt mit sich selber verbinden, um eine geschlossene Kurve zu bilden, welche nur diesen Punkt enthält.

Kohl

Dieses Spiel (welches von M. S. Paterson und J. H. Conway vor einiger Zeit eingeführt wurde) hat ein ganz neues Aussehen, welches die Analyse in einem solchen Maße verkompliziert, daß der normale Ausgang des 7-Punkte-Spieles unbekannt ist. Selbst das Spiel mit 2 Punkten ist schon bemerkenswert schwierig.

Ein Zug bei Kohl besteht aus dem Verbinden zweier Punkte, oder eines Punktes mit sich selbst (siehe Bild 4.5) durch eine Kurve, welche keinen vorher berührten Punkt und keine vorher gezeichnete Kurve treffen darf. Hat man aber die Kurve gezeichnet, so muß man noch einen neuen Punkt auf sie setzen. Kein Punkt kann Endpunkt von mehr als drei Kurvenstücken sein.

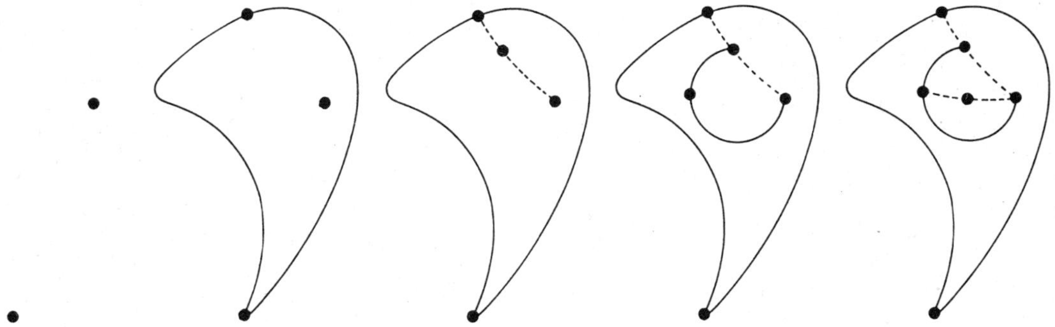

Bild 4.5 Ein kurzes Kohl-Spiel

Ein typisches Spiel findet man in Bild 4.5, wobei die Züge des zweiten Spielers mit gepunkteten Linien gekennzeichnet sind. Da die neuen Punkte bei späteren Zügen verwendet werden dürfen, dauert ein Kohl-Spiel bei gleicher Anfangsposition länger als ein Kohlköpfe-Spiel, und es ist vielleicht nicht mal sicher, daß es überhaupt endet. Aber mit einem einfachen Argument läßt sich zeigen, daß ein mit n Punkten begonnenes Kohl-Spiel tatsächlich höchstens $3n - 1$ Züge lang dauert. Als Beispiel betrachten wir ein 3-Punkte-Spiel. Für jeden Punkt gibt es potentiell 3 für ihn erreichbare Kurvenenden, wir nennen sie die *Lebenslinien* des Punktes. Beim 3-Punkte-Spiel gibt es am Anfang also 9 Lebenslinien. Aber jeder Zug nimmt von den beiden Punkten, welche er verbindet, eine Lebenslinie weg (beim Verbinden eines Punktes mit sich selber sind es zwei Lebenslinien dieses einen Punktes), und erzeugt einen neuen Punkt mit nur einer Lebenslinie, womit jeder Zug die Gesamtanzahl der Lebenslinien um 1 erniedrigt. Da aber der allerletzte zu erzeugende Punkt auch noch am Ende des Spiels am Leben ist, beträgt die Gesamtzahl der Züge $9 - 1 = 8$. Doch Bild 4.6 zeigt wie kompliziert sogar das 2-Punkte-Spiel wirklich ist.

Eines der interessantesten Sätze über Kohl (welcher auf D. Mollison und J. H. Conway zurückgeht) ist das Fundamentale Theorem über Moribundität Nullter Ordnung („*Fundamental Theorem of Zeroth Order Moribundity*“, kurz: FTOZOM). Wir werden es nicht beweisen, aber zumindest die Aussage formulieren. Das FTOZOM behauptet, daß ein Kohl-Spiel mit n Punkten mindestens $2n$ Züge dauert, und dauert es exakt $2n$ Züge, so besteht die Schlußkonfiguration aus den in Bild 4.7 gezeigten Insekten.

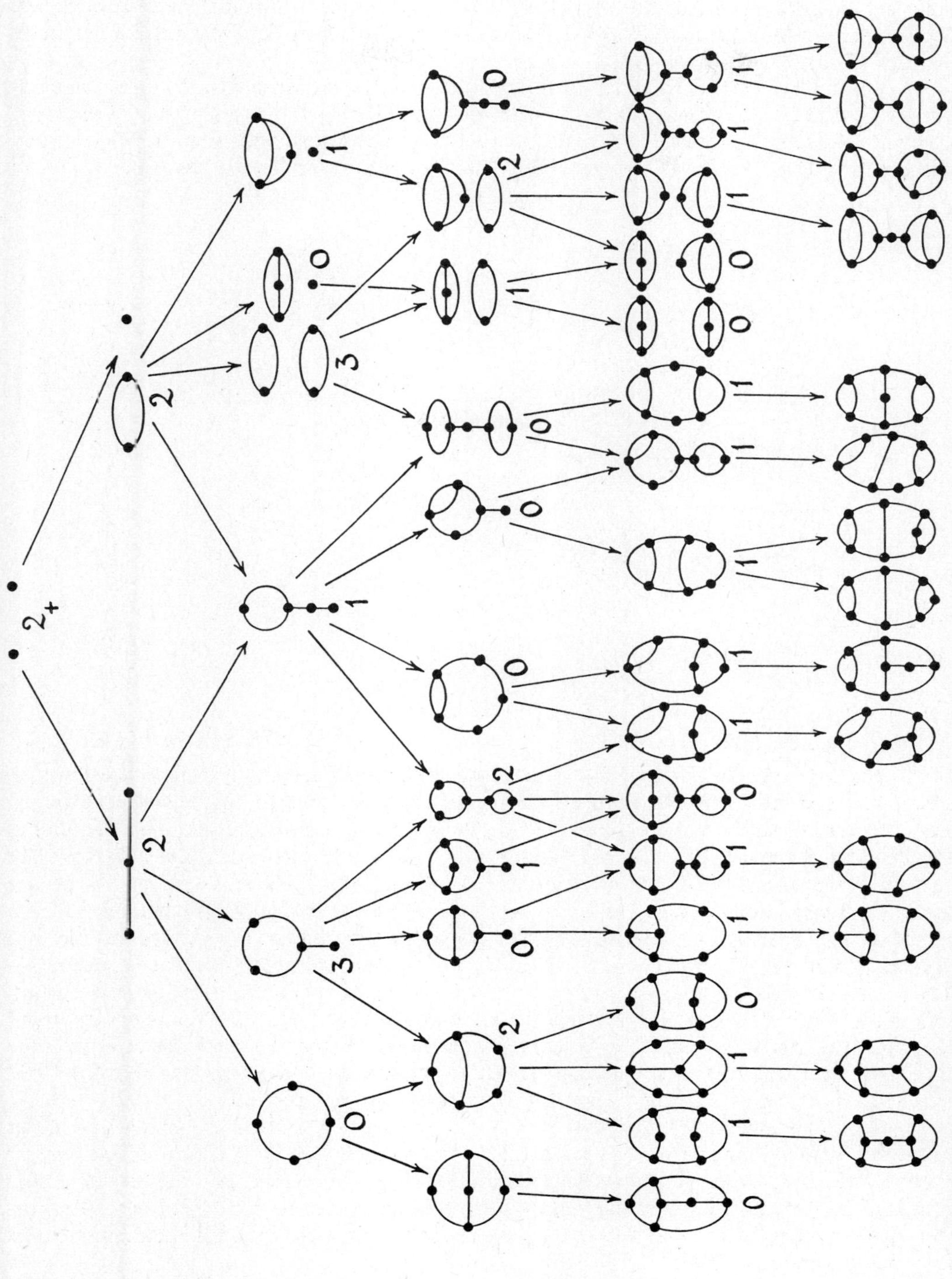

Bild 4.6 Kohl mit zwei Punkten

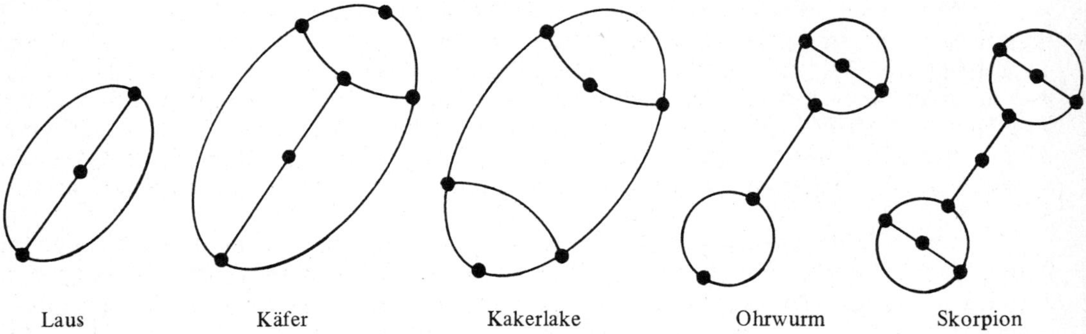

Bild 4.7 Die fünf fundamentalen Insekten

Genauer gesagt muß die Schlußkonfiguration aus genau einem dieser (evtl. irgendwie verdrehten) Insekten bestehen, welches mit einer beliebig großen Anzahl von Läusen infiziert ist (wobei einige von diesen wieder andere infizieren können). Eine der möglichen Konfigurationen zeigt Bild 4.8. Sie besteht aus einem umgekrempelten Skorpion und einer umgekrempelten Laus, welche beliebig mit anderen Läusen durchsetzt ist.

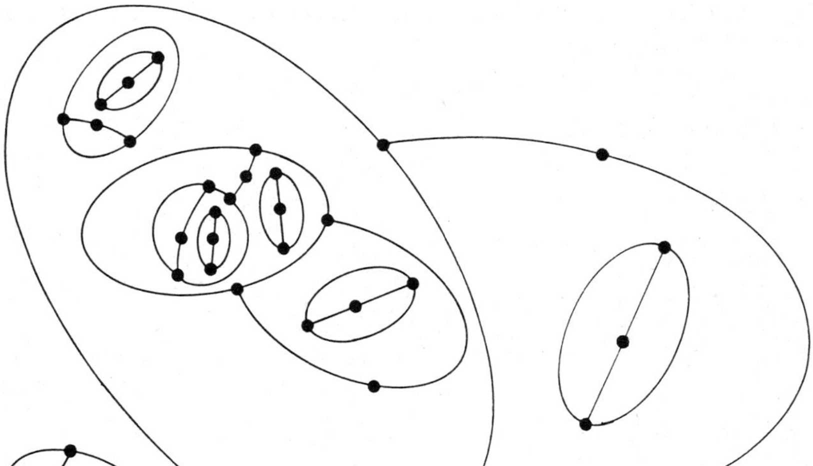

Bild 4.8 Das lausige Ende eines kurzen Kohl-Spiels

Wie sollten wir spielen, wenn wir ein Kohl-Spiel zu gewinnen wünschen? Es ist klar, daß sowohl beim üblichen als auch beim misère-Spiel der Ausgang nur davon abhängt, ob die Anzahl der Züge gerade oder ungerade ist. In einem gewissen Sinne bedeutet Gewinnen, daß man die Anzahl der Züge unter Kontrolle hat. Nun dauert das 3-Punkte-Spiel notwendigerweise 6, 7 oder 8 Züge lang, und es ist sehr schwer, es 8 Züge dauern zu lassen, womit der eigentliche Kampf um 6 oder 7 Züge geht. Genau dasselbe passiert bei größeren Spielen: im Prinzip versucht der eine Spieler, das Spiel m Züge dauern zu lassen, während der andere es auf $m + 1$ Züge hinauszögern will.

Um zu sehen, wie man die Anzahl der Züge überwacht, untersuchen wir die Situation am Ende desjenigen Spiels, von welchem wir annehmen wollen, daß es mit n Punkten begann und m Züge lang dauert. Am Schluß gibt es $n + m$ Punkte und die Gesamtzahl der Lebenslinien am Ende des Spiels beträgt $l = 2n - m$, da wir mit $3n$ begonnen und pro Zug eins abgezogen haben. Jeder der am Ende lebendigen Punkte hat als nächste Nachbarn zwei tote Punkte, und die verbleibenden toten Punkte nennt man *Pharisäer*. (Der Begriff des Nachbarn ist sehr subtil: Bild 4.9 zeigt zwei verschiedene Möglichkeiten für zwei tote Punkte, zu einem lebenden benachbart zu sein.)

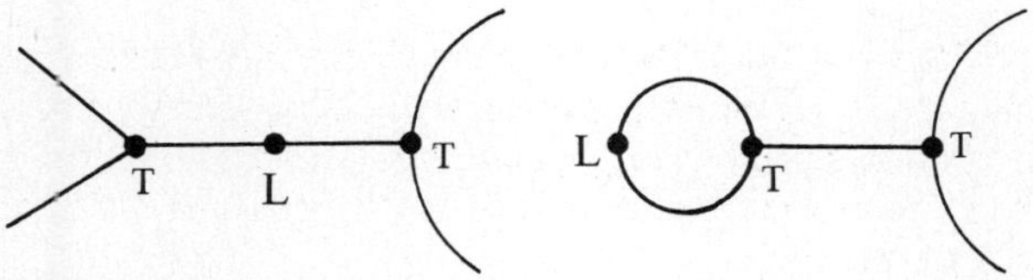

Bild 4.9 Zwei lebendige Punkte (L) und ihre toten (T) Nachbarn

Nun kann kein toter Punkt Nachbar von zwei verschiedenen lebendigen Punkten sein, da wir sonst diese beiden Punkte verbinden und das Spiel fortsetzen könnten. Die Anzahl ϕ der Pharisäer ist damit durch folgende Gleichung gegeben:

$$\phi = (n + m) - (l + 2l) = (n + m) - 3(3n - m) = 4m - 8n,$$

und es ergibt sich die *Moribunditätsgleichung*

$$m = 2n + \tfrac{1}{4}\phi.$$

Wir können aus dieser Gleichung verschiedene Dinge herleiten

(i) Die Anzahl der Züge beträgt mindestens $2n$.
(ii) Die Anzahl der Pharisäer ist ein Vielfaches von 4,
(iii) Können wir im Spiel zu irgendeinem Zeitpunkt sicherstellen, daß es bei der Endposition mindestens P Pharisäer gibt, so dauert das Spiel mindestens $2n + \frac{1}{4}P$ Züge.

Es gibt noch ein (iii) entsprechendes in die andere Richtung gehendes Resultat:

(iv) Können wir im Spiel zu irgendeinem Zeitpunkt sicherstellen, daß die Endposition mindestens l lebendige Punkte besitzt, so dauert das Spiel höchstens $3n - l$ Züge.

Unseren vorhergehenden Überlegungen entsprechend wird also der eine Spieler versuchen, das Spiel durch Erzeugung von Pharisäern zu verlängern, während der andere durch Erzeugung von Punkten, die am Leben bleiben müssen, um Verkürzung bemüht sein wird. *Gibt es bei einem durch Kurven des Spiels festgelegten Gebiet einen echten inneren lebendigen Punkt, so wird es immer einen lebendigen Punkt im Inneren dieses Gebietes geben.* Wir können uns damit bei Bild 4.10 die Ebene

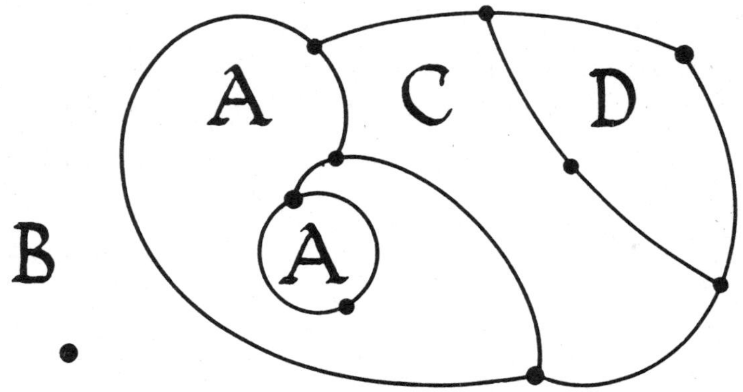

Bild 4.10 Eine Position bei Kohl mit einem Pharisäer

in vier Gebiete *A, B, C, D* aufgeteilt denken, wobei die Gebiete *A* und *B* innere lebendige Punkte besitzen. Jeder Zug bei einem dieser Gebiete liefert einen neuen lebendigen Punkt, womit *A* und *B* auf jeden Fall am Ende des Spiels einen lebendigen Punkt enthalten. Dies gilt nicht für *C* und *D*, deren einzige lebendige Punkte auf dem Rand liegen; aber wir können *C* und *D* zusammen als ein Gebiet betrachten, denn dieses neue Gebiet hat genau einen inneren Punkt. Wir sehen also, daß bei der Endposition des Spiels mindestens 3 lebendige Punkte vorhanden sind. Das Spiel hat bald auch einen Pharisäer *P*, und wir erkennen (da man eine 4-punktige Anfangsposition hat), daß es höchstens $3n - 3 = 9$ und mindestens $2n + \frac{1}{4} = 8\frac{1}{4}$ Züge lang dauert. Da es schwer einzusehen ist, wie das Spiel *genau* $8\frac{1}{4}$ Züge haben könnte, schließen wir, daß die Gesamtlänge des Spiels 9 Züge beträgt. (In Wirklichkeit sind 6 Züge schon gemacht, weshalb noch genau 3 Züge erfolgen.) Dementsprechend hat man entweder ein vom ersten Spieler gewonnenes übliches oder ein vom zweiten Spieler gewonnenes misère-Spiel.

Mit Hilfe dieser Überlegungen ist es ziemlich einfach, Spiele mit einer geringen Anzahl von Punkten zu analysieren. Die von uns errechneten Ergebnisse stehen in Tafel 4.10, welche die Spiellängen angibt, die der Sieger zustandebringen kann.

Anzahl der Punkte:	0	1	2	3	4	5	6
übliche Konvention:	0*P*	2*P*	4*P*	7*N*	9*N*	11*N*	14*P*
misère-Spiel:	0*N*	2*N*	5*P*	7*P*	9*P*		

Tafel 4.10 Die Ausgänge der kleinsten Kohl-Spiele

Die Tatsache, daß ein 6-punktiger normaler Kohl eine $\mathscr{P}$-Position ist, wurde zuerst (um eine Wette zu gewinnen) von Denis Mollison bewiesen, deren Spiele-Analyse 47 Seiten umfaßt! Unter Verwendung der obigen Überlegungen haben wir diese verkürzt, aber es ist uns noch nicht gelungen, daß 5-punktige Spiel in der misère-Form zu analysieren.

Rosenkohl

Nun zu einem anderen, wohl spannenderen Spiel als Kohl. Wir beginnen mit einer Anzahl von Kreuzen statt Punkten. Ein Zug besteht darin, irgendeinen Arm eines Kreuzes zu einer Kurve zu verlängern, welche in einen anderen Arm eines anderen oder des gleichen Kreuzes mündet, und an irgendeinen Punkt dieser Kurve einen Querstrich anzubringen. Ein 2-kreuziges Rosenkohl-Spiel zeigt Bild 4.11. Nachdem er einige Male Rosenkohl gespielt hat, wird der talentierte Leser sicher in der Lage sein, eine gute Start-Strategie zu formulieren.

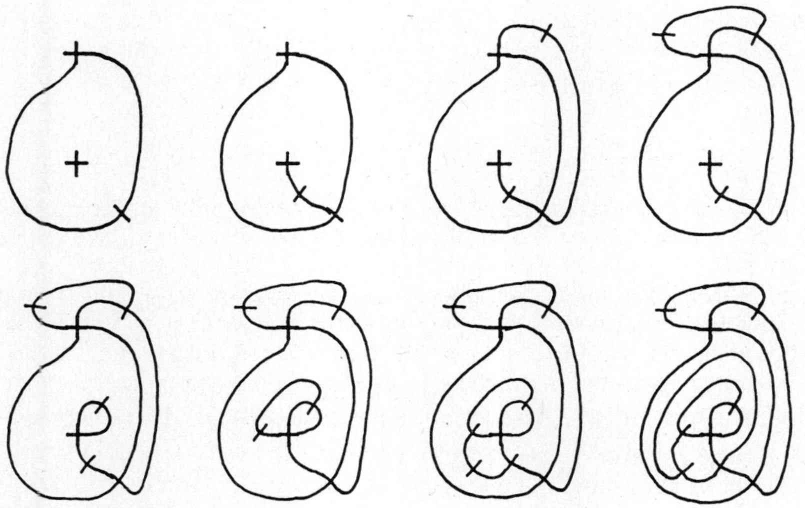

Bild 4.11 Ein Rosenkohl-Spiel mit 2 Kreuzen

Stars-and-Stripes

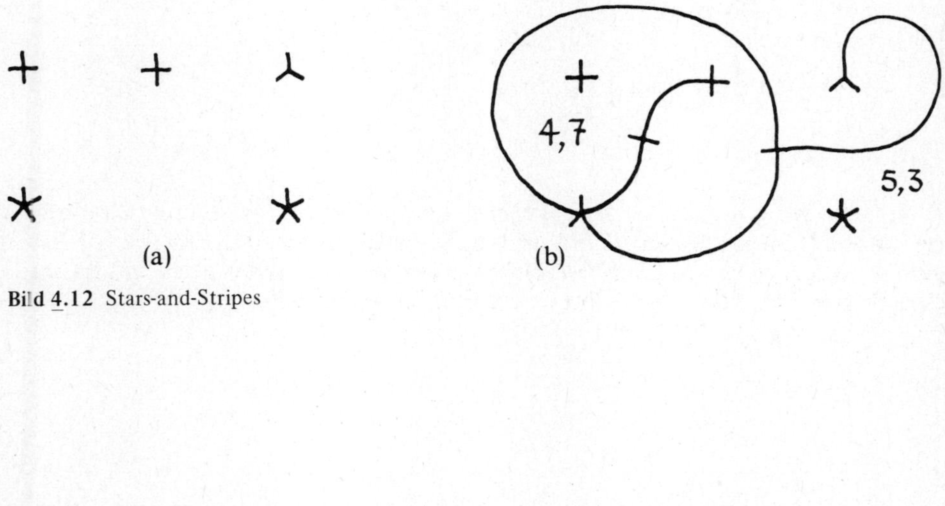

Bild 4.12 Stars-and-Stripes

Angenommen, wir machen aus dem möglichen Querstrich bei Rosenkohl ein Plus-Zeichen. Es ist dann naheliegend, gleich „Sterne" („*Stars*") mit beliebig vielen Strahlen, anstatt nur Kreuze mit genau vier Strahlen zuzulassen, und die Querstriche „*Streifen*" („*stripes*") zu nennen. Bild 4.12(a) zeigt die Anfangsposition (5, 5, 4, 4, 3), während Bild 4.12(b) eine 3 Züge später eintretende Position beschreibt. Bei der Analyse ergibt sich, daß das Spiel eine disjunktive Summe von Gebieten ist, und wir können voraussetzen, daß jedes Gebiet nur einen Stern enthält. Im allgemeinen zählt ein zusammenhängender Teil der Figur, bei der genau n Arme in das betrachtete Gebiet hineinragen, als n-Stern. (Auch der Rand des Gebietes gilt als Stern.) Bei Bild 4.12(b) haben wir deshalb jedes Gebiet mit Zahlen markiert, welche die Größe der in diesem Gebiet liegenden Sterne angeben.

Das 1-Sterne-Spiel ist isomorph zu dem Oktalspiel **4·07**, da ein Zug mit Querstrich im wesentlichen einen n-strahligen Stern in zwei Sterne der Größe a bzw. b mit $a + b = n$, $a, b \neq 0$ aufspaltet, und der Zug ohne Querstrich spaltet ihn in zwei Sterne der Größe a bzw. b mit $a + b = n - 2$. Die Nim-Werte für dieses Spiel (Kapitel 4, Band 1, Tafel 4.4(a), 6(b)) sind $0.0\dot{1}2\dot{3}$, und das Geschlecht findet man in Tafel 4.11.

n	0	1	2	3	4	5	6	7	8	9	10	11
Geschlecht von n	0	0	1	2	3	0	1_a^{431}	2	3_b^{31}	$0_{a_1}^{520}$	1_c^{431}	2_d^{0420}

$a = 2_2 320 \qquad b = a_1 a 2_2 20 \qquad c = b_1 b a_3 a_1 2_2 20 \qquad d = c b_2 b a_2 a_1 a 3_2 3$

Tafel 4.11 Das Geschlecht von Stars-and-Stripes-Positionen

Bushenhack

ist auch ein Spiel mit Papier und Bleistift. Es wird mit einer Anzahl verwurzelter Bäume gespielt, aber wird jetzt eine Kante abgetrennt, so verschwinden alle Kanten, welche diese Kante mit dem Boden verbinden und es bleiben frei schwebende Teile des Baumes zurück, die wie in Bild 4.13 wieder verwurzelt werden müssen. Bei der Theorie dieses Spiels stößt man auf eine weitere Eigenschaft von Nim.

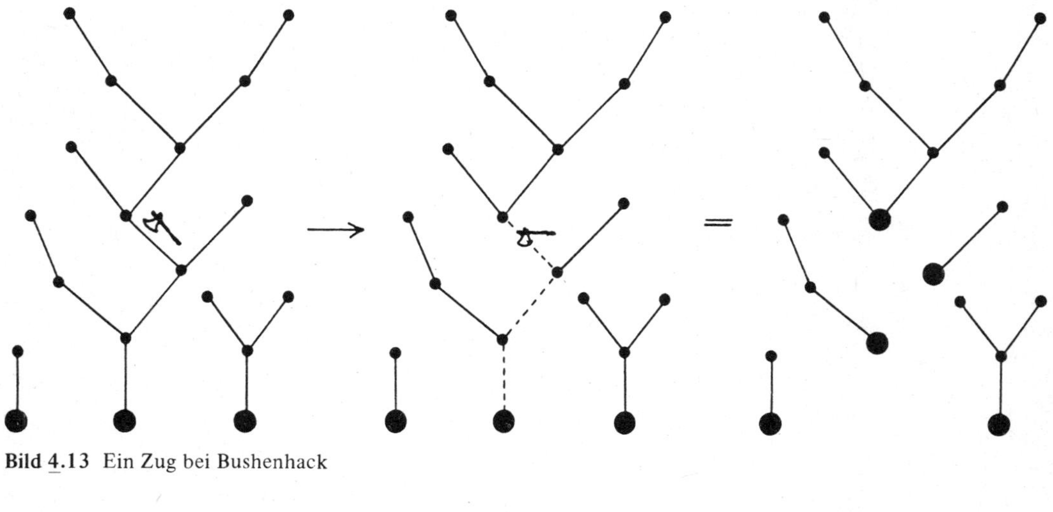

Bild 4.13 Ein Zug bei Bushenhack

Genetische Codes bei Nim

Angenommen, Sie stecken in einer Nim-Position mit irgendeinem Nim-Wert (etwa 9) und es ist Ihnen möglich, zu Positionen mit genau so und so vielen (etwa 13) anderen verschiedenen Nim-Werten zu ziehen, so kann ich Ihnen genau sagen, welche Werte (in diesem Fall 0, 1, 2, 3, 4, 5, 6, 7, 8, 12, 13, 14, 15) das sind!

Um zu verstehen warum, beschäftigen wir uns ausführlich mit einer Notation aus den Zusätzen zu Kapitel 7 (Band 1), bei der die einzelnen Nim-Haufen gleich

$$0_{\{\ \}},\ 1_{\{1\}},\ 2_{\{2,3\}},\ 3_{\{1,2,3\}},\ 3_{\{4,5,6,7\}},\ 5_{\{1,4,5,6,7\}},\ \ldots,$$

und im allgemeinen gleich $n_{[n]}$ sind, wobei $[n]$, die *Variationsmenge*, die Menge aller möglichen Veränderungen des Nim-Wertes innerhalb eines Zuges beschreibt. Für einen beliebigen Nim-Haufen besteht die Variationsmenge $[n]$ aus allen Zahlen, deren am weitesten links liegende Binärstelle 1 bei der Binärentwicklung von n vorkommt. Sie ergibt sich also als Vereinigung einer geeigneten Auswahl folgender Mengen

$$[1] = \{1\},\quad [2] = \{2,3\},\quad [4] = \{4,5,6,7\},\quad [8] = \{8,9,\ldots,15\},\ \ldots .$$

Z.B. gilt wegen $13 = 1 + 4 + 8$, $[13] = \{1,4,5,6,7,8,9,\ldots,15\}$.

Wir sagen, eine Position hat den **genetischen Code** A, wenn sie die gleiche Variationsmenge besitzt wie der Nim-Haufen der Größe A. Beliebige Nim-Haufen besitzen genetische Codes, denn beim *Addieren* von Positionen *vereinigen* Sie die Variationsmengen. Z.B. hat 5 + 12 den genetischen Code 13, da

$$5 + 12 = 5_{\{1,4,5,6,7\}} + 12_{\{4,5,6,7,8,9,\ldots,15\}} = 9_{\{1,4,5,6,7,8,9,\ldots,15\}} = 9_{[13]},$$

und die Optionen von $9_{[13]}$ erhält man durch Nim-Addition von 9 zu den Elementen der Variationsmenge [13].

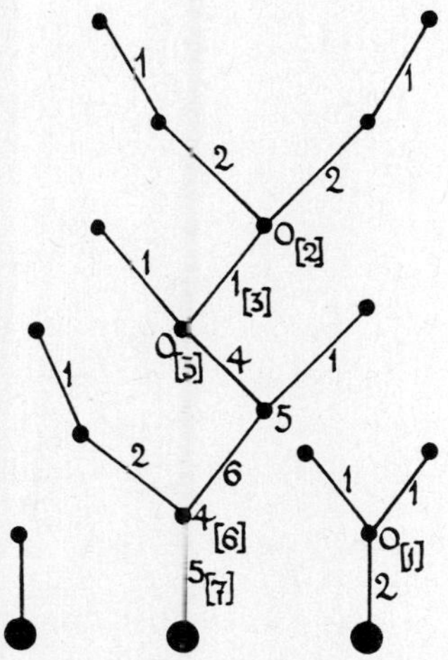

Bild 4.14 Wie sieht der Gewinnzug aus? (Siehe die Zusätze)

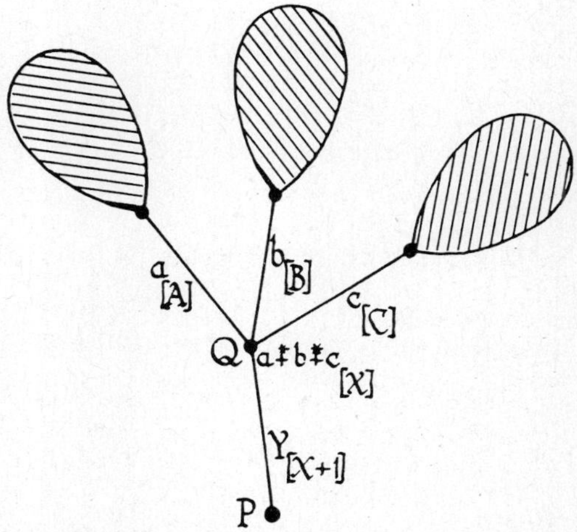

Bild 4.15 Das Berechnen des Wertes und des Codes

Bushenhack-Positionen haben genetische Codes!

In Bild 4.14 bezeichnet das Symbol $a_{[A]}$ an irgendeiner Kante den Wert und den genetischen Code des Teilbaumes, dessen Stamm diese Kante ist, während wir an jedem Verzweigungspunkt mit verschiedenen Zweigen diese Information für die Summe der zugehörigen Teilbäume geben. (Eine einzelne Zahl a bedeutet $a_{[a]}$). Man berechnet die Zahlen wie in Bild 4.15, wobei X diejenige Zahl ist, deren Binärentwicklung immer dann eine 1 enthält, wenn bei *irgendeiner* der A, B, C eine 1 vorkommt, d.h. also

$$[X] = [A] \cup [B] \cup [C];$$

und Y ist die kleinste Zahl größer als $a \overset{*}{+} b \overset{*}{+} c$, welche genau durch diejenige 2er-Potenz teilbar ist, die $X + 1$ teilt.

Angenommen, X besitzt die Binärentwicklung

$$\ldots ???0111 \ldots 1 \quad \text{(endet mit } k \text{ Einsen).}$$

Dann ist diejenige von $a \overset{*}{+} b \overset{*}{+} c$ von der Form

$$\ldots pqr0tuv \ldots z.$$

Wir wissen schon, warum diese Zahlen den Code und den Wert der Summe der drei Teilbäume oberhalb von Q in Bild 4.15 bilden. Wir müssen also nur noch zeigen, daß

$$X + 1 = \ldots ???1000 \ldots 0$$

und

$$Y = \ldots pqr1000 \ldots 0$$

den Code und den Wert des Teilbaumes mit Stamm PQ bilden. Die Optionen dieses Baumes haben die Nim-Werte

$$a \overset{*}{+} b \overset{*}{+} c \qquad \text{(man trenne } PQ \text{ ab) und}$$

$$a \overset{*}{+} b \overset{*}{+} c \overset{*}{+} \Delta,$$

wobei Δ irgendeine Zahl ist, deren erste 1er-Stelle bei X vorkommt. Insbesondere können wir zu allen Nim-Werten ziehen, welche $\leqslant a \overset{*}{+} b \overset{*}{+} c$ sind, oder sich von dieser Zahl nur an den letzten k Stellen unterscheiden. Wir können also zu allen Zahlen kleiner als Y ziehen, welche sich von Y an der $k + 1$-ten Stelle von Rechts unterscheiden, entsprechend der am weitesten rechts liegenden 0 bei X. Die Nim-Werte der Optionen sind genau diejenigen Binär-Zahlen, deren „linkeste" Differenz von Y einer 1er-Stelle bei $X + 1$ entspricht, weshalb $X + 1$ der genetische Code ist.

Von Neumannsches Hackenbush

ist, wenn es mit Bäumen gespielt wird, zu dem obigen Spiel äquivalent. Ein Zug besteht aus dem Entfernen eines *Verzweigungspunktes* samt allen Verzweigungspunkten auf dem Pfad, welcher den ersten mit dem Boden verbindet, und allen Kanten, welche diese Punkte treffen. Um Bushenhack umzukehren, addiere man nur zu jedem Baum einen neuen Stamm. Von Neumann hat mittels eines Strategienklau-Argumentes bewiesen, daß ein einzelner Baum immer eine $\mathcal{N}$-Position ist, und Úlehla hat für Bäume, welche auch unsere eigenen Überlegungen veranlaßt haben, eine explizite Strategie angegeben.

Bushenhack ist eigentlich genau die Theorie von $A + B$ und $A : *$, während sich gewöhnliches Hackenbush mit $A + B$ und $* : B$ beschäftigt. Die allgemeinste Version vom von Neumannschen Hackenbush spielt man auf irgendeinem gerichteten Graphen (man entfernt einen Verzweigungspunkt, und mit ihm alle, welche in seine Richtung weisen). Bei der Analyse werden die Eigenschaften von $A + B$ und $A : B$ für beliebige Variationsmengen verwendet. (Zusätze zu Kapitel 7, Band 1).

Zusätze

Das Lustige bei Jocasta
(„*The Joke in Jocasta*"),

ist, daß die n-punktigen Spiele genau n Züge lang dauern, da jeder Punkt zwei Lebenslinien besitzt, und jeder Zug zwei verbraucht. Das Spiel ist deshalb eine weitere Version von „Sie-liebt-mich, Sie-liebt-mich-nicht".

Der Wurm bei Rosenkohl

steckt in einer ähnlichen Sache, ist aber subtiler. Das Spiel mit n Kreuzen dauert immer genau $5n-2$ Züge, aber Rosenkohl ist auf einer Fläche von höherem Geschlecht – wie etwa dem Torus – gespielt sicherlich spannender.

Bushenhack

Der Gewinnzug bei Bild 4.14 ist gleich dem in Bild 4.13 gezeigten Zug.

Literaturhinweise

Piers Anthony, „Macroscope", Avon, 1972.

Hugo D'Alarcao und *Thomas E. Moore,* Euler's formula and a game of Conway, J. Recreational Math. **9** (1977) 249–251; Zbl. 355.05021.

Martin Gardner, Mathematical Games: Of sprouts and Brussels sprouts; games with a topological flavor, Sci. Amer. **217** # 1 (Juli 1967) 112–115.

Martin Gardner, „Mathematical Carnival", Alfred A. Knopf, New York 1975, Kapitel 1.

Emmanuel Lasker, Brettspiele der Völker.

E. Lucas, „Récréations Mathématiques", Gauthiers-Villars, 1882–94; Blanchard, Paris, 1960.

Gordon Pritchett, The game of Sprouts, Two-Year Coll. Math. J. 7 # 4 (Dez. 1976) 21–25.

J. M. S. Simões-Pereira und *Isabel Maria S. N. Zuzarte,* Some remarks on a game with graphs, J. Recreational Math. **6** (1973) 54–60; Zbl. 339.05129.

J. Úlehla, A complete analysis of von Neumann's Hackendot, Internat. J. Game Theory, **9** (1980) 107–115.

Kapitel 5

Der Herrscher und sein Geld

For good ye are and bad, and like to coins,
Some true, some light, but every one of you
Stamp'd with the image of the King.
Alfred, Lord Tennyson, *The Idylls of the King, The Holy Grail,* I. 25.

Bild 5.1 Des Herrschers Verfügung

„... errang Herrscher Noi die Macht, indem er die My-Nus-Dynastie stürzte. Das Noi-Regime brachte viele neue Reformen, und schaffte insbesondere die alte irrationale Währung ab, auf der der Kopf des Vorgängers zu sehen war, und führte das Noi-System ein. Die Leiter der Kaiserlichen Münzanstalt, Ho und Ti, hatten abwechselnd den Wert einer jeden neuen Einheit zu bestimmen, und nach jeder Entscheidung mußten genügend viele Münzen von diesem Wert geprägt werden. Alles ging gut, bis Ho das Prägen einer Münze vom Wert Eins anordnete, womit er die Arbeiter der Münzerei in die Arbeitslosigkeit stürzte. Diese empörten sich und warfen den unglücklichen Ho vom Turm, der seither Ho-Turm heißt."

My-Mus, Bewegte Zeiten.

Münzen-Prägen
(„*Sylver Coinage*")

Wenn Ho und Ti dieses Buch gelesen hätten, so würden sie merken, daß sie einfach ein Spiel gespielt haben, und zwar das Spiel vom **Münzen-Prägen**. Bei diesem Spiel sagen beide Spieler abwechselnd eine Zahl, wobei es aber nicht erlaubt ist, daß diese Zahl die Summe *irgendwelcher* vorangegangener Zahlen ist. Sind also 3 und 5 schon vorgekommen, so sind die folgenden Zahlen für beide Spieler verboten:

$$3, \quad 5, \quad 6 = 3 + 3, \quad 8 = 3 + 5, \quad 9 = 3 + 3 + 3, \quad 10 = 5 + 5, \quad 11 = 3 + 3 + 5, \ldots$$

Wann ist dieses Spiel zu Ende? Hat bis jetzt keiner der Spieler 1 angesagt, kann man 1 noch ausspielen. Aber ist diese mal ausgespielt, so ist natürlich jede der Zahlen

$$1, \quad 2 = 1 + 1, \quad 3 = 1 + 1 + 1, \quad 4 = 1 + 1 + 1 + 1, \quad 5 = 1 + 1 + 1 + 1 + 1, \ldots$$

unzulässig, und das Spiel ist aus. Weil der Spieler, der 1 ansagt, als *Verlierer* gilt, ist Münzen-Prägen ein *misère*-Spiel. (Intelligente Spieler werden nicht viel Zeit mit der üblichen Version vergeuden).

Wir hätten noch darauf aufmerksam machen sollen, daß der Herrscher, da die alte Währung recht irrational war (mit Münzen vom Wert $\sqrt{2}$, e und π), eine neue Geldeinheit eingeführt hat, die **Ain-Hait**; und der Wert einer Münze ist immer ein Vielfaches einer Ain-Hait. (In Bild 5.1 kann man sehen, wie der Herrscher diese Verfügung trifft!)

Und indem er daran dachte, wie die Leute durch den großen finanziellen Skandal der My-Nus-Dynastie in Verlegenheit gebracht wurden, als sie den Heh-Rab-Seh herabsetzen mußten, um den Umlauf negativer Werte einzudämmen, entschied der Herrscher Noi, daß der Wert einer *jeden* Münze eine *positive* Anzahl von Ain-Hait-en betragen muß.

Wie lang wird es wohl dauern?

Es kann ziemlich lange dauern. Um einzusehen, daß tausend Züge möglich sind, müssen wir uns nur mal das Spiel

$$1000, 999, 998, \ldots, 4, 3, 2, 1.$$

anschauen. Und natürlich kann Tausend durch jede andere Zahl ersetzt werden, womit das Spiel **unbeschränkt** ist. Viele andere Spiele besitzen diese Eigenschaft ebenfalls; z.B. Grünes Hackenbush (Kapitel 2, Band 1) mit unendlichen Schlangen. Aber diese Spiele sind *beschränkt* unbeschränkt, da nach einer bestimmten Anzahl von Zügen das Ende absehbar ist. So bleiben etwa nach dem ersten Zug beim Hackenbush-Spiel nur eine endliche Anzahl von Schlangen übrig.

Aber bei Münzen-Prägen ist es anders! Egal, welche Zahl man wählt, Ho und Ti können es immer so einrichten, daß das, was nach dieser Anzahl von Zügen übrigbleibt immer noch unbeschränkt ist. Ihre ersten tausend Züge könnten

$$2^{1000}, 2^{999}, 2^{998}, \ldots, 2^4, 2^3, 2^2, 2^1$$

sein, der Rest des Spiels kann aber trotzdem so lange dauern, wie Sie wollen:

$$1000001, 999999, 999997, \ldots, 7, 5, 3, 1.$$

Mit anderen Worten ist Münzen-Prägen *unbeschränkt unbeschränkt*. Das ist aber noch nicht alles! Es ist *unbeschränkt unbeschränkt unbeschränkt*, und dies auch wieder unbeschränkt, und (unbeschränkt) immer so weiter!

Nichtsdestotrotz kann es nicht ewig so weitergehen. In der Sprache von Kapitel 3, Band 2 ist dieses Spiel ein *Ender*. Das kleine Theorem, welches dies beweist, geht auf den berühmten Mathematiker J. J. Sylvester zurück, weshalb das Spiel im englischen Original den Namen *Sylver* Coinage erhielt.

Nun sei für jeden Zeitpunkt nach dem ersten Zug g der größte gemeinsame Teiler (ggT) der bis dahin gemachten Züge. Dann ist es nicht schwer zu sehen, daß nur endlich viele Vielfache von g *nicht* als eine Summe von ausgespielten Zahlen darstellbar sind. Also muß der ggT höchstens nach dieser bekannten Anzahl von Zügen verkleinert werden. Schließlich erreichen wir irgendwann eine Position mit $g = 1$, und können die Anzahl der jetzt noch zu machenden Züge beschränken. Obwohl wir nicht in der Lage sind, das Spiel nach irgendeiner gegebenen Anzahl von Zügen zu beschränken, ist es uns doch *möglich*, die Anzahl der Züge zu beschränken, welche benötigt werden, um den ggT zu verkleinern.

Ein paar Eröffnungen sind schlecht

Der Beweis aus den Zusätzen zu Kapitel 2 (Band 1) zeigt, daß es bei Münzen-Prägen von jeder Position aus eine Gewinnstrategie für einen der beiden Spieler *gibt*; wegen der unendlichen Natur des Spiels, können wir *aber* nicht alle Positionen durchspielen, und das Auffinden einer, falls existenten, Gewinnstrategie garantieren. In Wirklichkeit kennen wir überhaupt keine Methode (und vielleicht gibt es auch keine), mit der man in endlicher Zeit herausfinden kann, wer von einer beliebigen Position aus gewinnt. Aber für ein paar einfache Probleme kennen wir die Lösung.

Sagen Sie irgendwann 1 an, so verlieren Sie per Definition.

Sagen Sie 2, so antworte ich mit 3, wenn das noch geht, und dann sind alle größeren Zahlen

$$4 = 2 + 2, \quad 5 = 2 + 3, \quad 6 = 2 + 2 + 2, \quad 7 = 2 + 2 + 3, \quad 8 = 2 + 2 + 2 + 2, \ldots$$

ausgeschlossen und Sie sind gezwungen, 1 zu sagen.

Sagen Sie 3, so ist aus den gleichen Gründen 2 eine gute Antwort.

Wer immer also als erster 1, 2 oder 3 ausspielt, verliert. Insbesondere sind die ersten drei Zahlen schlechte Eröffnungszüge. Was antworten Sie, wenn ich mit 4 beginne? Vielleicht 5? Falls ja, so ergibt sich für den ggT 1, und es bleiben nur noch endlich viele Zahlen übrig. Indem wir die Zahlen so anordnen wie in Bild 5.2, können wir herausbekommen, welche. Die eingekreisten Zahlen sind ausgeschlossen, da sie Vielfache von 5 sind, und diese wiederum schließen die tiefer stehenden Zahlen durch Addition von 4 aus. Es bleiben also nur 1, 2, 3, 6, 7, 11 übrig.

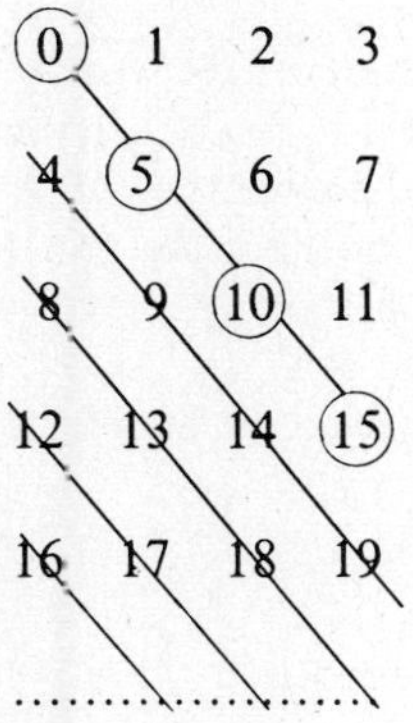

Bild 5.2 Was nach {4, 5} übrig bleibt

Ich würde nicht 1, 2 oder 3 nehmen. Wenn ich 6 oder 7 sage, antworten Sie mit der jeweils anderen, weil damit 11 wegfällt, und für mich nur 1, 2, 3 übrigbleibt. Ich werde also 11 sagen, und stattdessen *Ihnen* 6 oder 7 überlassen.

{4, 5, 11} ist eine -Position.

Dies passiert nach 4 und 6:

(0)	1	2	3
~~4~~	5	(6)	7
~~8~~	9	~~10~~	11
~~12~~	13	~~14~~	15
~~16~~	17	~~18~~	19

....

Da 5 und 7 alle große Zahlen ausschließen, löschen sie sich gegenseitig aus. Dasselbe gilt für 9 und 11, und für 13 und 15, und so weiter.

Nach $\{4, 6\}$ sind die Paare
$(2, 3), (5, 7), (9, 11), \ldots, (4k + 1, 4k + 3)$,
für $k \geqslant 1$ verheiratet.

D.h.: eröffnen Sie mit 4, so antworte ich mit 6; eröffnen Sie mit 6, so antworte ich mit 4. Man kennt einige ähnliche Strategien.

Nach $\{8, 12\}$ sind die Paare
$(2, 3), (5, 7), (9, 11), \ldots, (4k + 1, 4k + 3)$
und
$(4, 6), (10, 14), (18, 22), \ldots, (8k + 2, 8k + 6)$
für $k \geqslant 1$ verheiratet.

Eine etwas kompliziertere Strategie zeigt, daß 9 eine weitere gute Antwort auf 6 ist.

Nach $\{6, 9\}$ heiraten die Paare
$(4, 11), (5, 8), (7, 10)$ und $(3k + 1, 3k + 2)$ für $k \geqslant 4$,
aber *dann* gilt:

nach 4, 11 heiratet 5 die 7
nach 5, 8 heiratet 4 die 7
nach 7, 10 heiratet 4 die 5, 8 die 11.

Wir haben damit gezeigt:

> {2, 3} {4, 6} {6, 9} {8, 12}
> sind alles $\mathscr{P}$-Positionen,

also gilt:

> {1} {2} {3} {4} {6} {8} {9} {12}
> sind alles $\mathscr{N}$-Positionen.

Die Zahlen 1, 2, 3, 4, 6, 8, 9 und 12 sind die einzigen Anfangszüge, für welche eine explizite Strategie bekannt ist. Sie rechnen vielleicht damit, daß die Paare (2, 3), $(4k + 1, 4k + 3)$, (4, 6), $(8k + 2, 8k + 6)$, (8, 12), $(16k + 4, 16k + 12)$ eine Strategie ab {16, 24} liefern, aber unglücklicherweise ist 12 von der Position {16, 24, 5, 7, 8} aus *kein* zulässiger Zug. Auf der anderen Seite gilt wegen der oben angegebenen Strategien: ist die eine Hälfte eines Paares zulässig, so auch die andere. Tatsächlich ist 8 eine gute Antwort auf {16, 25, 5, 7}, weil durch sie 16 und 24 irrelevant und wir bald sehen werden:

> {5, 7, 8} *ist eine $\mathscr{P}$-Position*

Wir wissen weder, ob 24 eine gute Antwort auf 16, noch ob es auf 16 *überhaupt* eine gute Antwort *gibt.*

Sind alle Eröffnungen schlecht?

Beim Verfolgen des Schicksals von 1, 2 und 3 sind Sie vielleicht auf den Gedanken gekommen, daß alle Eröffnungen schlecht sind, und unsere Betrachtungen über 4, 6, 8, 9 und 12 werden Sie in Ihrem Verdacht wahrscheinlich eher bestärkt haben. In diesem Abschnitt werden wir versuchen, 5 und 7 zu untersuchen. Die Diskussion der möglichen Antworten wird durch die **Cliquen-Technik** erheblich vereinfacht.

Sie sind schon auf einige Cliquen gestoßen: die Zahl 1 selber bildet eine ziemlich spezielle Clique, 2 und 3 bilden eine weitere, weil sie alle größeren Zahlen ausschließen. Bei unserer Untersuchung von {4, 5} bildeten 6 und 7 eine Clique, da sie 11 ausgeschlossen haben. Cliquen haben die Eigenschaft, daß jede Antwort auf ein Mitglied der Clique wieder ein Cliquen-Mitglied sein muß, und daß diese beiden Zahlen zusammen alle Nicht-Mitglieder ausschließen.

Wir erläutern die Cliquen-Technik an dem Beispiel {6, 7} (Bild 5.3)

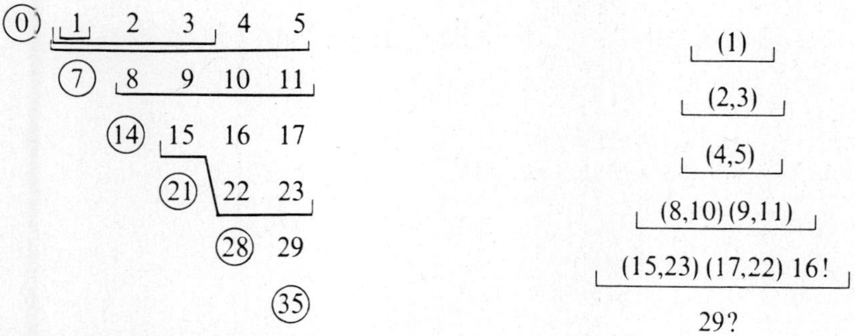

Bild 5.3 Die Cliquen nach (6, 7)

Wie üblich können wir 1, 2 und 3 übergehen, sie bilden bei *jeder* Position die innigsten Cliquen. Nun schließen 4 und 5 *zusammen* alle größeren Zahlen aus, und bilden damit die dritte Clique. *Egal, welche größeren Zahlen angesagt werden*: 4 antwortet auf 5, und 5 auf 4. Wir können es uns deshalb erlauben, sie bei der Diskussion von größeren Zahlen zu vernachlässigen.

Wir behaupten nun, daß 8, 9, 10 und 11 die nächste Clique bilden, da 8 und 10 zusammen alles bis auf 9 und 10, und diese zusammen alles bis auf 8 und 10 ausschließen. Auch wenn irgendwelche größeren Zahlen schon angesagt wurden: 8 antwortet auf 10, 9 auf 11, und umgekehrt. Wir können damit bei der nachfolgenden Diskussion alle vier übergehen.

Wir wissen nun, daß jede gute Antwort auf irgendeine der verbliebenen Zahlen

15	16	17
	22	23
		29

wiederum eine dieser Zahlen sein muß. Wir sehen, daß 15 auf 23 antwortet und umgekehrt, da diese nur 16 und 17 übriglassen. Genauso sind 17 und 22 verheiratet. Aber da 16 *sowohl* 22 *als auch* 23 ausschließt, und damit nur 15 und 17 übrigbleiben, ist 16 selber ein guter Zug. Diese fünf Zahlen bilden eine Clique, da 29 immer ausgeschlossen ist.

> 16 ist die einzige
> gute Antwort auf {6, 7}.

Tafel 5.6 beschreibt in ähnlicher Weise vollständige Strategien für alle folgenden Positionen:

{4, 5}, {4, 7}, {4, 9},
{5, 6}, {5, 7}, {5, 8}, {5, 9},
{6, 7}, {7, 8}, {7, 9}.

Insbesondere wird gezeigt, daß die Positionen

> {4, 5, 11}, {4, 7, 13}, {4, 9, 19},
> {5, 6, 19}, {5, 7, 8}, {5, 9, 31},
> {6, 7, 16}, {7, 9, 19}, {7, 9, 24},
> $\mathscr{P}$-Positionen sind.

Wir schließen, daß jede gute Antwort auf 5 oder 7 mindestens zweistellig sein muß. Die kleinste zweistellige Zahl, 10, ist auf 5 keine zulässige Antwort; ist sie eine gute Antwort auf 7? Nein!

> {7, 10, 12} ist eine $\mathscr{P}$-Position.

Dies wird durch Bild 5.4 bewiesen. Da die Cliquen-Technik nicht so hilfreich ist wie sie sein sollte, haben wir drei der Paare mit zusätzlichen Bemerkungen versehen.

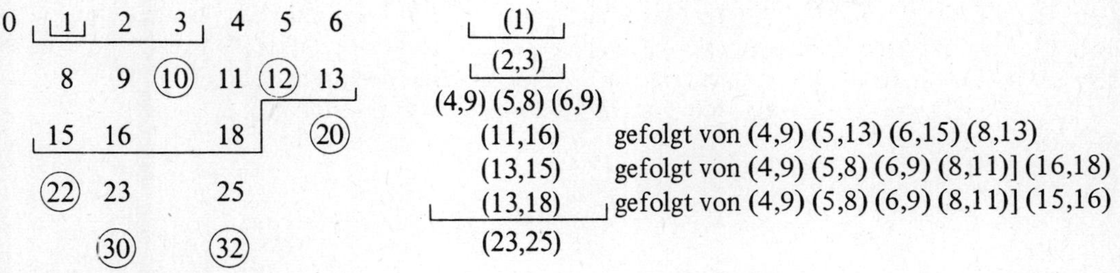

Bild 5.4 Die Position {7, 10, 12}

Es sind nicht alle Eröffnungen schlecht!

R. I. Hutchings hat bewiesen, daß es auf 5 und 7 keine guten Antworten gibt. Dies ist sein Hauptresultat:

> Sind a und b teilerfremd ($g = 1$) und gilt $\{a, b\} \neq \{2, 3\}$, so ist $\{a, b\}$ eine $\mathcal{N}$-Position.

und er hat daraus das p-Theorem abgeleitet:

> Ist $p \geqslant 5$ eine Primzahl, so ist $\{p\}$ eine $\mathcal{P}$-Position.

p-Positionen sind $\mathcal{P}$-Positionen.

(Denn jede zulässige Antwort führt zu einer Position mit ggT 1) Aus dem p-Theorem hat er wiederum das ***n*-Theorem** hergeleitet:

> Besitzt n einen Primteiler $\geqslant 5$, und ist es nicht von der Form $2^a 3^b$, so ist $\{n\}$ eine $\mathcal{N}$-Position.

n-Positionen sind $\mathcal{N}$-Positionen.

(Denn n hat einen Primteiler $\geqslant 5$, und dieser ist eine gute Antwort.) Dies alles zusammen ergibt Resultate für die ersten paar noch fehlenden Zahlen:

> {5}, {7}, {11}, {13}, {17}, ... sind $\mathcal{P}$-Positionen
> {10}, {14}, {15}, {20}, {21}, ... sind $\mathcal{N}$-Positionen.

Auf die acht kleinsten Zahlen der Form $2^a 3^b$ können wir unsere expliziten Strategien anwenden:

{1}, {2}, {3}, {4}, {6}, {8}, {9}, {12} sind $\mathcal{N}$-Positionen.

Aber:

keiner weiß etwas über {16}, {18}, {24}, {27}, {32}, {36}, ...!

(Wir würden uns freuen, wenn Sie uns das Gegenteil beweisen könnten!)

Strategienklau

Hutchings hat sein Hauptresultat mittels eines Meisterstückes an Strategienklau bewiesen. Er hat die größte („topmost") Zahl t betrachtet, welche nicht durch $\{a, b\}$ ausgeschlossen wird, und hat bewiesen: ist t *keine* gute Antwort, so *ist* es irgendeine andere Zahl!

Wir nennen $\{a, b\}$ eine **Endposition**, denn wie wir sofort sehen, wird die größte Zahl t durch jeden anderen zulässigen Zug ausgeschlossen.

Stellen wir jetzt mal folgende Frage:

Ist t eine gute Antwort auf $\{a, b\}$?

Heißt die Antwort „Ja", so ist $\{a, b\}$ eine $\mathcal{N}$-Position.

Heißt sie hingegen „Nein", so ist das Spiel entweder vorbei, oder es gibt eine gute Antwort s auf $\{a, b, t\}$. Aber da a, b und s t ausschließen, ist s selber eine gute Antwort auf $\{a, b\}$. Wir können sagen: der Spieler, der bei $\{a, b\}$ am Zug ist, findet seine Strategie, indem er die Strategie des zweiten Spielers (falls dieser eine besitzt) klaut, um sie auf die Position $\{a, b, t\}$ anzuwenden.

In einigen Fällen, z.B. {5, 9}, ist t (hier 31) eine gute Antwort. Aber in anderen, z.B. 5, 7 (mit $t = 23$) ist das *nicht* richtig. Das Strategienklau-Argument sagt uns nur, daß gute Züge existieren, aber nicht wie sie aussehen. Diebstahl ist kein Ersatz für anständige Arbeit!

Im allgemeinen gilt:

Eine Endposition mit $t > 1$ ist eine $\mathcal{N}$-Position.

Endpositionen sind $\mathcal{N}$-Positionen.

Aber die Endposition {2, 3} ist *keine* $\mathcal{N}$-Position, denn t ist gleich 1 und der einzige zulässige Zug beendet das ganze Spiel.

Warum ist $\{a, b\}$ eine Endposition, wenn ihr ggT gleich 1 ist? In Bild 5.5 haben wir das am Beispiel {9, 11} dargestellt, einer Position, auf welche wir keine gute Antwort kennen.

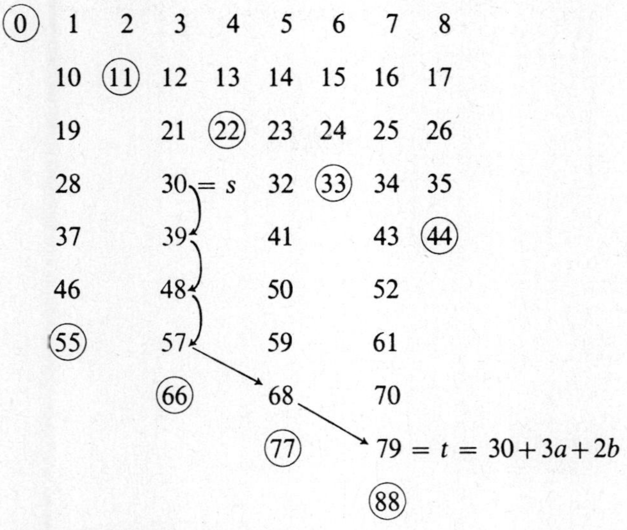

Bild 5.5 Hutchings Theorem für $a = 9$, $b = 11$

Schreibt man die Zahlen in a Spalten, wie wir es zu tun pflegen, so sieht man, daß bei jeder Spalte die erste ausgeschlossene (eingekreiste) Zahl ein Vielfaches von b ist, die *letzten* noch *möglichen* Zahlen müssen sich also um Vielfache von b unterscheiden. Man kann von jedem zulässigen Zug s zu der letzten zulässigen Zahl seiner Spalte gelangen, indem man $a - s$ addiert, und von dort aus erreicht man t durch Addition von $b - s$, wobei gezeigt wird, daß s, t ausschließt (z. B. $s = 30$ bei Bild 5.5). Unser Vorgehen liefert auch einen Beweis für Sylvesters wohlbekannte Formel:

$$t = (a-1)\,b - a = ab - (a+b).$$

Ein sanftes Ende

Angenommen, Ho und Ti haben zwei teilerfremde Zahlen a und b angesagt, und Ho ist gerade dabei, den Zug s durchzuführen. Dann wissen wir, daß die größte Zahl t unter Verwendung hinreichend vieler Münzen vom Wert s, a und b erreichbar ist. Aber unser Beweis zeigt, daß von der neuen Münze nur *ein* Exemplar benötigt wird:

$$t = s + ma + nb.$$

Allgemein sagt man bei einer Position $\{a, b, c, \ldots\}$, daß s t **sanft** ausschließt, wenn t sich aus beliebig vielen der $\{a, b, c, \ldots\}$ zusammen mit *nur einem* s ergibt:

$$t = ma + nb + \ldots + s.$$

Eine **Endposition** heißt **sanft**, wenn bei ihr der größte zulässige Zug von jeder noch nicht ausgeschlossenen Zahl *sanft* ausgeschlossen wird.

> Ist a sowohl zu b als auch zu b_1 teilerfremd, so ist $S = \{a, bc, bd, be, \ldots\}$ genau dann eine sanfte Endposition, wenn $S_1 = \{a, b_1c, b_1d, b_1e, \ldots\}$ eine ist.

DAS THEOREM VOM SANFTEN ENDE

Somit ist

$$\{7, 1 \times 3, 1 \times 4\},$$

was im Prinzip dasselbe ist wie $\{3, 4\}$, eine sanfte Endposition, weshalb auch

$$\{7, 9, 12\} = \{7, 3 \times 3, 3 \times 4\}$$

und

$$\{7, 15, 20\} = \{7, 5 \times 3, 5 \times 4\}$$

solche Positionen sind. Insbesondere sind sie End- und damit nach dem Strategienklau-Argument $\mathcal{N}$-Positionen. Wie gewöhnlich kennen wir die guten Antworten nicht.

Wir werden $\{7, 9, 12\}$ und $\{7, 15, 20\}$ benutzen, um den Beweis des Sanftes-Ende-Theorems zu veranschaulichen. Wir schreiben wiederum die Zahlen in a (hier 7) Spalten, und kreisen in jeder Spalte die zuerst ausgeschlossene Zahl ein (Bild 5.6). Wir behaupten, daß diese Zahlen für die Positionen S und S_1 im Verhältnis $b : b_1$ stehen (3 : 5 bei dem Beispiel; siehe Bild 5.7).

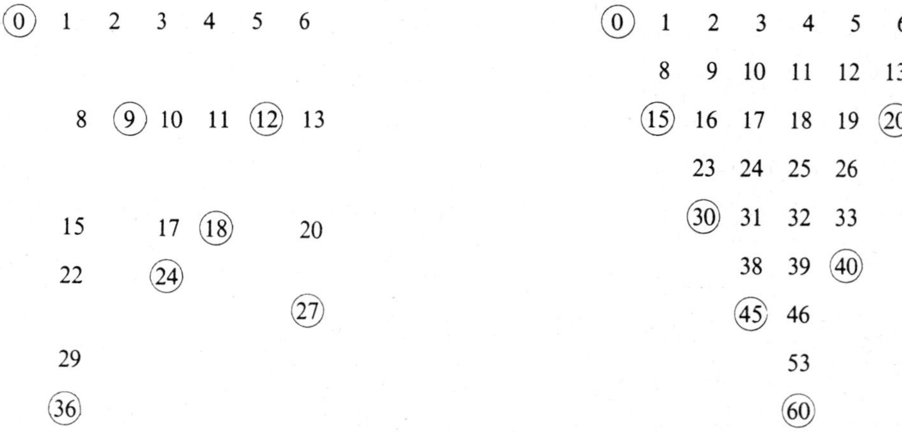

(a) $S = \{7,9,12\}$. (b) $S_1 = \{7,15,20\}$.

Bild 5.6 Eingekreiste Zahlen im Verhältnis

		29	2	17	11	5	20	im Verhältnis
S :	(0)	(36)	(9)	(24)	(18)	(12)	(27)	3
								zu
		53	8	33	23	13	38	
S_1:	(0)	(60)	(15)	(40)	(30)	(20)	(45)	5

Bild 5.7 Die eingekreisten Zahlen: sortiert.

Wir erkennen zunächst, daß die eingekreisten Zahlen bei S in Wirklichkeit Vielfache von b sind. Rufen Sie sich ins Gedächtnis: wir **kreisen** n bei S ein, wenn n durch S ausgeschlossen ist, aber $n - a$ nicht. Da n ausgeschlossen ist, besitzt es die Darstellung

$$n = ak + bm,$$

wobei m von $\{c, d, e, \dots\}$ ausgeschlossen würde. Aber wäre k positiv, so würde auch

$$n - a = a(k-1) + bm$$

durch S ausgeschlossen, womit $k = 0$, und damit einfach

$$n = bm$$

gilt.

Wir behaupten nun: bm ist bei S genau dann eingekreist, wenn $b_1 m$ bei S_1 eingekreist ist. Nun ist $b_1 m$ sicherlich durch S_1 *ausgeschlossen* und damit eingekreist, es sei denn

$$b_1 m - a$$

ist auch ausgeschlossen. Dann muß aber

$$b_1 m - a = ak + b_1 m'$$

mit einem durch $\{c, d, e, \dots\}$ ausgeschlossenen m' und

$$b_1 m = a(k+1) + b_1 m'$$

gelten, womit gezeigt ist, daß b_1 $k+1$ teilt, da es zu a teilerfremd ist. Wir können nun durch b_1 dividieren und mit b multiplizieren, und erhalten damit

$$bm = ak' + bm'$$

für ein positives k'. Es gilt also:

$$bm - a = a(k'-1) + bm'$$

war ausgeschlossen, und bm war bei S *nicht* eingekreist.

Selbst in seiner harmlosesten Version ist das Sanftes-Ende-Theorem ziemlich wirkungsvoll („*In its modest way, the quiet end theorem is quite powerful*"). Es macht oft unendlich vielen Antworten mit einem Schlag den Garaus („*It often gives the quietus to infinitely many replies with single blow*").

Eine ungerade Zahl ist nie eine gute Antwort auf $\{16, 24\}$.

Denn 1 ist sicherlich keine gute Antwort, und ist a irgendeine andere ungerade Zahl, so ist $\{a, 2, 3\}$ in Wirklichkeit das gleiche wie die Endposition $\{2, 3\}$. Nach dem Sanftes-Ende-Theorem ist $\{a, 16, 24\}$ eine sanfte End- und damit eine $\mathscr{N}$-Position.

Ähnlich kann man zeigen: $\{4, 6\}$ und $\{6, 9\}$ sind $\mathscr{P}$-Positionen; und zwar ohne sich mit expliziten Strategien herumzuplagen.

Wenden wir das Theorem mal auf die Position $\{8, 10\}$ an: Man findet nach $\{4, 5\}$, daß die einzig verbleibenden Züge folgende sind:

1, 2, 3, 6, 7, 11.

Nach $\{8, 10\}$ bleiben damit nur das jeweils Doppelte dieser Züge übrig.

2, 4, 6, 12, 14, 22.

Das Sanftes-Ende-Theorem ermöglicht es uns, festzuhalten, daß jede gute Antwort auf $\{8, 10\}$ in einer dieser Mengen liegen muß, denn sonst ist sie eine ungerade, durch $\{4, 5\}$ ausgeschlossene Zahl a, womit $\{a, 4, 5\}$ und damit $\{a, 8, 10\}$ sanfte Endpositionen sind. Nun gilt:

1 verliert sofort,
(2, 3) sind wie gewöhnlich verheiratet
(4, 6) eliminieren 8, 10 und werden heiraten wie
(7, 11) (siehe $\{6, 7\}$ in Tafel 5.6 in den Zusätzen), und
(12, 14), und zwar nach unserer Strategie für $\{8, 12\}$.

Somit ist 22 die einzige Hoffnung einer guten Antwort auf $\{8, 10\}$. Wir werden später sehen:

$\{8, 10, 22\}$ ist eine $\mathscr{P}$-Position.

Verdoppeln und verdreifachen?

Man beachte, daß die $\mathscr{P}$-Position $\{8, 10, 22\}$ das *doppelte* von $\{4, 5, 11\}$ ist. Unsere $\{8, 12\}$-Strategie zeigt, daß alle bei der $\{4, 6\}$-Strategie vorkommenden $\mathscr{P}$-Positionen verdoppelt ebenfalls $\mathscr{P}$-Positionen ergeben. Kann man vielleicht aus jeder $\mathscr{P}$-Position durch Verdoppeln eine weitere machen? Nein! Denn $\{5, 6, 19\}$ ist $\mathscr{P}$, aber $\{10, 12, 38\}$ wird durch 7 beantwortet, $\{10, 12, 38, 7\}$ ist nämlich eigentlich das gleiche wie $\{7, 10, 12\}$.

Ist vielleicht das *dreifache* einer $\mathscr{P}$-Position wiederum eine? Nein! Diesmal ist $\{4, 5, 11\}$ $\mathscr{P}$, aber $\{12, 15, 33\}$ wird durch 5 beantwortet, da $\{5, 12, 33\}$ eine $\mathscr{P}$-Position ist, wie wir bald sehen werden.

Halbieren und dritteln?

Nichtsdestoweniger gibt es viele $\mathscr{P}$-Positionen, deren Verdoppelungen und Verdreifachungen immer noch $\mathscr{P}$ sind. Wir vermuten:

¿ Ist $\{2a, 2b, 2c, \ldots\}$ $\mathscr{P}$, so auch $\{a, b, c, \ldots\}$?	und	¿ Ist $\{3a, 3b, 3c, \ldots\}$ $\mathscr{P}$, so auch $\{a, b, c, \ldots\}$?

Wie man die richtige Kombination bildet

Wie sollte man ein Münzen-Prägen-Spiel beginnen? Nachdem Sie schon so viel wissen, werden Sie vielleicht als erstes 5 ansagen. Sie haben nun für jeden Zug, den ich machen könnte, eine Strategie parat, und fühlen sich wahrscheinlich ein bißchen sicher („*a little safe*"). Aber diese geklauten Strategien sind fest in einen kleinen Safe eingeschlossen („*but those stolen strategies are firmly locked inside that little safe you're feeling* ..."), und es braucht sehr sensible Finger, um die richtigen Kombinationen für diesen Safe zu finden.

Die ersten paar kennen Sie schon: 1 benötigt keine Antwort und Sie sollten die Paare (2, 3), (4, 11), (6, 19), (7, 8) und (9, 31) bilden. Gibt es irgendeine allgemeine Regel? Beim Versuch, die Antwort auf diese Frage zu finden sind wir auf eine ganze Menge Schwierigkeiten gestoßen, haben aber schließlich einen recht ergiebigen Weg gefunden, um den Safe zu knacken. Aber die Gewinnkombination, welche er liefert (Bild 5.8) läßt vermuten, daß es keine einfache Lösung gibt.

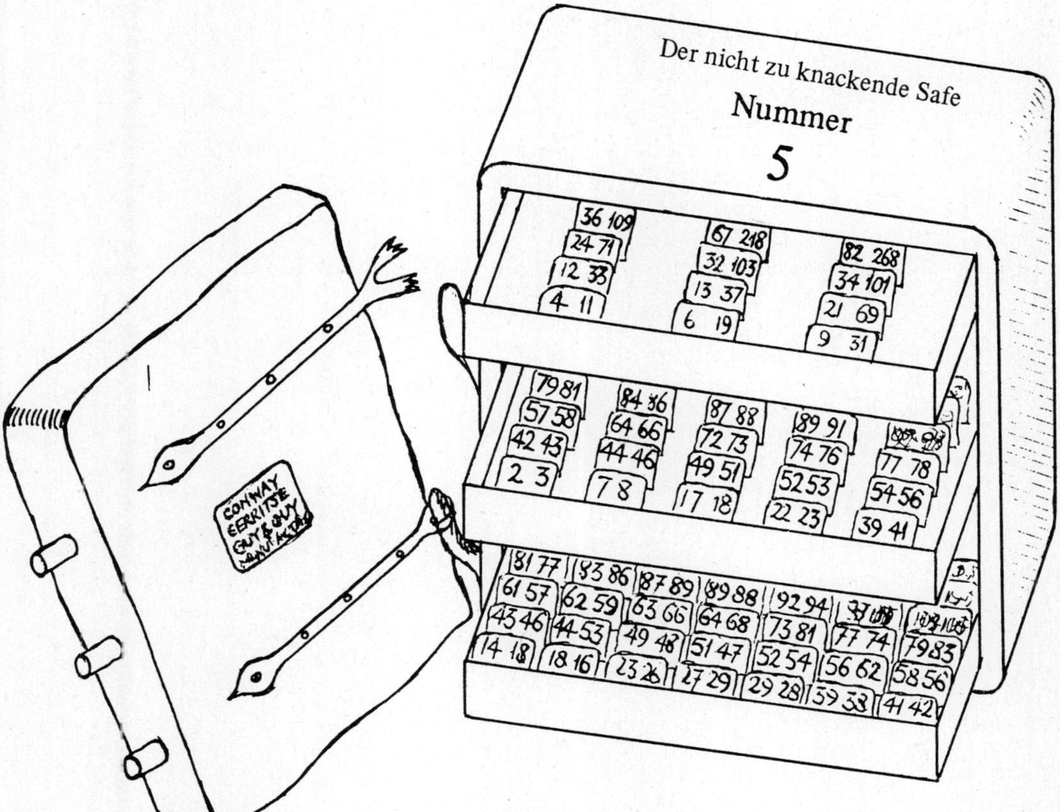

Bild 5.8 Die gestohlenen Geheimnisse des Safes Nummer 5

Schauen wir uns die Position, bei der 5 und einige andere Zahlen ausgespielt werden mal etwas genauer an. Ordneten wir die Zahlen wie gewöhnlich in fünf Spalten an, so würden wir 0 und vier weitere Zahlen a, b, c, d in jeweils der 1., 2., 3. bzw. 4. Spalte einkreisen (siehe Bild 5.9). Wir fertigen nun eine dreidimensionale Tafel an, wobei wir genau drei dieser Zahlen als Kopfzahlen und die vierte als Eintrag verwenden.

Tafel 5.1(*a*) illustriert den Fall, bei dem *a* der Eintrag ist, und *b* bzw. *c* bzw. *d* die Kopfzahl der Zeile bzw. Spalte bzw. Schicht. Die Tafeln 5.1(b, c, d) besitzen *b, c, d* als Einträge.

d = 4

b \ *c* =	8	
7	**6**	→
12	**11**	→
17	↓	↘

d = 9

b \ *c*	8	13	18	
7	11	16+		
12	**6**		**16**	→
17	**6**		**21**	→
22	↓		**26**	→
27			**31**	→
32			↓	↘

d = 14

b \ *c*	8	13	18	23	28	
7	**16+**	**11**				
12		**6**	21	26+		
17		**6**	16		**26**	→
22		**6**	31	16	**21**	→
27		**6**	26	21	**16**	→
32		↓	36+			
37			↓			

d = 19

b \ *c*	8	13	18	23	28	33	38	
7	**16+**	**11**						
12		16	**6**	**6**	**6**	**6**	**6**	→
17		21	**6**	**6**	**6**	**6**	**6**	→
22		26+	**6**	**6**	**6**	**6**	**6**	→
27			**6**	**6**	**6**	**6**	**6**	→
32			**6**	**6**	**6**	**6**	**6**	→
37			**6**	**6**	**6**	**6**	**6**	→
42			↓	**6**	**6**	**6**	**6**	→
47				↓	**6**	**6**	**6**	→
52					↓	**6**	**6**	→
57						↓	**6**	→
							↓	↘

Tafel 5.1 (a) Einträge *a* für $\mathscr{P}$-Positionen $\{5, a, b, c, d\}$

c = 8

d \ *a* =	6	11	16	
4	**7**	**12+**		
9	12+	7		
14			**7**	→
19			**7**	→
24			**7**	→
29			↓	

c = 13

d \ *a*	6	11	16	21	26	
4	**7**	**12+**				
9			**7**	**7**	**7**	→
14	12+	**7**				
19		**7**	12	17	**22**	→
24		**7**	17	**12**	**27**	→
29		↓	**22**	**12**	**17**	→
34			↓	**12**	**32**	→
39				↓	37	→
44					↓	↘

c = 18

d \ *a*	6	11	16	21	26	31	36	
4	**7**	**12+**						
9			**12**	**17**	**22**	**27+**		
14			17	12	27	22	**32+**	→
19	**12+**							
24			22	27	**12**	17		
29			27	22	**12**			
34			**32+**		**12**		**17**	→
39			↓		**12**		**17**	→
44					**12**		**17**	→
49					↓		**17**	→
54							**17**	→
							↓	↘

Tafel 5.1 (b) Einträge *b* für $\mathscr{P}$-Positionen $\{5, a, b, c, d\}$

a \ d	4	9	14	
6	8+			
11		8	**13**	→
16		**13**	**8**	→
21		↓	**8**	→
26			↓	

$b = 7$

a \ d	4	9	14	19	24	
6		**8**	**13**	**18+**		
11	**8+**					
16		18+		13		
21			18		**13**	→
26			**23**		**18**	→
31			↓		**28**	→
36					**33**	→
41					↓	

$b = 12$

a \ d	4	9	14	19	24	29	34	
6		**8**	**13**	**18+**				
11	**8+**							
16			18		13	23	**28**	→
21		18+		13				
26			28+		23	**13**		
31					18	**13**	**23**	→
36					28	**13**	**18**	→
41					**38**	**13**	**18**	→
46					↓	**13**	**18**	→
51						↓	**18**	→
							↓	

$b = 17$

Tafel 5.1 (c) Einträge c für $\mathscr{P}$-Positionen $\{5, a, b, c, d\}$

c \ b	7	12	
8	**4**	**9**	→
13	**4**	**14**	→
18	↓	**19**	→
23		↓	

$a = 6$

c \ b	7	12	17	22	
8	9	**4**	**4**	**4**	→
13	14+	**4**	**4**	**4**	→
18		**4**	**4**	**4**	→
23		**4**	**4**	**4**	→
28		↓	**4**	**4**	→
33			↓	**4**	→
38				↓	

$a = 11$

c \ b	7	12	17	22	27	32	
8	**14+**						
13	**9**	19	24	29+			
18		**9**	14	24	29	**34+**	→
23		**9**	29	14	24		
28		**9**	34+		**14**	**24**	→
33		↓			**14**	**29**	→
38					**14**		
43					**14**		
48					↓		

$a = 16$

Tafel 5.1 (d) Einträge d für $\mathscr{P}$-Positionen $\{5, a, b, c, d\}$

Einige Positionen tauchen wiederholt auf, da eine Kopfzahl redundant ist. Solche Einträge sind fett gedruckt. Z.B. sind die Positionen

$$\{5, 6, 12, 13, 14\}, \quad \{5, 6, 17, 13, 14\}, \quad \{5, 6, 22, 13, 14\}, \ldots$$

in Wirklichkeit alle gleich, denn $12 = 6 + 6$ ist redundant, und wir haben damit in Schicht 14 von Tafel 5.1(a) eine Spalte von **6**en. Bei $\{5, 6, 12, 18, 19\}$ sind sowohl 18 als auch 19 redundant, womit die 19. Schicht dieser Tafel nur aus 6en besteht.

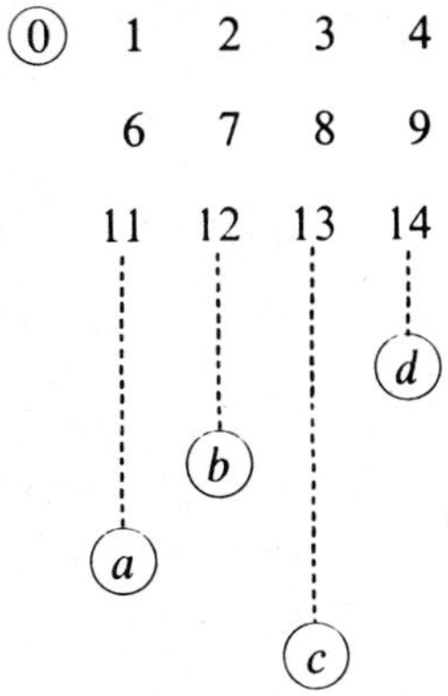

Bild 5.9 Die allgemeine Position $\{5, x, y, \ldots\}$.

Bei $\{5, 16, 7, 13, 9\}$ ist es der Eintrag $16 = 7 + 9$, welcher redundant ist. 16 kann damit durch irgendeine der Zahlen

$$21, 26, 31, 36, 41, \ldots$$

ersetzt werden, und um dies anzudeuten, haben wir $16+$ geschrieben. Ein Eintrag $n+$ ist allgemein eine Abkürzung für unendlich viele Einträge

$$n, n+5, n+10, n+15, n+20, \ldots .$$

Die Einträge von Tafel 5.1(a) wurden in lexikographischer Reihenfolge berechnet, indem man das Zulassen dieser Wiederholungen für rechtmäßig erklärte, und ansonsten die kleinste Zahl der Form $5k+1$, welche in der gleichen Zeile, Spalte oder Schicht vorher noch nicht vorgekommen ist, eintrug.

Sie werden dieser Methode bei Tafel 5.2, in welcher auf die gleiche Weise Positionen der Form $\{4, a, b, c\}$ behandelt werden, wahrscheinlich besser folgen können. Dieses mal ist jeder Eintrag gleich der kleinsten Zahl $b = 4k + 2$, welcher in der betreffenden Zeile oder Spalte vorher noch nicht aufgetaucht ist, und $b+$, die Abkürzung für

$$b, b+4, b+8, b+16, \ldots,$$

wird dann eingesetzt, wenn $b = 2a$ oder $2c$ ist. Man kann aus dem Sanftes-Ende-Theorem herleiten, daß andere Arten von Wiederholungen nicht möglich sind.

Tafel 5.3 gibt Paare $x < y$ an, für die $\{4, x, y\}$ schon eine $\mathscr{P}$-Position ist. Sie wurde netterweise mittels einer erweiterten Version von Tafel 5.2 von Richard Gerritse berechnet. Es sieht so aus, daß das Verhältnis y/x gegen $2.56 \ldots$ konvergiert.

Sobald die 4 oder die 5 in Ihrem Spiel auftaucht, sollten Sie die passende dieser Tafeln zu Rate ziehen. Taucht zuerst die 6 auf, nehme man die entsprechende Tafel 5.7 aus den Zusätzen.

c =	7	11	15	19	23	27	31	35	39	43	47	51	55	59	63	67	71	75	79	83	87	91
a																						
5	6	10+																				
9	10	6	14	18+																		
13	14+		6	10																		
17			10	6	14	18	22	26	30	34+												
21			18	14	6	10	26	22	34	30	38	42+										
25			22		10	6	14	18	26		30	34	38	42	46	50+						
29			26		18	14	6	10	22		34	30	42	38	50	46	54	58+				
33			30+		22	26	10	6	14	18												
37					26	22	18	14	6	10	42	38	30	34	54		46	50	58	62	66	70
41					30	34	38	42	10	6	14	18	22	26	58		50	46	54	66	62	74
45					34	30	42	38	18	14	6	10	26	22	62		58	54	46	50	70	66
49					38	42	30	34	46	22	10	6	14	18	26		62		50	54	58	78
53					42	38	34	30	50	26	18	14	6	10	22		66		62	46	54	58
57					46+				38		22	26	10	6	14	18	30	34	42			
61						46	50	54	42		26	22	18	14	6	10	34	30	38	58	74	62
65						50	46	58	54		62		34	30	10	6	14	18	22	26	38	42
69						54+		46			50				18	14	6	10	26	22	30	34
73							54	50	58		46		62	66	30	22	10	6	14	18	26	38
77							58	62	66		54		46	50	34	26	18	14	6	10	22	30
81							62+				58		50	46	38	30	22	26	10	6	14	18
85								66	62		70		54	58	42	34	26	22	18	14	6	10
89								70+			66		58	54		38	42		30	34	10	6
93									70		74		66	62	78	42	38		34	30	18	14
97									74		78		70	82	66		86	38	90	42	34	22
101									78+				74	70				42	66	38	46	26
105											82		78	74	70		90		86	94	42	46
109											86		82	78	74		70		94	90	50	54
113											90		86	94	82		74		70	78	98	50
117											94+		90	86			78		74	70	82	

Tafel 5.2 Werte von b, für welche $\{4, a, b, c\}$ eine $\mathscr{P}$-Position ist.

x	y	x	y	x	y	x	y	x	y	x	y	x	y
5	11	107	269	205	531	303	777	405	1043	501	1291	603	1549
7	13	109	279	207	529	305	783	407	1045	503	1289	605	1555
9	19	111	277	211	541	311	797	409	1051	505	1299	607	1557
15	33	113	287	213	547	313	807	411	1053	511	1309	609	1567
17	43	119	301	219	557	315	805	413	1063	513	1319	615	1577
21	51	121	307	221	567	317	819	415	1065	519	1329	617	1583
23	57	123	309	223	569	321	823	419	1077	521	1339	621	1595
25	67	125	319	227	585	323	829	421	1079	523	1341	623	1593
27	69	129	331	229	583	325	839	425	1095	525	1347	625	1603
29	75	131	333	231	593	327	841	427	1097	527	1349	627	1609
31	81	133	343	233	595	329	851	429	1103	533	1371	633	1627
35	89	135	345	237	611	335	857	431	1105	535	1373	635	1625
37	95	141	363	239	613	337	871	433	1115	537	1379	637	1635
39	101	143	365	241	619	339	869	439	1125	539	1381	639	1637
41	103	147	373	245	631	341	879	441	1135	543	1393	643	1649
45	115	149	379	247	629	347	885	447	1145	545	1395	645	1655
47	117	151	385	251	641	349	899	449	1151	549	1411	651	1665
49	127	153	391	253	647	351	901	451	1157	551	1413	653	1679
53	139	155	397	255	649	353	911	455	1165	553	1423	655	1681
55	137	157	399	257	659	355	909	457	1171	555	1425	657	1687
59	145	163	417	259	665	357	919	459	1177	559	1433	661	1699
61	159	165	423	261	671	359	917	461	1183	561	1443	663	1697
63	161	169	435	265	683	361	927	463	1189	563	1445	667	1709
65	167	171	437	267	685	367	941	465	1195	565	1451	669	1719
71	177	173	443	271	697	369	951	469	1207	571	1465	673	1731
73	183	175	445	273	699	371	953	471	1209	573	1471	675	1729
77	195	179	453	275	705	375	961	473	1215	575	1477	677	1739
79	193	181	467	281	723	377	971	479	1225	577	1483	679	1741
83	209	185	475	283	725	381	983	481	1235	579	1485	681	1751
85	215	187	477	285	731	383	981	485	1247	581	1495	687	1757
87	217	189	483	289	743	387	993	487	1245	587	1505	689	1771
91	225	191	489	291	745	389	1003	491	1257	589	1511	691	1769
93	235	197	507	293	755	393	1011	493	1267	591	1517	693	1783
97	243	199	509	295	757	395	1013	495	1269	597	1531	695	1781
99	249	201	515	297	767	401	1031	497	1279	599	1537	701	1803
105	263	203	517	299	765	403	1029	499	1277	601	1543	703	1801
												707	1813

Tafel 5.3 Paare x, y, für die $\{4, x, y\}$ eine $\mathcal{P}$-Position ist

Was macht man bei *g* gleich zwei?
(„*What shall I do when g is two*?“)

Beispiel: $\{8, 10, 22\}$

Offenbar haben wir unendlich viele mögliche Antworten nachzuprüfen. Glücklicherweise gibt es aber eine Methode, dies in endlicher Zeit zu tun. Genauso kann man es bei *jeder* anderen Position mit $g = 2$ machen.

Schauen wir mal, wie's aussieht, wenn von $\{8, 10, 22\}$ aus weitergespielt worden ist. Wurde 1, 2 oder 3 gespielt, so wissen wir, was zu tun ist. Ansonsten konnten nur die folgenden geraden Zahlen gespielt worden sein.

4, 6, 12, 14,

und der gerade Anteil der Position muß so aussehen wie eine der folgenden Positionen:

{4, 6} {4, 10} {6, 8, 10}
{8, 10, 12, 14} {8, 10, 12} {8, 10, 14} {8, 10, 22}

Welche ungeraden Zahlen wurden gespielt? Ist die kleinste unter ihnen n, so können wir, da {8, 10, 22} alle Zahlen

16, 18, 20, 22, 24, ...

ausschließt, annehmen, daß die einzigen relevanten ungeraden Zahlen unter den folgenden zu finden sind:

$n, n + 2, n + 4, n + 6, n + 12, n + 14.$

Und sind irgendwelche geraden Züge gemacht worden, so werden dadurch die Möglichkeiten noch weiter eingeschränkt. Wurde z.B. 6 gespielt, so können wir davon ausgehen, daß die ungeraden Zahlen eine der folgenden Mengen

$n, n + 2, n + 4,\quad n, n + 2,\quad n, n + 4,\quad n$

bilden. Tafel 5.4 gibt den Status der auf diese Weise klassifizierten Positionen an. Da sich die letzten vier Spalten unendlich oft wiederholen, enthält diese endliche Tafel die Information für jedes ungerade n. Wie wurde sie wohl berechnet, und warum ist sie periodisch?

Nehmen wir uns mal einen typischen Eintrag vor:

$\{8, 10, 14, n, n + 6, n + 12\}.$

Von dieser Position aus gibt es drei verschiedene Arten von Optionen:

(a) die *geraden* Zahlen 4, 6 oder 12
(b) die *kleinen ungeraden* Zahlen $m \leqslant n - 14$,
(c) die *großen ungeraden* Zahlen $n - 12, n - 10, n - 8, n - 6, n - 4, n - 2, n + 2, n + 4$.

Fall (a) führt zu einer Position (in einem früheren Segment der Tafel) mit dem geraden Anteil

{4, 10}, {6, 8, 10} oder {8, 10, 12, 14},

und wir können voraussetzen, daß diese schon analysiert worden sind und für schließlich periodisch in n befunden wurden.

Ein Fall-(b)-Zug führt zu

$\{8, 10, 14, m\}$,

da m die Zahl n und alle größeren ungeraden Zahlen ausschließt. Gibt es irgendein ungerades m, für welches dies eine $\mathscr{P}$-Position ist, so wird $\{8, 10, 14, n, n + 6, n + 12\}$ für jedes $n \geqslant m + 14$ eine $\mathscr{P}$-Position sein. Gibt's das nicht, so können wir Fall-(b)-Züge ausscheiden.

Fall-(c)-Züge schließlich lassen n entweder unverändert oder verkleinern es um höchstens 12. Wir schließen daraus, daß der Ausgang jeder Position in der Tafel auf eine bestimmte Art aus

schließlich periodischen Informationen (Fall (a)),
schließlich konstanten Informationen (Fall (b)) und
Informationen aus den letzten paar Spalten (Fall (c))

berechnet wird. Er muß deshalb schließlich periodisch mit der Periode n sein.

		5	7	9	11	13	15	17	19	21	23	25	27	29	31	33	35	37	39	41	43	45	47	49	51
{4,6} (P)	$n, n+2$	P	–	P	–	P	–	P	–	P	–	P	–	P	–	P	–	P	–	P	–	P	–	P	–
	n	–	–	–	–	–	–	–	–	–	–	–	–	–	–	–	–	–	–	–	–	–	–	–	–
{4,10} (N)	$n, n+2$	–	P	–	–	–	P	–	–	–	P	–	–	–	P	–	–	–	P	–	–	–	P	–	–
	$n, n+6$	P	–	–	–	P	–	–	–	P	–	–	–	P	–	–	–	P	–	–	–	P	–	–	–
	n	–	–	–	–	–	–	–	–	–	–	–	–	–	–	–	–	–	–	–	–	–	–	–	–
{6,8,10} (N)	$n, n+2, n+4$	–	P	–	P	–	–	–	–	–	–	–	–	–	–	–	–	–	–	–	–	–	–	–	–
	$n, n+2$	–	–	–	–	–	–	–	–	–	–	–	–	–	–	–	–	–	–	–	–	–	–	–	–
	$n, n+4$	P	–	–	–	–	–	–	–	–	–	–	–	–	–	–	–	–	–	–	–	–	–	–	–
	n	–	P	–	P	–	–	–	–	–	–	–	–	–	–	–	–	–	–	–	–	–	–	–	–
{8,10,12,14} (P)	$n, n+2, n+4, n+6$	P	–	P	–	P	–	P	–	P	–	P	–	P	–	P	–	P	–	P	–	P	–	P	–
	$n, n+2, n+4$	–	–	–	–	–	–	–	–	–	–	–	–	–	–	–	–	–	–	–	–	–	–	–	–
	$n, n+2, n+6$	–	–	–	–	–	–	–	P	–	–	–	P	–	–	–	P	–	–	–	P	–	–	–	P
	$n, n+2$	P	–	P	–	P	–	P	–	P	–	P	–	P	–	P	–	P	–	P	–	P	–	P	–
	$n, n+4, n+6$	–	P	–	P	–	–	–	P	–	–	–	P	–	–	–	P	–	–	–	P	–	–	–	P
	$n, n+4$	–	–	P	–	–	–	P	–	–	–	P	–	–	–	P	–	–	–	P	–	–	–	P	–
	$n, n+6$	–	–	P	–	–	–	P	–	–	–	P	–	–	–	P	–	–	–	P	–	–	–	P	–
	n	–	–	–	–	–	–	–	–	–	–	–	–	–	–	–	–	–	–	–	–	–	–	–	–
{8,10,12} (N)	$n, n+2, n+4, n+6$	P	–	–	–	–	–	–	–	–	–	–	–	–	–	–	P	–	–	–	P	–	–	–	P
	$n, n+2, n+4$	–	–	P	–	–	–	P	–	–	–	–	–	–	–	–	–	–	–	–	–	–	–	–	–
	$n, n+2, n+6$	–	–	P	–	–	–	–	–	–	–	–	–	–	–	–	–	P	–	–	–	P	–	–	–
	$n, n+2$	P	–	–	–	–	–	–	–	–	–	–	–	–	–	–	P	–	–	–	P	–	–	–	P
	$n, n+4, n+6$	–	P	P	–	–	P	–	–	–	–	–	–	–	–	–	–	–	–	–	–	–	–	–	–
	$n, n+4$	–	–	–	–	P	–	–	–	P	–	–	P	–	–	–	P	P	–	–	P	P	–	–	P
	$n, n+6$	–	–	–	–	–	–	–	P	–	–	–	P	–	–	–	P	–	–	–	P	–	–	–	P
	$n, n+14$	–	–	P	–	–	P	–	–	–	–	–	–	–	–	–	–	–	–	–	–	–	–	–	–
	n	–	–	–	–	–	–	–	–	–	–	–	–	–	–	–	–	–	–	–	–	–	–	–	–
{8.10,14} (N)	$n, n+2, n+4, n+6$	P	–	–	–	–	–	–	–	–	–	–	–	–	–	–	P	–	–	–	–	–	–	–	–
	$n, n+2, n+4$	–	–	P	–	–	–	–	–	–	–	–	–	P	–	P	–	–	–	–		–	–	–	–
	$n, n+2, n+6$	–	–	P	–	–	–	–	–	–	–	–	–	P	–	P	–	–	–	–	–	–	–	–	–
	$n, n+2$	–	–	–	–	–	–	–	–	–	–	–	–	–	–	–	–	–	–	–	–	–	–	–	–
	$n, n+4, n+6$	–	–	P	–	–	P	–	–	–	–	–	–	–	–	P	–	–	P	–	–	–	–	–	–
	$n, n+4$	–	P	–	–	–	–	–	P	–	–	–	–	–	–	–	–	–	–	–	P	–	–	–	–
	$n, n+6, n+12$	–	–	–	–	–	–	–	P	–	–	–	–	–	P	–	P	–	–	–	–	–	–	–	–
	$n, n+6$	–	–	–	–	–	–	–	–	–	–	–	–	–	–	–	–	–	–	–	–	–	–	–	–
	$n, n+12$	P	–	P	–	P	P	–	–	–	–	–	–	P	–	P	–	P	–	–	–	–	–	–	–
	n	–	–	–	–	–	–	–	–	–	–	–	–	–	P	–	P	–	–	–	–	–	–	–	–
{8.10.22} (P)	$n, n+2, n+4, n+6$	P	–	P	–	P	–	P	–	P	–	P	–	P	–	P	–	P	–	P	–	P	–	P	–
	$n, n+2, n+4$	–	–	–	–	–	–	–	–	–	–	–	–	–	–	–	–	–	–	–	–	–	–	–	–
	$n, n+2, n+6$	–	–	–	P	–	–	–	–	–	–	–	P	–	–	–	P	–	–	–	P	–	–	–	P
	$n, n+2, n+14$	–	–	P	–	P	–	P	–	P	–	P	–	P	–	P	–	P	–	P	–	P	–	P	–
	$n, n+2$	P	–	–	–	–	–	–	–	–	–	–	–	–	–	–	–	–	–	–	–	–	–	–	–
	$n, n+4, n+6$	–	–	–	–	–	–	–	–	–	–	–	–	–	–	–	–	–	–	–	–	–	–	–	–
	$n, n+4$	–	P	P	–	–	P	P	–	–	P	P	–	–	P	P	–	–	P	P	–	–	P	P	–
	$n, n+6, n+12$	–	–	P	–	–	–	P	–	–	–	P	–	–	–	P	–	–	–	P	–	–	–	P	–
	$n, n+6$	–	–	–	–	–	–	–	–	–	–	–	–	–	–	–	–	–	–	–	–	–	–	–	–
	$n, n+12, n+14$	–	–	–	–	–	–	–	–	–	–	–	–	–	–	–	–	–	–	–	–	–	–	–	–
	$n, n+12$	–	–	–	–	–	–	–	–	–	–	–	–	–	–	–	–	–	–	–	–	–	–	–	–
	$n, n+14$	P	–	–	–	–	–	–	–	–	–	–	–	–	–	–	–	–	–	–	–	–	–	–	–
	n	–	–	–	–	–	–	–	–	–	–	–	–	–	–	–	–	–	–	–	–	–	–	–	–

Tafel 5.4 Die Position $\{8, 10, 22\}$

Jede Position mit $g = 2$ läßt sich so handhaben. Haben wir genug gerechnet, um die Periode nachzuweisen, so können wir insbesondere entscheiden, ob es eine gute Antwort gibt oder nicht. Für {8, 10, 22} gibt es keine, es handelt sich damit um eine $\mathscr{P}$-Position.

Der große Unbekannte

Wir können unser Wissen am besten durch die Zahl *g* beschreiben. Ist

$g = 1$,

so ist die Position beschränkt, und man probiert alle Positionen durch, um herauszubekommen, was zu tun ist. Dies nimmt natürlich eventuell sehr viel Zeit in Anspruch, selbst wenn uns irgendeines unserer Theoreme über den Ausgang Bescheid sagt. Wir wissen, daß es auf {31, 37} eine gute Antwort geben muß, aber wir kennen keine Methode, welche garantiert, daß man diese innerhalb des nächsten Jahrtausends auch findet. Im Fall

$g = 2$

läßt sich der Ausgang mittels der eben beschriebenen Methode in endlicher, aber wahrscheinlich noch längerer Zeit berechnen. Gilt

g ist teilbar durch eine Primzahl $p \geqslant 5$,

so ist p eine gute Antwort, wenn sie bis jetzt noch nicht ausgespielt worden ist. Ist dies geschehen, so gibt es natürlich keine gute Antwort.

Wir konnten nur wenige spezielle Positionen mit anderen g-Werten überprüfen. Tafel 5.8 in den Zusätzen liefert eine vollständige Diskussion von {6, 9}. Obwohl dies eine zweidimensionale Tafel ist, stößt man auf Periodizität, und diese ermöglicht es uns, die Position bis ins Unendliche hinein zu analysieren. Etwas ähnliches gibt es vielleicht auch bei anderen Positionen mit $g = 3$. Für {8, 12} ($g = 4$) haben wir eine viel größere Tafel berechnet, konnten aber darüber hinaus, was uns durch unsere explizite Strategie gegeben wird, keine Struktur entdecken.

16 ist der erste Eröffnungszug, dessen Status zweifelhaft ist. Wir wissen weder, ob es auf {16} eine gute Antwort gibt, noch kennen wir eine Methode, diese in endlicher Zeit zu finden. Sie meinen vielleicht, sich durchbeißen zu können, indem sie jede mögliche Antwort überprüfen, in der Hoffnung, irgendeine Struktur zu entdecken. Aber auch dies ist unmöglich. Wir haben keine Vorstellung, wie man etwa die Antwort 24 in endlicher Zeit testen soll. Wir wissen auch nicht, wie man z.B. 100 als mögliche Antwort auf {16, 24} überprüft!

Das Sanftes-Ende-Theorem schließt oft unendlich viele Antworten aus, z.B. alle ungeraden Antworten auf {16} oder {16, 24}, aber niemals irgendeine Antwort, welche unendlich schwer zu analysieren ist.

	{7,9,11}	{7,9}	{7,11}	{7}	{9,11}	{9}	{11}	{}
{6,8,10}	[]	[11]	[11]	[]	[4,5,7]	[5]	[]	[4,7,11]
{6,8}	[10]	[]	[]	[9,10,11]	[4,5]	[5,7]	[7,10]	[4]
{6,10}	[8]	[]	[15]	[8,9]	[4]	[7]	[8,13]	[4]
{6}	[]	[8,10,11]	[8,9]	[16]	[4,7]	[]	[26]	[4,9]
{8,10,12}	[4,5,6]	[4]	[13]	[5,6]	[13,14,15]	[23]	[6]	[14]
{8,12}	[5]	[6]	[6]	[5]	[]	[11,15]	[9,13]	[]
{10,12}	[4]	[4,6]	[16]	[]	[]	[11,13,14]	[9	[7
{12}	[6]	[15]	[27]	[10	[8,10]	[6]	[	[8
{8,10}	[4,5,6]	[4]	[]	[5,6,11]	[23]	[13,15]	[6,7]	[22]
{8}	[5]	[6]	[6,10]	[5]	[12]	[21	[	[12
{10}	[4]	[4,6]	[8]	[12]	[12]	[	[	[5
{}	[6]	[19,24]	[24,34]	[]	[	[6]	[]	[5,7,11,13,...

Tafel 5.5 Der Status der Teilmengen von {6, 7, 8, 9, 10, 11, 12} und bekannte gute Antworten

Gerade Mengenelemente stehen links, ungerade Mengenelemente oben. Die Klammer wird geschlossen, wenn *alle* guten Antworten bekannt sind. [ ] kennzeichnet damit eine $\mathcal{P}$-Position, während [immer für $\mathcal{N}$-Positionen steht, für welche man überhaupt keine gute Antwort kennt. Der letzte Eintrag enthält alle Primzahlen größer 3, und *kann* auch Einträge der Form 2^a3^b enthalten.

Tafel 5.5 beschreibt für jede Position, welche sich aus den Zahlen

6, 7, 8, 9, 10, 11, 12

zusammensetzt, den Ausgang und alle guten Antworten, die wir kennen (kommen auch 4 oder 5 vor, so liefern Tafel 5.2, 5.3, 5.1 und Bild 5.8 mehr Information). Sind Sie in der Lage, diese Tafeln zu vervollständigen, oder zu entscheiden, ob irgendeine Zahl 2^a3^b ein guter Eröffnungszug ist, so würden wir gerne von Ihnen hören.

Sind alle Ausgänge berechenbar?

Wir können folgendes beweisen: *es muß möglich sein,* einen Computer so zu programmieren, daß er den Ausgang von $\{n\}$ berechnen kann, obwohl wir nicht wissen, *wie*! Der Grund dafür ist:

> Es gibt nur endlich viele gute Eröffnungszüge der Form 2^a3^b.

Denn keine von diesen kann ein Teiler eines anderen sein, womit keine zwei den gleichen a- oder b-Wert besitzen können. Ist also $2^{a_0}\,3^{b_0}$ eine solche Zahl mit dem kleinstmöglichen a_0, und $2^a\,3^b$ eine weitere, so muß $b < b_0$ gelten, womit es höchstens $b_0 + 1$ derartige Zahlen, etwa $n_1, n_2, \ldots, n_k$, gibt. Wir vermuten, daß überhaupt keine existieren!

Sie sind schon in der Lage, Ihren Rechner mit PORN (Bild 5.10) zu programmieren und den Ausgang jedes beliebigen $\{n\}$ zu berechnen, wenn Sie nur wissen, welches diese Zahlen waren. Diese Argumentation zeigt, daß der Ausgang im rein technischen Sinne eine berechenbare Funktion von n ist, obwohl wir diese Funktion nicht kennen.

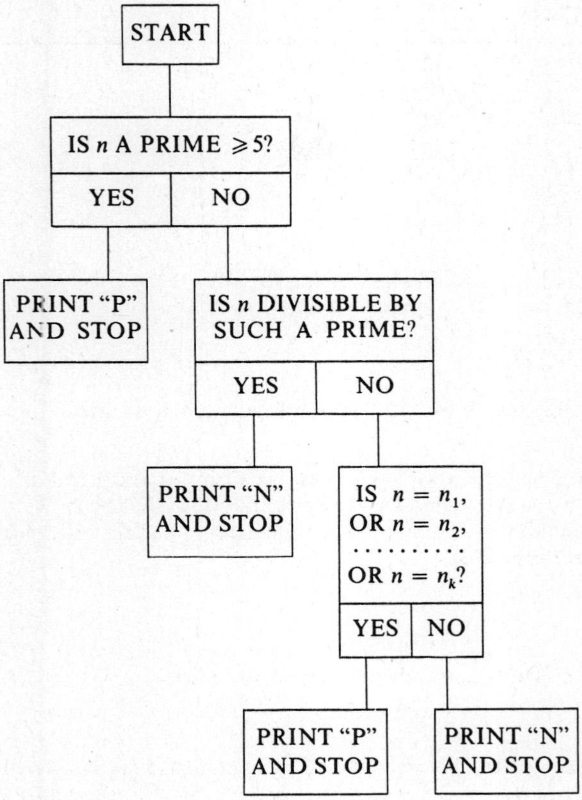

Bild 5.10 PORN: ein Programm, welches entscheidet, ob $\{n\}$ $\mathscr{P}$ oder $\mathscr{N}$ ist.

Höflichkeit bei Münzen-Prägen

Nur wenige westliche Leser werden die Feinheiten der Höflichkeitsregeln in dem orientalischen Land, aus welchem unser Spiel kommt, kennen. Aber wir können Sie zumindest vor den allergrößten Fehlern bewahren, indem wir darauf hinweisen, daß es bei Münzen-Prägen für den Spieler, der am Gewinnen ist, üblich ist, auf den Sieg durch Ansagen von 1, 2 oder 3 zu verzichten. Man sagt, daß diese seltsame Gewohnheit von der Tradition herrührt, daß Ho, der weiter sehen kann als Ti, großzügig sich selber das Schicksal auferlegt, welches sonst seinen geliebten Bruder ereilen würde.

Ist es aller Welt bekannt, daß Sie siegen, so wird jeder Zug verschieden von 1 den Gegner beleidigen. Andernfalls raten wir Ihnen, 3 anzusagen (2 ist auch möglich, könnte aber mißverstanden werden). Stimmt Ihr Gegner mit Ihnen in der Analyse des Spiels überein, wird er mit 2 antworten, aber Sie haben ihm die Möglichkeit offengelassen, auch eine andere Meinung durch Ansagen von 1 zu äußern. (Auf 1 und 2 sind auch Antworten möglich, welche verschieden von 3 sind, aber deren Nuancen lassen sich schwieriger interpretieren.

Natürlich besteht eine der größten Beleidigungen, welche Sie Ihrem Gegner zufügen können, darin, ganz am Anfang des Spieles 1, 2 oder 3 anzusagen, denn dies ist das Vorrecht des Philosophen Hu Tching, zumindest bis jemand eine neue Methode findet, mit der man gewinnt.

Zusätze

Futtern

Jetzt kommt ein Spiel mit ähnlichen Regeln wie bei Münzen-Prägen. Bei einem fest gewählten N sagen die Spieler abwechselnd Teiler von N an, welche keine Vielfachen von vorher schon ausgespielten Zahlen sein dürfen. Wer 1 ansagt, verliert. Für $N = 432 = 2^4 3^3$ etwa besteht ein Zug im wesentlichen aus dem Wegessen eines Quadrats (d.h. 36) von der Tafel Schokolade aus Bild 5.11, und mit diesem zusammen auch aller Quadrate unterhalb und/oder neben diesem. Das Quadrat mit der Nummer 1 ist giftig!

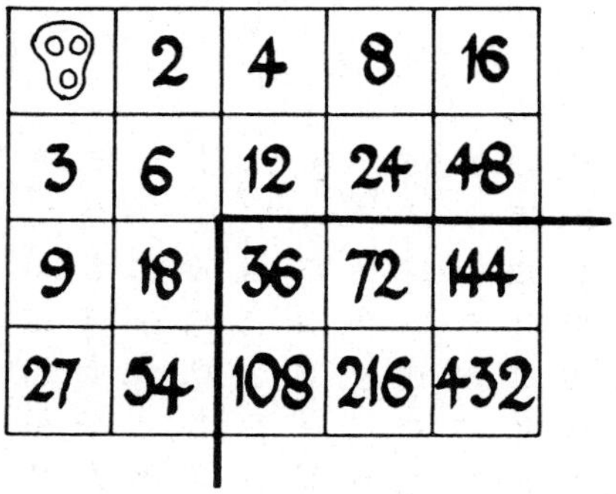

Bild 5.11 Auffuttern eines Schokoladenriegels.

Die ersten paar $\mathscr{P}$-Positionen findet man in Bild 5.12. Durch Strategienklau erkennt man, daß Rechtecke von größerer Fläche als 1×1 $\mathscr{N}$-Positionen sind; die Antworten sind eindeutig, wenn jede Seite höchstens die Länge 3 hat, aber Ken Thompson hat herausgefunden, daß sowohl ein 4×5- als auch ein 5×2-Bissen eine Antwort auf 8×10 ist.

Die arithmetische Version des Spiels geht auf Fred. Schuh zurück, die geometrische auf David Gale.

Zick-Zack

Zwei Spieler sagen abwechselnd verschiedene Zahlen an (welche gebrochen oder auch negativ sein dürfen), und das Spiel endet, sobald die sich ergebende Folge entweder eine wachsende Teilfolge (**Zick**) der Länge a oder eine fallende Teilfolge (**Zack**) der Länge b enthält. Das übliche Spiel $a + 1$, $b + 1$ ist in Wirklichkeit das gleiche wie das a, b-misère-Spiel, weshalb wir uns nur mit dem letzteren beschäftigen.

Die Analyse von Zick-Zack, mit welcher wir durch S. Fajtlowicz bekannt gemacht wurden, scheint schwierig, aber glücklicherweise gibt es eine ziemlich clevere Transformation in ein geometrisches Spiel wie Futtern. Wir betrachten das Quadrat (r, s) in Bild 5.13 als aufgegessen, wenn die Zahlenfolge bis zu diesem Zeitpunkt ein steigendes Zick der Länge r und ein abfallendes Zack der Länge s enthält, welche mit der gleichen Zahl enden. Jetzt sehen die Züge genau so aus wie bei Futtern, ausgenommen daß hier der erste Zug nur $(1, 1)$ vertilgen kann, und das innerste Quadrat, welches bei irgendeinem Teilfolgenzug gegessen wird, zu einem vorher aufgegessenen Quadrat benachbart sein muß. Die Quadrate $(a, 1)$ und $(b, 1)$ sind giftig, womit sich eigentlich alles innerhalb der in Tafel 5.13 herausgehobenen **Tafel Schokolade** der Größe $a - 1 \times b - 1$ abspielt.

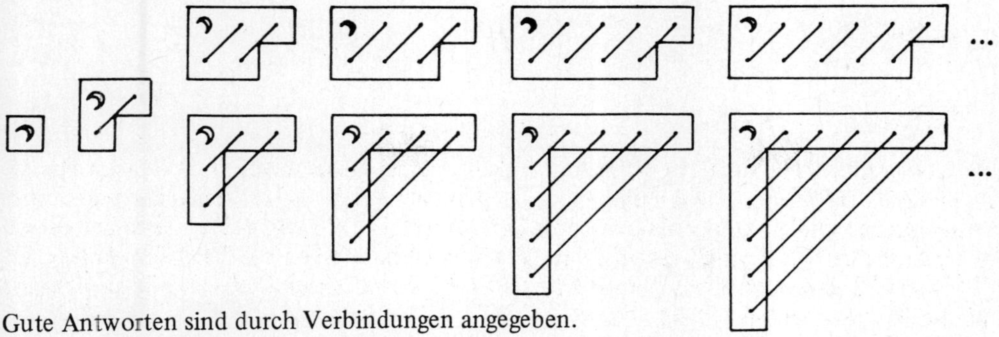

Gute Antworten sind durch Verbindungen angegeben.

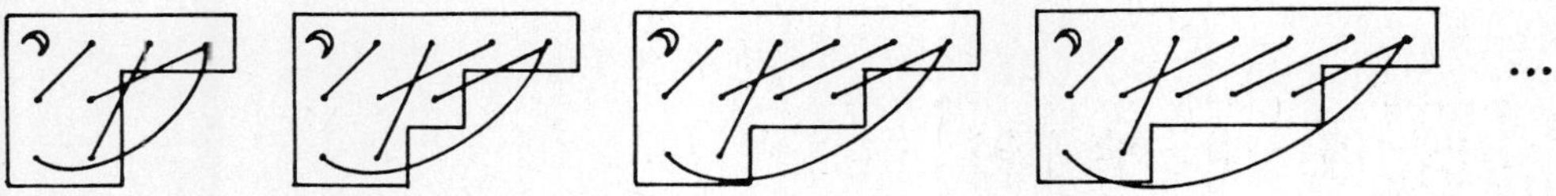

β \ γ	0	1	2	3	4	5	6	7	8	9	10	11	12	13	14	15	16	17	18	19	20	21	22	23	24	25	26
0	1	2	2	3	4	5	5	6	7	7	8	9	9	11	11	12	12	13	14	15	15	16	17	17	18	19	19
1	1	0	2	3	4	3	5	6	5	7	8	7	10	9	11	10	12	13	14	13	15	16	15	17	18	17	20
2				0	4	4	5	3	6	3	8	9	8	7	7	11	8	10	11	14	15	13	16	17	18	19	18
3					0	4	0	5	6	6	8	3	9	9	10	11	12	12	8	14	10	15	16	12	18	13	19
4								5	0	6	0	8	3	9	10	11	10	12	13	8	14	8	10	16	10	18	13
5												8	0	9	3	3	11	12	11	13	14	15	15	8	17	8	18
6												8		0	9	10	11	3	12	13	14	13	15	16	17	17	18
7												3			9	0	0	11	12	3	14	14	15	16	10	13	8
8												7						11	0	12	3	14	3	13	16	16	17
9												7								12	0	14	14	15	3	16	3
10																						0	14	0	15	16	16
11																									15	0	16

α-Werte, für die

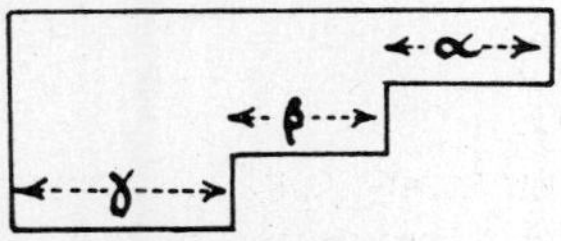

eine 𝒫-Position ist

a \ b	1	2	3	4	5	6	7	8	9	10	11	12	13	14	15	16
1	ɔ	1×1	1×2	1×3	1×4	1×5	1×8	1×7	1×8	1×9	1×10	1×11	1×12	1×13	1×14	1×15
2	1×1	1×1	1×1	1×1	1×1	1×1	1×1	1×1	1×1	1×1	1×1	1×1	1×1	1×1	1×1	1×1
3	2×1	1×1	2×2	2×2	1×2	2×3	1×3	2×4	1×3	2×5	2×5	1×4	2×6	1×4	2×7	2×7
4	3×1	1×1	2×2	3×3	2×3	3×4	2×4	3×5								
5	4×1	1×1	2×1	3×2	4×4	3×3	4×5									
6	5×1	1×1	3×2	4×3	3×3	5×5										
7	6×1	1×1	3×1	4×2	5×4		6×6									
8	7×1	1×1	4×2	5×3				7×7		{4×5, 5×2}						

Siegreiche Bissen von a × b-Rechtecken

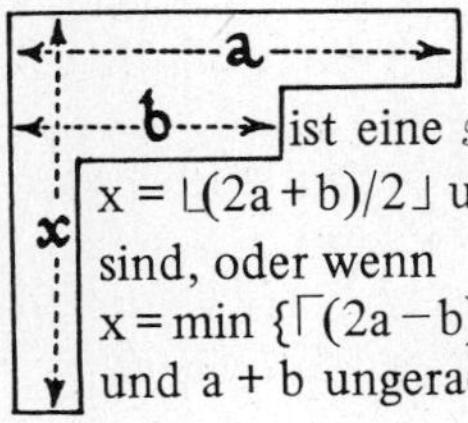

ist eine 𝒫-Position, wenn $x = \lfloor(2a+b)/2\rfloor$ und $a+b$ gerade sind, oder wenn $x = \min\{\lceil(2a-b)/2\rceil, \lceil 3(a-b)/2\rceil\}$ und $a+b$ ungerade sind.

Bild 5.12 𝒫-Positionen bei Futtern

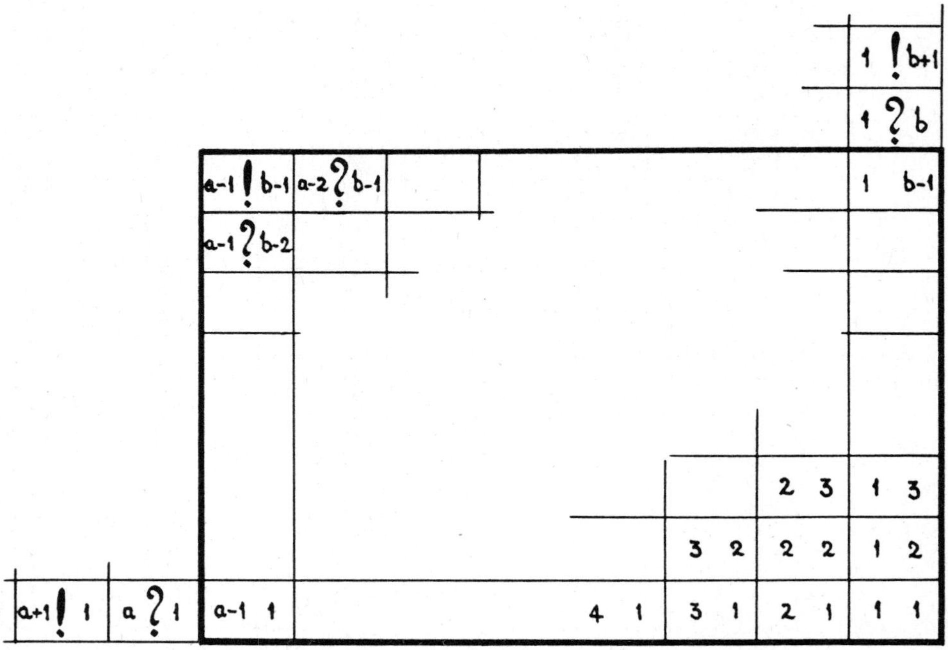

Bild 5.13 Die Schokoladenriegel-Version von Zick-Zack

Im Falle $a \geqslant 3$, $b \geqslant 3$ und $a + b \leqslant 17$, gewinnt in der misère-Version des a-Zick-b-Zack-Spiels der Spieler, der den Anfangszug macht, denn David Seals Berechnungen zeigen, daß die entsprechenden $a - 1 \times b - 1$ Schokoladen $\mathscr{N}$-Positionen sind.

Indem man „Kopf" horizontale und „Zahl" vertikale Kanten zuordnet, erhält man ein äquivalentes Spiel mit Münzen, bei dem es auch Züge gibt, bei denen Kopf nach rechts über Zahl oder Zahl nach links über Kopf springen kann. Seal hat diese Idee aufgegriffen, um Bild 5.14 zu berechnen, welches alle $\mathscr{P}$-Positionen zeigt, bei denen die übriggebliebene Schokolade in ein 5×5-Quadrat paßt.

Um die $\mathscr{P}$-Positionen von Futtern und Zick-Zack zu finden, haben wir die Auflistungstechnik aus Kapitel 2 und deren Cliquen-Technik verwendet.

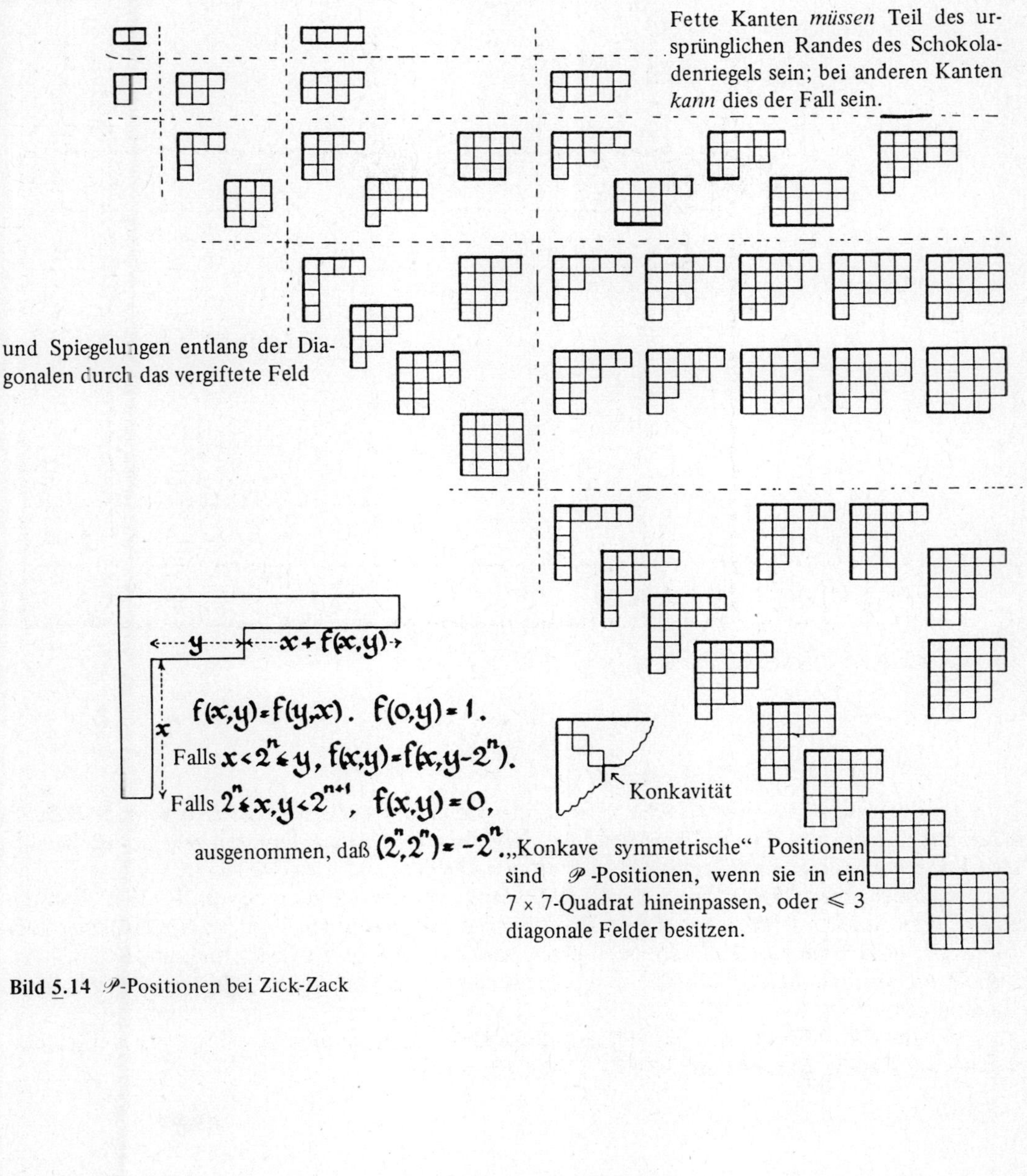

Bild 5.14 𝒫-Positionen bei Zick-Zack

Noch mehr Cliquen bei Münzen-Prägen

Um die Cliquen aus Tafel 5.6 verfolgen zu können, raten wir Ihnen, die verbleibenden Zahlen auszustreichen, so wie wir es für die Fälle {4, 5}, {6, 7} und {7, 10, 12} bei den Tafeln 5.2, 5.3 und 5.4 gemacht haben. Nicht erwähnte Zahlen sind durch gute Antworten ausgeschlossen.

Position	Antworten	Strategie, mit durch] gekennzeichneten Cliquen
{4,5}	11!	1?](2,3)](6,7)]11!
{4,7}	13!	1?](2,3)](5,6)](9,10)]13!
{4,9}	19!	1?](2,3)](5,11)(6,11)(7,10)](14,15)]19!
{5,6}	19!	1?](2,3)](4,7)](8,9)](13,14)]19!
{5,7}	8!	1?](2,3)](4,6)(9,13)(11,13)8!
{5,8}	7!	1?](2,3)](4,11)(6,9)7!
{5,9}	31!	1?](2,3)](4,11)(6,8)(7,13)](12,16)](17,21)](22,26)]31!
{6,7}	16!	1?](2,3)](4,5)](8,9)(8,10)(8,11)(9,10)(9,11)](15,23)(17,22)16!
{7,8}	5!	1?](2,3)](4,13)(6,9)(6,10)(6,11)5!
{7,9}	19!24!	1?](2,3)](4,10)(5,13)(6,8)(6,10)(6,11)](12,15)(17,20)(22,26)(29,33)19!24!
		after {7,9,22,26} (12,17)(19,24)(15,20)
		{7,9,29,33} (12,15)(17,20)(19,31)(22,26)(24,26) …
		{7,9,19} (12,15)(15,17)(15,20)](22,24)(29,31)
		{7,9,24} (12,15)(17,20)(19,22)](26,29)

Tafel 5.6 Ein paar vollständige Strategien bei Münzen-Prägen

5-Paare

Es gibt drei Typen von Safekombinationen der Form $\{5, x, y\}$. In der obersten Schublade von Bild 5.8 findet man die, bei welchen y so viel größer als x ist, daß die Koordinaten $\{a, b, c, d\}$ gleich $\{x, 2x, 3x, y\}$ sind. Für diese sieht es so aus, daß y/x gegen 3 konvergiert. Aber gibt es denn unendlich viele Zahlen in der obersten Schublade?

Die mittlere Schublade enthält die restlichen Kombinationen, für welche $x + y$ ein Vielfaches von 5 ist. Es scheint, daß sich bei diesen x und y immer um 1 oder 2 unterscheiden.

In der untersten Schublade haben wir die Paare mit den Koordinaten $\{x, y, x + y, 2y\}$ angeordnet, wobei x und y in ihrer natürlichen Reihenfolge angegeben sind. Anscheinend konvergiert auch hier wie in der zweiten Schublade y/x gegen 1.

Positionen mit einer 6

Wie auch bei den anderen Analysen, schreiben wir die Zahlen in sechs Spalten und kreisen 0 und fünf weitere Zahlen a, b, c, d, e ein: eine in jeder der 1-, 2-, 3-, 4-, bzw. 5-Spalten. $\mathscr{P}$-Positionen tabellieren wir durch Einträge c in einer 4-dimensionalen Tafel (Tafel 5.7), deren Koordinaten kongruent 1, 2, 4, 5 modulo 6 sind.

Einträge außerhalb der durch durchgezogene Linien gekennzeichneten Gebiete findet man indem man, wo es hingehört, die Einträge den Pfeilen entsprechend wiederholt. Die Tafeln für $b = 8$, $d = 4$ und $b = 6$, $d = 16$ kann man durch Wiederholen der durch gestrichelte Linien eingegrenzten Abschnitte und durch Vergrößern aller Einträge um 12 bzw. 60 unendlich erweitern. Die beiden Tafeln mit $d = 10$, $b = 8$ oder 14 enthalten keine weiteren Einträge, und alle weiteren Einträge in derjenigen für $b = 14$, $d = 16$ sind gleich **15**.

Einträge sind c ≡ 3 modulo 6. Fette Ziffern zeigen an, daß die Zeilen- oder Spaltenkopfzahl redundant ist. Einträge wiederholen sich den Pfeilen entsprechend unendlich oft.

a \ e =	5	11	17	23	29	35	41	
7	9+							
13		**9**	**15**	→				
19		**9**	**21**+					
25		↓		**21**	**27**	→		
31				**21**	**33**+			
37				↓		**33**	**39**	→
43						**33**	**45**+	
						↓		

b = 8, d = 4.

a \ e =	5	11	17	23
7		9	**15**+	→
13	**9**	15		
19	↓	**21**+		
		↓		

b = 8, d = 10.

a \ e =	5	11	17	23	29	35	
7		**15**	**9**	→			
13	**15**+						
19			15	21	**27**	→	
25			21	**15**	33	**39**+	→
31			**27**+	**15**	**21**		
37			↓	**15**	**21**		
43				↓	**21**		
					↓		

b = 14, d = 10,

a \ e =	5	11	17	23	29	35	41	47	53	59	65	71	77	83	89	95	101	
7		**15**+	**9**	**9**	→													
13	**9**		**21**+															
19	↓		**15**	**21**	**27**+													
25				**15**	**15**	**15**	**15**	→										
31				**27**	**21**	**21**	**21**	**21**	→									
37				↓		**39**	**33**	**33**	**33**	→								
43						**45**	**39**	**51**+										
49						↓	**51**	**39**	**39**	**39**	**39**	→						
55							↓			**57**	**63**+							
61									**57**	**63**		**69**+						
67									↓	**69**		**63**	**63**	**63**	→			
73										↓			**81**+					
79													**75**	**81**	**87**+			
85														**75**	**75**	**75**	**75**	→

b = 8, d = 16.

a \ e =	5	11	17	23	29	35	41	47	
7		**9**	**15**						
13	**15**+		9						
19		15		**9**	**9**	**9**	→		
25		**21**	27	33	39+				
31		↓		39+	**15**	**15**	**15**	**15**	→
37					**15**	**15**	**15**	**15**	
43					**15**	**15**	**15**	**15**	
49					↓	**15**	**15**	**15**	
55						↓	**15**	**15**	
							↓	**15**	
								↓	

b = 14, d = 16.

Tafel 5.7 𝒫-Positionen, bei denen eine 6 vorkommt

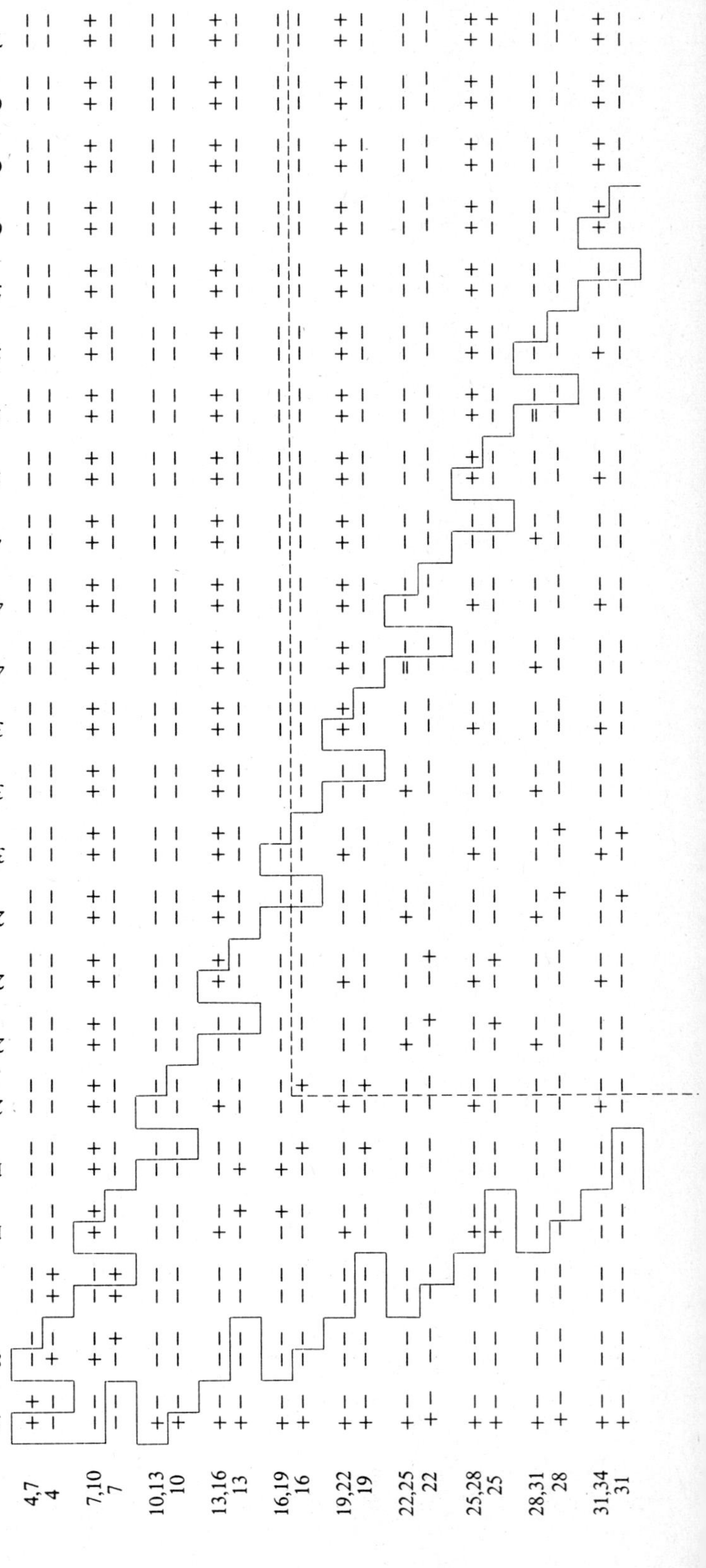

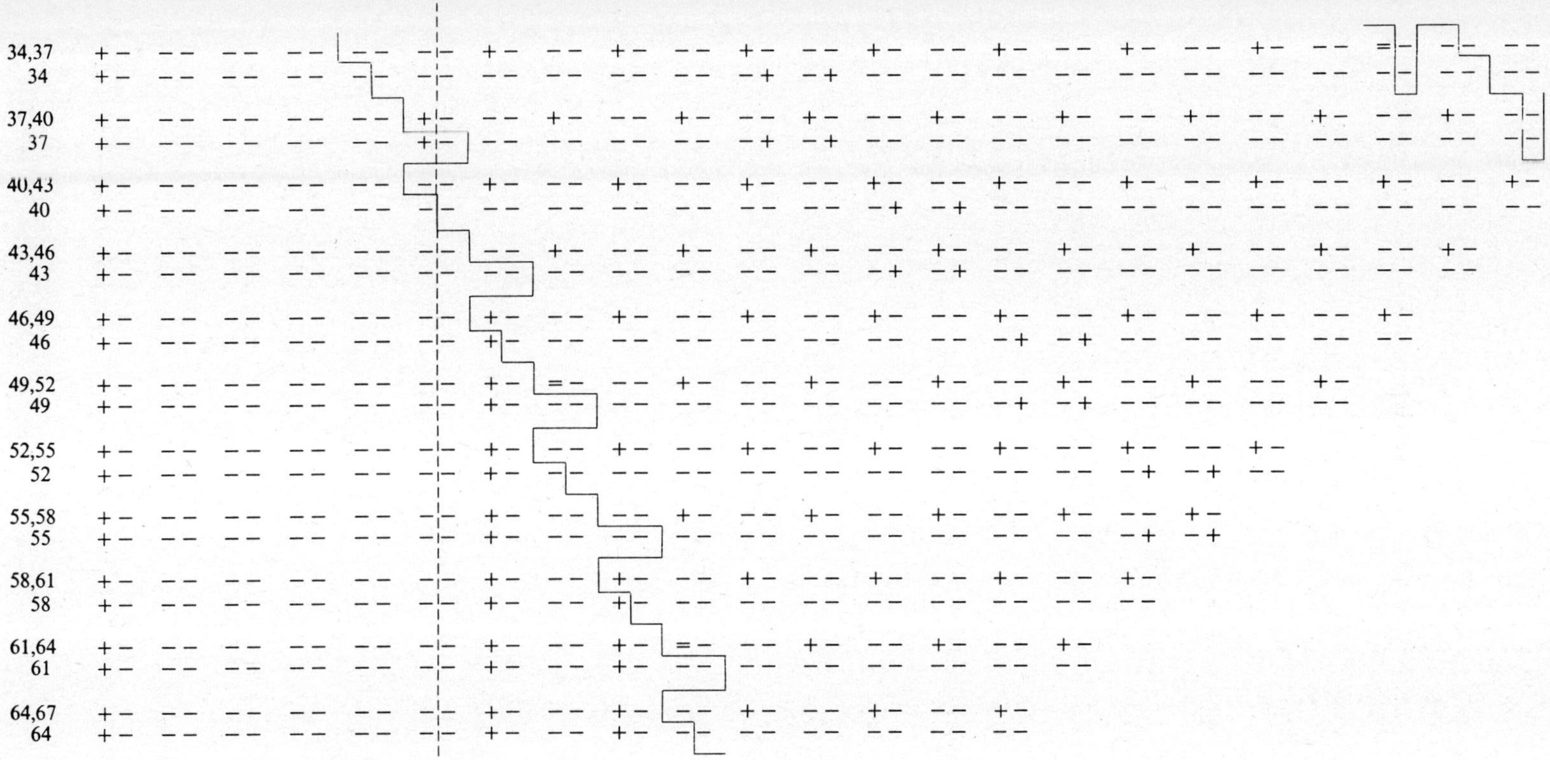

Tafel 5.8 Eine vollständige Besprechung von $\{6, 9\}$

Die Tafel stellt eine vollständige Diskussion der $\{6, 9\}$ enthaltenden Positionen dar. Reduzierte Positionen enthalten eine, möglicherweise zwei benachbarte Zahlen der Form $3k + 1$, und der Form $3k + 2$. Paare von Zeilen und Spalten beziehen sich auf die späteren und früheren Möglichkeiten. Positionen, welche durch Zellen außerhalb der gezackten Linie repräsentiert werden sind nicht reduziert. Das Muster innerhalb des rechteckigen Quadranten setzt sich unbestimmt fort. Die Minus-Zeichen stehen für $\mathscr{N}$-Positionen, die Plus-Zeichen stehen für $\mathscr{P}$-Positionen, und die „="-Zeichen für $\mathscr{N}$-Positionen, welche man beim ersten Blick auf das Muster für $\mathscr{P}$-Positionen halten könnte.

Münzen-Prägen hat unendlich viele Nim-Werte

Gilt das Ausspielen von 1 nicht mehr nur als *dumm*, sondern als *unzulässig*, so wird aus Münzen-Prägen anstatt eines misère-Spiels ein nach der üblichen Konvention gespieltes Spiel, und wir könnten erwägen, es unter Verwendung der Sprague-Grundy-Theorie zu anderen Spielen zu addieren. Da aber einige Positionen unendlich viele Optionen besitzen, können wir mit unendlich vielen Nim-Werten rechnen, und diese treten in der Tat auf!

Es ist etwa $\mathscr{G}(2, 2n+3) = n (n \geqslant 0)$, also $\mathscr{G}(2) = \omega$. Andererseits gilt $\mathscr{G}(3, 3n+1, 3n+2) = 1 (n \geqslant 1)$, also $\mathscr{G}(3) = 1$.

Hier einige weitere Nim-Werte:

k	4	5	6	7	8	9	10	11	13	14	15	16	17	19	20	22	23	25	26	28	29	31	32
$\mathscr{G}(3,k)$	2	3	1	4	6	1	7	8	9	11	1	12	14	15	15	17	19	20	21	23	24	26	27
$\mathscr{G}(4,k)$	?	3	0	5	?	8	1	9	14	4	15	?	16	19	?								

$$\mathscr{G}(4,6,4n-1,4n+1) = 1 \qquad \mathscr{G}(4,6.4n+1.4n+3) = 0 \qquad (n \geqslant 1)$$

$$\mathscr{G}(5,6) = 7,\ \mathscr{G}(5,7) = 8,\ \mathscr{G}(5,8) = 10, \qquad \mathscr{G}(6,7) = 9, \qquad \mathscr{G}(3,3n-1.3n+1) = 5\ (n \geqslant 6),$$

$$\mathscr{G}(3,9n-8,9n-4) = \mathscr{G}(3,9n+2,9n+7) = \mathscr{G}(3,9n+8,9n+13) = 10 \qquad (n \geqslant 3).$$

Zum Abschluß noch ein paar Fragen

Gibt es eine effektive Technik zur Berechnung des Ausganges und aller guten Antworten der *allgemeinen Position*?

Angenommen, beide Spieler sind intelligent. Verliert dann der erste Spieler, der das Spiel beschränkt?

Existiert eine Gewinnstrategie beschränkter Länge?

Gibt es eine $\mathscr{N}$-Position mit $g > 1$, für welche *alle* guten Antworten zu Positionen mit $g = 1$ führen?

Ist $\mathscr{G}(4) = \omega + 1$, oder gilt etwa $\mathscr{G}(4) = 6$?

Literaturhinweise

Morton Davis, Infinite games of perfect information, Ann. of Math. Studies, Princeton. **52** (1963) 85–101.

David Gale und *F. M. Stewart,* Infinite games with perfect information, Ann. of Math. Studies, Princeton, **28** (1953) 245–266.

Martin Gardner, Mathematical Games, Sci. Amer. **228** 1, 2, 5 (Jan. Feb. Mai 1973).

Richard K. Guy, Twenty questions concerning Conway's Sylver Coinage, Amer. Math. Monthly, **83** (1976) 634–637.

Michael O. Rabin, Effective computability of winning strategies, Ann. of Math. Studies, Princeton, **39** (1957) 147–157: M. R. 20 # 263.

Fred. Schuh, The game of divisions, Nieuw Tijdschrift voor Wiskunde, **39** (1952) 299–304.

J. J. Sylvester, Math. Quest. Educ. Times, **41** (1884) 21.

Kapitel 6

Der König und der Konsument

For fools rush in where angels fear to tread.
Alexander Pope, *Essay on Criticism.*

... because your adversary the devil, as a roaring lion,
walketh about, seeking whom he may devour.
1 Peter 5:8

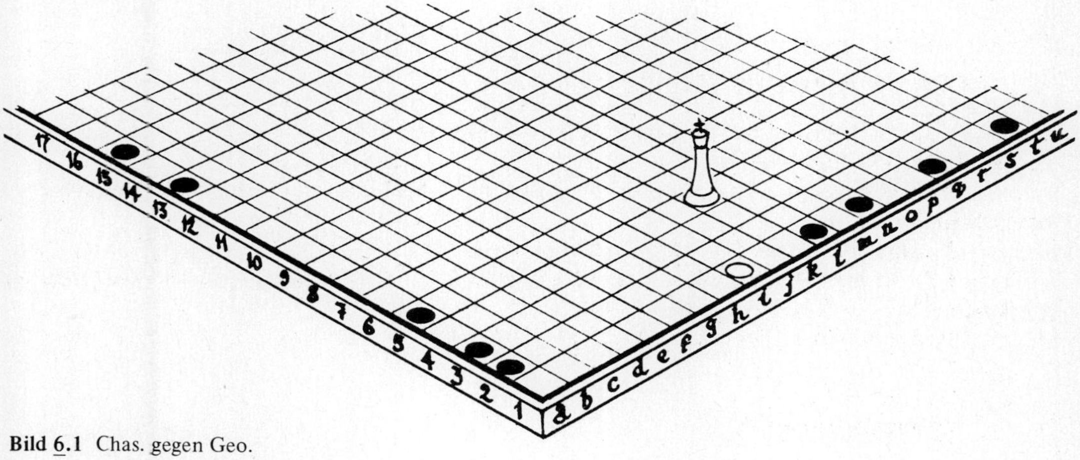

Bild 6.1 Chas. gegen Geo.

Schachgo, Königsgo und Herzogsgo

Man spielt diese Spiele auf irgendeinem i×j-Brett. Einer der Spieler, Chas.*) spielt mit einer einzigen Schachfigur Schach. Diese Figur kann ein König, ein Springer, ein Herzog oder ein „*Ferz*" (englischer Originalausdruck) sein, wobei die Zugmöglichkeiten der letzteren in Bild 6.2 zu finden sind. Die Varianten von Schachgo sind nach den verschiedenen echten und erfundenen Schachfiguren benannt: Königsgo nach dem König usw. Wir werden hier nur Königsgo und Herzogsgo im Detail besprechen.

*) Anmerkung des Übersetzers:
Der englische Name von „Schach" ist „Chess"!

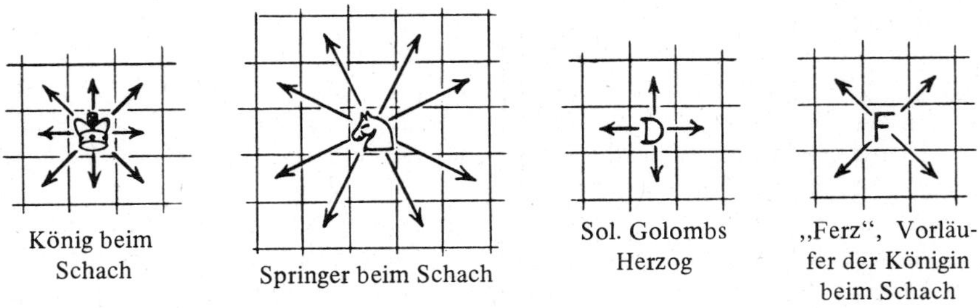

Bild 6.2 Verschiedene Schach-Figuren

Chas.' Gegner, Geo. besitzt eine Anzahl schwarzer (stoppender) und eine Anzahl weißer (wandernder) Go-Steine. Das Spiel beginnt mit der Schachfigur auf einem bestimmten Feld des sonst leeren Brettes. Die Schachfigur wandert bei jedem ihrer Züge zu einem zulässigen leeren Feld, während Geo. eine der folgenden Tätigkeiten ausführt:

(a) er setzt einen neuen Go-Stein (beliebiger Farbe) auf ein leeres Feld.
(b) er bewegt einen wandernden (weißen) Stein, welcher sich schon auf dem Feld befindet auf ein anderes leeres Feld.
(c) er setzt aus.

Erreicht die Schachfigur ein Feld entlang der Kante des Brettes, so hat Chas. gewonnen. Gelingt es hingegen Geo., die Schachfigur so einzukreisen, daß es für sie keinen zulässigen Zug mehr gibt, so ist er der Sieger. Ein ewig dauerndes Spiel gilt als unschlüssig.

Quadraphage

Das ist ein von R. Epstein behandelter Spezialfall, bei dem es keine wandernden und mindestens so viele schwarze Steine wie Felder auf dem Brett gibt. Der Titel dieses Paragraphen bezieht sich auf die Version von Quadraphage, bei der die Schachfigur der König ist. Nach Epstein ist Geo. ein Quadrate-Vertilger (griechisch-lateinisch: *tesseravore*, lateinisch-griechisch: *quadraphage*). Weil Geo. bei jedem seiner Züge ein Feld verputzt, endet das Spiel auf einem $i \times j$-Brett nach höchstens $ij - 1$ Runden. Die Schachfigur startet üblicherweise in der Mitte des Brettes, oder – im Falle eines geraden i oder j – zumindest möglichst nahe bei der Mitte.

Da es nie von Nachteil sein kann, als erster zu ziehen, sieht man mittels eines Strategienklau-Argumentes, daß es für ein gut gespieltes Quadraphage auf einem endlichen Brett von einer gegebenen Startposition aus nur drei verschiedene mögliche Ausgänge gibt. Entweder ist Geo. der Sieger (auch wenn Chas. beginnt) oder Chas. (auch wenn Geo. beginnt), oder es gewinnt der erste Spieler, der am Zug ist. Eine **Position** heißt **fair**, wenn der beginnende Spieler siegen kann.

Wir werden zeigen, daß die fairen Startpositionen des Herzogs auf einem unendlichen Quadranten-Brett alle aus Feldern der dritten Zeile oder Spalte, welche *nicht* in der ersten oder zweiten Zeile oder Spalte liegen, bestehen. Wir zeigen weiter, daß die fairen Startpositionen des Königs auf diesem Brett aus allen Feldern der neunten Zeile oder Spalte, welche nicht in einer niedrigeren Zeile oder Spalte liegen, bestehen. Schließlich wird gezeigt, daß für den Herzog (mit der gewöhnlichen Startposition) das 8×8-Schachbrett fair ist, und wir vermuten, daß für den König nur das 33×33- und das 34×34-Brett fair sind. Auf kleineren Brettern sollte Chas. auch dann gewinnen, wenn Geo. beginnt, und das Rückspiel sollte auf einem größeren Brett stattfinden.

Der Engel und der Quadrate-Vertilger

Man hat Schachgo noch nicht ganz durchschaut, und es ist selbst bei Brettern mäßiger Größe sehr schwierig, für Chas. eine explizite Gewinnstrategie zu finden. Z.B. scheint es sehr wahrscheinlich – obwohl dies wohl recht schwer zu beweisen ist –, daß der Springer auf einem unendlichen Brett ein unschlüssiges Spiel zustandebringt.

Es ist in der Tat noch nicht gezeigt worden, ob es überhaupt *irgendeine* verallgemeinerte Schachfigur gibt, mit der man auf einem unendlichen Brett zu einem unschlüssigen Spiel kommt. Dies legt folgende Problemstellung nahe. Ein **Engel** (der Stärke 1000) ist eine Schachfigur, welche in einem Zug zu jedem leeren Feld fliegen kann, das durch tausend Züge mit einem König erreicht werden könnte. Engel haben natürlich Flügel, weshalb es nichts ausmacht, wenn ein paar der dazwischenliegenden Felder vertilgt worden sind.

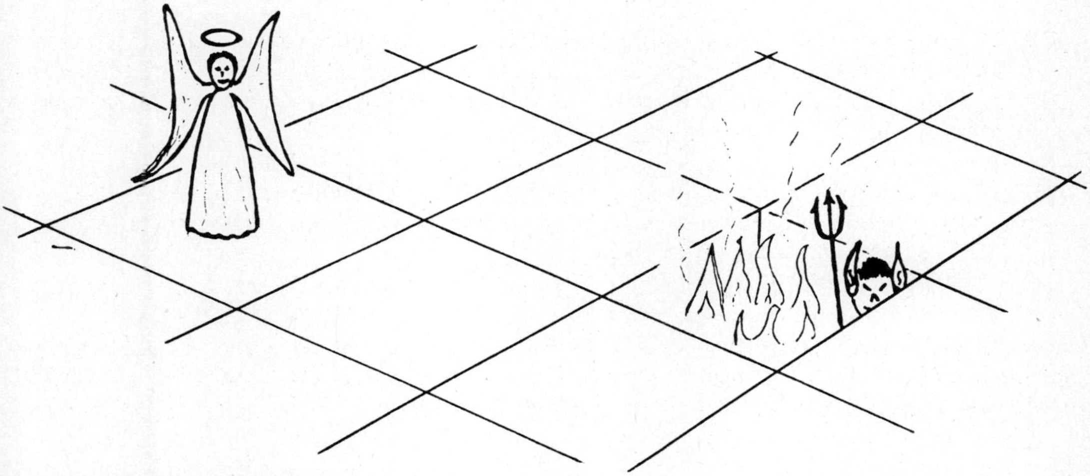

Bild 6.3 Der Engel und der Quadrate-Vertilger

Wir sagen: der Engel gewinnt gegen einen Quadrate-vertilgenden **Teufel** (welcher *jedes* Feld unabhängig davon, wie weit es von seinen früheren Zügen entfernt ist, vertilgen kann), indem er ewig weiterspielt (d.h., er macht das Quadraphage-Spiel unschlüssig). Kann der Teufel allerdings den Engel mit einem schwefeligen, tausend Felder weitem, aus vertilgten Feldern bestehenden Burggraben umgeben, so gewinnt er natürlich. Kennen Sie eine explizite Strategie, welche den Sieg des Engels *garantiert*?

Übernimmt der Teufel die von Andreas Blass und John Conway für ihn ausgearbeiteten trickreichen Taktiken, so wird der Engel sich unendlich oft beim Verkleinern seines Abstandes zum Zentrum um endlich große Anzahlen wiederfinden. Obwohl der Engel nie wirklich in Gefahr zu schweben scheint, müssen seine Pfade doch auch beliebig stark gewundene Spiralen beinhalten.

Strategie und Taktik

Sowohl bei Herzogsgo als auch bei Königsgo ist es möglich, zwischen strategischen und taktischen Zügen zu unterscheiden. Bei beiden Spielen gewinnt Geo. auf genügend großen Brettern dadurch, daß er als erster ein paar, von der Schachfigur weit entfernte *strategische* Steine setzt. Nähert sich die Sachfigur der Brettkante, so geht er zu *taktischen* Zügen, welche sehr nah an die Schachfigur herankommen, über. Wenn immer die Schachfigur sich von der Brettkante weg in Richtung Mitte bewegt, macht Geo. wieder strategische Züge.

Herzogsgo

Herzogsgo ist viel einfacher als Königsgo, weshalb wir es zuerst behandeln. Bevor Sie diesen Abschnitt lesen, könnten Sie es erstmal allein versuchen. Die hier vorgeführten optimalen Strategien wurden von Solomon Golomb entdeckt. Wir betrachten zunächst einige unendliche Bretter.

Auf einer unendlichen Halbebene kann der Herzog nur dann gewinnen, wenn er die Kante beim ersten Zug erreicht. Sonst kann Geo. immer ein unschlüssiges Spiel erreichen, indem er genau zwischen den Herzog und die Kante setzt. Eigentlich benötigt Geo. dazu nur einen einzigen weißen (wandernden) Stein.

Auf einem unendlichen Streifen der Weite i mit $i \leqslant 4$ kann der Herzog, wenn er als erster zieht, sofort gewinnen. Im Fall „$i \geqslant 4$" und „Geo. zieht zuerst", kann Geo. wiederum unschlüssig spielen, indem er zwischen den Herzog und die nächstgelegenste Kante setzt. Er benötigt auch diesmal nur einen Stein, vorausgesetzt, es ist ein wandernder.

Auf einer unendlichen Viertelebene kann der Herzog, zieht er als erster, gewinnen, falls er innerhalb eines drei Felder breiten Randes startet. Bei seinem Anfangszug steuert er auf die Kante los, und Geo. bleibt nichts anderes übrig, als einen Stein genau zwischen Herzog und Kante zu setzen. Dann wendet sich der Herzog der Ecke zu. Nun ist Geo. bei jedem Zug gezwungen, zwischen Herzog und Kante zu setzen, und der Herzog gewinnt schließlich, indem er eines der beiden der Ecke nächstgelegensten Felder erreicht.

Führt Geo. seinen ersten Gegenzug in der dritten Zeile oder Spalte einer unendlichen Viertelebene aus, so kann er ein unschlüssiges Spiel mit nur einem stoppenden und einem wandernden Stein erreichen. Er setzt zunächst seinen stoppenden Stein an die strategische Position, welche der Ecke diagonal am nächsten liegt (Bild 6.4). Dieser Zug blockiert das einzige Feld, von welchem aus der Herzog zwei Randfelder auf einmal in Angriff nehmen könnte. Wenn immer der Herzog zu einem der kleinen Buchstaben zieht, setzt Geo. seinen wandernden Stein auf das Feld mit dem entsprechenden großen Buchstaben.

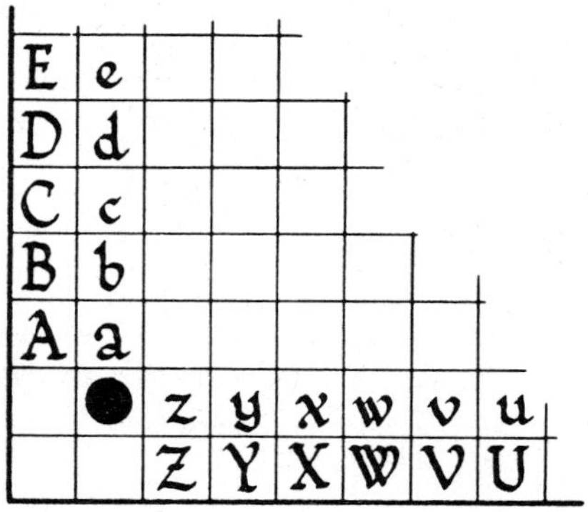

Bild 6.4
Geo. schlägt den Herzog auf einem unendlichen Quadrantenbrett.

Auf einem 8 × j-Brett mit beliebigem *j* kann der Herzog, wenn er zuerst zieht, auf jeden Fall gewinnen, egal, wie viele Steine Geo. besitzt. Der Herzog nähert sich zunächst der nächstgelegenen Kante, wobei er bei der dritten Zeile oder Spalte anlangt. Blockiert Geo. sein Voranschreiten, so wandert der Herzog die Kante entlang, und gewinnt in einer der Ecken. Blockiert Geo. die Annäherung nicht sofort, so versetzt des Herzogs nächster Zug ihn direkt neben ein Kantenfeld, und Geo. spielt einen zweiten Stein aus. Einer von Geo.s Steinen muß auf dem Kantenfeld neben dem Herzog liegen; ist der andere links davon, so wendet sich der Herzog nach rechts und sonst nach links. In beiden Fällen gewinnt der Herzog schließlich in der anderen Ecke.

Auf einem 7 × j-Brett gewinnt der Herzog auch dann, wenn Geo. beginnt: er nähert sich der Hälfte des Brettes, welche Geo.s Eröffnungsstein nicht enthält.

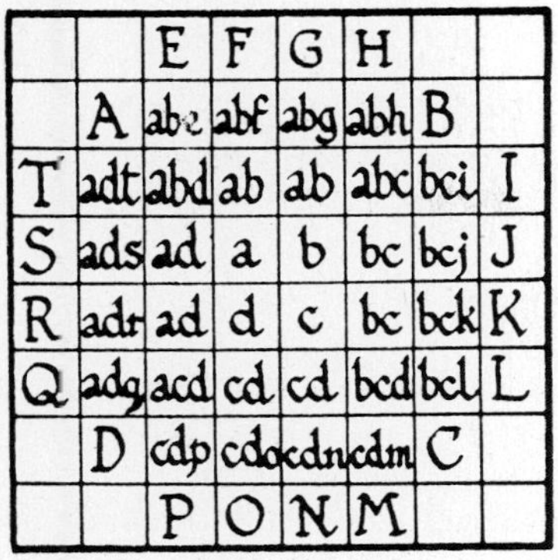

Bild 6.5
Geo. schlägt den Herzog auf einem gewöhnlichen Schachbrett

Auf einem 8 × 8-Brett kann Geo. ein unschlüssiges Spiel erzwingen, wobei er nur drei wandernde Steine benötigt (Bild 6.5). Er macht es immer so, daß diese sich auf den Feldern mit den Großbuchstaben befinden, deren kleine Entsprechungen vom Herzog besetzt sind. Da die Kombinationen von Kleinbuchstaben zweier benachbarter Felder sich nie um mehr als einen Buchstaben unterscheiden, ist dies immer möglich. Geo. kann das Spiel auch mit nur zwei wandernden und zwei stoppenden Steinen unschlüssig werden lassen: er setzt die zwei stoppenden Steine auf *A* und *C*. Das funktioniert deshalb, weil bei jedem Feld mit drei Buchstaben entweder nur *a* oder nur *c* vorkommt. Dasselbe kann Geo. auch mit mindestens einem wandernden und vier stoppenden, auf *A, B, C* und *D* gesetzten Steinen erreichen. Es ist wesentlich schwieriger herauszufinden, wie viele stoppende Steine Geo. benötigt, wenn er überhaupt keinen wandernden hat.

Art des Brettes	Startposition	Kleinste Anzahl von Steinen, mit welchen Geo., falls er zuerst zieht, zumindest ein unschlüssiges Spiel erreicht
$4 \times \infty$	Zentrum	1 wandernder
unendliches Quadrantenbrett	3. Zeile oder Spalte, wobei die 1. oder 2. Spalte oder Zeile ausgeschlossen ist.	1 wandernder 1 stoppender
$8 \times j, j \geqslant 8$	Zentrum	3 wandernde, *oder* 2 wandernde, 2 stoppende, *oder* 1 wandernder, 4 stoppende, *oder* ? stoppende

Tafel 6.1 Faire Bretter für Herzogsgo

Königsgo

Die verbleibenden Abschnitte dieses Kapitels sind ganz Königsgo gewidmet.

Die Kantenattacke

Bild 6.6 zeigt, wie sich der König seinen Weg zu einer nahen, schlecht verteidigten Kante bahnen kann. Der fett gedruckte horizontale Strich kennzeichnet die Kante des Brettes, und der Punkt gibt die momentane

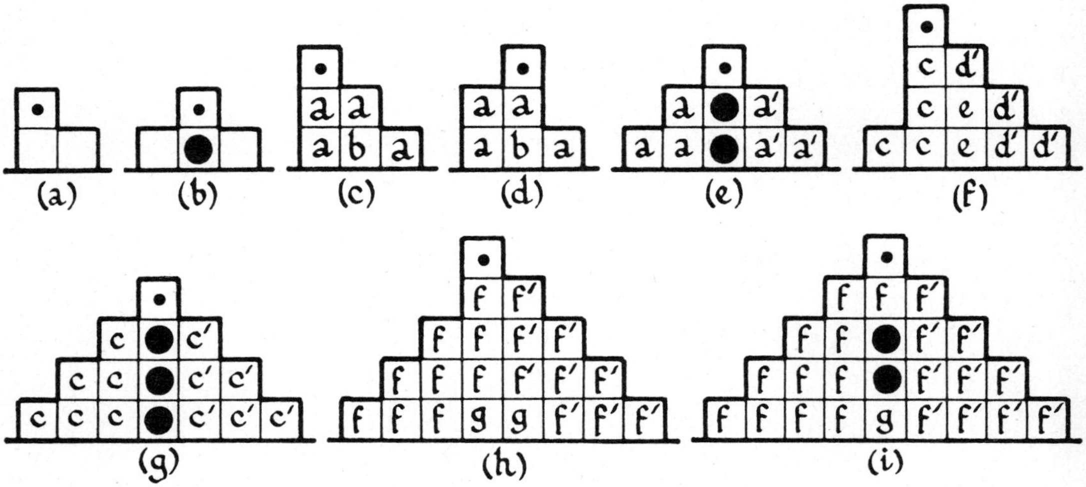

Bild 6.6 Wie der König an die Kante gelangt

Position des Königs an. Die mit Buchstaben versehenen Felder werden als leer vorausgesetzt. Go-Steine können auf einigen oder allen anderen Feldern liegen. In allen Fällen ist Geo. an der Reihe.

Zieht Geo. außerhalb des gezeigten Gebietes, geht der König einfach auf die Kante zu. Zieht aber Geo. zu einem Buchstaben x oder x' ($x = a, b, \ldots, g$), so macht der König einen Zug, der zu einem der Fälle von Fig. 6.6(x) oder seiner Spiegelung führt. Setzt Geo. z.B. einen Stein in die untere rechte (mit d' markierte) Ecke von Bild 6.6(f), so bewegt sich der König vertikal und erreicht damit eine Spiegelung von Bild 6.6(d).

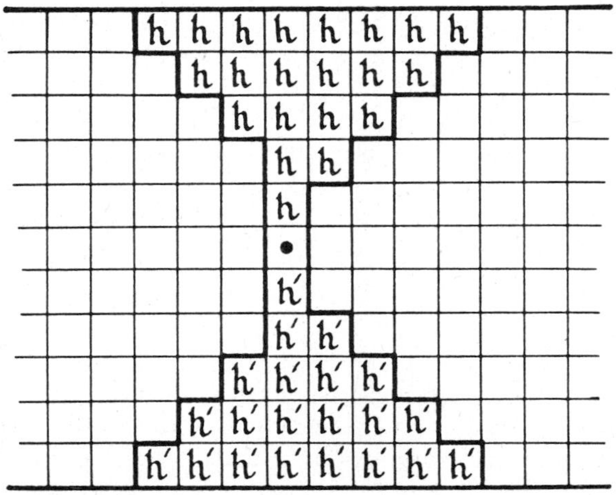

Bild 6.7 Wie der König auf einem unendlichen Streifen der Breite 11 gewinnt.

Wirft man nun einen Blick auf Bild 6.7 und 6.6(h), so erkennt man:

der König kann auf einem unendlichen Streifen von maximaler Breite 11 auch dann gewinnen, wenn Geo. beginnt.

Die Kantenverteidigung

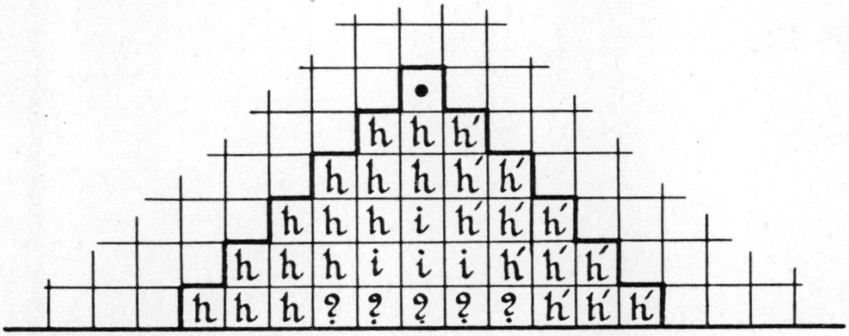

Bild 6.8 Wie Geo. die Kante gegen den König verteidigt.

Bild 6.8, welches genauso zu deuten ist, wie Bild 6.6, zeigt, daß es nur fünf mögliche Positionen (?, ?, ?, ?, ?) gibt, bei welchen Geo. eine Chance hat, den Angriff des Königs von der sechsten Zeile aus auf einem leeren Brett abwehren zu können. Bild 6.9(k) zeigt, wie Geo. die Kante mit jedem dieser fünf Züge erfolgreich verteidigen kann. Der König kann von jeder der schattierten Felder aus ziehen. Bleibt er auf einem derartigen Feld, so setzt Geo. aus. Bewegt sich der König zu einem Buchstaben x oder x' ($x = j, k, l, \ldots, q$), so kann Geo. durch seinen Zug einen der Fälle von Bild 6.9(x) oder dessen Spiegelung erreichen. Beachten Sie, daß der Beweis von jedem der Bilder 6.9(j)–6.9(q) von dem der anderen abhängig ist, da der König auf trickreiche Art schnell von einer dieser Positionen zu einer anderen wechseln kann.

Da es bei keiner dieser Positionen mehr als drei Steine gibt, ist Geo. in der Lage, die Kante mit nur drei wandernden Steinen zu verteidigen.

Eine gedächtnislose Kantenverteidigung

Bild 6.10, bei welchem die gleichen Vereinbarungen gelten wie bei 6.5, zeigt eine andere Methode, mit der Geo. unter Verwendung von nur drei wandernden Steinen den Vormarsch des Königs von der 6. Zeile aus auf einem leeren Brett stoppen kann. Im Gegensatz zu Bild 6.9 ist diese Methode gedächtnislos in folgendem Sinne: die Positionen dieser Steine hängen nur von der jeweiligen Position des Königs und nicht davon ab, wie er dort hingelangt ist.

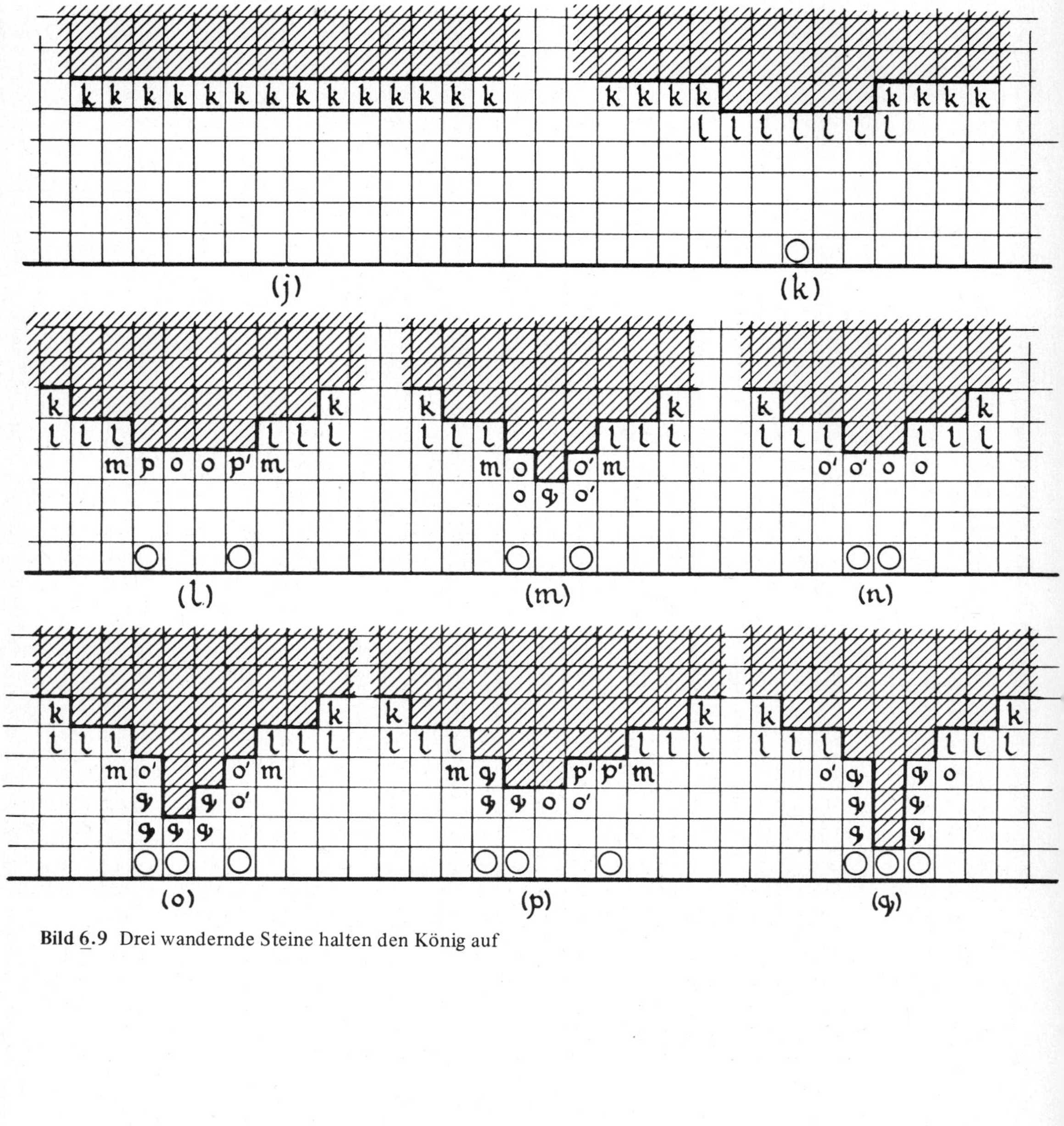

Bild 6.9 Drei wandernde Steine halten den König auf

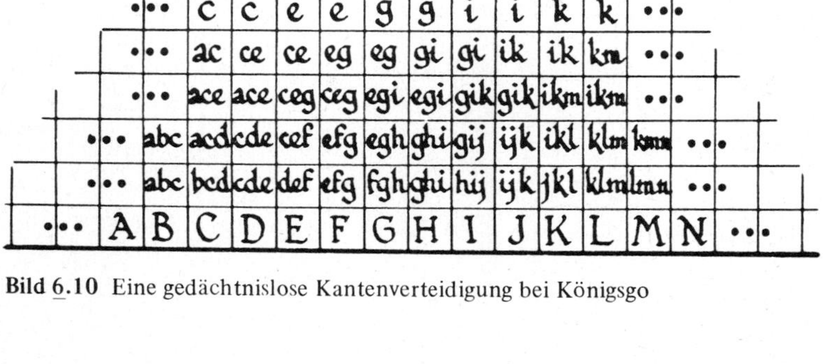

Bild 6.10 Eine gedächtnislose Kantenverteidigung bei Königsgo

Später wird Geo. verschiedene Exemplare dieser Verteidigung zusammenflicken wollen (Bild 6.11 und 6.12). Bild 6.11 zeigt, wie man sie mit ihrem links-rechts Spiegelbild zusammensetzen kann, und Bild 6.12 veranschaulicht, wie man die Phase um ein Feld verschieben kann. Durch Zusammensetzen verschiedener Kombinationen der Bilder 6.10, 11, 12 und deren Translaten und Spiegelungen findet man noch viele andere gedächtnislose Kantenverteidigungen.

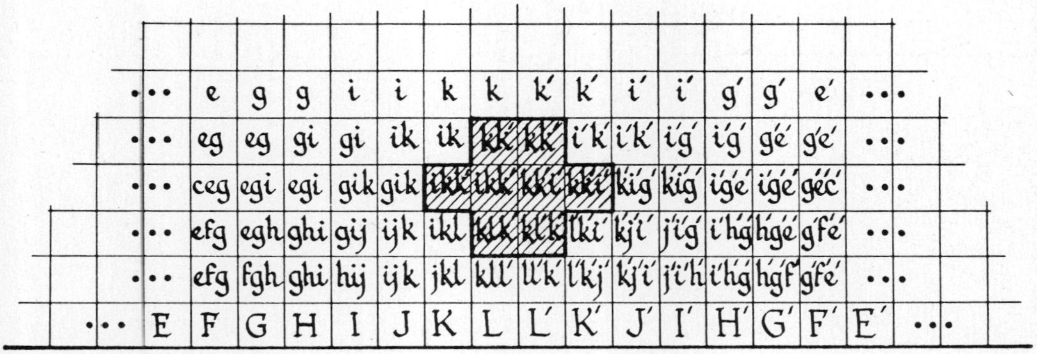

Bild 6.11 Zusammenkleben von Bild 6.10 mit seinem Spiegelbild

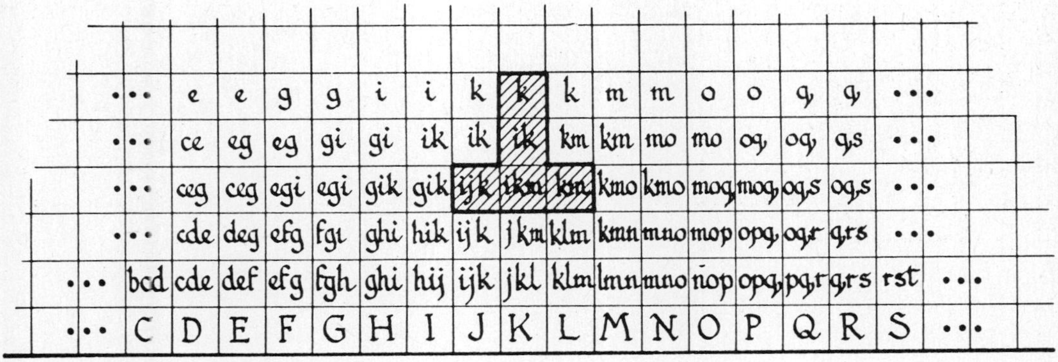

Bild 6.12 Bild 6.10 kommt ein Feld aus dem Schritt

Aus den Bildern 6.9, 10, 11, 12 lassen sich sofort einige Resultate über unendliche Streifen herleiten:

> Auf einem unendlichen Streifen mit minimaler Breite 12, kann Geo., falls er zuerst zieht, mit nur drei wandernden Steinen das Spiel unschlüssig machen.
>
> ———
>
> Auf einem unendlichen Streifen minimaler Breite 13 kann er dies auch, wenn der König beginnt.

Bewegt sich der König auf die Kante zu, so wird er bei Bild 6.9(q) gestoppt, greift er die Kante nicht an, so kann Geo. immer noch genauso 3 aufeinanderfolgende Steine setzen.

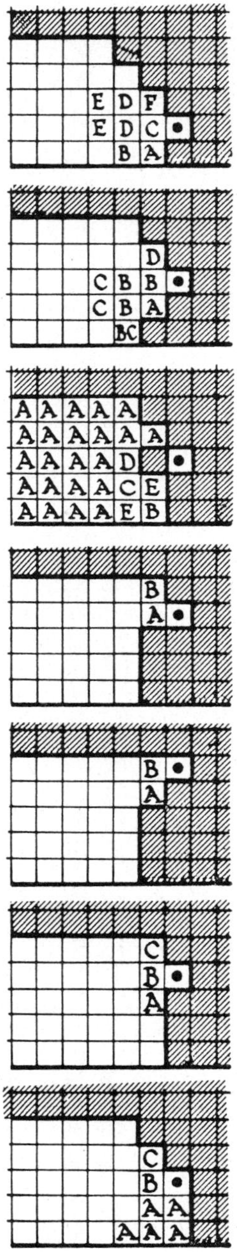

	gegen	nach	Neue Position
(*a*) Höchstens zwei Steine. Nicht beide auf *A* und *D*. Nicht beide auf zwei der Felder *A, C* oder *F*.	A^0	*A*	
	$A^1B^0C^0D^{\leq 1}E^{\leq 1}$	*C*	*a*
	$A^1B^0C^0D^0E^2$	*F*	*c*
	$A^1B^0C^0D^2$	verboten	
	$A^1B^0C^1F^0$	*F*	*b*
	$A^1B^0C^1F^1$	verboten	
	$A^1B^1F^0$	*F*	*b*
	$A^1B^1F^1$	*C*	*a*
(*b*) Höchstens ein Stein.	$A^0B^{\leq 1}C^{\leq 1}$	*A*	*a*
	A^0C^2	*B*	*c*
	A^0B^2	*D*	*d*
	A^1B^0	*B*	*b*
	A^1B^1	*D*	*d*
(*c*) Steine auf zwei der Felder *B, C* und *D*, sonst nirgendwo.	A^0	*A*	*d*
	$A^1B^0C^1D^1$	*E*	–
	$A^1B^1C^0D^1$	*E*	*a*
	$A^1B^1C^1D^0$	*E*	*a*
(*d*) Kein Stein.	A^0	*A*	*f*
	A^1	*B*	*e*
(*e*) Kein Stein.	A^0	*A*	*f*
	A^1	*B*	*e*
(*f*) Höchstens ein Stein.	A^0	*A*	*g*
	A^1B^0	*B*	*f*
	A^1B^1	*C*	*e*
(*g*) Höchstens zwei Steine.	$A^{\leq 1}$	*A*	–
	A^2B^0	*B*	*b*
	A^2B^1	*C*	*d*

Bild 6.13 Eine Kanten-Ecken-Attacke

Die Kanten-Ecken-Attacke

Auf einem unendlichen Streifen der Breite 13 kann der König *nicht gewinnen*, aber er *ist in der Lage*, sich wie in Bild 6.9(q) einen Weg zur zweiten Zeile zu erkämpfen. Er kann dann entlang dieser Zeile in beiden Richtungen voranschreiten, womit er Geo. dazu zwingt, ihn zu begleiten. Selbst wenn Geo. einen großen Vorrat an Steinen besitzt, kann er nicht mehr tun, als entlang der ersten Zeile eine feste Mauer aufzubauen, und bei einem endlichen Brett wird der an der Kante entlang laufende König irgendwann die Ecke erreichen.

Wir behaupten nun, daß Geo. für eine angemessene Verteidigung mindestens drei strategische Steine besitzen muß, welche irgendwo zwischen dem an der Kante entlang laufenden König und der Ecke placiert sein müssen. Und jeder dieser Steine muß sich irgendwo in den ersten fünf Zeilen befinden. Der Beweis dieser Behauptung folgt aus Bild 6.13, welches die allen, diese Bedingungen nicht erfüllenden Positionen entsprechenden Gegenzüge aufführt. Es gibt Felder mit jeweils einem der ersten sieben Großbuchstaben und unendlich viele Felder ohne Buchstaben. Wenn Geo. an der Reihe ist, sind höchstens drei seiner Steine im Spiel. Die Zeile

„*Gegen* A^0, *nach A, Position-*“

bedeutet: liegt keiner (oberer Index 0) der Steine auf A, so zieht der König nach A und gewinnt sofort. Die Zeile

„*Gegen* $A^1 B^0 C^0 D^{\leqslant 1} E^{\leqslant 1}$, *nach C, Position a*“

bedeutet: hat Geo. einen Stein auf A, keinen auf B oder C und höchstens einen (obere Indices $\leqslant 1$) auf D und E, so sollte der König nach C ziehen und damit eine Translation der in Bild 6.13(a) gezeigten Position erreicht.

Da der König in jedem Fall Geo.s Zügen zu irgendeinem der Bilder 6.13(a)–13(g) durch einen Zug, welcher zu einem anderen dieser Bilder führt, entgegentritt, kann Geo. den König niemals über die fünfte Zeile hinausdrängen oder ihn vom Fortsetzen seiner Kanten-Ecken-Attacke abhalten, obwohl er ihn dazu bringen *kann*, immer zwischen diesen Bildern hin und her zu wechseln.

Auf der anderen Seite *kann* Geo. mit fast allen Kombinationen dreier strategischer Steine entlang der ersten Zeile des Brettes die Kanten-Ecken-Attacke abwehren. Bild 6.14 zeigt die einzigen Ausnahmen.

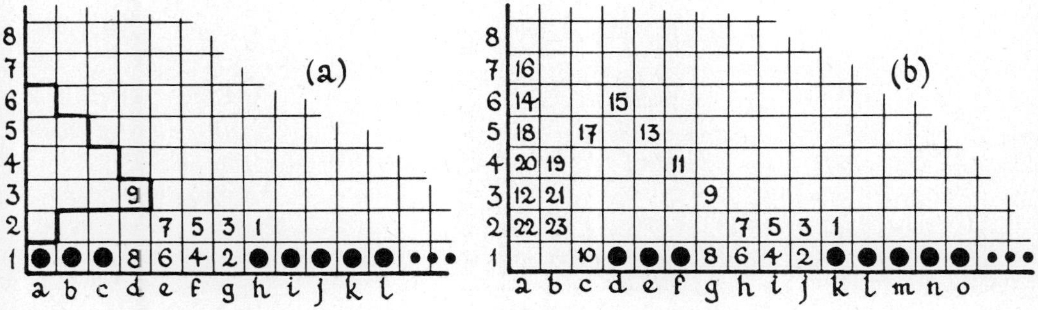

Bild 6.14 Tripel, welche den an der Kante entlanglaufenden König nicht aufhalten können

In Bild 6.14(a) liegen Geo.s drei strategische Steine auf a1, b1 und c1; seine die dem König nahe Kante verteidigenden taktischen Steine befinden sich auf den Feldern h1, i1, ... Der König zieht nach 1; Geo. ist damit gezwungen, einen Stein auf 2 zu setzen; der König zieht nach 3, und immer so weiter. Der Zug des Königs nach 9 sichert ihm nach Bild 6.6(f) (gespiegelt) einen Sieg.

Bild 6.14(b) verwendet eine ähnliche Notation, um zu zeigen, wie der König im Falle, daß Geo.s strategische Steine auf d1, e1, f1 liegen, gewinnt.

Strategische und taktische Steine

Da Geo. eine Kantenattacke mit nur drei besonderen Steinen gewinnen kann und die meisten aus drei Steinen bestehenden Kombinationen zur Verteidigung genügen, ist es üblich, seine drei am meisten entfernt liegenden Steine in den ersten fünf Zeilen entlang irgendeiner Kante als **strategische** Steine zu bezeichnen. Die anderen heißen **taktische** Steine. Diese versuchen den König entlang der Kante aufzuhalten, und die strategischen halten ihn davon ab, die bevorstehende Kanten-Ecken-Attacke zu gewinnen.

Betrachten wir zum Beispiel mal das Spiel auf einem unendlichen Streifen der Breite 23 (Bild 6.15). Der König beginnt bei 1; Geo. setzt einen Stein auf 2; der König zieht nach 3; Geo. setzt einen Stein auf 4, usw. Kritisch wird es, wenn Geo. einen Stein auf 16 setzt. Wo soll der König jetzt hin? Obwohl mehrere Züge plausibel erscheinen, ist nur einer erfolgreich!

Beim Finden des richtigen Zuges müssen Sie zwischen Strategie und Taktik unterscheiden. Die Steine 4, 6 und 8 verteidigen die rechte Flanke, womit 10, 12 und 16 zur Verteidigung der linken benötigt werden. Weil der Stein auf 16 für *strategische* Zwecke gebraucht wird, ist er *taktisch* gesehen wertlos.

Der König tut also so, als wäre 16 leer und er zieht nach 17, was ihm mittels Bild 6.6(g) einen taktischen Sieg einbringen würde! Jeder andere Zug des Königs würde verlieren und zu einer Verteidigung bei α oder β führen.

Natürlich *würde* das Spiel, da 16 *nicht* leer ist, *nicht* an der unteren Kante enden, da Geo. die Kantenattacke abwehren kann, allerdings nur mit Hilfe des Steines auf 16. Schließlich hätte der König die Möglichkeit nach 16 zu ziehen, wenn dieses Feld frei wäre. Anstatt dies zu tun, läßt er sich auf eine unaufhaltbare Kanten-Ecken-Attacke ein, wobei er entlang der zweiten Zeile nach links läuft. Geo. kann schließlich seine Steine 10 und 12 dazu verwenden, den König auf die verschiedenen Positionen von Bild 6.13 umzuleiten, aber es ist ihm nicht möglich, dem Kanten-Ecken-Angriff Einhalt zu gebieten.

Argumentationen dieser Art zeigen nun:

> ist Geo. gezwungen, seine ersten 10 Steine auf der obersten und untersten Zeile zu plazieren, so kann der König auf einem unendlichen Streifen der Breite 23, selbst dann, wenn Geo. beginnt, ein unschlüssiges Spiel erreichen.

Wir meinen, daß dies auch dann richtig bleibt, wenn wir die Bedingungen an Geo.s Anfangszüge fallen lassen, denn es scheint unwahrscheinlich, daß es ihm irgendeinen Vorteil bringt, seine Steine näher am Mittelpunkt zu plazieren. Obwohl solche Züge unnütz scheinen, haben wir es nicht geschafft, eine genaue Strategie herauszuarbeiten, mit welcher der König diese Züge abwehren kann.

Ecken-Taktik

Bild 6.16 zeigt, wie Geo. die Ecke gegen einen Angriff von irgendeiner der Kanten aus unter Verwendung von drei aufeinanderfolgenden stoppenden und drei wandernden Steinen verteidigt. Die Kanten lassen sich, um für Geo. eine Strategie auf einem unendlich großen Quadrantenbrett anzugeben, mittels Bild 6.10 fortsetzen.

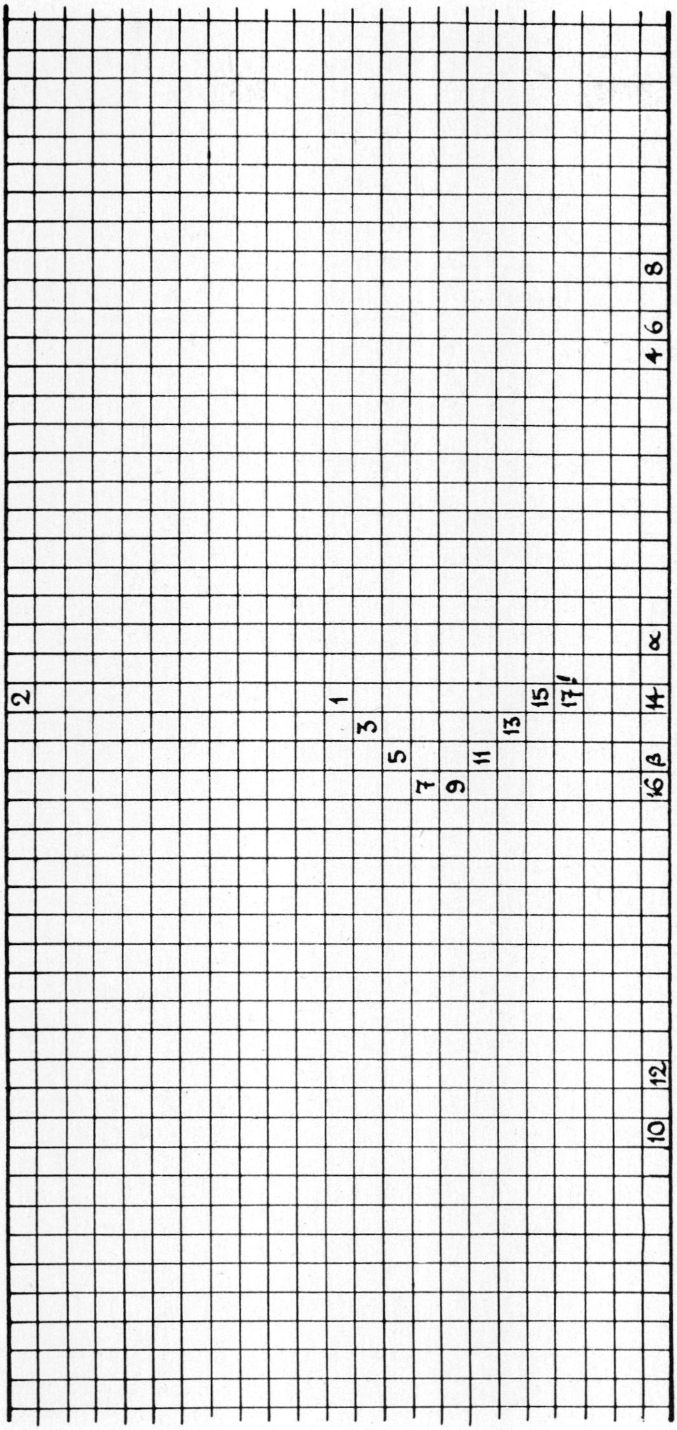

Bild 6.15 Der König macht ein typisches Spiel auf einem unendlichen Streifen der Breite 23 unschlüssig

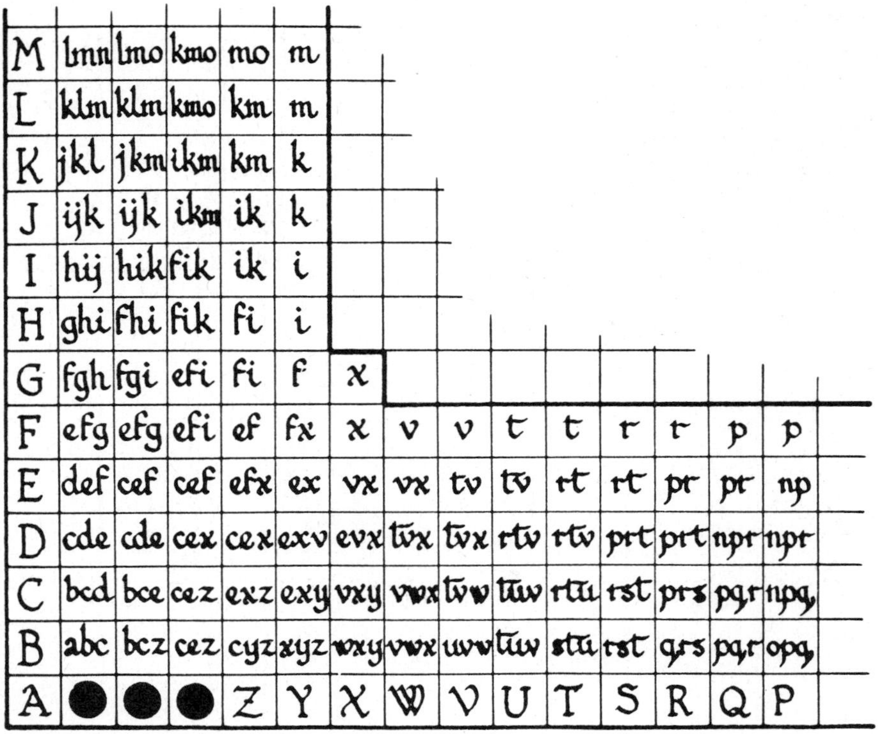

Bild 6.16 Drei stoppende und drei wandernde Steine verteidigen die Ecke

Obwohl diese Verteidigung die Ecke gegen Angriffe entlang jeder Kante verteidigt, liefert sie nur eine schwache Abwehr direkter Angriffe entlang der Diagonalen. Sie verteidigt gegen einen König in der zehnten Zeile und Spalte auf einem leeren Brett *nur* dann, wenn Geo. zuerst zieht. Da Geo. zunächst seine drei strategischen Steine unterbringen muß, erreicht der König, wenn er zuerst zieht, die sechste Zeile und Spalte, bevor Geo. auch nur einen wandernden Stein auf das Brett gesetzt hat, und wegen Bild 6.16 muß Geo. nun sowohl auf *F* als auch auf *X* einen wandernden Stein setzen. Tatsächlich zeigt Bild 6.17 (welches zusammen mit Bild 6.6 benutzt werden sollte), daß der König nun gegen *jede* Strategie von Geo. gewinnen kann, selbst dann, wenn auf allen gekennzeichneten Feldern von Bild 6.17(a) Steine liegen. Dieses Bild hängt von Bild 6.17(b) und 6.17(e) ab, deren Beweise wir dem Leser überlassen wollen.

Bild 6.17 zeigt, daß Geo.s einzige Hoffnung, die Ecke gegen einen Angriff des in des zehnten Zeile und Spalte startenden Königs zu verteidigen, darin besteht, daß seine ersten drei Steine schon irgendwo placiert sind. Eine vielversprechende Möglichkeit benutzt die Felder a2, a3, a5 entlang einer Kante, wenn Geo.s größtes Problem darin besteht, angemessen weitermachen zu können, falls der König in der sechsten Zeile und Spalte ankommt. Bild 6.18 zeigt, daß es nur eine (mit ? gekennzeichnete) Möglichkeit gibt. Der Beweis von 6.18 hängt von Bild 6.17 und Bild 6.6 ab, aber wir überlassen wieder einige dieser Beweise dem Leser.

Es gibt also nur einen Zug, mit dem Geo. Bild 6.18(a) erfolgreich verteidigen kann! Seine vollständige Strategie findet man in Bild 6.19 mit den durch Bild 6.10 fortgesetzten Kanten. Mit den drei stoppenden Steinen in der gezeigten Position verteidigt er die Ecke gegen Angriffe entlang der Kanten oder der Diagonale.

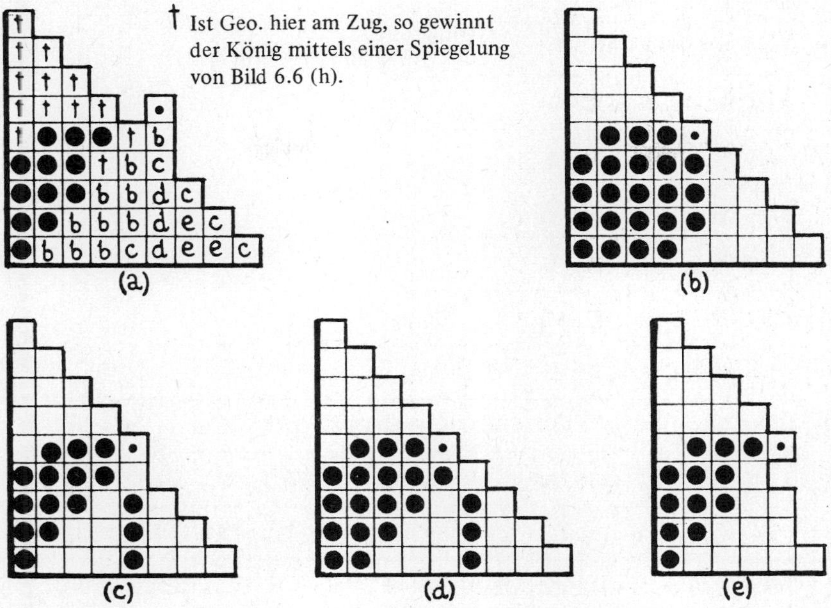

Bild 6.17 Drei aufeinanderfolgende stoppende Steine werden die Kante gegen den König in der sechsten Zeile und Spalte nicht verteidigen.

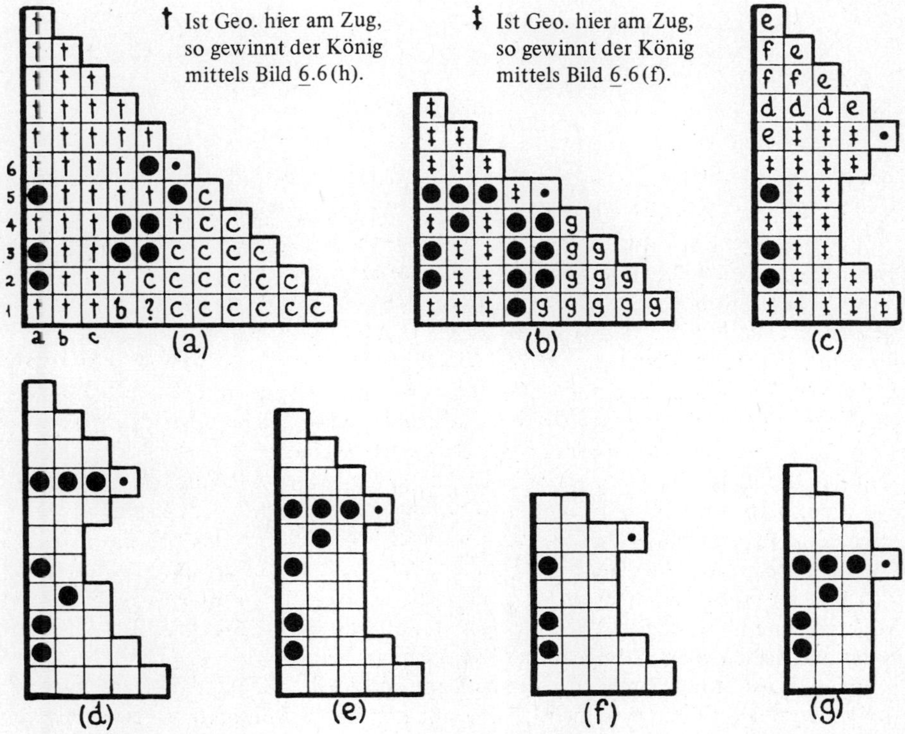

Bild 6.18 Mit drei gut plazierten Steinen und dem Anfangszug verteidigt Geo. die Ecke gegen einen diagonalen Angriff.

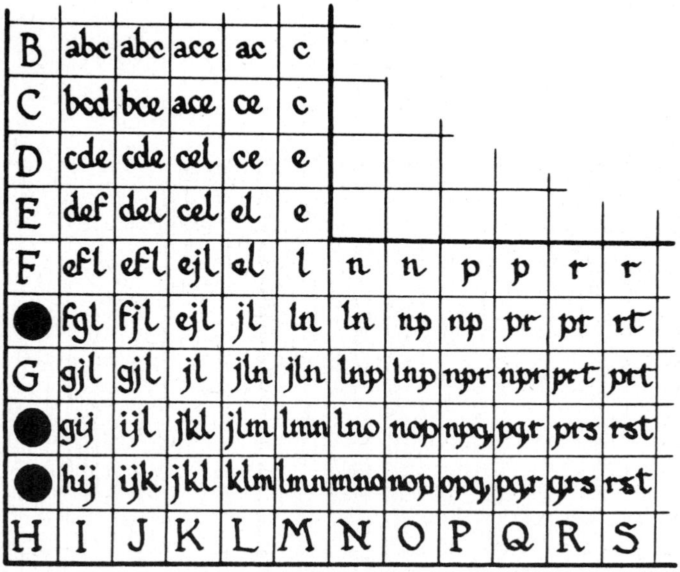

Bild 6.19 Gedächtnislose Kantenverteidigung

Durch Kombination der Bilder 6.13 und 6.19 erhält man:

> die fairen Startpositionen auf einem unendlichen Quadrantenbrett sind diejenigen in der neunten Zeile oder Spalte, wobei niedrigere Zeilen oder Spalten ausgeschlossen sind.

Zieht Geo. zuerst, so kann er Bild 6.19 entsprechend jede dieser Positionen mit nur drei stoppenden und drei wandernden Steinen verteidigen. Beginnt aber der König, so greift er die nächste Ecke an, wobei er die drei weiteren, wie in dem Bei-Spiel von Bild 6.15 vorkommenden Steine zwischen ihm und der Ecke ignoriert. Da Bild 6.13 zeigt, daß Geo. drei strategische Steine für die Verteidigung der Ecke benötigt, kann der König *entweder* gewinnen *oder* auf eine siegreiche Kanten-Ecken-Attacke umsteigen wie in Bild 6.13.

Verteidigung auf einem großen quadratischen Brett

Wir haben gesehen, daß Geo. eine Ecke mit drei stoppenden und drei wandernden Steinen verteidigen kann. Er ist also in der Lage, ein hinreichend großes quadratisches Brett mit zwölf stoppenden (drei für jede Ecke) und drei wandernden Steinen zu verteidigen. Er setzt zunächst die zwölf stoppenden Steine auf ihre festen Plätze. Hat man ein 35 × 35- oder größeres Brett, startet der König mindestens 18 Felder von einer Kante entfernt, womit er, nach dem Geo. seine 12 strategischen Steine gesetzt hat, immer noch mindestens 6 Felder von der Kante entfernt ist. Also gilt:

> Zieht Geo. zuerst, so kann er auf einem quadratischen Brett mit minimaler Kantenlänge 35 gewinnen.

Das 33 × 33-Brett

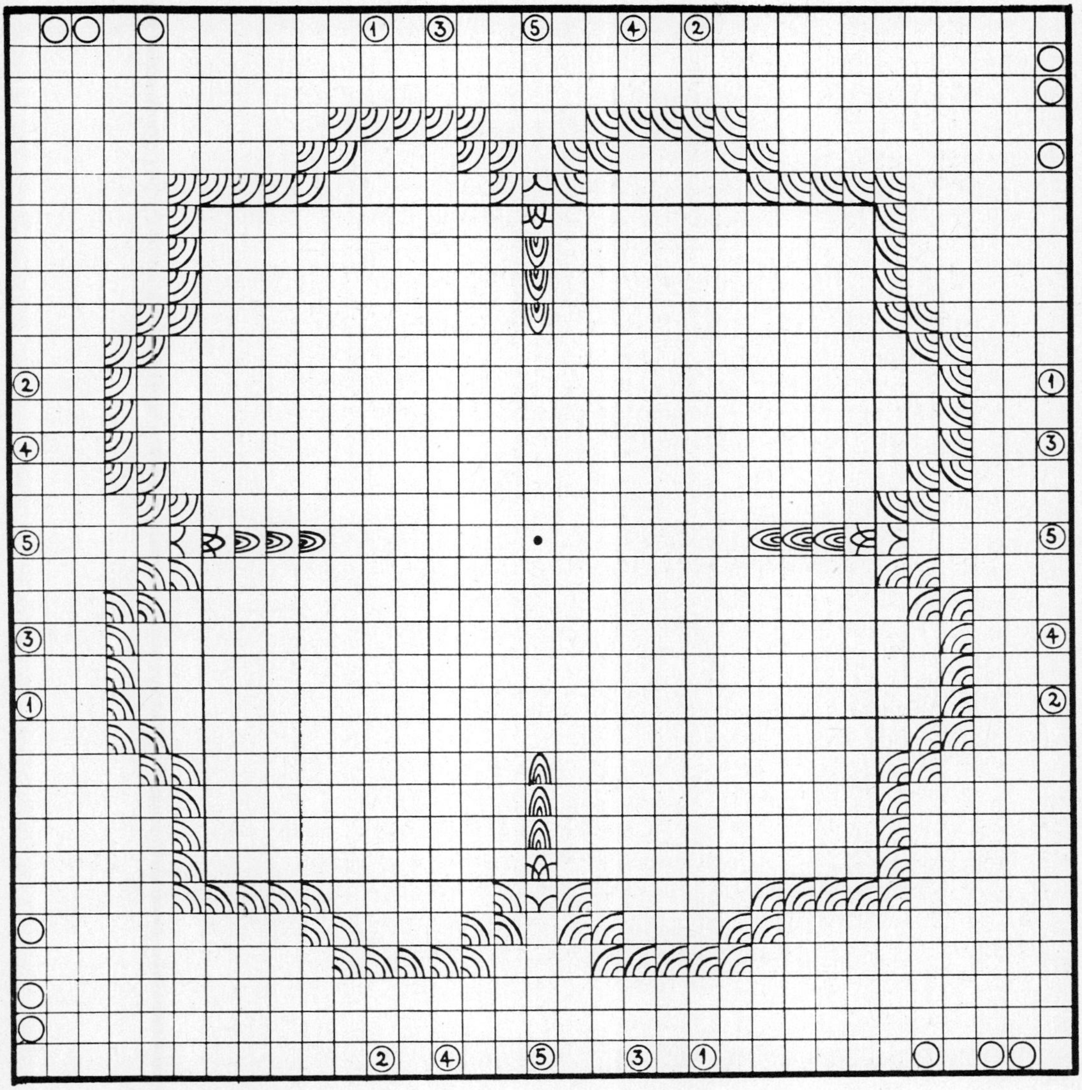

Bild 6.20 Der zentrierte König auf einem 33 × 33-Brett

Wir führen Ihnen nun eine etwas kniffligere Verteidigung vor, welche es Geo., falls er beginnt, erlaubt, auf einem 33 × 33-Brett mit nur 12 (wandernden) Steinen zu überleben. Die Details sind in den Bildern 6.20 bis 6.26 zu finden.

Der zentrierte König

So lange sich der König in dem zentralen Bereich von Bild 6.20 befindet, setzt Geo. Steine auf bestimmte strategische, mit Kreisen gekennzeichnete Felder entlang des Randes. Es gibt deren 32, 3 bei jeder Ecke und 5 an jeder Kante. Geo. setzt zuerst vier Steine an jede Kante, und die Verteilung seiner Steine nach vier oder mehr Königszügen findet man in Bild 6.21, eine Nahaufnahme eines Teils von Bild 6.20 (die vier Viertel des Brettes sind kongruent). Die meisten Felder in dem zentralen Gebiet sind in neun Unterquadrate aufgeteilt, von welchen das mittlere immer leer ist. Die anderen acht Unterquadrate informieren Geo. darüber, wie viele Steine er in dem entsprechenden Bereich haben sollte. Zieht der König etwa zu dem wie folgt markierten Feld,

3		
1	4	

so zieht Geo. so, daß er drei Steine an der linken Kante hat, einen bei der linken unteren Ecke und vier an der unteren Kante. Die Reihenfolge, in der Geo. die drei Steine bei der Ecke placiert, ist unwesentlich, aber bei den fünf strategischen Feldern entlang der Kanten ist es das mittlere, welches zuletzt besetzt werden muß. Eine vernünftige Reihenfolge geben die Zahlen 1, 2, 3, 4, 5 in den Kreisen bei Bild 6.20 und 6.21 an.

Bei einigen Feldern auf den Hauptdiagonalen (siehe Bild 6.21) stößt man auf Pfeile:

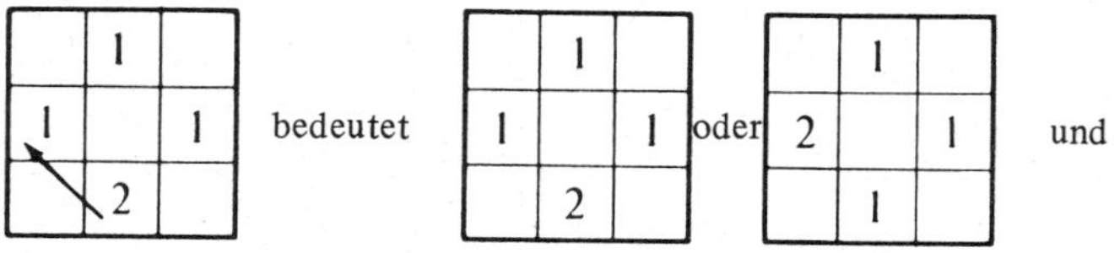

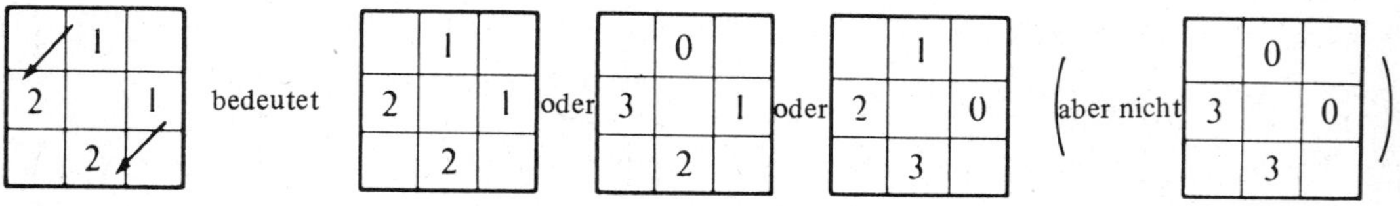

Geo. kann beide Alternativen für eine zufriedenstellende Verteidigung verwenden.

Wenn man den zentralen Bereich verläßt

Verläßt der König den zentralen Bereich von Bild 6.20 mittels eines wie in Bild 6.22(a) markierten Feldes, so sagen wir, er ist im unteren linken Teil des Brettes **in die Ecke gedrängt**, und dann wird Geo. ihn innerhalb des in

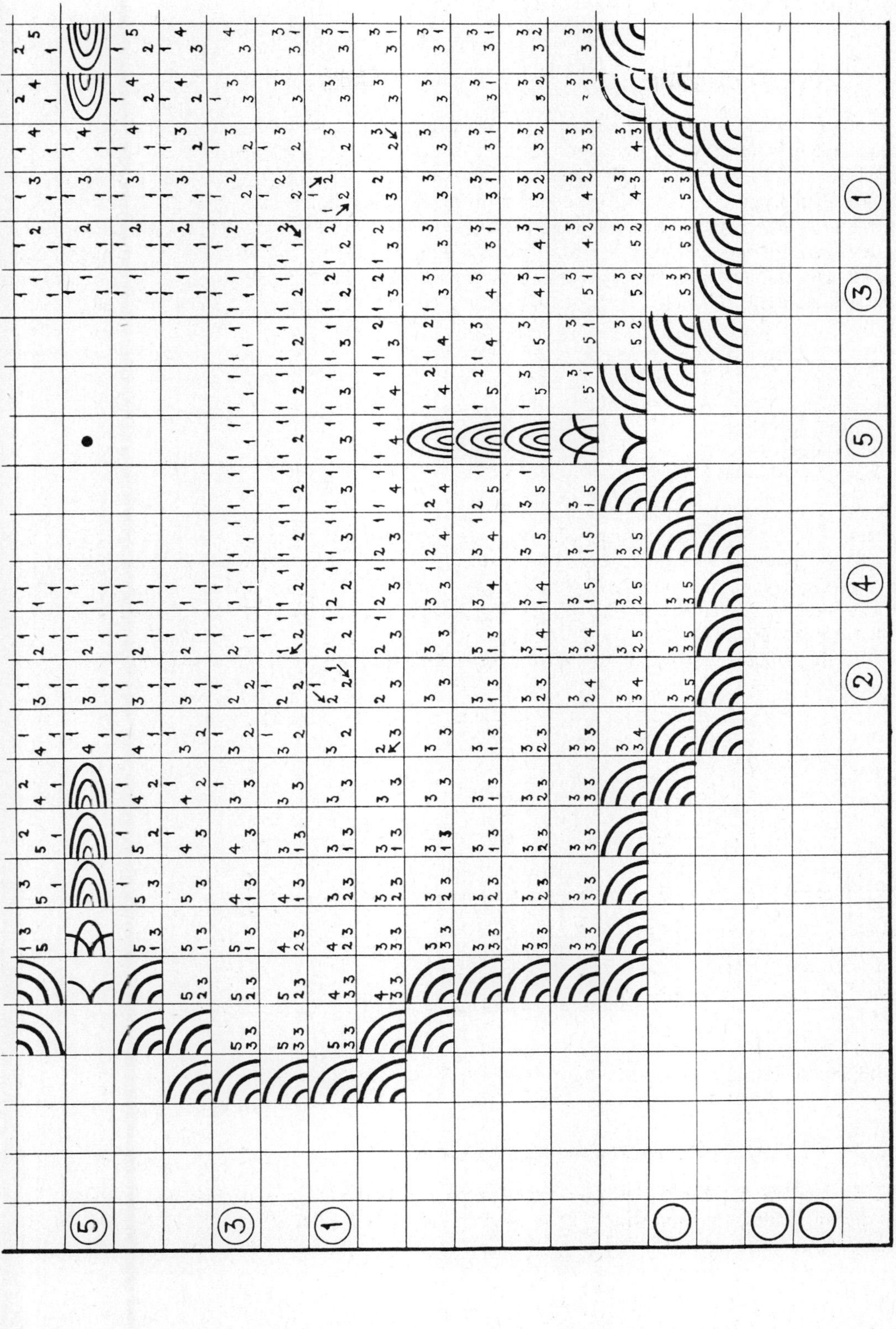

Bild 6.21 Nahaufnahme von Bild 6.20

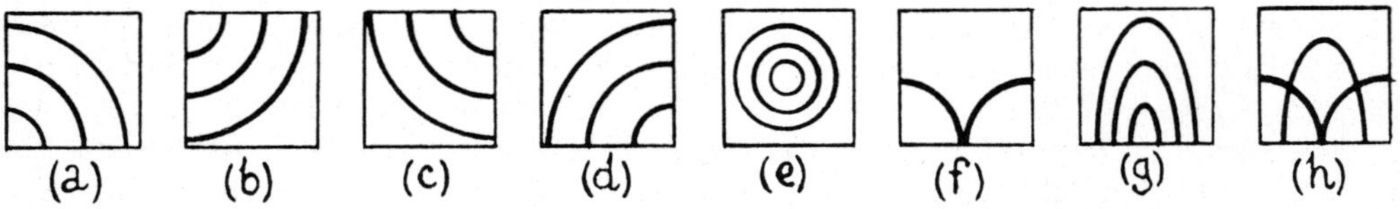

Bild 6.22 Schlüssel zu den Markierungen bei den Bildern 6.20, 6.21, 6.23, 6.24, 6.25 (siehe Text)

Bild 6.23 gezeigten Gebietes festhalten, indem er taktische Züge macht, welche es dem König unmöglich machen, ein schraffiertes Feld zu erreichen; er kann sich also nur „rezentrieren", wenn er zu einem wie in Bild 6.22(e) gekennzeichneten Feld zieht.

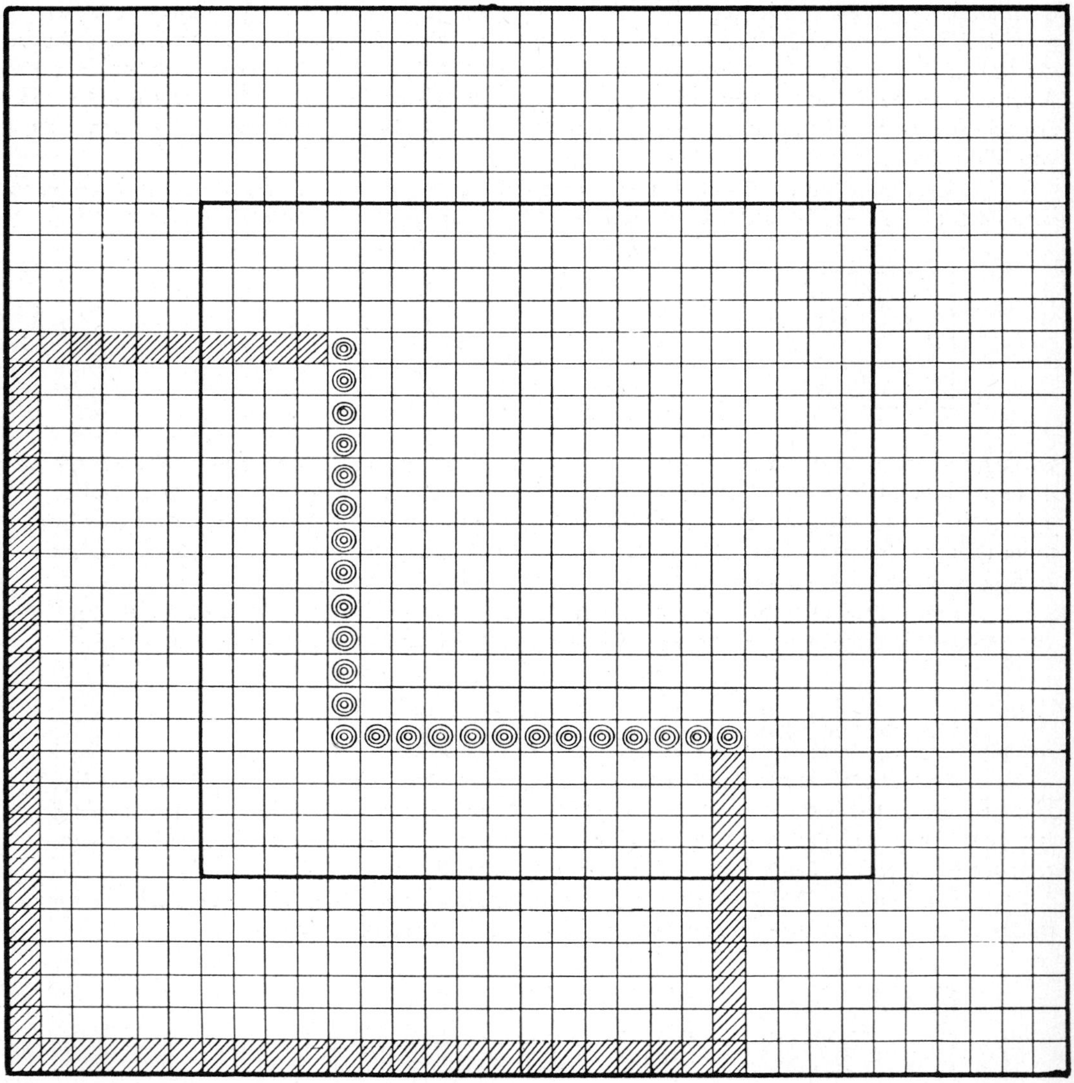

Bild 6.23 Der in die Ecke gedrängte König

Zieht der König zu wie in Bild 6.22(b), (c) oder (d) markierten Feldern, ist er entsprechend oben links, oben rechts oder unten rechts in die Ecke gedrängt. Zieht er zu einem wie in Bild 6.22(f) gekennzeichneten Feld, so ist er unten links oder unten rechts in die Ecke gedrängt, je nach dem, woher er gekommen ist. Zieht er zu einem Zeichen wie in Bild 6.22(g), so ist er **auf die Seite gedrängt** (siehe später), und zieht er zu einem wie in Bild 6.22(h), so ist er entweder auf die Seite oder in die Ecke gedrängt, wiederum je nach dem, woher er gekommen ist; kam er diagonal, so ist er auf die Seite gedrängt, kam er horizontal, so wird er in die Ecke zurückgeschoben, aus welcher er kam.

Der in die Ecke gedrängte König

Bild 6.24, eine Nahaufnahme von Bild 6.23, enthüllt die taktischen Finessen, welche Geo. benutzt, um den König mit nur drei wandernden und neun **statischen** (halbstationär: sowohl strategisch als auch taktisch) Steinen in der Ecke festzuhalten. Wird der König zuerst dadurch in die Ecke gedrängt, daß er zu einem wie in Bild 6.22(a) markierten Feld zieht, so darf Geo. seine neun statischen Steine nicht genau auf den in Bild 6.24 gezeigten Feldern liegen haben, sondern er wird drei Steine zwischen dem König und der unteren linken Ecke, drei an der oberen und drei an der linken Kante haben. Geo. benutzt die schon auf dem Rand liegenden Steine als Stellvertreter für irgendwelche Steine, welche bei Bild 6.24 fehlen. Wenn die Taktik es erfordert, einen Stein auf ein schon besetztes Quadrat zu setzen, so placiert Geo. einen Stein auf einem unbesetzten Kreis von Bild 6.24.

Angenommen, der König verläßt den zentralen Bereich von Bild 6.20, etwa indem er zu dem Feld *k*4 zieht (siehe Bild 6.1). Er muß von *l* 5 gekommen sein, welches so markiert ist:

3		
3	5	

Es liegen deshalb schon drei Steine auf der linken Kante, drei wie angedeutet nahe der unteren linken Ecke und fünf auf den Feldern 2, 4, 5 und den Feldern neben und zwischen *Z* und *A* („3" und „1"). Der König steht nun auf einem mit „*s* 24" markierten Feld, weshalb Geo. seinen letzten Stein (den weißen aus Bild 6.1) auf *S* setzt und damit fortfährt, Bild 6.24 mit dem Stein auf „5" zu folgen, wobei er den fehlenden zwischen *Z* und *A* ersetzt.

Der rechte Pfeil bei einigen Feldern oben rechts von Bild 6.24 bedeutet, daß der dritte wandernde (nicht statische) Stein auf ein strategisches Feld an der rechten Kante gehört.

Der auf die Seite gedrängte König

Verläßt der König den zentralen Bereich von Bild 6.20 über ein wie in Bild 6.22(g) gekennzeichnetes Feld, so ist er wie in Bild 6.25 auf die Seite gedrängt. Geo. hält den König durch taktische Züge von den schattierten Feldern fern, und der König kann sich nur dadurch „rezentrieren", daß er auf ein wie in Bild 6.22(e) markiertes Feld zieht.

Die Notation bei Bild 6.26 (einer Nahaufnahme von Bild 6.25) ist genauso wie bei den Bildern 6.21 und 6.24. Aber diesmal gibt es einige Felder folgender Art:

1		1
	6j	

1		1
	6q	

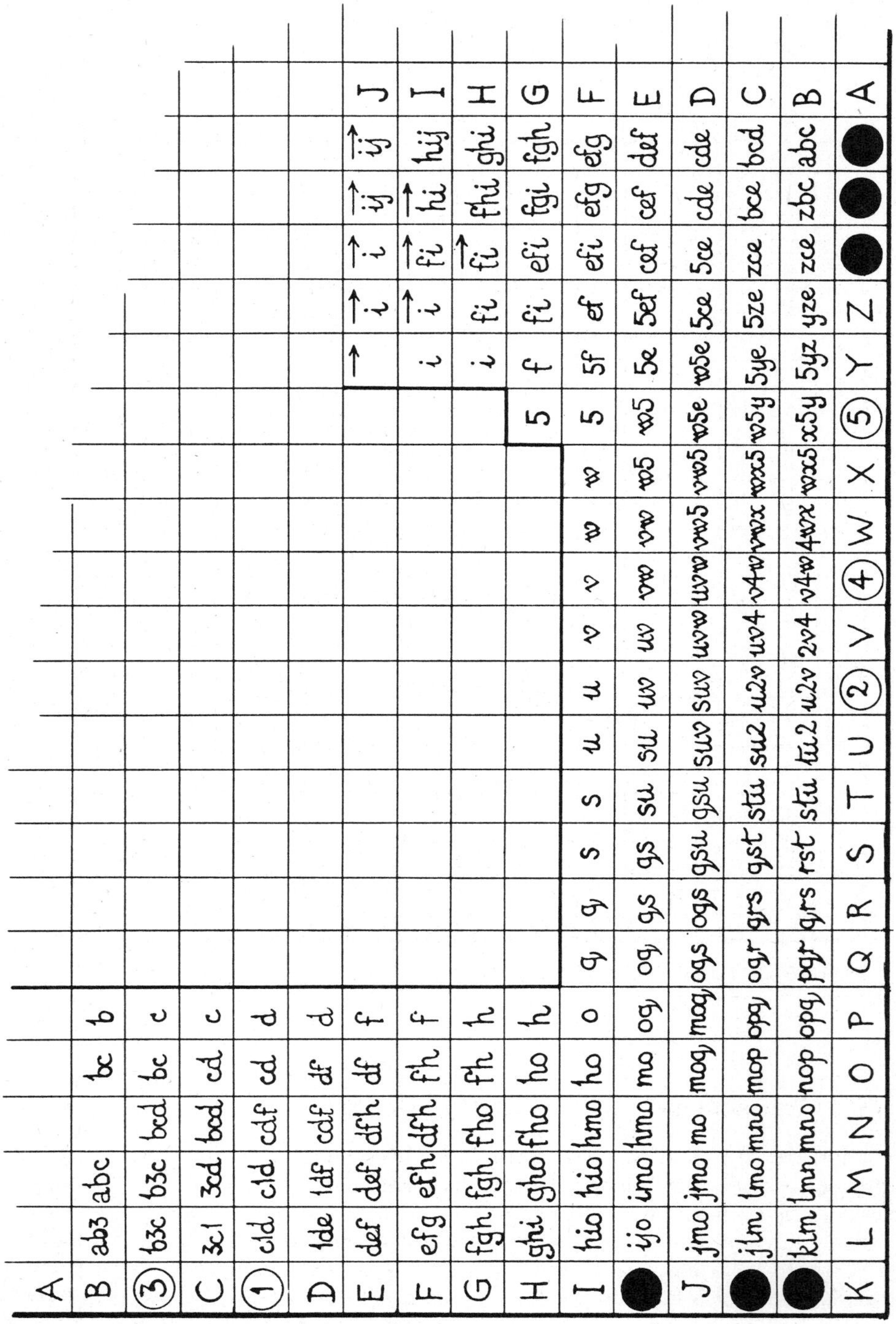

Bild 6.24 Nahaufnahme von Bild 6.23

Diese raten Geo. jeweils einen Stein an der linken und rechten Kante (in Bild 6.25 kommen sie in ihrer höchsten und niedrigsten Stellung vor), und *sechs* Steine an der unteren Kante zu haben, nicht nur die gewöhnlichen fünf, sondern genauso einen auf *J* oder *Q*. [Man setze in Bild 6.26 voraus, daß Geo. 6 statische Steine auf 1, 2, 3, 4, *J*, *Q* hat, und daß einer der letzten zwei als Ersatz für 5 dient.]

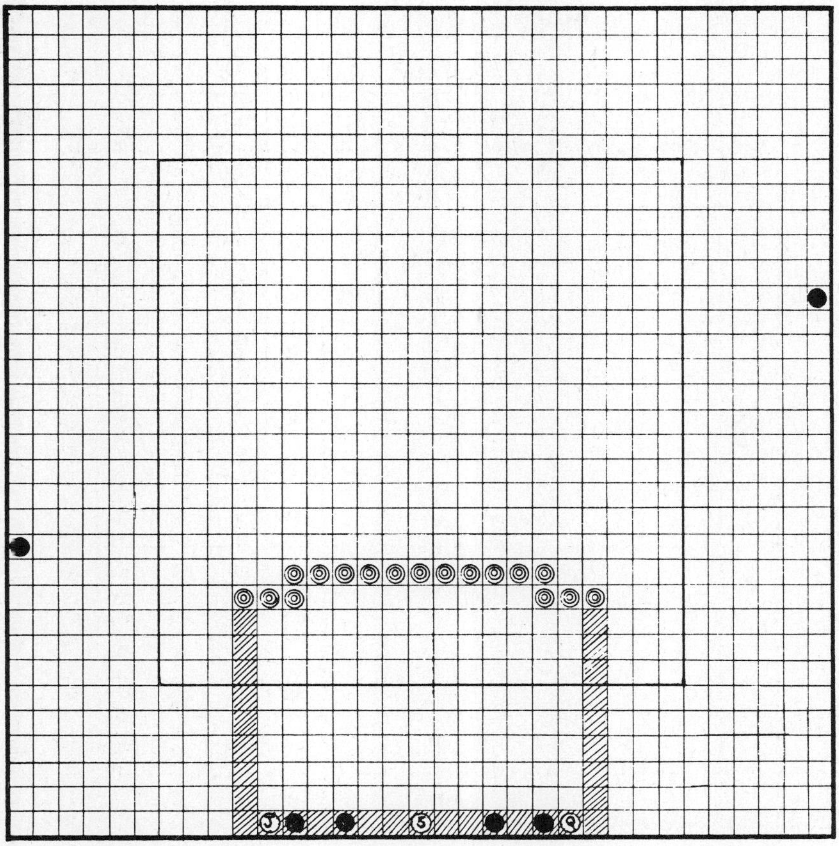

Bild 6.25 Der auf die Seite gedrängte König

Wie Chas. auf einem 34 × 34-Brett gewinnen kann

Wenn Geo. bei Königsgo auf einem 33 × 33-Brett als erster zieht, so kann er sich mit 12 wandernden Steinen über Wasser halten; er kann also sicher auf einem 35 × 35- oder größeren Brett überleben, selbst wenn der König beginnt.

Aber es sieht so aus, daß auf einem 34 × 34-Brett der König gewinnt, wenn er zuerst zieht. Schauen wir mal, wie er das macht! Seine ersten drei Züge greifen diagonal die nächste Ecke an. Er wendet sich dann nach rechts oder links, und greift die benachbarte Ecke derjenigen Hälfte des Brettes an, in der Geo. höchstens einen Stein hat. Nach 9 weiteren Zügen ist er etwa bei *l*6, und Geo. war unfähig, 9 nützliche Steine auf das Brett zu bringen. Wird die Ecke angemessen (mit 3 Steinen) verteidigt, so ist die eine oder andere Flanke nur schwach gedeckt, und eine sorgfältig ausgeführte Kanten-Ecken-Attacke führt schließlich zum Sieg.

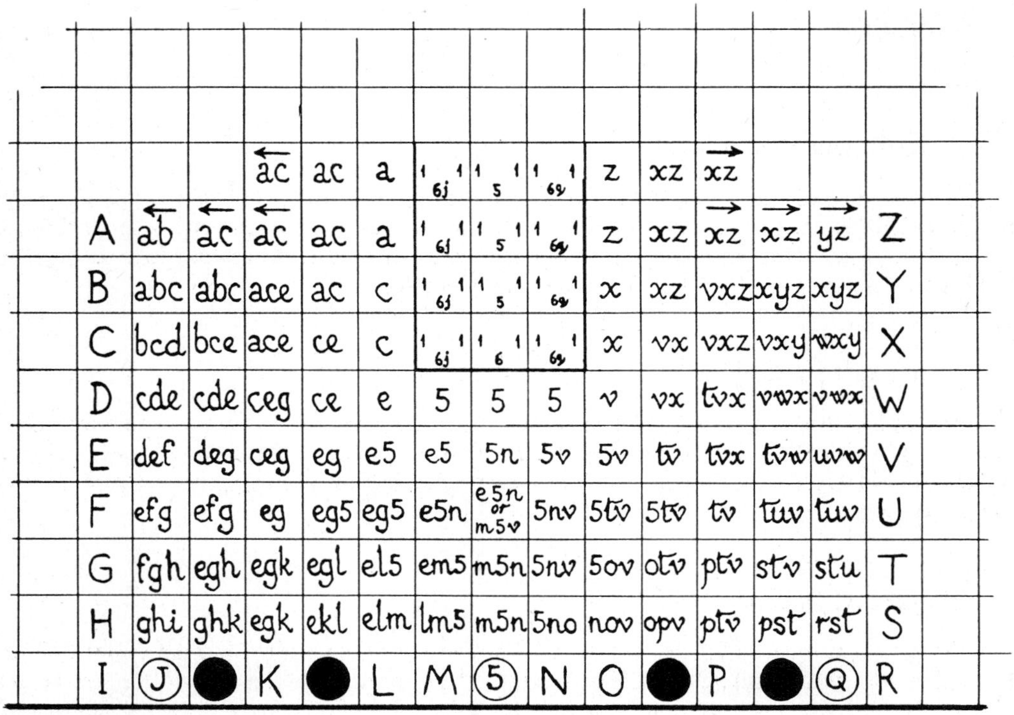

Bild 6.26 Nahaufnahme von Bild 6.25

Leider war es uns nicht möglich, diese Anmerkungen in eine Strategie für Chas. umzuformulieren, welche genauso explizit ist, wie diejenige von Geo. für das 33 × 33-Brett.

Rechteckige Bretter

Geo. kann den König auf dem unendlichen Streifen der Breite 23 nicht schlagen, selbst wenn er zuerst zieht und einen unbegrenzten Vorrat an Steinen besitzt. Zieht er jedoch auf einem 24 × *n*-Brett als erster, so kann er bei hinreichend großem *n* gewinnen. Der minimale Wert von *n* scheint um 63 herum zu liegen. Der König wird sofort entlang der langen Kante, welcher er am nächsten ist auf die Seite gedrängt. Er kann die Pseudoecken (*I* und *R* in Bild 6.26) von Geo.s auf die Seite drängender Verteidigung umgehen, aber nur dadurch, daß er auf zwischen den langen Kanten auf halbem Weg liegende Felder zurückgeht. Geo. kann dann eine zweite Pseudoecke zwischen der echten Ecke und der ersten Pseudoecke verteidigen. Bis der König die Ecke erreicht, hat Geo. für beide Ecken einer kurzen Kante des Brettes und ein paar einander gegenüberliegenden Pseudoecken irgendwo zwischen dem König und der nicht angegriffenen kurzen Ecke Verteidigungen vorbereitet.

Für jeden Wert von i, $24 \leqslant i \leqslant 37$, scheint es eine Reihe von j-Werten zu geben, für welche das $i \times j$-Brett ein fairer Kampfplatz für ein Quadraphage-Spiel gegen den König vom Schach ist. Wir glauben, daß das 32 × 33-Brett fair ist, und daß Geo., wenn er zuerst zieht, mit einer Strategie gewinnt, welche der für das 33 × 33-Brett ähnlich ist. Wir überlassen das Problem, die Dimensionen aller fairen Quadraphage-Bretter festzustellen Omar.

Zusätze

Mehrdimensionale Engel

können sich vor den entsprechenden Hyperkubus-Vertilgern retten. Dies wurde von Tom Körner bewiesen, der meint, daß sein Beweis durchschaubar auf den zweidimensionalen Fall übertragen werden könnte. Schreiben Sie uns nichts über *Ihre* Lösung zum Engel-Problem, solange Sie nicht die Bemerkungen von S. 183 zur Kenntnis genommen haben!

Spiele mit Einkreisen

Die Spiele dieses und der nächsten beiden Kapitel handeln vom *Einkreisen* und vom *Entkommen*. Es gibt viele Spiele, welche man geschichtlich weit zurückverfolgen kann, bei denen diese Grundidee mit verschiedenen Formen des *(Ein-)Fangens* in Zusammenhang gebracht wird. Es folgen einige Beispiele.

Wölfe-und-Schafe

Es gibt verschiedene Spiele, welche auf Solitaire-artigen Brettern (Kapitel 1, Band 4) gespielt werden. Bei **Wölfe-und-Schafe** (Bild 6.27(a)) hat der Schäfer 20 Schafe, welche den ersten Zug haben. Sie bewegen sich nur ein Feld vorwärts oder seitwärts, und zwar nur auf unbesetzte Felder. Die beiden Wölfe dürfen genauso ziehen, aber entlang jeder der gezeichneten Linien, und sie können in diesen Richtungen jagen indem sie wie beim Damespiel springen, wobei mehrfache Fänge nicht ausgeschlossen sind. Ein Wolf, der einen möglichen Fang ausläßt, wird vom Schäfer vom Brett genommen, die Schafe können also als Köder benutzt werden. Der Schäfer gewinnt, wenn er neun Schafe in den *Pferch* (die obersten 9 Positionen des Brettes) bringt.

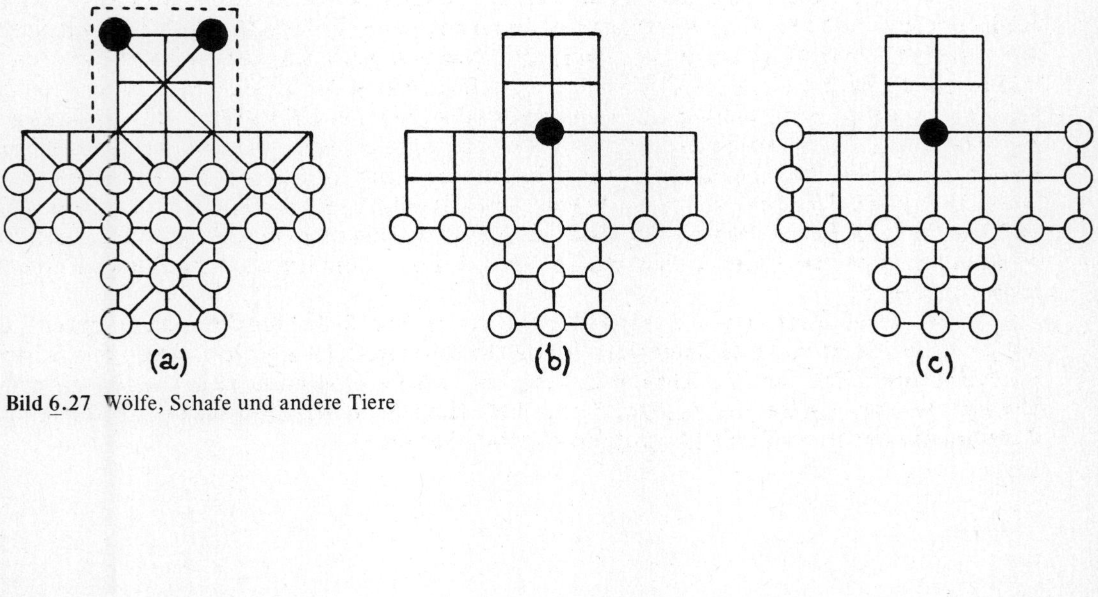

Bild 6.27 Wölfe, Schafe und andere Tiere

Die in Bild 6.27(b) und (c) gezeigten Spiele heißen Fuchs-und-Gänse, obwohl wir diesen Namen auch für ein anderes Spiel im folgenden Kapitel verwenden. Sie sind Wölfe-und-Schafe ähnlich, aber es gibt hier keine diagonalen Züge. Der Fuchs startet bei irgendeiner unbesetzten Position, und die Gänse versuchen den Fuchs in die Ecke abzudrängen. In Bild 6.27(b) können sich die 13 Gänse in jeder der vier orthogonalen Richtungen fortbewegen, aber die 17 Gänse von Bild 6.27(c) können sich nicht rückwärts bewegen; sie bewegen sich wie die Schafe bei Wölfe-und-Schafe.

Hala-tafl (das Fuchs-Spiel) und **Freystafl** werden in den frühen isländischen Sagen erwähnt. Wie in der aus Kapitel 7 stammenden Version von Fuchs-und-Gänse, gewinnen die in der Überzahl befindlichen Tiere, wenn sie richtig spielen; aber man kann sehr leicht Fehler machen!

Tablut

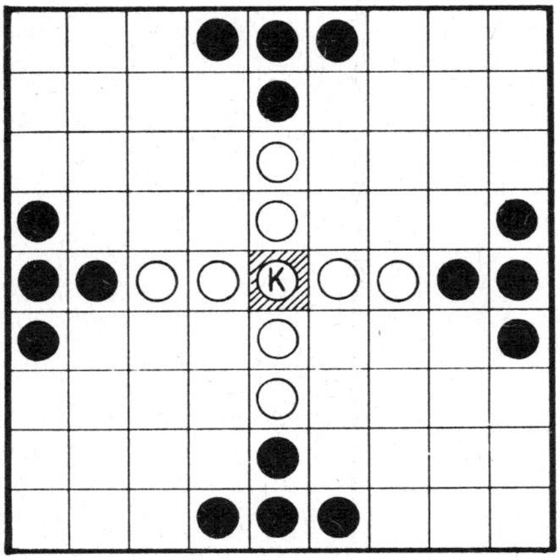

Bild 6.28 Der Beginn eines Tablut-Spiels

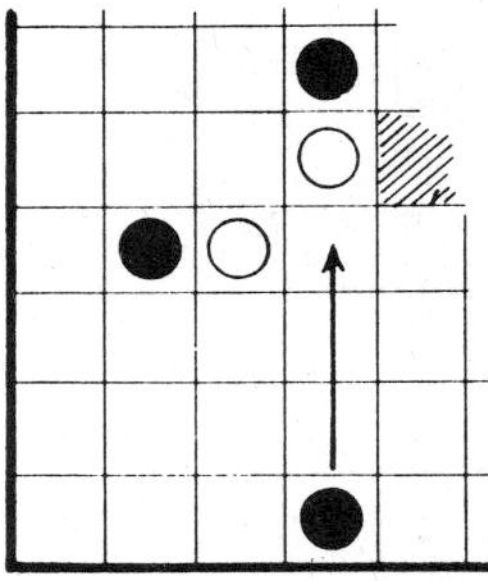

Bild 6.29 Ein Russe fängt zwei Schweden

Linnaeus hat während seiner Lapplandreise im Jahr 1732 ein Spiel aufgezeichnet, welches man auf einem 9 × 9-Brett (Bild 6.28) spielt, dessen mittleres Feld, der **Konakis** oder Thron nur vom schwedischen König besetzt werden kann. Er wird von 8 blonden Schweden beschützt und ist mit 16 dunkelhäutigen Russen konfrontiert. Alle Figuren bewegen sich wie der Turm beim Schach, d.h. sie können orthogonal jede Entfernung überwinden. Der König ist gefangen, wenn er von N, S, O und W von insgesamt vier Russen umgeben ist. Es können aber auch nur drei Russen sein, wenn das vierte Feld der Konakis ist. Jede andere Figur wird durch den **Wächter**-Fang vom Brett geholt: man setzt zwei sich gegenüberstehende Figuren auf das direkt anschließende nördliche und südliche oder westliche und östliche Feld. Bild 6.29 zeigt, wie ein Russe zwei Schweden fängt. Eine Figur kann „unter Bewachung“ gestellt werden, ohne daß man sie fängt. Das Ziel der Schweden ist es, ihren König an die Kante des Brettes zu bringen.

Sächsisches Hnefetafl

Man hat nur das Fragment eines Brettes gefunden. Es ist wahrscheinlich, daß man das Spiel unter Benutzung der 19 × 19-Positionen des modernen Go-Brettes gespielt hat. Schauen Sie sich R. C. Bells hervorragendes, kleines Buch über eine mögliche Rekonstruktion eines englischen Manuskriptes aus dem zehnten Jahrhundert an. Das Spiel ging offenbar bis auf die Größe des Brettes und die Anzahl und Positionen der Figuren genauso wie Tablut.

Wir beenden dieses Kapitel mit zwei Schach-Problemen, bei welchen auch die Phänomene Entkommen und Einkreisen vorkommen.

König und Turm gegen König

Die meisten Schach-Anfänger lernen schnell, wie man diese Endposition gewinnt. Es ist deshalb überraschend, einige nicht-triviale Probleme zu finden, zu deren Formulierung nur dieses Grundmaterial benötigt wird. Allerdings spielt man auf einem unendlichen Quadrantenbrett.

Kann Weiß bei Bild 6.30 gewinnen? Wenn ja, in wievielen Zügen? Simon Norton sagt, die Frage sollte besser so formuliert werden: Welches ist das kleinste Brett (falls es überhaupt eins gibt), auf dem Weiß gewinnen kann, wenn Schwarz gewinnt, falls er von der Nord- oder Ost-Kante aus losgeht? Kann Omar beweisen, daß es das 9 × 11-Brett ist?

Bild 6.31 zeigt Leo Mosers Problem: kann Weiß gewinnen, wenn er *mit dem Turm nur einen Zug* machen darf? Frustriert Sie dieses Problem, so teilen Sie die Felder der ersten drei Spalten in diese vier Mengen auf:

a1, a3, a5, ... , c2, c4, c6, ...
b1, b3, b5, ...
a2, a4, a6, ... , c1, c3, c5, ...
b2, b4, b6, ...

Bild 6.30 Simon Nortons Problem

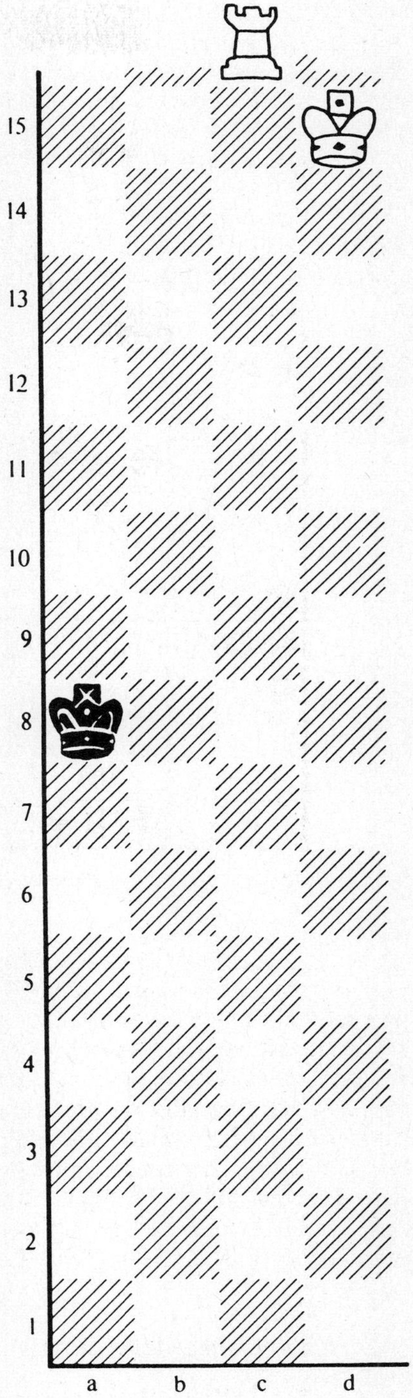

Bild 6.31 Leo Mosers Problem

Literaturhinweise

Robert Charles Bell, „Board and Table Games from Many Civilizations", Oxford University Press, London, 1969.

Richard A. Epstein, „Theory of Gambling and Statistical Logic", Academic Press, New York and London, 1967, S. 406.

Martin Gardner, Mathematical games: Cram, crosscram, and quadraphage: new games having elusive winning strategies, Sci. Amer. **230** # 2 (Feb. 1974) 106–108.

C. Linnaeus, „Lachesis Lapponica", London, 1811, ii, 55.

H. J. R. Murray, „A History of Board Games other than Chess", Clarendon Press, Oxford, 1952.

David L. Silverman, „Your Move", McGraw-Hill, 1971, S. 186.

Kapitel 7

Fuchs und Gänse

While the one eludes, must the other pursue.
Robert Browning, *Life in a Love.*

The twelve good rules, the royal game of goose.
Oliver Goldsmith, *The Deserted Village*, I.232.

Bild 7.1 Ein Spiel mit Fuchs-und-Gänsen

Das Spiel vom Fuchs und den Gänsen wird auf einem gewöhnlichen Damebrett gespielt; dabei stehen sich der *Fuchs*, der nur eine schwarze oder rote Figur besitzt, und die *Gänse*, welche vier weiße Steine haben, gegenüber. Die Spieler machen jeweils nur von den Feldern einer Farbe Gebrauch (wie bei Dame), und die Gänse werden am Anfang auf die in Bild 7.2 mit O gekennzeichneten Felder gesetzt. Der Fuchs wird normalerweise auf dem in Bild 7.2 mit **X** markierten Feld placiert, aber da die Gänse die besseren Chancen zu haben scheinen, ist es vielleicht besser, den Fuchs sein Startfeld selber festlegen zu lassen (es muß nur die richtige Farbe haben), und dann den Gänsen den ersten Zug zu überlassen.

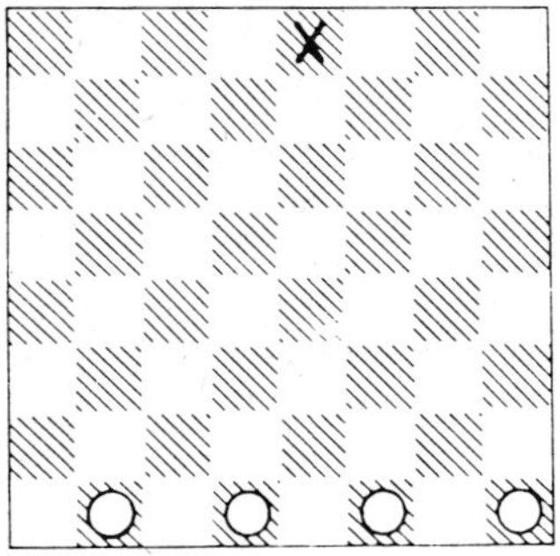

Bild 7.2 Die übliche Startposition

Die Gänse bewegen sich diagonal immer ein Feld vorwärts; wie beim gewöhnlichen Dame-Spiel dürfen sie nicht zurücksetzen. Der Fuchs zieht auch diagonal ein Feld weiter, aber wie ein König bei Dame darf er in jede der vier möglichen diagonalen Richtungen ziehen. Es gibt kein Wegnehmen oder Überspringen von Figuren. Das Ziel der Gänse ist es, den Fuchs in eine Falle zu locken, so daß es für ihn keinen zulässigen Zug gibt, während umgekehrt der Fuchs versucht, die Barriere der Gänse zu durchbrechen, um so für immer bewegungsfähig zu bleiben. Wir können deshalb einfach sagen: der erste Spieler, der zugunfähig ist, verliert; und dies ist nichts anderes als die übliche Konvention.

Es herrscht die allgemeine Auffassung, daß bei erfahrenen Gegnern die Gänse gewinnen sollten, aber selbst gegen leidlich kompetente Spieler kann ein schlauer Fuchs normalerweise dann und wann ein Spiel gewinnen, und erlaubt man ihm seine Startposition selbst zu wählen, so sollte es ihm möglich sein, die meisten Neulinge eine ganze Zeit lang zu schlagen. Vielleicht sollten diejenige unter unseren Lesern, welche noch nicht mit dem Spiel bekannt waren, sich die Zeit nehmen, einige Spiele zu spielen, bevor sie weiterlesen.

Die Frage, welche wir in diesem Kapitel aufwerfen und auch beantworten, ist die folgende: wie sehr sind die Gänse bei diesem Spiel im Vorteil? Vielleicht sollten wir als erstes beweisen, daß es für die Gänse tatsächlich eine Gewinnstrategie gibt, und zwar auch dann, wenn wir dem Fuchs die vorhin besprochene Entscheidung zugestehen. Wir zeigen in Bild 7.2 die fünf Typen von Positionen, auf der unsere bevorzugte Strategie beruht. Die O-s kennzeichnen die Positionen der Gänse, die **X**-e besonders entscheidende Positionen für den Fuchs. Befindet sich der Fuchs auf einem dieser Felder, so sagen wir, die Gänse sind *in Gefahr*.

Folgen die Gänse unserem Rat, so werden sie wie folgt spielen. Sie sollten die meiste Zeit mit geschlossenen Augen spielen, so daß sie durch die Manöver des Fuchses nicht unnötig beunruhigt werden. Wir bieten ihnen die Garantie, beim Öffnen der Augen jedesmal eine der Positionen *A, B, C, D, E,* – eventuell rechts-links gespiegelt – vorzufinden, und alles was sie zu tun haben bevor sie die Augen wieder schließen ist, sich zu versichern, ob sie in Gefahr sind oder nicht. Sind sie es nicht, so sollten sie die durch die Ziffern vor dem Querstrich (/) gekennzeichneten Züge bei Bild 7.3 machen, falls doch, so die durch die Ziffern nach dem Querstrich gekennzeichneten. Wir geben durch Buchstaben vor und nach dem Querstrich an, welche der Positionen *A, B, C, D, E* als nächstes eintreten wird. Die angegebenen Züge können mit geschlossenen Augen gemacht werden, da wir auch garantieren können, daß der Fuchs nie im Wege stehen wird. Die Gänse brauchen ihre Augen also nur dann wieder, wenn die Zugfolge beendet und eine der Positionen *A, B, C, D, E* erreicht ist.

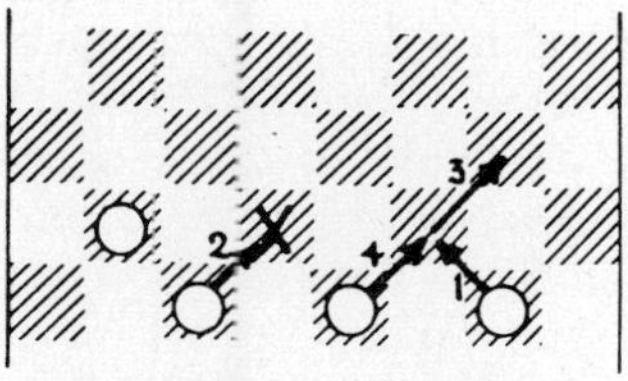

Position *A* 2*B*/1234*A*

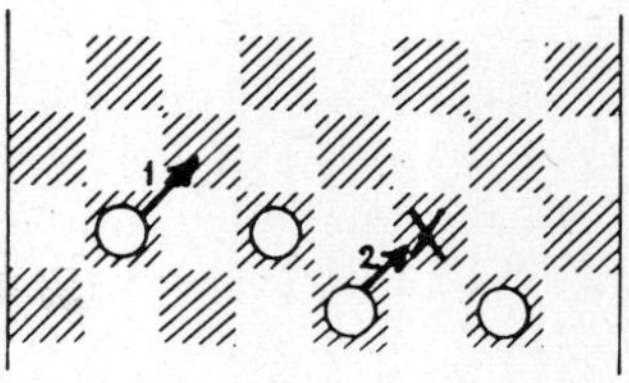

Position *B* 2*C*/12*D*

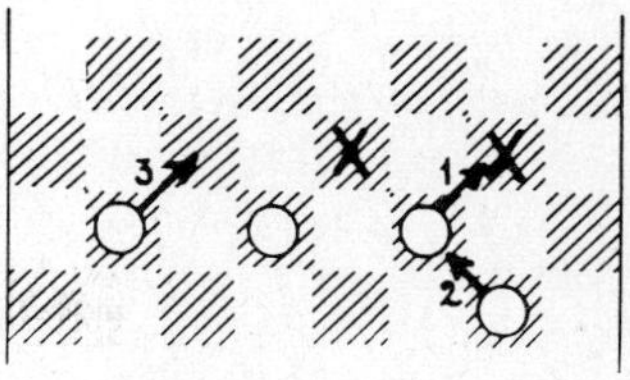

Position *C* 12*A*/3*D*

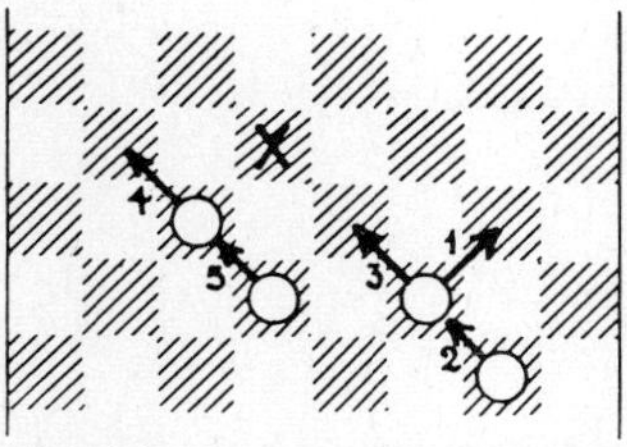

Position *D* 12345*A*/3*E*

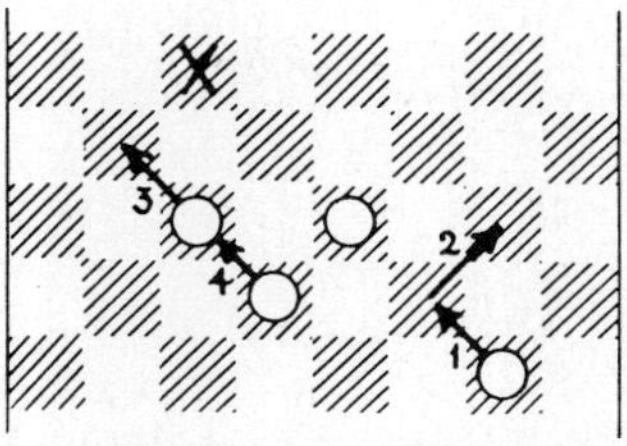

Position *E* 1234*A*/3412*A*

Bild 7.3 Die kürzeste Strategie

Es ist sehr leicht zu beweisen, daß die Strategie, haben die Gänse einmal Position *A* erreicht, funktioniert. Als Beispiel betrachten wir die Position *D*. Haben sich die Gänse so verhalten wie wir es vorgeschlagen haben, so konnten sie eine Position *D* nur von einer Position *B* oder *C* erreichen, bei welcher sie in Gefahr waren. Der Fuchs kann sich damit nur auf einer begrenzten Anzahl von Feldern befinden. In Wirklichkeit wird er auf einem der Felder **X, Y, Z, T** von Bild 7.4$_0$ stehen.

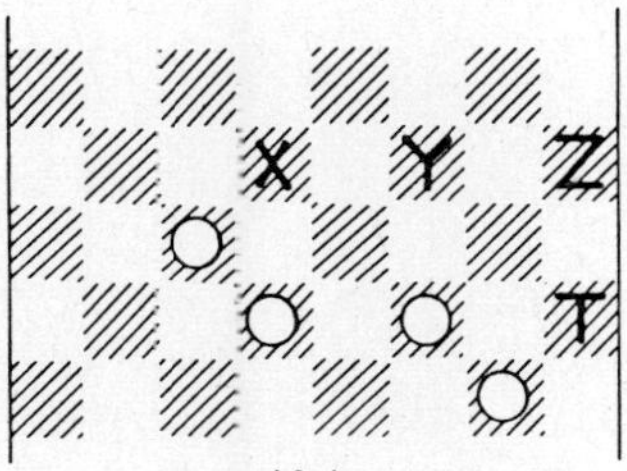

(4_0)

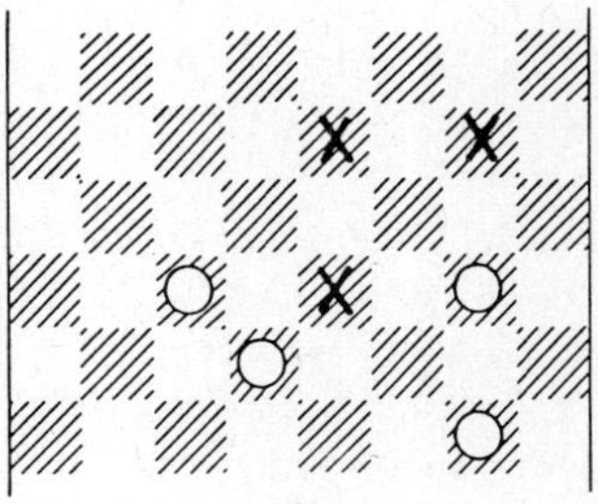

(4_1)

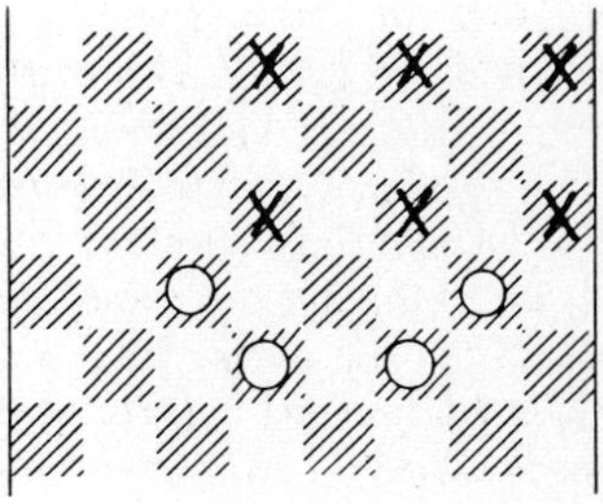

(4_2)

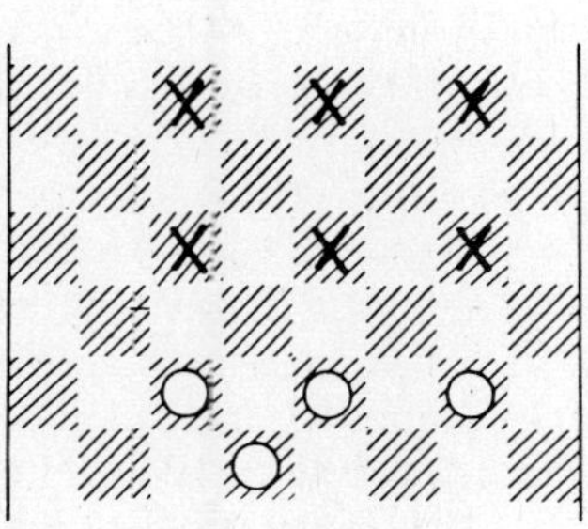

(4_3)

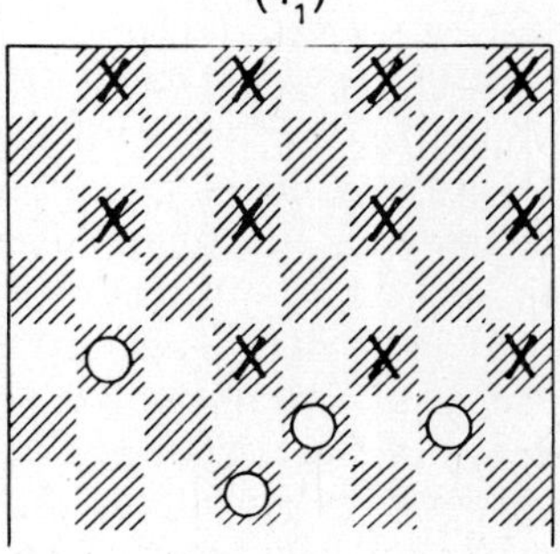

(4_4)

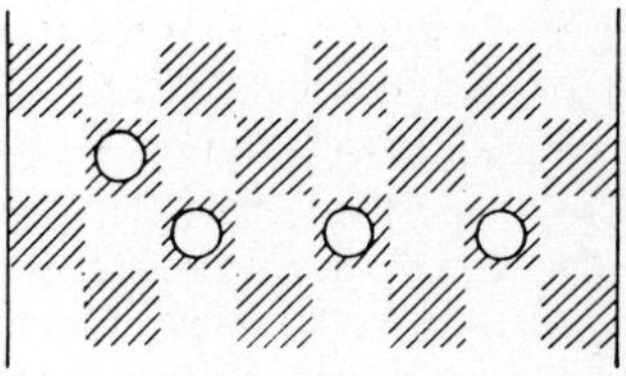

(4_5)

Bild 7.4 Analyse der Position *D*

Sind nun die Gänse in Gefahr (d.h. der Fuchs steht bei **X**), so machen sie einen einzigen Zug und erreichen sofort die Position *E*. Wir können also annehmen, daß der Fuchs sich auf **X, Y** oder **T** befindet, und die Gänse haben die Züge 1, 2, 3, 4, 5 zu machen. Die Bilder 7.4_1, 7.4_2, 7.4_3, 7.4_4, 7.4_5 zeigen die sich ergebende Position nach jedem dieser Züge, und sie zeigen, warum der nächste Zug der Folge zulässig ist, denn bei den Bildern 7.4_1 – 7.4_4 haben wir jedes Feld, auf welchem der Fuchs stehen kann bevor der nächste Zug kommt, mit **X** markiert. Da die in Bild 7.4_5 gezeigte Position vom Typ *A* ist, beweist dies, daß die Strategie beim Start von einer Position der Form *D* aus funktioniert. Man beachte, daß der Fuchs, steht er bei Bild 7.4_0 auf **T** nach dem Zug 1 sofort verloren hat, indem er an der Kante des Brettes in die Falle gegangen ist.

Die entsprechenden Diskussionen der Positionen vom Typ *A, B, C, E* überlassen wir dem Leser. Wir bemerken nur, daß da *E* allein von einer Position *D* erreicht werden kann, bei der die Gänse in Gefahr sind, wir für den Fuchs bei der Position *E* nur zwei Plätze in Betracht zu ziehen haben: nämlich den mit **X** markierten aus Bild 7.3 und denjenigen zwei Felder rechts davon. Aber bei den Positionen *A, B, C* kann sich der Fuchs auf jedem Feld der richtigen Farbe oberhalb der von den Gänsen gehaltenen Linie befinden.

Wie beginnen die Gänse die Strategie? Die Antwort ist, daß sie beim ersten Zug zu einer Position *A* ziehen können, es sei denn, der Fuchs wählt *F* aus Bild 7.5 als Startposition. In diesem Fall raten wir ihnen, die Züge 1, 2, 3 zu machen und dann ihre Augen wieder zu öffnen, um eine andere unregelmäßige Position *G* zu erblicken, von der aus wir sie wieder auf den Weg bringen können, indem wir ihnen eine weitere aus drei Zügen bestehende Folge angeben, welche mit geschlossenen Augen durchgeführt werden soll.

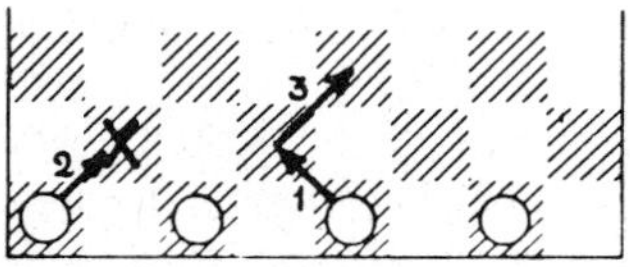

Position *F* 2*A*/123*G*

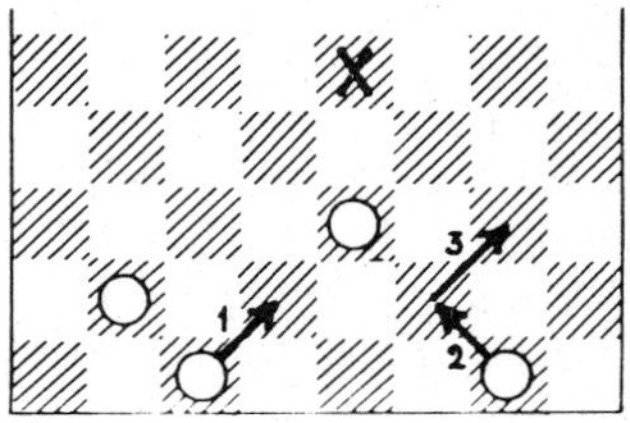

Position *G* 123*B*/231*B*

Bild 7.5 Die unregelmäßige Startposition

Einige Eigenschaften unserer Strategie

Von jeder Standard-Startposition, ja sogar von jeder Position bis auf die unregelmäßige Position *F* aus Bild 7.5, führt unsere Strategie nur zu Positionen, bei denen die Gänse niemals Felder in der ganz links oder ganz rechts liegenden Spalte besetzen. Dies ist deshalb interessant, weil die meisten leidlich kompetenten Spieler ihre Gänse so bewegen möchten, daß diese sich, wenn immer es möglich ist, entlang einer horizontalen Zeile ausdehnen. Falls die Gänse aber dies tun, so kann ein listiger Fuchs ihnen eine größere Vielfalt von Positionen aufzwingen, als sie bei unserer Strategie auftaucht. Die Gänse müssen dann einiges mehr über das Spiel wissen, um sich ihres Sieges sicher zu sein. Tatsächlich kann ein gewiefter Fuchs die Gänse in Positionen von jedem der Typen *A, B, C, D, E* zwingen, egal welche Gewinnstrategie sie verfolgen. Aber nur bei unserer Strategie ist es dem Fuchs unmöglich, ihnen irgendeine andere Position aufzudrängen, bei der sie die Augen öffnen müssen, weil sie nicht automatisch handeln können. Da unsere Strategie die einzige mit so wenigen wie fünf Positionen ist, bei denen die Gänse eine Entscheidung zu treffen haben, ist sie die eindeutig bestimmte *minimale* Gewinnstrategie.

Viele Leute, die meinen eine Gewinnstrategie zu kennen, werden immer wieder von einem schlauen Fuchs, der sie zu einem ihnen unbekannten Teil des Spieles führt, geschlagen. Tatsächlich bedarf es einer bemerkenswerten Begabung, den Fuchs gegen gewöhnliche Spieler zu spielen, um deren Wissenslücken voll ausnutzen zu können. Wir können hier über die folgenden Bemerkungen hinaus wenig Hinweise geben: der Fuchs sollte nahe bei den Gänsen stehen und versuchen, sie in der Mitte um sich zu scharen, bevor er seitwärts durch irgendeine Lücke hindurchschlüpft, welche sie vielleicht auf irgendeiner Seite offen gelassen haben. Die beste Startposition ist das Feld neben den Gänsen und direkt unterhalb des in Bild 7.2 mit **X** markierten Feldes (bei Position *F* also genau 2 Felder rechts von **X**), aber auch Position *F* selber ist gut.

Wie groß ist der Vorteil der Gänse

Da bei Fuchs-und-Gänse der erste zugunfähige Spieler verliert, sollten wir in der Lage sein, die allgemeine Theorie der übrigen Teile dieses Buches anzuwenden, und – zumindest näherungsweise – auszuwerten, wie groß der Vorteil der Gänse ist. Ist er vielleicht $\frac{1}{2}$ eines Zuges? Oder vielleicht $\uparrow$? Wahrscheinlich ist es ein sehr komplizierter Wert, über den wir wenig Verwendbares sagen können.

Die Lösung ist in gewissem Sinne überraschend, da wir den Vorteil tatsächlich exakt auswerten können, und es stellt sich heraus, daß dieser Wert sehr ungewöhnlich ist. Zeigen wir zunächst mal, daß der Vorteil echt größer als 1 Zug ist. Um dies einzusehen, spielen wir natürlich das Spiel

Fuchs-und-Gänse $-$ 1

(dabei seien die Gänse Links), und zeigen, daß die Gänse immer noch gewinnen. Dieses neue Spiel ist dasselbe wie ein Spiel Fuchs-und-Gänse, bei dem der Fuchs genau einmal (z.B. wenn er in der Komponente $-$ 1 zieht) während des Spiels passen darf. Tatsächlich sieht es so aus, daß diese Möglichkeit für den Fuchs nicht besonders nutzbringend ist, und bei fast allen Positionen wird es nur für die Gänse hilfreich sein, wenn der Fuchs aussetzt.

Aber die in Bild 7.2 dargestellte Analyse zeigt, daß unsere minimale Strategie nicht mehr funktioniert, da sie oft starken Gebrauch von der Gleichberechtigung macht, damit der Fuchs nicht im Weg steht. Bei Bild 7.4_1 z.B. könnte der Fuchs sich in der Position direkt bei den Gänsen befinden und dann bei Bild 7.4_2 dort bleiben, wodurch der Zug nach 7.4_3 unzulässig wird.

Aber solche Scherze bringen nicht sehr viel, und die Gänse können sich, obwohl sie über eine größere Anzahl von Positionen Bescheid wissen müssen, über Wasser halten. Es kommt sogar vor, daß die Gänse dem Fuchs das Auslassen beliebig oft erlauben können, er darf nur nicht zweimal hintereinander passen. Auf jeden Fall reichen diese Bemerkungen aus, um zu zeigen, daß

Fuchs-und-Gänse $>$ 1

gilt. Wir zeigen nun, daß andererseits

Fuchs-und-Gänse $<$ 2

ist.

Die Idee ist die folgende: der Fuchs wartet bis die Gänse sehr nahe am oberen Rand des Brettes sind und paßt dann zweimal hintereinander. Die Gänse sind dann gezwungen an ihm vorüber voranzuschreiten, und der Fuchs kann zwischen ihnen hindurchschlüpfen und warten bis sie verlieren, weil sie am oberen Rand des Brettes eingezwängt sind. Es wäre wegen der hohen Anzahl der Zugmöglichkeiten der Gänse sehr schwierig, hierfür einen formalen Beweis zu geben. Aber hält sich der Fuchs immer dicht an dem von den Gänsen gebildeten Wall und nutzt er irgendeine Gelegenheit, überholt zu werden, so sind die Züge der Gänse bis auf wenige Ausnahmen von jeder beliebigen Position aus sehr unglücklich, und die Gänse werden notwendigerweise in einer ziemlich geraden Linie voranschreiten. Der Fuchs kann es dann wohl einrichten, in eine vorteilhafte Position zu gelangen: vielleicht *H* oder *I* aus Bild 7.6. Bei der Position *H* sollte er sobald die Gänse gezogen haben zweimal passen, und haben diese von Position *I* aus gezogen,

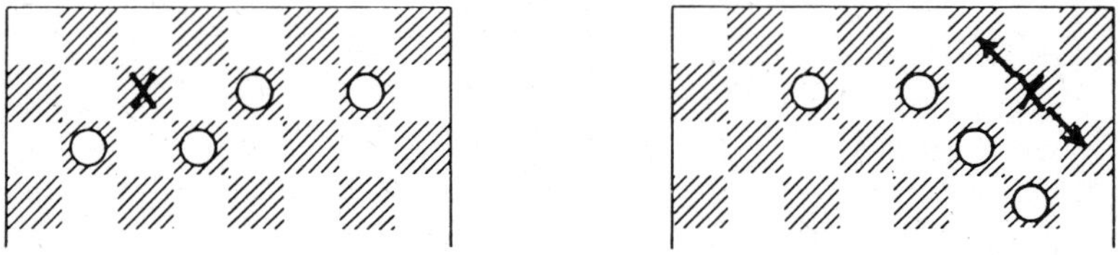

Position *H* Position *I*

Bild 7.6 Wann sollte der Fuchs passen?

so macht der Fuchs einen der angegebenen Züge und setzt dann zweimal aus. Dies zählt natürlich nicht als formaler Beweis, aber der interessierte Leser sollte einige Spiele alleine durchspielen, um zu sehen, wie einfach es ist, solche Positionen zu erzwingen, falls die Gänse nicht in Wirklichkeit vorher schon verloren haben. Ein vollständiger Beweis wäre nicht schwierig, aber wohl sehr lang, da es sehr viele langweilige Fälle zu betrachten gibt. Wir ziehen es vor, anzunehmen, daß der obige Beweis den Leser überzeugt.

Der nächste zu überprüfende Wert ist natürlich $1\frac{1}{2}$. Der Baum von $-1\frac{1}{2}$ erscheint als Bild 7.7, und er zeigt, daß

$$\text{Fuchs-und-Gänse} - 1\tfrac{1}{2}$$

gleich dem Spiel Fuchs-und-Gänse mit folgenden Zusätzen ist: der Fuchs (Rechts) darf zweimal aussetzen, und die Gänse dürfen auch aussetzen, aber nur einmal, und nur dann, wenn nicht der Fuchs gerade einen passiven Zug hatte.

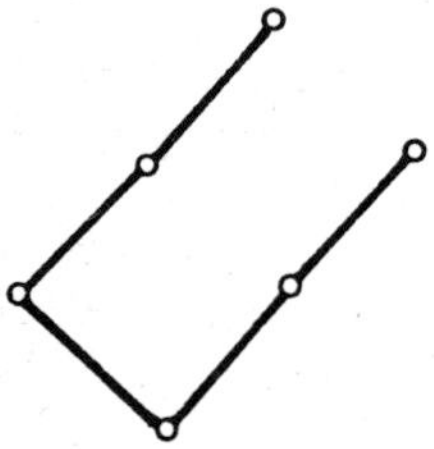

Bild 7.7 Minus Eins und ein Halb

Wir brauchen uns damit nicht weiter abzugeben. Die Gänse können es sich selbstverständlich – gerade, wenn sie jeden Zug, den sie bekommen können brauchen, um den Fuchs vom Durchschlüpfen abzuhalten – nicht leisten, Zeit mit Aussetzen zu verschwenden. Sie werden also über unsere Aufforderung, dies zu tun, nicht sehr erfreut sein. Es würde vielleicht etwas nützen, wenn man ihnen das Aussetzen *nach* dem ersten passiven Zug des Fuchses erlauben würde, weil sie dann vor dem Problem stünden, gezwungen zu sein, an ihm vorüberzuziehen, aber das ist genau das, was wir nicht zulassen wollen. $1\frac{1}{2}$ ist also zu groß.

Genau die gleiche Argumentation zeigt, daß auch $1\frac{1}{4}$, $1\frac{1}{8}$ usw. zu groß sind. Die Gänse werden nur beleidigt sein, wenn man ihnen nahelegt, bis zu dreimal (z.B.) auszusetzen, und zwar mit der Voraussetzung, dies vor dem ersten der beiden passiven Züge des Fuchses zu tun. Doch Bild 7.8 zeigt, daß dies äquivalent dazu ist, von dem Spiel $1\frac{1}{8}$ abzuziehen. Es ist klar, daß wir nun für jedes $n = 0, 1, 2, 3, \ldots$

$$1 < \text{Fuchs-und-Gänse} < 1 + \tfrac{1}{2}n$$

annehmen können.

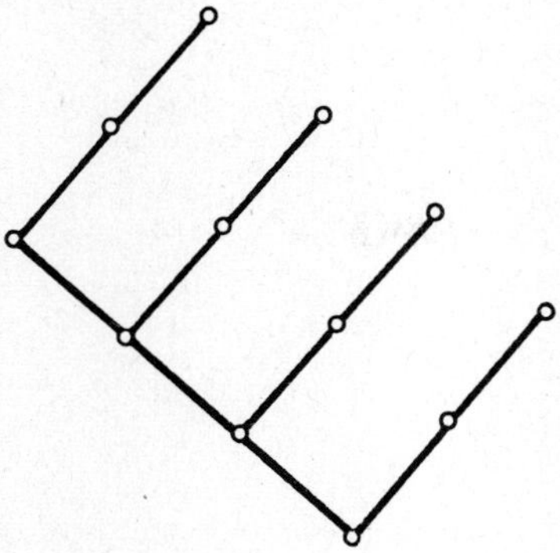

Bild 7.8 Minus Eins und ein Achtel

Mit anderen Worten ist Fuchs-und-Gänse nur infinitesimal größer als 1.

Es ist amüsant, so etwas über ein aus dem Leben gegriffenes Kinderspiel sagen zu können, aber wir müssen natürlich bei dieser Behauptung nicht Halt machen. Wir kennen viele Spiele, welche positiv, aber kleiner als jede positive Zahl sind. Das bekannteste Beispiel dafür ist $\uparrow$. Wie schneidet Fuchs-und-Gänse im Vergleich mit $1 + \uparrow$ ab?

Die Differenz

$$\text{Fuchs-und-Gänse} - (1 + \uparrow)$$

läßt sich am besten als das Spiel

$$\text{Fuchs-und-Gänse} + \downarrow$$

mit dem Zusatz einer weiteren Erlaubnis des Auslassens für den Fuchs auffassen. Was sollten die Gänse tun? Sie möchten natürlich die Komponente $\downarrow$ eliminieren, denn wir wissen ja schon, daß einmaliges Aussetzen des Fuchses die Gänse nicht vom Gewinnen abhält.

Bevor sie also irgendeinen Zug beim eigentlichen Fuchs-und-Gänse machen, sollten die Gänse bei $\downarrow$ ziehen, und $*$ hinterlassen, und dann sollten sie, falls der Fuchs dies nicht selber tut, beim nächsten Zug $*$ durch 0 ersetzen. Zieht der Fuchs bei $\downarrow$ oder $*$, so ist es umso besser. Es ist also tatsächlich

$$\text{Fuchs-und-Gänse} > 1 + \uparrow,$$

und ganz genauso läßt sich

$$\text{Fuchs-und-Gänse} > 1 + n.\uparrow$$

für $n = 1, 2, 3, \ldots$ zeigen. Der Punkt ist, daß $n.\uparrow$ ein ganz kleines Spiel ist, denn wenn immer es für einen der Spieler noch einen zulässigen Zug gibt, so gibt es auch einen für den anderen. Die Gänse können deshalb die ganzen ganz kleinen Komponenten vertilgen, bevor sie das eigentliche Spiel anfangen, und es ist wirklich vollkommen gleichgültig, was der Fuchs in der Zwischenzeit tut: er kann müßig auf dem Damebrett dahinwandern, oder selber einige der ganz kleinen Komponenten verschlingen. Es wäre nämlich sehr dumm von ihm, seinen freien passiven Zug zu vergeuden. Aber was immer er tut, seine Vergeltung wird kommen, wenn das echte Spiel beginnt.

Das Paradoxon

An diesem Punkt scheinen wir auf einen Widerspruch zu stoßen. Egal, wer beginnt, ein Fuchs-und-Gänse-Spiel kann höchstens 57 Züge lang dauern, denn jede der vier Gänse-Figuren kann höchstens sieben Felder erreichen, und abwechselnd mit diesen 28 Gänse-Zügen kann es höchstens 29 Züge für den Fuchs geben. Aber es ist eine Tatsache, daß jedes endliche Spiel, welches kleiner ist als jede positive Zahl, notwendigerweise kleiner als irgendein endliches Vielfaches von $\uparrow$ ist, und es sieht so aus, als hätten wir

$$n . \uparrow < \text{Fuchs-und-Gänse} - 1 < \frac{1}{2^n}$$

für jedes n gezeigt. Wie erklärt sich das?

Vielleicht liegt das Problem in dem zugegebenermaßen ziemlich wachsweichen Argument, dessen Inhalt es war, zu verdeutlichen, warum der Fuchs mit zwei passiven Zügen gewinnen könnte? Oder mag er mit zweien gewinnen, aber die Verallgemeinerung, daß $1 + \frac{1}{2^n}$ immer noch genug ist, ist vielleicht doch nicht so beleidigend trivial? Die 1 und $1 + n . \uparrow$ betreffenden Beweise scheinen ganz unanfechtbar, aber haben wir vielleicht selbst dort etwas übersehen?

Es ist leicht für Sie, solche Vermutungen anzustellen, aber um einiges schwerer, sie zu erhärten. Ich bin mir vollkommen sicher, daß sie mich nicht schlagen können, wenn ich die Gänse bei

$$\text{Fuchs-und-Gänse} - (1 + n . \uparrow)$$

spiele, und ich wäre bereit, eine große Summe zu wetten, daß ich andererseits als Fuchs bei

$$\text{Fuchs-und-Gänse} - \left(1 + \frac{1}{2^n}\right)$$

für beliebiges n gewinnen kann.

Oh, natürlich! Jetzt sehe ich es! Fuchs-und-Gänse ist in Wirklichkeit überhaupt kein endliches Spiel! Es ist richtig, daß es höchstens 57 Züge lang dauert, wenn man es für sich allein spielt, aber wir spielen kein einzelnes Spiel, sondern eine Summe, und wenn wir dies tun, so kann der Fuchs im Fuchs-und-Gänse-Spiel mehrere aufeinanderfolgende Züge machen, während die Gänse irgendwo anders ziehen. Fuchs-und-Gänse ist damit eigentlich ein unendliches Spiel, und wir wissen aus Kapitel 3, Band 2, daß es unendliche Spiele (sogar einige Zahlen) gibt, welche größer sind als alle Vielfache von $\uparrow$, aber immer noch kleiner als $\frac{1}{2^n}$ für jede endliche Zahl n, z.B.

$$\frac{1}{\omega} = \{0 \mid 1, \tfrac{1}{2}, \tfrac{1}{4}, \ldots\} .$$

Wir haben uns Fuchs und Gänse nur ein bißchen genauer anzuschauen, das ist alles. Beginnen wir damit, es mit $1 + \frac{1}{\omega}$ zu vergleichen. Worauf läuft das hinaus? Wir erlauben dem Fuchs wie vorhin, genau zweimal zu passen, aber die Gänse dürfen diesmal so oft aussetzen wie sie wollen, es muß nur vor dem ersten Passen des Fuchses geschehen, und sie müssen beim ersten Mal ansagen, wie viele passive Züge sie sich zugestehen wollen. Mit anderen Worten: bei ihrem ersten Aussetzen können sie festlegen, was sie dem Fuchs von nun an von den Zahlen $-2, -1\frac{1}{2}, -1\frac{1}{4}$, usw. zugestehen wollen, und zwar in Übereinstimmung mit der Gleichung

$$-1 - \frac{1}{\omega} = \{-2, -1\tfrac{1}{2}, -1\tfrac{1}{4}, \ldots \mid -1\} .$$

Wie offensiv können Sie genau werden? Die Gänse werden nicht erfreut sein, wenn wir ihnen unter diesen beleidigenden Einschränkungen ein oder zwei passive Züge anbieten, und ihnen eine unbegrenzte Anzahl anzubieten, wäre nicht nur beleidigend sondern auch ungerecht. Selbstverständlich ist

$$\text{Fuchs-und-Gänse} < 1 + \frac{1}{\omega}.$$

Schauen wir mal, wie offensiv wir werden *können*, wenn wir es wirklich versuchen. Die Gleichung

$$-1 - \frac{1}{2\,\omega} = \left\{-1 - \frac{1}{\omega}\,\middle|\,-1\right\}$$

gibt uns einen Hinweis. Für jede Ordinalzahl β gilt die Gleichung

$$-1 - \frac{1}{2^{\beta+1}} = \left\{-1 - \frac{1}{2^{\beta}}\,\middle|\,-1\right\},$$

und allgemeiner

$$-1 - \frac{1}{2^{\alpha}} = \left\{-1 - \frac{1}{2^{\beta}} \text{ (für alle } \beta < \alpha)\,\middle|\,-1\right\}$$

für jede Ordinalzahl α, wobei β alle kleineren durchläuft. Wir können den Gänsen folgendes hervorragende Angebot machen. Sie können sich jede Ordinalzahl α, die sie möchten, aussuchen, egal wie groß sie ist, etwa ω, ω^2, ω^{ω}, $\omega^{\omega^{\omega}}$, ... Sie müssen dann bei jedem Auslassen diese Zahl immer wieder durch eine echt kleinere ersetzen. Es gibt nur eine kleine Einschränkung, welche sie nach all dieser Großzügigkeit wohl hoffentlich nicht übel nehmen werden. Der Fuchs darf genau zweimal aussetzen, selbst wenn die Gänse vielleicht eine Millionmal gepaßt haben, aber wären die Gänse nicht so freundlich, *nach* dem Fuchs auszusetzen, so dürfte er es gerade einmal. Die wahrscheinliche Reaktion der Gänse illustriert sehr eindringlich, daß

$$\text{Fuchs-und-Gänse} < 1 + \frac{1}{\omega}.$$

für jede Ordinalzahl α gilt, egal, wie unendlich sie auch sein mag.

Andererseits können wir Fuchs-und-Gänse mit 1 plus unendliche Vielfache von $\uparrow$ vergleichen. Solche Spiele existieren, aber selbst die unendlichen Vielfachen von $\uparrow$ sind ganz kleine Spiele, und die Argumente, welche wir bei den endlichen Vielfachen verwendet haben, sind hier auch noch anwendbar. Der einzige Unterschied besteht darin, daß wir keine Schranke mehr für die Zeit angeben können, welche die Gänse zum Auffuttern der Aufs brauchen. Wir können also unser vorheriges Resultat wie folgt verschärfen:

$$1 + \textit{irgendein} \text{ Vielfaches von } \uparrow < \text{Fuchs-und-Gänse} < 1 + \textit{irgendeine} \text{ positive Zahl}$$

Selbst bei unendlichen endenden Spielen kann so etwas nicht vorkommen. Aber bei Fuchs-und-Gänse kann der Fuchs auch dann unendlich oft ziehen, wenn die Gänse dies nicht tun. Fuchs-und-Gänse ist also *kein* Ender, obwohl es ein Abbrecher *ist* (siehe Kapitel 3, Band 2).

Die Uhr

Wir können Fuchs-und-Gänse in ein echtes endendes Spiel verwandeln, indem wir dem Fuchs eine Art Uhr (siehe 7.1) geben. Die dem Fuchs zugewandte Seite der Uhr zeigt zu jedem Zeitpunkt eine Zahl, und wenn immer der Fuchs zieht, *drückt er auf die Uhr*, d.h. er ersetzt diese Zahl durch eine kleinere. Wir können ihm zum Beispiel die Beschränkung auf 100 Züge auferlegen, indem wir damit beginnen, daß die Uhr 100 zeigt. Nach der eben geführten Diskussion scheint dies aber zu restriktiv, und wir sollten ihm erlauben, mit irgendeiner Ordinalzahl, auch einer unendlichen, zu beginnen. Die Uhr der Gänse muß natürlich nie eine größere Zahl als 28 anzeigen, und man kann sogar ganz auf sie verzichten, da eine Uhr für die Gänse natürlicherweise in das Spiel mit eingebaut ist.

Nennen wir das modifizierte Spiel, bei dem die Uhr des Fuchses beim Start auf α steht $(\text{Fuchs-und-Gänse})_\alpha$. Wir haben die Situation des Fuchses verschlechtert, und sollten

$$(\text{Fuchs-und-Gänse})_\alpha > \text{Fuchs-und-Gänse}$$

erwarten. In Wirklichkeit können wir

$$(\text{Fuchs-und-Gänse})_{\alpha+30} < 1 + \frac{1}{2^\alpha} < (\text{Fuchs-und-Gänse})_\alpha$$

zeigen. Denn die Gänse können

$$(\text{Fuchs-und-Gänse})_\alpha - 1 - \frac{1}{2^\alpha}$$

gewinnen, indem sie sich die äußerst beleidigenden passiven Züge, welche wir ihnen angeboten haben, zunutze machen. Immer, wenn der Fuchs auf die Uhr drückt und damit etwa β durch γ ersetzt, so nutzen die Gänse ihren passiven Zug, welcher $-1-\frac{1}{2^\beta}$ durch $-1-\frac{1}{2^\alpha}$ ersetzt. Die Gänse machen keinen echten Zug in dem echten Fuchs-und-Gänse-Spiel, da der Fuchs verliert, bevor sie das tun müßten!

Andererseits kann der Fuchs

$$(\text{Fuchs-und-Gänse})_{\alpha+30} - 1 - \frac{1}{2^\alpha}$$

ähnlich heimtückisch gewinnen. Er kann seine Uhr immer mindestens 30 Züge mehr anzeigen lassen als passive Züge für die Gänse vorhanden sind, und wenn den Gänsen die passiven Züge ausgegangen sind, so kann er gewinnen, indem er von seinen eigenen zwei derartigen Zügen Gebrauch macht. Dazu werden insgesamt höchstens 30 Züge benötigt.

Wie groß *ist* denn nun Fuchs-und-Gänse? Es scheint natürlich, Fuchs-und-Gänse als den Grenzwert der gestutzten Versionen $(\text{Fuchs-und-Gänse})_\alpha$ anzusehen, wobei α die Klasse **On** aller Ordinalzahlen (**o**rdinal **n**umbers) durchläuft. In Zeichen heißt das

$$\text{Fuchs-und-Gänse} = (\text{Fuchs-und-Gänse})_{\mathbf{On}},$$

denn der Name **On** wird auch für den Grenzwert aller echten Ordinalzahlen verwendet. Der Begriff **On** ist eigentlich selbst keine Ordinalzahl (so wie ∞ keine echte ganze Zahl, aber der Grenzwert der ganzen Zahlen ist), doch es schadet nichts, **On** als die größte Ordinalzahl aufzufassen (welche nicht wirklich existiert, aber die man als die absolut größte unendliche Zahl betrachten kann).

Da $\alpha + 30$ mit α gegen **On** konvergiert, ist es vernünftig

$$\text{Fuchs-und-Gänse} = 1 + \frac{1}{\mathbf{On}}$$

zu schreiben, wobei die linke Seite kein eigentliches Spiel und die rechte Seite keine echte Zahl ist! Obwohl unsere Argumente nicht als formaler Beweis zählen, scheint es sehr wahrscheinlich, daß diese Gleichung in dem Sinne der Schleifenspiele von Kapitel 3, Band 2 genau richtig ist.

Es gibt eine berühmte mathematische Aussage, genannt das Burali-Forti-Paradoxon, wonach es wirklich eine größte Ordinalzahl geben soll. Wir können sagen, daß Fuchs-und-Gänse in genau dem gleichen Ausmaß kein echtes Spiel ist, in dem das Burali-Forti-Argument wirklich paradox ist!

Zusätze

Maharadscha und Sepoyen

Wie wir schon in Kapitel 6 sagten, gibt es viele Spiele, bei welchen das Phänomen Einkreisen verbunden mit verschiedenen Formen des Einfangens vorkommt. Der Name Fuchs-und-Gänse wurde z.B. auch für verschiedene auf einem englischen Solitaire-Brett (Kapitel 1, Band 4) gespielten Spiele verwendet, von denen wir einige in den Zusätzen zu Kapitel 6 beschrieben haben. Die meisten derartigen Spiele sind durch ein bemerkenswertes numerisches Ungleichgewicht zwischen den sich bekämpfenden Parteien gekennzeichnet. Dies wird durch eine größere Mobilität der numerisch unterlegenen Figuren ausgeglichen. Ein extremes Beispiel ist Maharadscha und Sepoyen, das wie gewöhnliches Schach gespielt wird. Weiß besitzt den üblichen Satz von 16 Figuren, die von den gewöhnlichen Positionen aus starten, während Schwarz nur eine einzige Figur, den Maharadscha besitzt, der auf jedem beliebigen nichtbesetzten Feld loslaufen kann und sich wie eine Königin *oder* ein Springer bewegen darf. Beide Seiten haben Schachmatt zum Ziel, jenachdem dasjenige des Weißen Königs oder des Maharadscha. Wie bei den meisten dieser Spiele steht Gott auf der Seite der Starken, und Weiß gewinnt, wenn er ordentlich spielt.

Andere Spiele, bei welchen die Gegner sich in Anzahl und Charakter stärker gleichen, werden in Kapitel 9 behandelt.

Literaturhinweise

Robert Charles Bell, „Board and Table Games from Many Civilizations“, Oxford University Press, London, 1969.

Maurice Kraitchik, „Mathematical Recreations“, George Allen and Unwin, London, 1943.

Fred. Schuh, „The Master Book of Mathematical Recreations“, Übers. F. Göbel, Hrsg. T. H. O'Beirne, Dover, N. Y., 1968, Kapitel X: Some Games of Encirclement, S. 214–244.

Kapitel 8

Hase und Hunde (oder Schnitzeljagd)

I like the hunting of the hare
Better than that of the fox.
Wilfred Scawen Blunt, *The Old Squire.*

Die französische Militärjagd

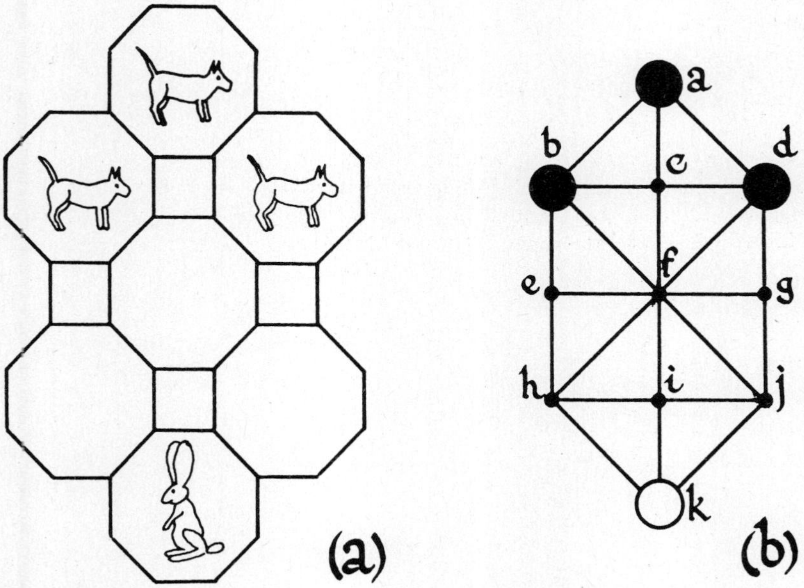

Bild 8.1 Die französiche Militärjagd – Hase und Hunde auf dem kleinen Brett

Dieses kleine Spiel ist Fuchs-und-Gänse sehr ähnlich. Es handelt von einem Jäger, dessen drei Jagdhunde versuchen, einen Hasen auf dem in Bild 8.1(a) gezeigten Brett zu fangen. Ist es Ihnen nicht möglich, genügend Tiere dazu zu bewegen, die richtigen Manöver auszuführen, so können Sie auch mit vier Münzen auf den Knoten des in Bild 8.1(b) gezeigten – zu dem obigen äquivalenten – Brettes spielen. Auf dem größeren Brett aus Bild 8.2 ist das Spiel spannender. Bei jedem

Zug schiebt der Jäger irgendeinen Hund auf ein benachbartes leeres Feld, und der Hase macht einen ebensolchen Zug. Aber die ganz oben startenden Hunde dürfen nicht zurücksetzen, wohingegen sie sich horizontal hin und her bewegen dürfen (z.B. zwischen *e* und *f* bei Bild 8.1(b)). Der Hase kann vollkommen frei vor- oder zurückgehen, oder sich auch horizontal bewegen. Die Hunde haben gewonnen, wenn der Hase ihnen in die Falle gegangen ist und beim nächsten mal, wenn er an der Reihe ist, nicht mehr ziehen kann. Haben die Hunde nach zehn aufeinanderfolgenden Zügen ihr Ziel nicht erreicht, so wird der Hase zum Sieger erklärt.

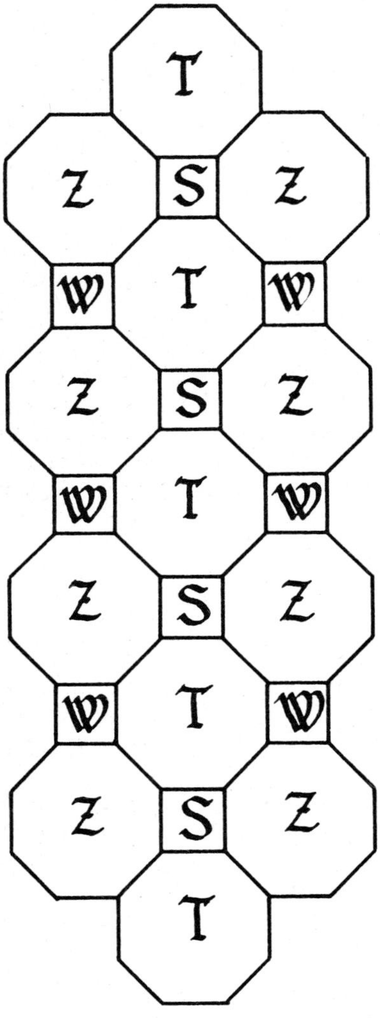

Bild 8.2 Das größere Brett mit vier verschiedenen Arten von Feldern

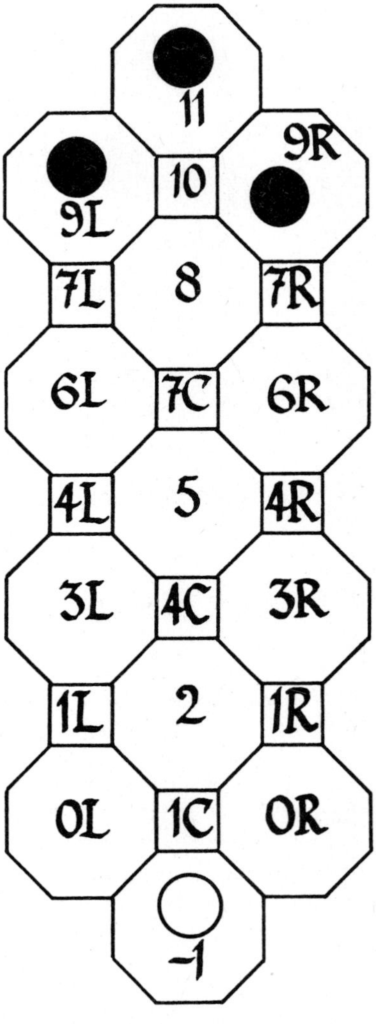

Bild 8.3 Das größere Brett – für die Spur mit Zahlen versehen

Zwei Versuchsspiele

Wollen Sie sehen, wie das Spiel geht, so legen Sie erst einmal das Brett auf, und beobachten Sie einen erfahrenen Jäger gegen einen jungen Hasen:

Hunde:	*abd*	*cbd*	*fbd*	*fed*	*fhd*	*fhg*	*fhj*	*ihj*	(gewinnt)
Hase:		*k*	*i*	*j*	*g*	*j*	*i*	*k*	

Erstes Spiel

Die Jagd scheint so einfach, daß der Unerfahrene sich entschließt, die Hunde auf einen alten Hasen anzusetzen:

Hund:	*abd*	*cbd*	*fbd*	*fed*	*feg*	*fhg*	*fig*	*eig*	*fig*	*fij*
Hase:		*k*	*j*	*i*	*h*	*k*	*j*	*k*	*j*	*k* *h*

Zweites Spiel

Und nun wird der Hase bei *e* oder *f* entkommen. Wer gewinnt, wenn erfahrene Hunde einen alten Hasen jagen? Und was ist, wenn der Hase als erster zieht? Oder von einer anderen Stelle aus losläuft? (Vgl. die Zusätze). Und (wenn Sie schon etwas erfahrener sind) was ist mit Bild 8.3?

Geschichte

Nach Lucas war das Spiel (auf Bild 8.1) unter französischen Offizieren im neunzehnten Jahrhundert sehr beliebt. Einige sagen, es wurde von Louis Dyen entdeckt, andere wiederum sprechen es Constant Roy zu. Es wurde von Lucas (1893) und Schuh (1943) gelöst, und (wieder mal) von Martin Gardner unter die Leute gebracht (1963). Schuhs Untersuchung basiert auf einer Liste, welche 18 Klassen von Gewinnpositionen für die Hunde enthält (sie ist in den Zusätzen abgedruckt), und er erkannte, daß der „Opposition" eine Schlüsselrolle zufällt, aber er hatte keine exakte Definition für diesen Begriff. In einem späteren Abschnitt werden wir eine Definition angeben, welche das Spiel auf Bild 8.1 vereinfacht und uns auch erlaubt, dasjenige auf Bild 8.3 zu lösen.

Die verschiedenen Felder

Schauen wir uns das Brett mal genauer an. Es gibt eigentlich zwei verschiedene Typen von Achtecken: innere (T in Bild 8.2) und äußere (Z). Es gibt auch zwei Typen von Quadraten: innere Quadrate (S) und äußere Quadrate (W). Bis auf das obere und untere Ende des Brettes ist jedes T und jedes Z zu zumindestens einem Feld aus jeder anderen Klasse benachbart, aber jedes S oder W liegt nur neben Achtecken T und Z. Da W und S niemals benachbart sind, ist es üblich, sie in eine eigene Klasse N zusammenzufassen. Jedes Feld aus den Klassen T, Z und N, selbst eines vom oberen oder unteren Ende des Brettes, ist zu zumindestens einem Feld von jedem anderen Typ, aber niemals zu einem seines eigenen Typs benachbart. Die Buchstaben entsprechen den Resten, welche man erhält, wenn man die Zahlen aus Bild 8.3 durch 3 teilt:

Rest 0	(„*Zero*")	: Z
Rest 1	(„*oNe*")	: N = Schwach oder Stark*
Rest 2	(„*Two*")	: T

* Anmerkung des Übersetzers: „S" wie „strong = stark" und „W" wie „weak = schwach"!

In Bild 8.3 beträgt die Differenz der Zahlen zwei aufeinanderfolgender Felder immer 1 oder 2.

Die Summe der Zahlen, welche von den vier Tieren besetzt werden, ist eine wichtige Eigenschaft der Position, wir nennen sie die **Spur**. Jeder Zug verändert die Spur um 1 oder 2. Waren die Hunde beim Erjagen des Hasen am unteren Ende des Bretts erfolgreich, so stehen die Hunde bei 0, 1, 0 gegen den gefangenen Hasen bei −1, und die Spur ergibt 0. Fangen die Hunde den Hasen am Rand des Brettes, etwa bei 1 L, so enden die Hunde bei 3, 2, 0 gegen den Hasen auf 1, und die Spur ergibt 6. Man kann leicht nachprüfen, daß folgendes gilt:

„No matter where *You trap the hare,* *The trace you'll see* *Divides by three"*	Wo immer man den Hasen auch fängt, die Spur man immer als durch drei teilbar erkennt.
„TRIALITY TRAPS!"	DIE DREI FÄNGT

Die Opposition

Die beste Methode für die Hunde, ihren Fang zu machen ist, immer so zu ziehen, daß sie bei jedem Zug die Spur so hinterlassen, daß sie durch 3 teilbar ist. Wir nennen das „die Opposition aufrechterhalten". Tun sie dies, so führt der Zug des Hasen nicht mehr zu einem Vielfachen von 3, weil dieser die Spur um 1 oder 2 verändert. Aber wenn immer die Spur nicht durch 3 teilbar ist, so hat der Jäger gewöhnlich verschiedene Züge mit den Hunden zur Verfügung, welche die Spur wieder zu einem Vielfachen von 3 machen, und unter diesen sollte er einen finden, der eine Gewinnposition zustande bringt.

„Treefold traces *Win most chases"*	Bei den meisten Jagden sind die „dreifachen" Spuren erfolgreich.
„KEEPING THE OPPOSITION"	DAS AUFRECHTERHALTEN DER OPPOSITION

Überprüft man die Spuren unseres ersten Spieles, wenn man es auf dem wie in Bild 8.4 gekennzeichneten Brett spielt, so sieht man, daß die Hunde die Opposition immer aufrechterhalten:

Hase:		*k*	*i*	*j*	*g*	*j*	*i*	*k*
Hunde:	*cbd*	*fbd*	*fed*	*fhd*	*fhg*	*fhj*	*ihj*
Spur:	9	9	6	6	3	3	0

Da der Hase nicht gefangen werden will, möchte er nicht, daß der Jäger zu einer Position zieht, deren Spur durch 3 teilbar ist. Die beste Methode dies zu verhindern besteht für den Hasen darin, die Opposition zu ergreifen, indem er selber zu einer derartigen Position zieht. Jeder Zug wird dann die Spur so verändern, daß sie kein Vielfaches von 3 ist und der Hase wird wahrscheinlich in der Lage sein, die Opposition wiederum zu ergreifen. Auf diese Weise hat der Hase unser zweites Spiel gewonnen. Die Hunde stolpern blindlings in ihren zweiten Zug, wobei sie von 4 nach 2 spielen und damit die Spur 8 hinterlassen. Von nun an ist der Hase bei jedem Zug in der Lage, die Opposition aufrechtzuerhalten:

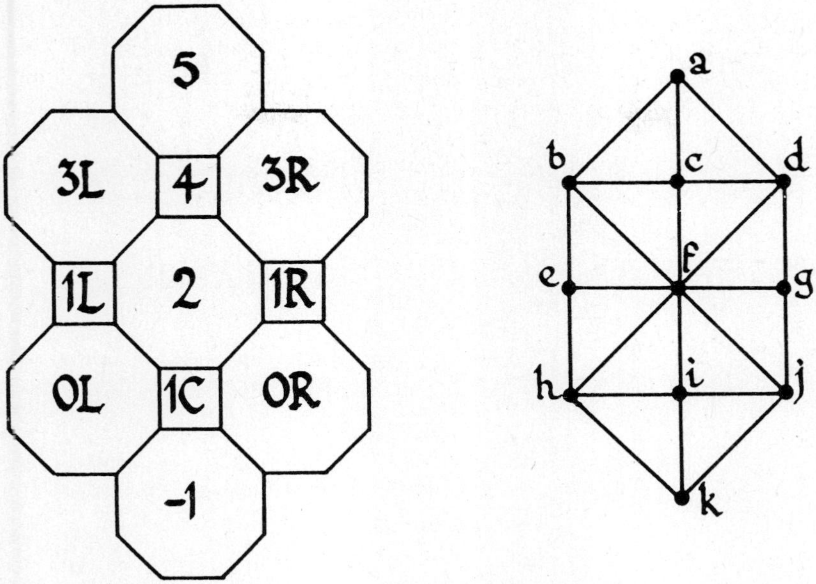

Bild 8.4 Das Brett: mit Zahlen zur Bestimmung der Opposition

Hunde:	*abd*	*cbd*	*fbd?*	*fed*	*feg*	*fhg*	*fig*	*eig*	*fig*	*fij*
Hase:	*k*	*j*	*i!*	*h*	*k*	*j*	*k*	*j*	*k*	*h*
Spur:	10	10	**9**	6	3	3	3	3	3	3

Man sagt also: wem immer es möglich ist, zu einer Position zu ziehen, deren Spur 3 teilt, ergreift die Opposition. Die Opposition ist auf jeden Fall ein wertvolles Gut, welches beide Spieler gerne besitzen möchten. Aber das ist nicht alles, worum es bei diesem Spiel geht, denn es kann manchmal vorkommen, daß die *Hunde* die Opposition haben, aber unfähig sind, sie zu behalten, ohne den Hasen hinter sich entkommen zu lassen. In anderen Fällen hat vielleicht der *Hase* die Opposition mehrere Züge lang, verliert sie dann aber, weil die Hunde die einzige Stellung, welche sie wieder herstellen würde, blockieren. Derartige Positionen sind jedoch recht selten, und ein durchschnittlicher Spieler wird durch Kombination des Prinzips mit etwas gesundem Menschenverstand normalerweise auf einem kleinen Brett einen jungen Hasen fangen. Ein kommentiertes Beispiel findet man auf S. 226.

Wann ist der Hase entkommen?

Er ist **entkommen**, wenn er zwei Hunde überholt hat oder dabei ist, sie zu überholen, ausgenommen er befindet sich auf einem *quadratischen* Feld (W oder S), und die Hunde sind sofort in der Lage, die neben oder vor ihm liegenden benachbarten Achtecke (Z oder T) zu besetzen.

Obwohl der Hase nicht entkommen sein muß, ist er bei einigen anderen Positionen, bei welchen die Hunde ihn nicht mehr zum Zurücksetzen zwingen können dennoch **frei**. Dies tritt sicherlich dann ein, wenn er einen Hund echt überholt hat und sich nicht auf einem schwachen (W wie „weak“ = „schwach“) Feld befindet, oder falls er auf einem inneren Achteck (T) steht und an mindestens einem Hund vorüber oder dabei ist, ihn zu überholen.

Drittes Spiel

Hunde	Hase	Spur	Bemerkungen
3L, 5, 3R	−1	10	
3L, 4, 3R		9	Ergreifen der Opposition
	0R	10	
2, 4, 3R		9	Ein unerfahrener Jäger hätte von 4 nach 2 gezogen, was eine „solide" Position ergeben hätte, bei der aber die Opposition verlorengegangen wäre.
	1C	10	
2, 3L, 3R		9	Der andere „mögliche" Zug ändert die Spur um die falsche Größe. Da der Zug von 2 nach 1 den Hasen entkommen läßt, gibt es in Wirklichkeit nur eine Möglichkeit.
	−1	7	
1C, 3L, 3R(!)		6	Da die Hunde nicht zurücksetzen können, können sie die Spur niemals um 2 vergrößern. Um also die Opposition zu erlangen, müssen sie 7 auf 6 verkleinern indem sie einen Hund von 2 auf 1 setzen. Der Zug nach 1R oder 1L verliert zwar nicht, aber vergeudet Zeit, denn der Hase kann die Hunde auf die momentane Position zurückdrängen indem er nach 1C zieht.
	0R	7	
1C, 2, 3R		6	Die anderen beiden Züge (3R nach 2, 1C nach 0L), welche wieder zur Spur 6 führen, würden den Hasen entkommen lassen.
	−1	5	
1C, 2, 4(!)		6	Wiederum lassen die anderen Züge (3 nach 1, 2 nach 0), welche die Opposition erhalten, den Hasen entkommen, womit nur dieser eine, aussichtslos aussehende Zug übrigbleibt.
	0R	7	
0L, 2, 4(!)		6	4 nach 3R wiederholt; 2 nach 1 läßt entkommen; nur 1C nach 1L bringt etwas.
	1R	7	
0L, 2, 3R		6	Klar
	0R	5	Klar
0L, 2, 1R		3	Klar
	−1	2	Der Hase liegt in den letzten Zügen.
0L, 0R, 1R		0	Der unerfahrene Jäger würde nun verlieren indem er von 1R nach 0R spielt.
	1C	2	
0L, 0R, 2		3	Der einzige Fall, bei dem die Hunde einer Spur zustandebringen, welche größer ist als ihre vorhergehende.
	−1	1	
0L, 0R, 1C		0	Sieg

Das Verlieren der Opposition

Um die außergewöhnlichen Positionen, bei welchen einer gewinnt, ohne die Position zu besitzen, zu analysieren, betrachtet man am besten den jeweiligen Typ der von den Tieren besetzten Felder. Z.B. sind die Positionen, bei welchen die Hunde gerade gewonnen haben vom Typ Z^2NT, was bedeutet, daß sich 2 Tiere auf Z-Feldern, eines auf einem N-, und eines auf einem T-Feld befinden.

Einige Ausnahmefälle rühren vom Unterschied zwischen schwachen und starken N-Feldern her. Jedes starke (innere) N-Feld ist zu *vier* Feldern benachbart, ein schwaches (äußeres) hingegen nur zu drei. Ist alles andere auch gleich, so sollte ein Tier doch ein starkes einem schwachen Feld vorziehen, denn beide tragen zwar zur Opposition in gleicher Weise bei, aber das starke Feld läßt ihm später wahrscheinlich mehr Möglichkeiten offen. Ein Ausnahmefall tritt etwa ein, wenn die Hunde nach Bild 8.5 ziehen. Trotz der Tatsache, daß die Hunde die Opposition haben (Spur 6),

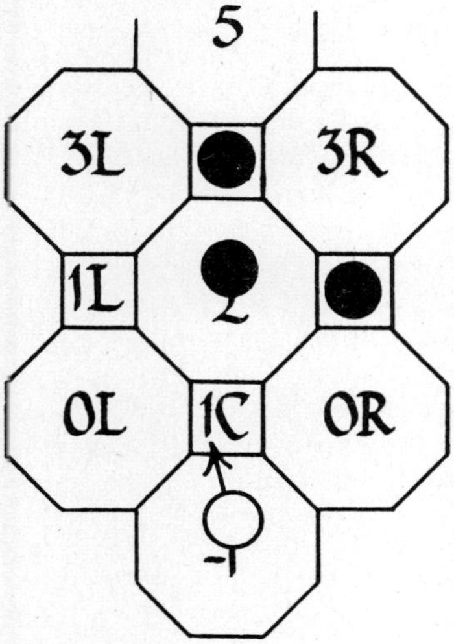

Bild 8.5
Eine außergewöhnliche Hase- und -Hunde-Position

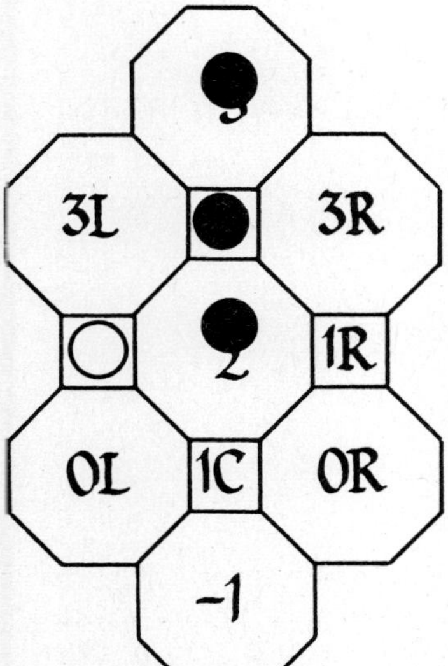

Bild 8.6
Eine weitere Ausnahme vom Oppositionsprinzip

gewinnt der Hase, indem er nach 1C zieht, denn nun läßt jeder Zug der Hunde, welcher die Opposition aufrechterhält, den Hasen entkommen. In gewissem Sinne verliert die Position N^2T^2 deshalb, weil der Hund auf 1R auf einem schwachen Feld steht. Andererseits sieht man bei unserem dritten Spiel, daß der Hase auf −1 sich gegen die Hunde auf 4C, 2, 1C (eine andere N^2T^2 Position) nicht verteidigen kann. Hat der Hase nicht einen weiteren Hund überholt, so ist S^2T^2 für die Hunde eine Gewinnposition, während sie bei SWT^2 oft verlieren.

Als weiteres Beispiel nehmen wir mal an, daß der *Hase* gerade zu der Position von Bild 8.6 gezogen hat. Er hat die Opposition, aber nachdem der Hund auf 4C nach 3L zieht, muß der Hase auf 0L zurücksetzen, womit er die Opposition und das Spiel verliert. Aber ein Hase auf 1C gegen die gleichen Hunde hat damit sowohl eine Gewinnposition als auch die Opposition. Wiederum bedeutet der Unterschied zwischen schwachen und starken Feldern den Unterschied zwischen Gewinnen und Verlieren; diesmal allerdings für den Hasen.

Eine Strategie für den Hasen

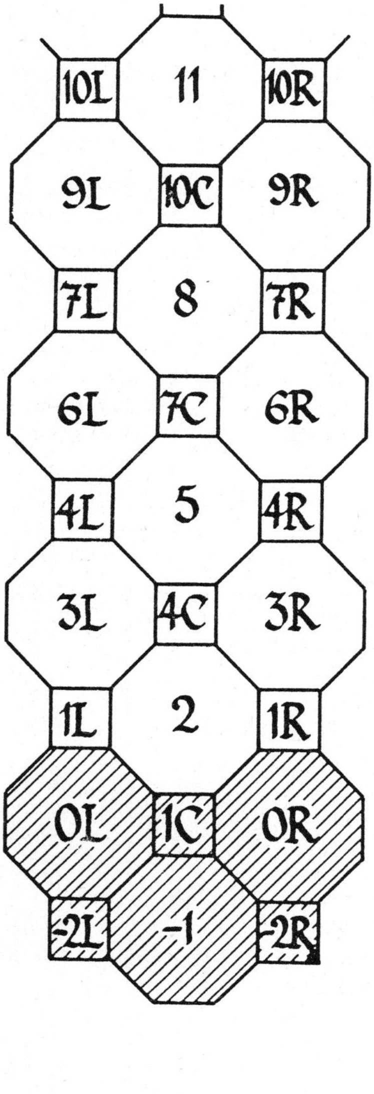

Bild 8.7
Das Aufrechterhalten der Opposition auf einem halb-unendlichen Brett

Wir werden zeigen, daß ein erfahrener Hase, der auf dem halb-unendlichen Brett von Bild 8.7 die Opposition hat, diese entweder unbestimmt weiter behalten oder entkommen kann; es sei denn, er startet bei der **Schreck-ihn! – Fang-ihn!** – Position (Bild 8.8). Tatsächlich wird der Hase immer auf den sechs schattierten mit 1C, 0L, 0R, −1, −2L und −2R gekennzeichneten Feldern stehen, ausgenommen, die Hunde lassen ihn gehen. Seine Grundstrategie besteht im Behalten der Opposition.

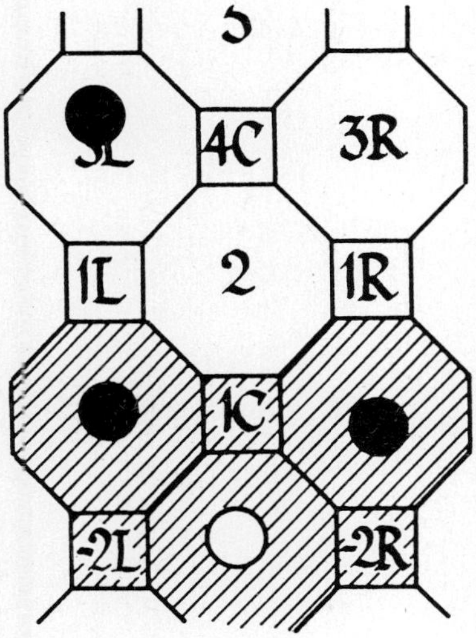

Bild 8.8
Die Schreck-ihn! – Fang-ihn! – Position

> Falls möglich, entkomme oder gewinne Deine Freiheit zurück!
>
> Ansonsten verbleibe auf den sechs schattierten Feldern und wenn Du die Opposition durch einen Zug auf ein nicht-schwaches Feld behalten kannst, so tue dies.
>
> Ist ein Zug nach S(1C) blockiert, so
>
> (A) ziehe beim Spiel gegen Hunde auf T^2S nach W(−2L oder −2R),
> (B) ziehe beim Spiel gegen Hunde auf ZN^2 nach Z (Verlust der Opposition!) auf der anderen Seite des Brettes gegenüber dem von den Hunden besetzten Z.
>
> Ist ein Zug nach Z(0) blockiert, so
>
> (C) ziehe nach T(− 1) (Verlust der Opposition!)

DIE STRATEGIE DES HASEN

Lassen diese Regeln mehrere Züge zu, so wähle unter diesen irgendeinen. Lassen sie keinen zu, so gib auf (oder hoffe auf einen Fehler)!

Wir zeigen zunächst: erreichen die Hunde Bild 8.8, so muß einer der letzten Hasen-Züge vom Typ (A), (B), oder (C) gewesen sein. Denn kommen die Hunde von einer Position, bei welcher sie die Opposition *hatten*, so *hatte* sie der Hase nach seinem letzten Zug *nicht* und die momentane Position muß durch einen Zug vom Typ (B) oder (C) erreicht worden sein.

Ansonsten kamen die Hunde von einer Position, deren Spur kongruent 1 mod 3 war und damit von Z^2N, denn in dem Bild befinden sie sich auf Z^3. Beim letzten Zug des Hasen war 2 frei und entweder 0L oder 0R waren von einem Hund besetzt. Kam der Hase aber von 0L, 1C oder 0R, so konnte er durch Ziehen nach 2 entkommen und mußte deshalb von dem schwachen Feld −2 gekommen sein, welches er nur durch einen Zug vom Typ (A) erreicht haben konnte.

Angenommen, Sie haben dieser Strategie folgend gerade einen Zug gemacht, welcher nicht vom Typ (A), (B) *oder* (C) *ist.* Dann *haben* sie die Opposition und befinden sich *nicht* auf einem schwachen Feld, und die folgende Tafel zeigt: die Strategie des Hasen liefert immer einen weiteren Zug, es sei denn, man ist mit der Schreck-ihn!-Fang-ihn!-Position konfrontiert.

Von \ Nach	Z	S	T
Z	–	(A) oder Erringen der Freiheit durch Voranschreiten nach T	schon frei
S	Entkommen durch Voranschreiten nach T	–	schon frei
T	Entkommen falls *nicht* Bild 8.8 vorliegt	(A) oder (B)	–

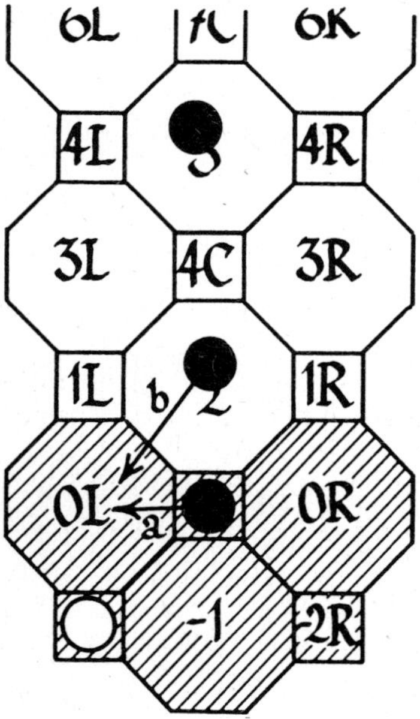

Bild 8.9
Position nach einem Zug vom Typ (A)

Als nächstes sei angenommen, daß Sie gerade einen Zug vom Typ (A) *gemacht haben.* Sie können dann während der folgenden paar Züge entweder entkommen, oder die Opposition durch einen Zug, der *nicht* vom Typ (A), (B), oder (C) ist, und von dem aus die Hunde Bild 8.8 nicht sofort erreichen können, wiedererlangen. Dies liegt daran, daß bei Anwendung von (A) das starke Feld 1C und ebenso zwei innere Achtecke besetzt werden müssen (dabei ist −1 ausgeschlossen, da der Hase nicht entkommen ist) (siehe Bild 8.9). Nun besteht die einzige Möglichkeit, mit der Hasen-Strategie die Opposition von einem N-Feld aus zu verlieren darin, nachdem ein Hund nach 0L gezogen hat, einen Zug von Typ (C) zu machen. Aber nach Zug (a) aus Bild 8.9 gewinnt der Hase die Opposition zurück, während er nach Zug (b) bald entkommt. Die Hunde können die Schreck-ihn!-Fang-ihn!-Position nicht zeitig genug erreichen.

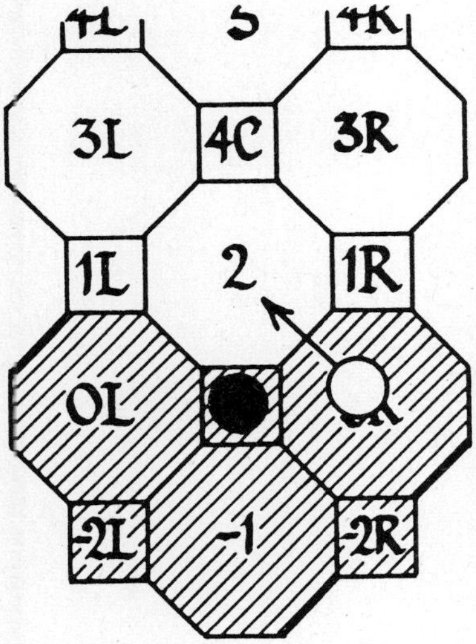

Bild 8.10
Position nach einem Zug vom Typ (B)

Nehmen wir jetzt mal an, Sie haben gerade einen Zug vom Typ (B) *gemacht* (Bild 8.10). Dann drohen Sie damit, durch einen Zug zu dem vor Ihnen liegenden leeren T-Feld zu entkommen. Besetzen die Hunde dieses Feld von N aus, so entkommen Sie durch Voranschreiten nach W und besetzt es ein Hund von Z aus, so können Sie die Opposition durch Zurücksetzen auf T wiedererlangen. Die Hunde können die Schreck-ihn!-Fang-ihn!-Position nicht sofort erreichen.

Haben Sie schließlich gerade einen Zug vom Typ (C) *gemacht*, und befinden Sie sich auf einem starken Feld, so müssen *beide* benachbarten Z's besetzt sein und Sie konnten entkommen. Sie sind also auf einem schwachen Feld und wir haben die Ihrem vorhergehenden Zug – welcher vom Typ (A) sein mußte – folgende Situation schon besprochen.

Auf dem kleinen Brett

Die Strategie des Hasen zeigt, daß die Hunde, falls sie die Opposition nicht haben, auf dem kleinen Brett nur dann gewinnen können, wenn sie einen Hund auf 5 festhalten, bis sie die Opposition durch Verschieben dieses Hundes nach 4 oder 3 erreichen können. Ziehen sie zuerst von 3L, 5, 3R aus, so können die Hunde einen Hasen, der auf einem beliebigen Feld außer 4 losläuft, schlagen. Hier folgt ein Beispiel:

Hunde	Hase	Bemerkungen
3L, 5, 3R	1C	(Oder der Hase könnte auf 1L oder 1R setzen)
3L, 5, 2	−1	Zieht er stattdessen nach 0, so können die Hunde durch Ziehen von 5 nach 4 die Opposition erlangen.
1L, 5, 2	1C	Zieht er stattdessen nach 0, so können die Hunde durch Ziehen von 5 nach 3 die Opposition erlangen.
0L, 5, 2	−1	Zieht er stattdessen nach 0, so können die Hunde durch Ziehen von 5 nach 4 die Opposition erlangen.
1C, 5, 2		Nun ist der Hase, da es auf diesem Brett kein Feld −3 gibt, gezwungen, den Hunden die Opposition zu überlassen.

Auf den mittleren und größeren Brettern

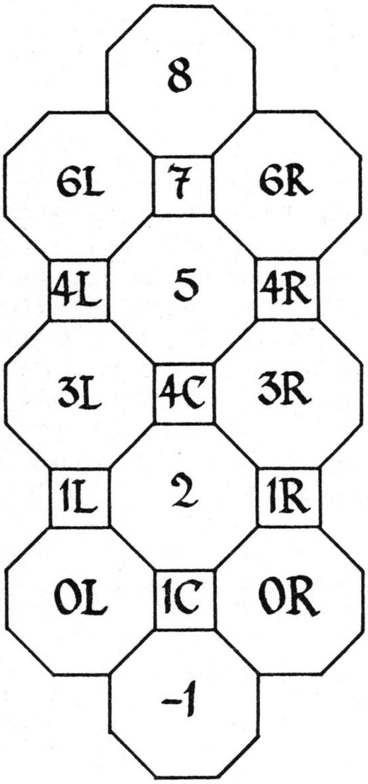

Bild 8.11 Das mittlere Brett

Durch eine leichte Verallgemeinerung dieses Beweises ist es den Hunden möglich, wenn sie von 6L, 8, 6R aus ziehen, einen auf −1, 0, 2, 3 oder 5 startenden Hasen zu fangen. Da sie die Opposition haben, können sie auf dem kleinen Brett, welches man durch Weglassen von −1, 0 und 1 (Bild 8.1) erhält, bestimmt gewinnen. Der Hase auf 2 kann eine der Positionen von Bild 8.12 erreichen, womit er die Hunde dazu zwingt, ihm für sein Zurücksetzen die Opposition zu überlassen. Aber es ist zu spät, denn die Hunde können nach 3L, 5, 3R ziehen, einer Position, die sie selbst ohne Opposition gewinnen können, da es auf dem Brett keine mit −2 numerierten Felder gibt. Was ist, wenn der Hase nach 0L zieht? Man konsultiere die Zusätze.

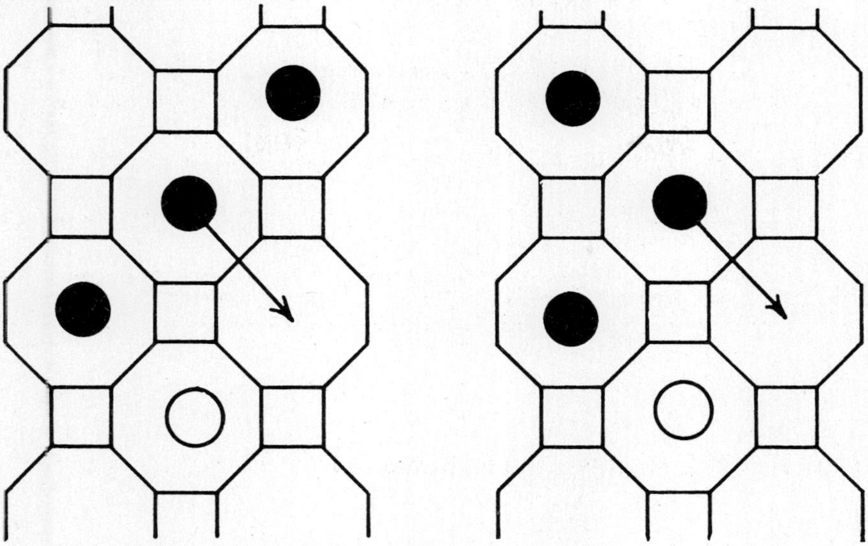

Bild 8.12 Eine feste Schranke für einen Hund?

Es ist interessant, daß die Hunde gewinnen, wenn die Konfiguration von Bild 8.12(a) bei 3L, 5, 6R gegen 2 auftritt, aber daß dies nicht der Fall ist, wenn die Konfiguration (auf dem größeren Brett von Bild 8.3) höher bei 6L, 8, 9R gegen 5 liegt. Nachdem der Hund von 8 nach 6 zieht, reißt der Hase die Opposition durch Zurücksetzen auf 3 an sich und folgt dann seiner Strategie, aber unter Verwendung der nächsten Menge von sechs Feldern (4C, 3L, 3R, 2, 1L und 1R).

Es sollte jetzt klar sein, daß die Strategie des Hasen verfeinert werden kann. Hat der Hase die Opposition nicht, so sollte er versuchen, eine Position wie 5 gegen Hunde auf 6L, 8, 9R (jede derartige Position besitzt die Spur 28) zu erreichen. Die Methode, die Hunde in eine solche Position zu zwingen besteht darin, zu einer Position zu ziehen, deren Spur um ein kleines Vielfaches von 3 größer ist als die gewünschte. Tatsächlich können wir zeigen:

> auf dem größeren Brett (Bild 8.3) können
> die Hunde von einer Position mit Spur 31 aus
> nur dann gewinnen, wenn sich der Hase auf einem
> schwachen Feld befindet oder folgende Position
> vorliegt: 6, 10, 11 *gegen* 4C (Bild 8.13)

DAS THEOREM ÜBER DIE EINUNDDREISSIG

Eine Beweisskizze findet man in den Zusätzen.

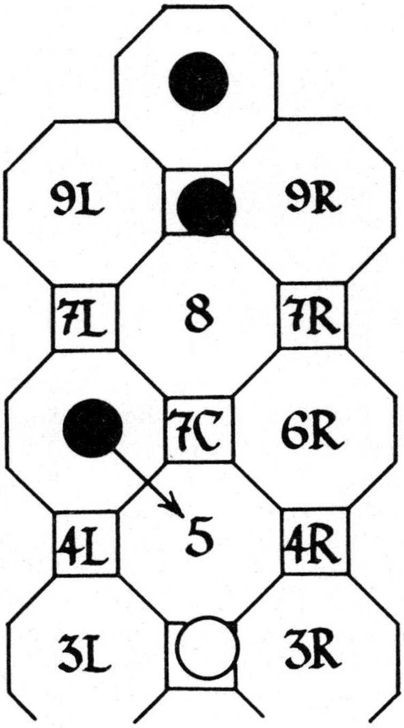

Bild 8.13
Die Schlauer-Hund-Position

Zusätze

Antworten auf Fragen

Gegen die wie in Bild 8.1 placierten Hunde kann der Hase nur dann gewinnen, wenn er bei *c* losläuft und fordert, daß die Hunde beginnen.

Bei den Hunden auf 9L, 11, 9R in Bild 8.3 kann der Hase von jeder beliebigen Position aus gewinnen, wenn er als erster zieht. Am schwierigsten ist es, wenn er auf 1C startet, so daß die Hunde die Opposition haben. Er gewinnt, indem er nach 2 zieht und das Theorem über die Einunddreißig verwendet. *Startet* er auf 2, so zieht er natürlich zu dem starken Feld 4C *und* gewinnt die Opposition.

Ziehen die Hunde zuerst, so können sie *nur* siegen, wenn der Hase auf −1 startet. Sie müssen sehr vorsichtig spielen, wobei Sie nicht nur die Opposition aufrechterhalten, sondern auch den Hasen vom Entkommen und dem Erreichen der Spur 31 abhalten müssen. Obwohl man mit dem Eröffnungszug „11 nach 10" die Opposition gewinnt, verliert man überraschenderweise mit diesem Zug! Die Schwierigkeit ist folgende: erreicht der Hase über 0, 1 und 3 die 5, so müssen die Hunde in der Lage sein, 6L, 10, 6R zu erreichen. Die Verteidigung 6L, 7, 6R ist gegen einen Hasen, der entschlossen ist, die Spur immer mindestens bei 27 zu halten, nicht realisierbar. Die Verteidigung 6L, 7R, 9R schlägt fehl, wenn der Hase von 5 nach 7C zieht, womit er den 7R-Hund zum Besetzen von 8 zwingt. Dann setzt er wieder auf 5 zurück und gewinnt wie bei Bild 8.12. Falls die Hunde versuchen, z.B. durch Besetzen von 5, 9, 10 den Hasen, welcher auf 3 steht vom Erreichen der 5 abzuhalten, so entkommt dieser über die schwache 4. Aber wie kommen die Hunde zu der Position 6L, 10, 6R, wenn der Hase über 0, 1 und 3 nach 5 spielt? Sie müssen von 6, 8, 10 gekommen sein, falls sie die Opposition hatten und der Hase auf 3 stand, aber wo waren sie vorher, als der Hase sich auf 1 befand? Es gibt keine zu 6, 8, 10 führende Position, bei welcher sie die Opposition haben konnten!

Eine feste Schranke für einen Hund?
(„*A sound bound for a hound*?")

Der Hase steht auf 0L und die Hunde auf 3L, 5, 3R; wie können die Hunde gewinnen? Antwort: 3R nach 2. Ergreift der Hase die Opposition durch Ziehen nach −1, so schiebe man 2 nach 0R und geht der Hase nach 1C, 3L nach 2. Der Trick besteht darin, den Hund auf 5 so lange zurückzuhalten, bis sie soweit sind, den Hasen packen zu können.

Über den Hund auf dem kleinen Brett ist alles bekannt
(„*All ist found for the small board hound*")

Wir haben in diesem Kapitel normalerweise den Standpunkt des Hasen eingenommen. Um das Gleichgewicht wieder herzustellen, zeigen die Bilder 8.14 und 8.15, welche wir von den Bildern 92 und 93 auf den Seiten 241 und 243 von Fred. Schuhs Master Book of Mathematical Recreations übernommen haben, alle Gewinnpositionen der Hunde auf einem kleinen Brett. Bild 8.14 beschreibt eine minimale Menge von 24 $\mathscr{P}$-Positionen (die Hunde gewinnen, wenn der Hase am Zug ist), welche bei all jenen Positionen einen Sieg garantieren, bei denen ihn die Hunde verdienen. Bild 8.15 zeigt 13 weitere $\mathscr{P}$-Positionen für die Hunde, welche sie für verschiedene Möglichkeiten nützen können, zu versuchen, ihre Strategie vor den neugieren Blicken des Hasen zu schützen. Bei jeder der 37 Positionen ist die Stellung des Hasen durch eine Zahl, der Weite-Funktion der Position, gekennzeichnet.

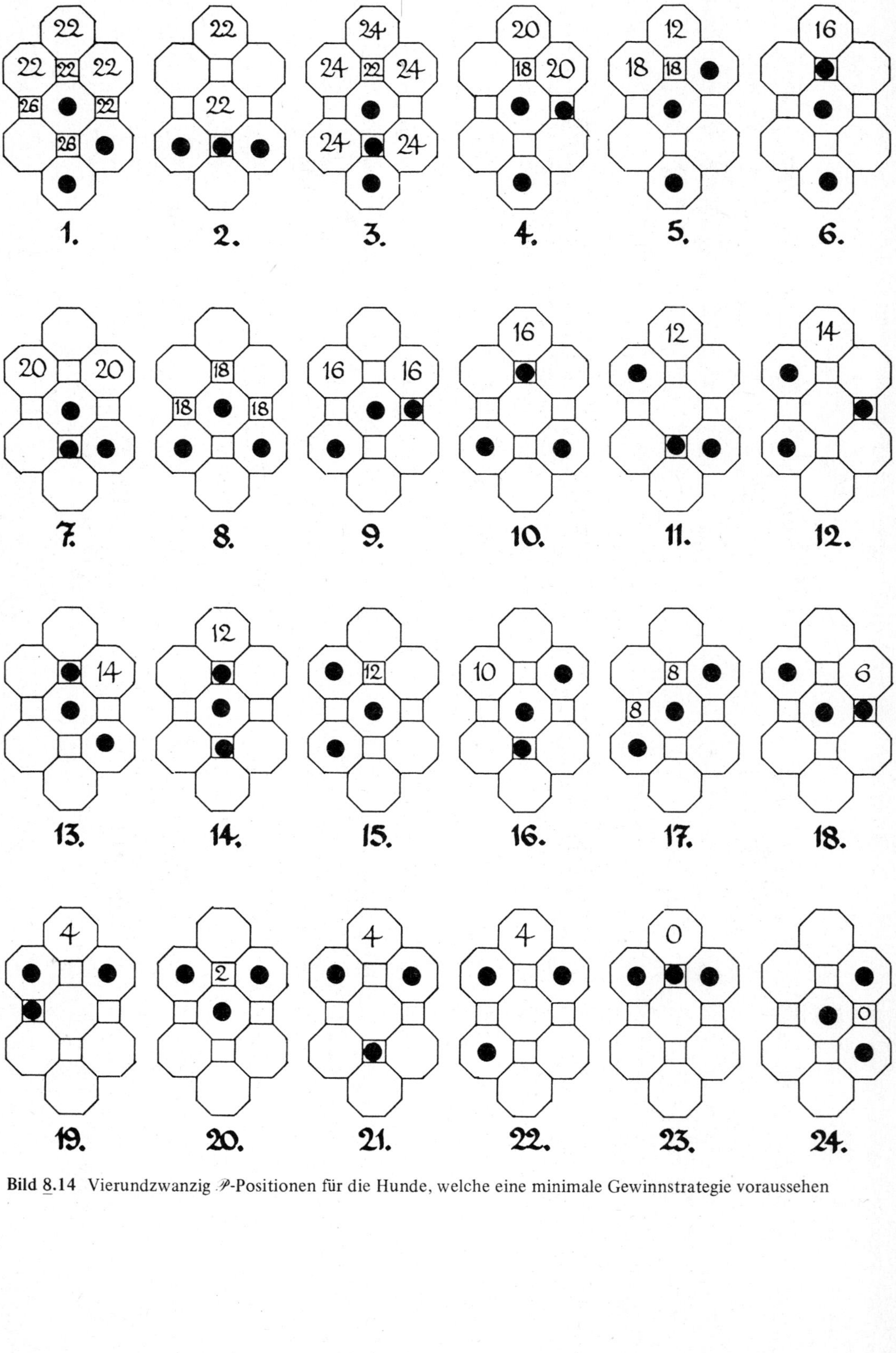

Bild 8.14 Vierundzwanzig $\mathscr{P}$-Positionen für die Hunde, welche eine minimale Gewinnstrategie voraussehen

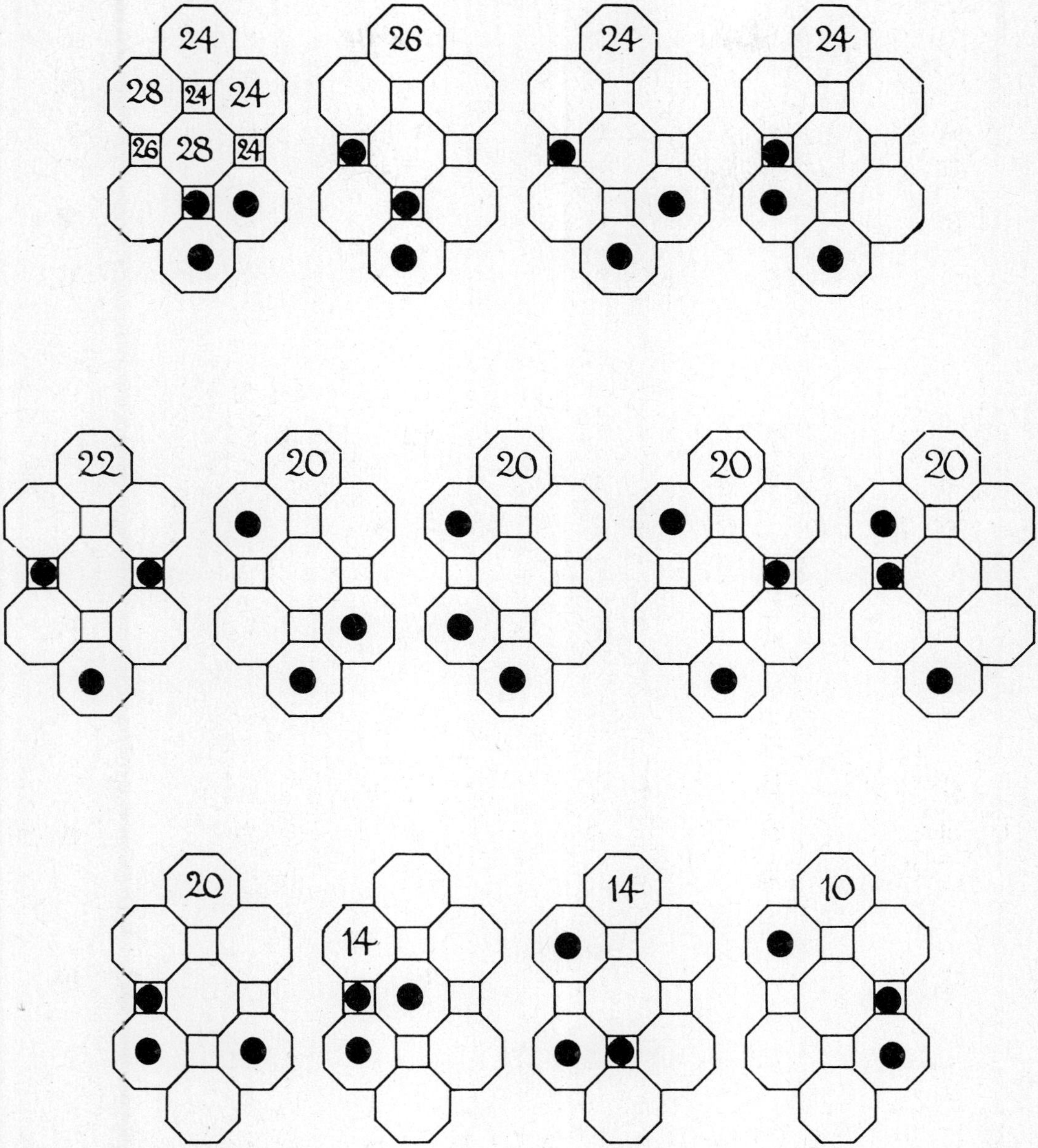

Bild 8.15 Dreizehn weitere $\mathscr{P}$-Positionen für die Hunde

Tafel 8.1 liefert eine Gewinnstrategie für die Hunde, welche auf den 24 $\mathscr{P}$-Positionen von Bild 8.14 beruhen. Die Bemerkungen sind nachfolgend aufgeführt (L und R gehören dem Hasen; bei den Bildern 8.14 und 8.15 gehören links und rechts den Hunden):

(a) die Hunde haben die Opposition nicht, aber der Hase ist gezwungen, nach 1R zu ziehen, worauf die Hunde nach 3R, 5, 2 (das ist Position 1 gespiegelt) spielen, immer noch ohne Opposition, aber der Hase ist wiederum in einer Zwangslage. Nachdem er nach 0R spielt, ziehen die Hunde nach 3R, 4, 2 (Position 7, gespiegelt).
(b) auch ohne Opposition, aber beachte Position 4.
(c) immer noch ohne Opposition, aber beachte Position 5.
(d) die Hunde haben die Position auch jetzt noch nicht, aber (Position 6) der Hase ist gezwungen auf ein Null-Feld zu ziehen und die Hunde ziehen nach 13 oder seiner Spiegelung.
(e) zieht der Hase jetzt oder später nach −1, so spielt man wie bei Position 18: der Hund auf 2 zieht nach 0 (Position 21 und 22) und der Hund dahinter besetzt nun 2 (Position 20).

Von:	wenn der Hase so spielt:	antworten die Hunde so:	es ergibt sich:	mit Weite:	und Spur:	Bemerkungen
Anfangs-position	4,1R,1C,0, −1	3L 5 2	1.	26,26,22,22,22	14,11,11,10,9	
	2	3 4 3	2.	22	12	
1.	3R	4 5 2	3.	24	14	(a)
	−1	1L 5 2	4.	20	7	(b)
1. oder 2.	0	3L 4 2	7.	20	9	
	1	3 2 3	8.	18	9	
4.	1C!	0L 5 2	5.	18	8	(c)
	0	1L 3R 2	9.	16	6	
5.	−1!	1C 5 2	6.	16	7	(d)
	0R	0 4 2	16.	10	6	
6.	0L	1C 3L 2	13.	14	6	
7.	1!	3 3 2	8.	18	9	
	−1	3L 4 0R	11.	12	6	
8.	0	1L 2 3R	9.	16	6	
	−1	3 1C 3	10.	16	6	
9.	−1!	1L 3R 0R!	12.	14	3	
	1	0L 2 3R	17.	8	6	
10.	0L	3L 1C 2	13.	14	6	
11.	0L	2 4 0R	16. gesp.	10	6	
	1C	3L 2 0R	17. gesp.	8	6	
12.	1C	2 3R 0R	15.	12	6	
	0L	1L 2 0R	18.	6	3	
13.	−1	4 1C 2	14.	12	6	
	1L?	3L 0L 2	in die Falle gegangen!	0	6	
14. oder 15.	0L	4 0R 2	16. gesp.	10	6	(e)
16.	1	3R 0L 2	17.	8	6	(e)
17.	0R	1R 0L 2	18. gesp.	6	3	(e)
18.	−1	1L 0 0	19.	4	0	
	1C	0 0 2	20.	2	3	
19.	1C	2 0 0	20.	2	3	
20.	−1	1C 0 0	In die Falle gegangen!	0	0	

Tafel 8.1 Eine Gewinnstrategie für die Hunde, nur unter Verwendung der Positionen aus Bild 8.14

Der Beweis des Theorems über die Einunddreißig

Die Hunde können die Opposition von einer Position mit Spur 31 aus nur durch Ziehen nach 30 behalten (ein Zug nach 33 würde ein unzulässiges Zurücksetzen erfordern). Ziehen sie nach 30, so wird der Hase, falls er dies kann, zur 31 spielen; die Hunde setzen auf 30 zurück und der Hase gewinnt durch Wiederholen. Die Hunde können nur dann gewinnen, wenn sie den Hasen auf ein schwaches Feld dirigieren können. Oder sie halten ihn davon ab, nach 31 zu ziehen. Wie werden sie das wohl tun? Steht der Hase auf r, so müssen die Hunde jedes starke Nachbarfeld $r + 1$ blockieren. Angenommen, die anderen Hunde befinden sich auf x und y mit $x + y \leqslant 11 + 10$.

$$r + (r + 1) + x + y = 30,$$

$2r + 1 \geqslant 9$, $r \geqslant 4$. Für $r \geqslant 8$ ist $x + y \leqslant 13$ und der Hase ist entkommen.

Bei $r = 7$ muß einer der Hunde 8 blockieren, also $x + y = 15$, und falls der Hase nicht entkommen ist gilt $x = 6$, $y = 9$. Der Hase zieht nach 5 und erreicht Bild 8.12.

Ist $r = 6$, das ist ein Z-Feld, so müssen die Hunde 7C und auch $x = 8$ blockieren, um das Entkommen zu verhindern. Also ist $y = 6$. Der Hase spielt die 5. Bringen die Hunde die Spur wieder auf 30, so setzt der Hase auf 6 zurück und gewinnt durch Wiederholen.

Ist $r = 5$ – ein T-Feld –, so müssen die Hunde 6L, 6R und $y = 13$, was nicht mehr auf dem Brett liegt, blockieren.

Ist $r = 4$ und kein schwaches Feld, so steht der Hase auf 4C. Ein Hund muß 5 blockieren, also ist $x + y = 21$, $x = 10$ und $y = 11$. Das ist die „Schlauer-Hund" genannte Ausnahmeposition (Bild 8.13), welche der Hase nicht gewinnen kann. Zieht er nach 3, so zieht der Hund auf 10 nach 8. Setzt der Hase dann auf 4R, so zieht ein Hund von 8 nach 6R, womit er den Hasen dazu zwingt, auf 3R zurückzusetzen. Danach spielt der Hund von 11 nach 10C und gewinnt wieder die Kontrolle über das Spiel.

Literaturhinweise

Martin Gardner, Mathematical Games: About two new and two old mathematical board games, Sci. Amer. **209** # 4 (Okt. 1963) 124–130.

Martin Gardner, „Sixth Book of Mathematical Games from Scientific American" W. H. Freeman, San Francisco, 1971. Kap. 5. Deutsche Ausgabe: „Mathematisches Labyrinth", Vieweg, Braunschweig 1979.

Édouard Lucas, Récréations Mathématiques, Blanchard, Paris, Vol. III, 1882, 1960, 105–116.

Sydney Sackson, „A Gamut of Games", Random House, 1969.

Frederich Schuh, Wonderlijke Problemen; Leerzam Tijdverdrijf Door Puzzle en Spel, W. J. Thieme & Cie, Zutphen, 1943, 189–192.

Frederich Schuh, „The Master Book of Mathematical Recreations" (Übers. F. Göbel, Hrsg. T. H. O'Beirne) Dover Publications, New York, 1968, 239–244.

Kapitel 9

Quadrate und Linien

And I say to them, "Bears,
Just look how I'm walking in all of the squares!"
And the little bears growl to each other, "He's mine,
As soon as he's silly and steps on a line."
A. A. Milne, *When We Were Very Young.*

On the square, to the left, was elegantly engraved in capital
letters this sentence: ALL THINGS MOVE TO THEIR END.
François Rabelais, *Pantagruel,* V, 37.

Sind Sie es leid, an den anderen Spielen herumzupuzzeln, sollten Sie sich Brett und Steine besorgen, um diese hier zu spielen. („*If you find you're bored to pieces with our other games, you should find your board and pieces to play these ones*.") Man stößt in diesem Kapitel auf ein paar alte Freunde, macht aber auch einige neue Bekanntschaften. Aber die wirklich schwierigen Spiele Schach und Go haben wir ausgelassen.

„Tit-Tat-Toe, my first go, Three jolly butcher boys all in a row"
(*Oxford Book of Mother Goose Rhymes, 1951, S. 406*)

Dieses Spiel ist besser als Tic-Tac-Toe oder Nullen-und-Kreuze bekannt, je nach dem, auf welcher Seite des Atlantiks man sich befindet. Wer als erster zieht, setzt ein Kreuz (**X**) in eines der neun Felder des Brettes aus Bild 9.1. Der Gegner setzt dann eine Null (○) in irgendein anderes Feld, und dann wechseln sich **X**-e und ○-en in den übrigen leeren Feldern ab, bis einer der Spieler gewinnt, indem sich drei seiner Zeichen auf einer der in Bild 9.2 eingezeichneten acht Linien befinden. Wenn der Lehrer gerade mal nicht aufpaßt, läßt er einen passenden triumphierenden Ruf

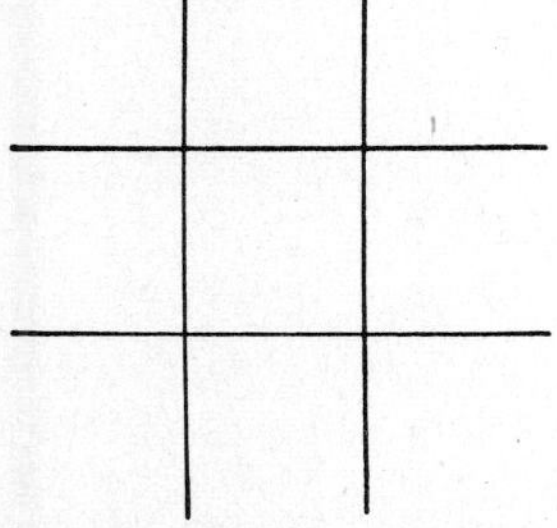

Bild 9.1 Ein Tic-Tac-Toe-Brett...

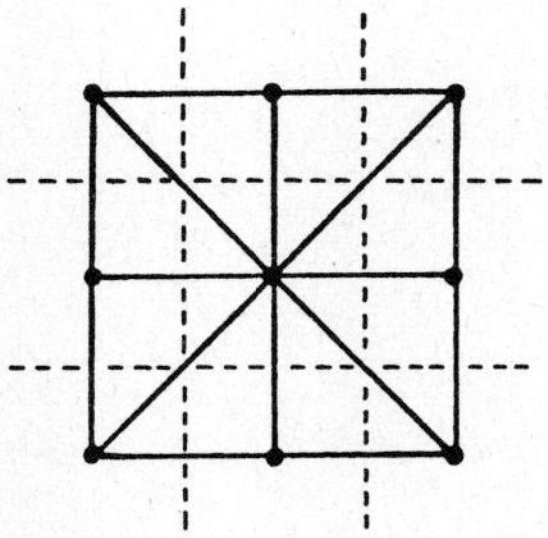

Bild 9.2 ... und seine acht Linien

ertönen, welcher in einigen Teilen Amerikas so

„Tic-Tac-Toe, three in a row!“,

und in Holland nach Fred. Schuh so lautet:

„Boter, melk en kaas, ik bin de baas!“

Ist keiner der Spieler fähig, eine Linie zu bilden, so liegt ein Unentschieden vor. Wir haben überhaupt keine Zweifel, daß unsere Leser klug genug sind, um wie die Kinder dahinterzukommen, daß dies immer eintritt, wenn das Spiel richtig gespielt wird, und nur die Autoren von Büchern wie *Gewinnen* bringen genügend Interesse auf, um das Spiel im Detail zu untersuchen.

Aber haben Sie schon mal versucht, eine vollständige Analyse durchzuführen? Wenn ja, so haben Sie wahrscheinlich festgestellt, daß diese mehr Platz benötigt als man zunächst denkt. Später mal werden wir eine Analyse liefern, welche die meisten anderen an Prägnanz übertrifft, obwohl wir zugeben müssen, daß unser Konzept schon mehr als eine Seite lang ist. Zunächst beschäftigen wir uns mal aber mit drei Nicht-Brettspielen.

Magische Fünfzehn

Bei diesem Spiel wählen die Spieler abwechselnd Zahlen von 1 bis 9, wobei keine Ziffer zweimal verwendet werden darf. Man gewinnt, wenn man drei Zahlen gewählt hat, deren Summe 15 ergibt. Dieses Spiel wurde von E. Pericoloso Sporgersi eingeführt.

„Spit not so, fat fop, as if in pan!“

ist ein Satz, welchen wir Anne Duncan verdanken. Er liefert folgendes Spiel. Man schreibe die neun Wörter auf neun verschiedene Karten. Die beiden Spieler müssen dann abwechselnd eine Karte ziehen, und Sieger ist derjenige, dem es gelingt, alle Karten zu sammeln, welche einen bestimmten Buchstaben enthalten. Das Spiel entstand nach dem Vorbild von Leo Mosers Spiel **Hot**, bei dem folgende neun Wörter vorkommen und der Spieler drei Worte mit einem gemeinsamen Buchstaben sammeln muß:

HOT, FORM, WOES, TANK, WASP, TIED, BRIM, SHIP (eng. Orig.)

Jam

John A. Michons Spiel **Jam** wird auf Bild 9.3 gespielt. Die Spieler wählen abwechselnd Straßen (gerade Linien) aus, und wer es schafft, alle Straßen, welche durch eine Stadt gehen, zusammenzubekommen, der hat gewonnen.

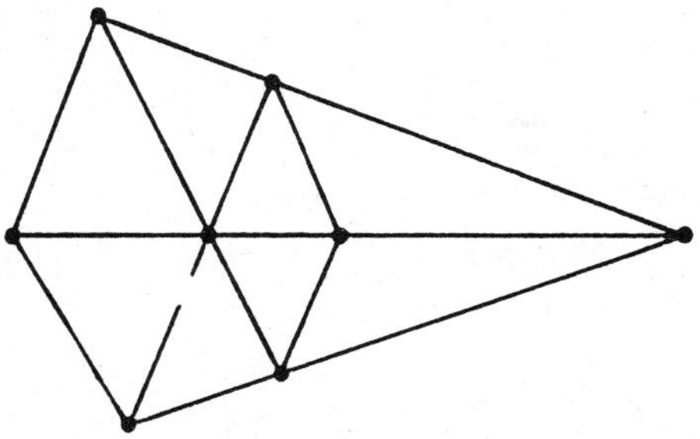

Bild 9.3 Ein Jam-Brett

Wie lange können Sie Ihre Freunde zum Narren halten?

Wir wetten mit Ihnen, daß Sie beim Spielen der obigen Spiele die meisten ziemlich lange zum Narren halten können. Jedes dieser Spiele ist ja nur ein verkapptes Tic-Tac-Toe-Spiel. Sie sollten also in der Lage sein, während die anderen sich abmühen, die richtigen Züge zu machen! Indem Sie die Zahlen bei der Magischen Fünfzehn in einem magischen Quadrat (Bild 9.4(a)) und die Worte von Spit wie in Bild 9.4(b) anordnen, und außerdem bei Jam entweder die Städte mit Namen oder die Straßen mit Zahlen versehen (siehe Bild 9.4(c)), können Sie nachvollziehen, daß diese Spiele alle gleich sind. Bei Hot ist es möglich, das gleiche dadurch zu beweisen, daß man die Wörter in der angegebenen Reihenfolge in Bild 9.1 hineinschreibt.

6	1	8
7	5	3
2	9	4

(a) Magische Fünfzehn

NOT	IN	PAN
SO	SPIT	AS
FOP	IF	FAT

(b) Spit, usw.

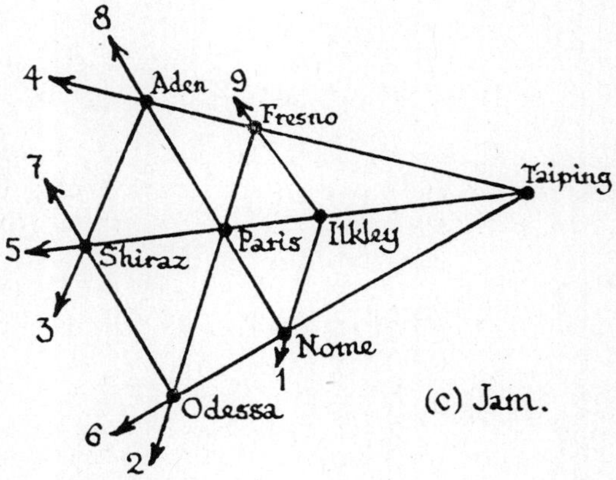

(c) Jam.

Bild 9.4 Verschiedene Namen für das gleiche Spiel („The Game's the Same By Any Name")

Analyse von Tic-Tac-Toe

Wir treffen die Vereinbarung, das Brett so zu numerieren wie bei der Magischen Fünfzehn, und nehmen aus Symmetriegründen an, daß der erste Zug (**X**) zu 5 (Bild 9.5), 6 (Bild 9.6) oder 7 (Bild 9.7) führt. Wir nehmen weiterhin an, daß beide Spieler klug genug sind

(a) eine Linie zu vervollständigen, wenn es möglich ist und
(b) den Gegner davon abzuhalten, dies bei seinem nächsten Zug zu seinen Gunsten zu tun.

Bei der Analyse gelten folgende Bezeichnungen:

fett gedruckte Zahlen stehen für solche **erzwungenen** Züge
! steht für einen Zug, der besser ist als einige andere
? steht für einen Zug, der schlechter ist als einige andere
X kennzeichnet einen Sieg für Kreuz
O kennzeichnet einen Sieg für Null
⊗ steht für Unentschieden
v. bezieht sich auf einen Querverweis auf eine andere Spalte in der Analyse.

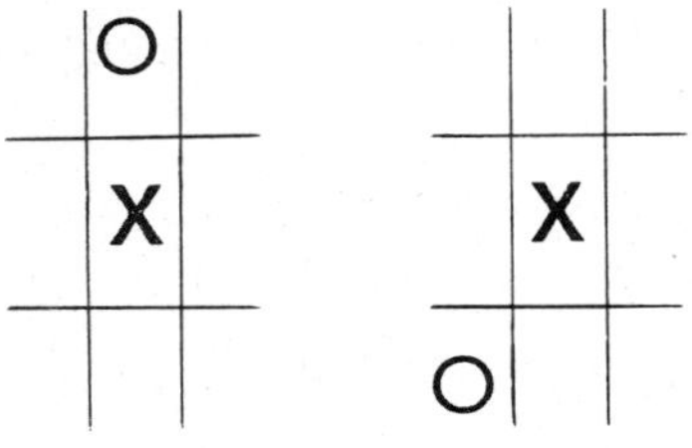

5.1 5.2

Bild 9.5 Start im Mittelpunkt

```
     ┌2!  8   6              X
     │3!  7   4! or 8!       X
     │4!      v.512
     │6!  4   2! or 7!       X
     │7!      v.513
 51? │8!      v.516
     │           ┌3  7  6  4  ⊗
     │           │4? 6        O
     │      ┌2!  │6  4  ~     ⊗
     │      │    │7  3  ~     ⊗
     │      │    └8  ~        ⊗
     └9?    │3?  2!           X
            │4!  v.5192
            │6!  8  2  7  3   ⊗
            │7?  v.5193
            └8!  v.5196
```

```
     ┌1  9  4   6  7  3   ⊗
     │3  v.521
     │4  6  7   3         ⊗
     │6  v.524
     │        ┌1   9  4  6  ⊗
     │        │4   6  ~     ⊗
     │7  3    │6?  4        O
 52? │        │8   ~        ⊗
     │        └9   1  ~     ⊗
     │   ┌1?  3 or 4        X
     │   │3?  v. 5281
     │8  │4!  9  1  ~       ⊗
     │   │6!  v. 5284
     │   │7?  6             X
     │   └9?  v. 5287
     └9  v.527
```

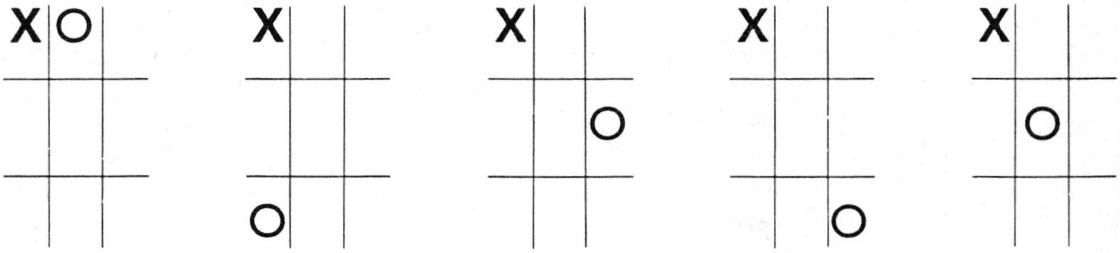

6.1 6.2 6.3 6.4 6.5

Bild 9.6 Start in der Ecke

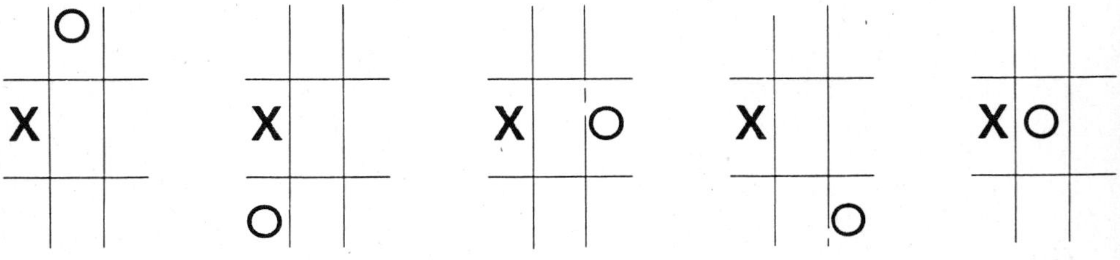

7.1 7.2 7.3 7.4 7.5

Bild 9.7 Start an der Seite

61?
- 2! **7** 4! or 5! X
- 3?
  - 2?4! or 5! X
  - 4?7! X
  - 5!**9** ⊗
  - 7?4! X
  - 8?5! or 7! X
  - 9?**5** X
- 4? **5 9 2 8** ⊗
- 5! v.516
- 7! **2** 5! X
- 8? 5!! ⊗
- 9?
  - 2~ ⊗
  - 3?2! or 4! X
  - 4~ ⊗
  - 5?2! X
  - 7?4! X
  - 8?2! or 4! X

62?
- 1! **8 5** X
- 3
  - 1?v.6132
  - 4!**9** 1! or 5! ⊗
  - 5?**8** X
  - 7?v.6198
  - 8?**5** X
  - 9?**4** X
- 4! **5 8** X
- 5 v.524
- 7?
  - 1?v.6172
  - 3 4! or 8! ⊗
  - 4!**9** 8! O
  - 5 **8 1 9** ⊗
  - 8?**5** X
  - 9!**4 5** O
- 8! **1** 4! X
- 9
  - 1 v.6192
  - 3?1! or 5! X
  - 4?1! X
  - 5 **8 1** ⊗
  - 7?1! or 5! X
  - 8?**5** X

63?
- 1?**8 4 5** O
- 2!**7 5** X
- 4 v.614
- 5!v.512
- 72
  - 1?8 O
  - **4581** ⊗
  - **5481** ⊗
  - **81**~ ⊗
  - 9?8! O
- 8!v.612
- 9
  - 1?v.6193
  - 2?v.6293
  - 4?**812**! X
  - 5 **7281** ⊗
  - 7?v.6139
  - 8?v.6239

64?
- 1?**832**! O
- 2!v.628
- 3
  - 1?v.6134
  - 2 v.6234
  - 5~ ⊗
  - 7~ ⊗
  - **819**
  - 9~ ⊗
- 7?v.641
- 8!v.628
- 9 v.643

65!
- **18** v.6275
- **27** v.6185
- 3
  - 1 v.6135
  - 2?v.6235
  - 4 v.6435
  - 7?v.6195
  - 8 v.6295
  - 9 v.6395
- 4
  - 1!**9283** ⊗
  - 2?**8** X

71?
- 2? v.631
- 3?**596**! or 8! O
- 4 v.639
- 5! v.513
- 6! v.617
- 8 v.613
- 9
  - 2
    - **3584** ⊗
    - 4?**8** O
    - 5 **3**~ ⊗
    - 6 **3**! or 5! ⊗
    - 8 3!,4! or 5! ⊗
  - 3? 2! X
  - 4
    - 2?**6** O
    - **3562** ⊗
    - **5382** ⊗
    - **62**~ ⊗
    - **8**5! or 2! ⊗
  - 5? 2! X
  - 6?**8**
    - 23! X
    - 32! X
    - **45** X
    - **54** X
  - 8?**625** X

72
- 1?
  - 3 v.7194
  - 4!**95** O
  - 5 **8643** ⊗
  - 6?5! X
  - 8?**5** X
  - 9?v.7196
- 3? **584** O
- 4 v.629
- 5 v.527
- 6? v.627
- 8 v.643
- 9
  - 1 v.7192
  - 4?5! X
  - 5 **8**~ ⊗
  - 8?**5** X

73
- 1 v.719
- 2 v.637
- 4 v.619
- 5 v.519

74?
- 1?
  - 2!**95** O
  - 3?**865** X
  - 5?**6** X
  - 6?**5** X
- 2! v.621
- 3? v.723
- 5 v.521
- 6? v.641
- 8 v.623
- 9? v.721

75
- 1
  - **28643** ⊗
  - 3?6! X
  - 4?**6** X
  - 6 **4** ⊗
- 2 **6** v.6275
- 3? 196! or 8! O
  - 28**4** O
- 4 v.653

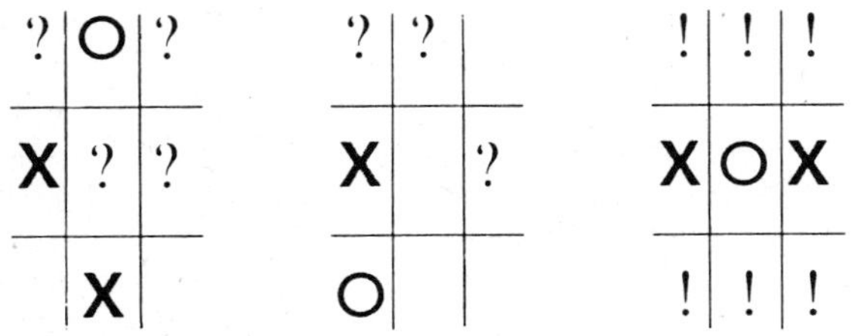

(a) 719 oder 917 (b) 72 (c) 753

Bild 9.8 Weniger gut bekannte Seitenwege bei Tic-Tac-Toe

Im „The Scientific American Book of Mathematical Puzzles and Diversions“ bemerkt Martin Gardner (und wir sind damit vollkommen einverstanden), daß viele Spieler der falschen Vorstellung unterliegen, sie hätten wegen ihrer Unschlagbarkeit nichts mehr dazuzulernen. Er gibt drei Beispiele (Bild 9.8) an, welche zeigen, wie ein Meisterspieler den größten Nutzen aus einem schlechten Spiel ziehen kann. In Bild 9.8(a) ist der letzte Zug von **X** so gewählt, daß er O von sechs Möglichkeiten vier nicht siegreiche hinterläßt (das Verwirrungsprinzip). Gegen **X**' Eröffnungszug nach 7 fordert Gardner von O, mit 2 zu antworten, denn dies bietet **X** drei schlechte Möglichkeiten an (Bild 9.8(b)). In Bild 9.8(c) kann O es **X** überlassen, seinen Zug für ihn zu wählen, denn es ist für O unmöglich, so zu spielen, daß er keine siegreiche Falle aufstellt.

Ovids Spiel, Hopscotch, Les Pendus

In seiner *Ars Amatoria* rät Ovid den jungen Frauen zur Unterhaltung ihrer Liebhaber einige Spiele zu lernen. Er erwähnt unter anderem ein bestimmtes *ludus terni lapilli*, welches auf einer *tabella* gespielt wird, von der man annimmt, sie ist eine mit 3 schwarzen und drei weißen Kieselsteinen gespielte „mobile“ Version von Tic-Tac-Toe. Von anderen derartigen Spielen ist bekannt, daß sie im alten China und Griechenland, und im mittelalterlichen England und Frankreich recht populär waren.

In der heute bekannten Version, genannt **Ovids Spiel**, placieren die Spieler abwechselnd ihre Kieselsteine so lange auf dem Brett, bis alle 6 verbraucht sind. Hat es keiner der Spieler geschafft, drei seiner Steine in eine Linie zu bringen, wird das Spiel fortgesetzt, indem bei jedem Zug ein einzelner Stein auf irgendein orthogonal benachbartes Feld gesetzt wird. Der zuerst Ziehende wird auf jeden Fall gewinnen, wenn er in die Mitte spielt.

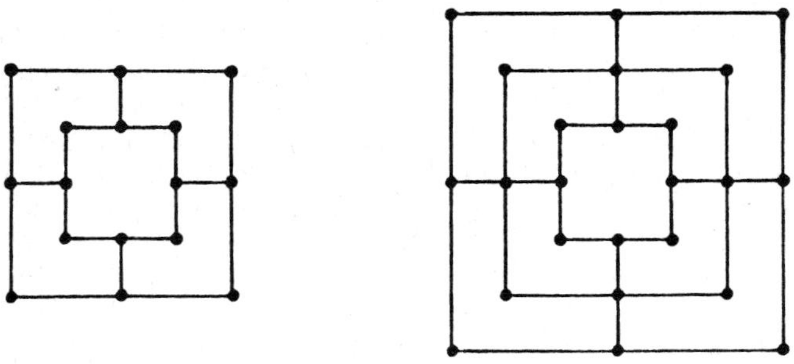

(a) (b)

Bild 9.9 Spielbrett für Sechs- bzw. Neun-Männer-Moriskentanz

$$5!\ \begin{bmatrix} 1\ 4\ 6\ 8\ 3,\ 4 \text{ nach } 9, \text{irgendwas}, 9 \text{ nach } 2 \text{ oder} \\ 2\ 1\ 9\ 4\ 6,\ 1 \text{ nach } 9, \text{irgendwas}, 5 \text{ nach } 3. \end{bmatrix}$$

Der in die Mitte führende Eröffnungszug ist also normalerweise verboten, womit das Spiel unschlüssig wird. Aber die Schleifenförmigkeit des Spiels läßt in einem einzelnen Spiel viele Variationsmöglichkeiten zu, und das Spiel ist mit Fallen gespickt.

Wir verwenden für die Version, bei der im bewegten Teil des Spieles den Spielern entlang der 8 Linien von Bild 9.2 jeder Zug des Königs beim Schach erlaubt ist, den Namen **Drei-Männer-Moriskentanz**. Eine amerikanisch-indianische Version, welche **Hopscotch** genannt wird, läßt jeden Königszug sowohl auf als auch zwischen den Linien zu. Es ist selbst dann ein unschlüssiges Spiel, wenn man den zentralen Eröffnungszug wie bei der französischen Version, **Les Pendus**, bei welcher ein Kieselstein auf *jedes* leere Feld gesetzt werden darf, zuläßt.

Sechs-Männer-Moriskentanz

wird auf dem Brett aus Bild 9.9(a) gespielt. Jeder Spieler besitzt 6 Steine, und es gibt wie bei Ovids Spiel zwei Spielphasen. Zuerst werden die Steine abwechselnd auf das Brett gesetzt. Dann werden die Steine von einem der 16 Knotenpunkte entlang einer Linie des Brettes zu einem benachbarten gezogen. Hat einer der Spieler drei seiner Steine in eine Reihe gebracht, so kann er einen gegnerischen Stein wegnehmen. Man hat gewonnen, wenn man die gegnerischen Steine auf zwei reduziert hat.

Neun-Männer-Moriskentanz

wird genauso mit 9 Steinen für jeden Spieler auf einem quadratischen oder rechteckigen (siehe Bild 9.9(b)) Brett gespielt. Bildet ein Spieler eine **Mühle** („drei in einer Reihe“), so kann er wiederum einen gegnerischen Stein wegnehmen, dieser darf aber kein Bestandteil einer gegnerischen Mühle sein. Es gibt eine Fülle von Variationsmöglichkeiten und sehr viele Namen für dieses Spiel (Merrilees, Morelles, Mill, Mühle). Wer sich für Details interessiert, konsultiere die Bücher von R. C. Bell und H. J. R. Murray.

Drei Rauf

Das ist ein vertikales Drei-in-einer-Reihe-Spiel. Jeder Spieler beginnt mit sechs Damesteinen seiner eigenen Farbe, und es wird abwechselnd ein Stein auf den Tisch oder eine schon vorhandene Säule gesetzt. Dabei versuchen beide, eine aus drei Steinen von der eigenen Farbe bestehende Säule aufzubauen. Sind alle Steine gesetzt, so wird das Spiel durch Umverteilen einzelner Steine der eigenen Farbe von einer Säule zur anderen, oder von einer Säule auf den Tisch fortgesetzt. Keine Säule darf jemals mehr als drei Steine hoch sein.

Es ist für einen begabten Spieler sehr einfach, einen Neuling bei diesem Spiel, welches viele listige Gesichter hat, zu schlagen. Aber Vasek Chvátal hat gezeigt: versucht man nie zu gewinnen (indem man aus zwei eigenen Steinen eine Säule bildet), so kann man auch nicht verlieren! Denn hat der Gegner t ($\geqslant 1$) Angriffe (das sind Säulen, welche mit zwei seiner Steine beginnen) aufgebaut, so kann er höchstens $6-2t$ Ihrer Steine bedecken. Sie haben also mindestens $2t$ unbedeckte, und das ist mehr als genug, um mit den gegnerischen Angriffen fertig zu werden.

Vier-in-einer-Reihe

Es ist klar, daß der erste Spieler auf einem 1×1-Brett 1-in-einer-Reihe und auf einem 2×2-Brett 2-in-einer-Reihe zusammenbringt, und wir haben auch gesehen, daß es mit 3-in-einer-Reihe auf einem 3×3-Brett nicht funktioniert. Aber es ist nicht schwer zu zeigen,

Bild 9.10
Bei Vier-in-einer-Reihe auf einem 5 × 5-Brett schafft der zweite Spieler immer den Gleichstand

daß er auf einem größeren Brett selbst mit nur einem zusätzlichen Feld 3-in-einer-Reihe erreichen kann. Wie groß muß das Brett sein, auf dem man 4-in-einer-Reihe schafft? C. Y. Lee hat bemerkt, daß der zweite Spieler auf einem 5 × 5-Brett ein Unentschieden erreichen kann. Seine Strategie besteht darin, immer wenn der erste Spieler in das mittlere 3 × 3-Quadrat spielt, wie bei Tic-Tac-Toe zu spielen. Sie dürften keine großen Schwierigkeiten haben, wenn Sie sich immer das ins Gedächtnis rufen, und folgendes beachten: ziehen Sie auf die mit diagonalen Linien gekennzeichneten Felder von Bild 9.10, so sabotieren Sie die Chancen Ihres Gegners, auf dem Rand oder einer Diagonalen, welche zwei der Felder 1, 3, 9 und 7 enthält, 4-in-eine-Reihe zu bekommen.

Lustenberger hat mit dem Computer gezeigt, daß auf einem 4 × 30-Brett 4-in-einer-Reihe einen Sieg für den ersten Spieler bedeuten.

Bei weitem am interessantesten und bekanntesten ist die dreidimensionale Version, welche auf einem 4 × 4 × 4-Würfel gespielt wird. Oren Patashnik hat gezeigt, daß der erste Spieler beim 4 × 4 × 4 **Tic-Toc-Tac-Toe** immer gewinnen kann. Nun benutzt Patashniks Lösung ein aus ein paar tausend Eröffnungen bestehendes Computerlexikon. Dieses Lexikon entstand aus einer mehrere Monate dauernden, intensiven und intelligenten Zusammenarbeit zwischen Patashnik und einem Computer. Es ist zu groß, um anders als durch einen Computer zugänglich zu sein. Mehrere skeptische Informatiker haben vor nicht allzu langer Zeit Patashniks Lexikon überprüft, und es ist nun als vollständig und richtig anerkannt.

Fünf-in-einer-Reihe

Es ist genauso interessant, zu versuchen, auf irgendeinem recht großen Brett 5 diagonal oder orthogonal in eine Reihe zu bekommen. Mathematiker werden es vorziehen, **Fünf-in-einer-Reihe** auf einem unendlichen Brett zu spielen.

Bei dieser Art von Spiel gibt es mehrere wohldefinierte Grade von Bedrohung, und spielt man mit Kindern und guten Freunden, so ist es schön, wenn man diese durch entsprechende Ausrufe kenntlich macht. Wir empfehlen: SCHUSS! für die Androhung, beim nächsten Zug zu gewinnen, z. B.

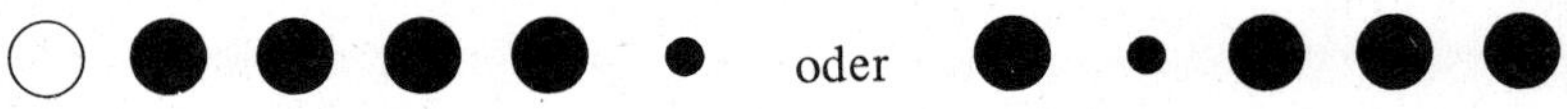

SCHÜSSE! für zwei oder mehr SCHÜSSE auf einmal, z. B.

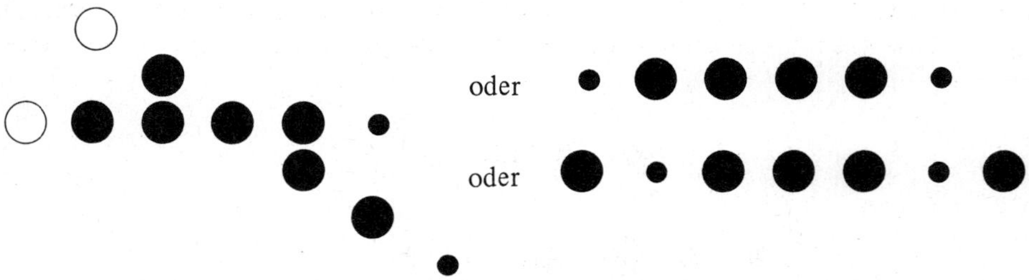

BOMBE!, falls Sie beim nächsten Zug einen SCHUSS sicherstellen können, z.B.

 oder 

BOMBENSCHUSS! für eine BOMBE und einen SCHUSS gleichzeitig, etwa

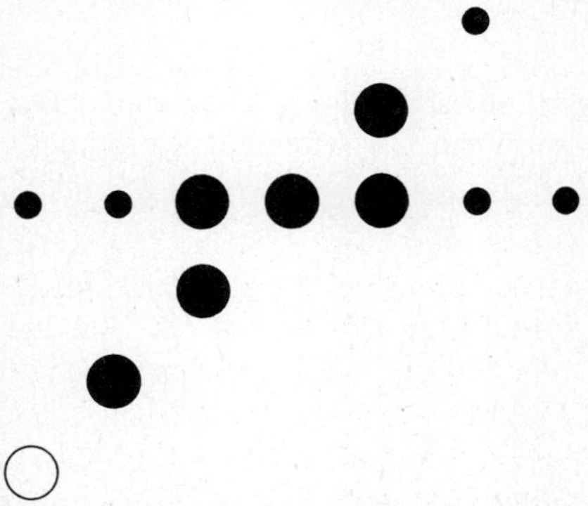, und

und BOMBEN für zwei oder mehr BOMBEN gleichzeitig, etwa

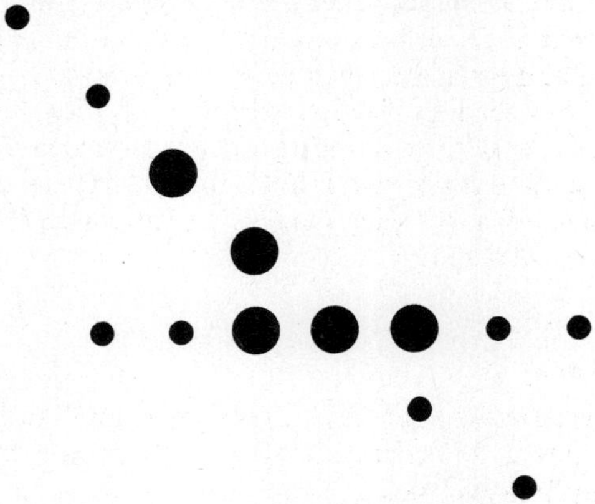

Das kann beim Erkennen der Auswirkungen erzwungener Züge von großer Hilfe sein, z.B. gilt:

Ein SCHUSS, typischerweise eine 4er-Reihe, welche an einem Ende noch offen ist, muß sofort blockiert werden. Ein Paar von SCHÜSSEN gewinnt damit beim nächsten Zug.

Eine Bombe, normalerweise eine 3er-Reihe mit zwei offenen Enden, muß entweder sofort gestoppt oder mit einem SCHUSS abgewehrt werden. Ein BOMBENSCHUSS gewinnt somit, es sei denn, der Zug welcher den SCHUSS blockiert ist möglicherweise ein gegnerischer SCHUSS. Gegen ein Paar von BOMBEN kann man nur durch Erzeugen einer Folge von SCHÜSSEN, welche so lange dauert, bis einer von ihnen eine der BOMBEN blockiert, auf eine erfolgreiche Verteidigung hoffen.

Diese Begriffe sind bei vielen Spielen dieser Art anwendbar. Z.B. ist bei 4-in-einer-Reihe

ein SCHUSS und

eine BOMBE. Ähnliche Ausrufe verwendet man beim Philosophenfußball (siehe später in diesem Kapitel). Es gibt offensichtliche Zusammenhänge mit dem Begriff der *Weite* aus Kapitel 1, Band 2.

Fünf-in-einer-Reihe wurde in England mindestens hundert Jahre lang Go-Bang genannt; in der letzten Zeit hieß es auch Pegotty oder Pegity (Parker Bros., USA).

Go-Moku

In Japan gibt es einige ausgezeichnete Spieler, die sich ihres Sieges bei ihrer Version, **Go-Moku**, von 5-in-einer-Reihe auf einem Go-Brett der Größe 19 × 19 immer sicher sein können, obwohl der erste Spieler dabei dadurch behindert ist, daß ihn das **Drohen mit der Gabel**, d.h. mit zwei offenen 3-er Linien (wir nannten so etwa BOMBEN!) untersagt ist, und *sechs*-in-einer-Reihe *nicht* als Sieg zählt.

Sechs, sieben, acht, neun, ... in-einer-Reihe

A. W. Hales und R. I. Jewett haben eine geniale Strategie erfunden, welche zeigt, daß viele Spiele dieser Art unentschieden oder unschlüssig sind. Als Beispiel folgt ein kurzer Beweis dafür, daß 5-in-einer-Reihe auf einem 5 × 5-Brett unentschieden ausgeht. Alles, worauf Sie zu achten haben ist, sicherzustellen, daß Sie nach jedem Zug Ihres Gegners auf ein markiertes Feld aus Bild 9.11 ein genauso markiertes Feld in der durch das Feld des Gegners angezeigten Richtung wählen. Sie können ihm also das mittlere Feld *und* genauso den ersten Zug überlassen. Erfüllt Ihre gegenwärtige Position die geforderte Bedingung schon, so machen Sie einen zufälligen Zug. Am Ende des Spiels wird mindestens einer Ihrer Steine auf jeder denkbaren siegreichen Linie liegen.

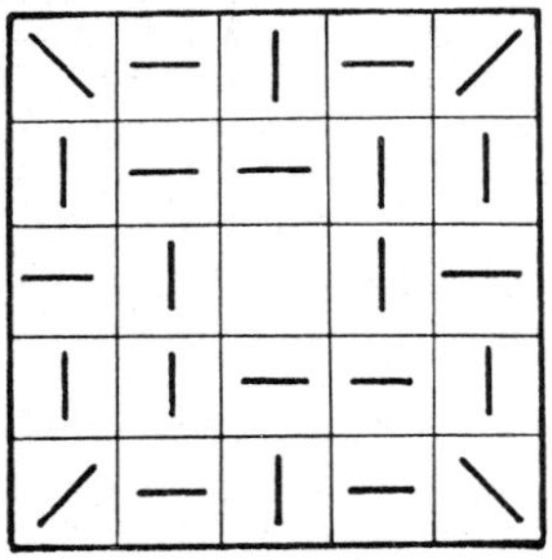

Bild 9.11 Eine Hales-Jewett-Paarung

Man kann mit der Hales-Jewett-Paarmethode von Bild 9.12 auch einsehen, daß 9-in-einer-Reihe auf einem unendlichen Brett unschlüssig ausgeht. Setzt Ihr Gegner auf ein Feld, welches sich am Ende einer Linie dieses Bildes befindet, so wählen Sie das Feld am anderen Ende. Das Resultat wurde zuerst unter Verwendung folgender Strategie von Henry Oliver Pollak und Claude Elwood Shannon bewiesen. Man lege das Brett mit H-förmigen Heptominos aus: der zweite Spieler spielt in jedem dieser Gebiete gewöhnliches Tic-Tac-Toe, wobei er sich darauf konzentriert, entweder diagonal, horizontal, oder rechts vertikal den Bestand einer 3er-Reihe zu sichern. John Lewis Selfridge hat für das 8 × 8-Brett ebenfalls eine Hales-Jewett-Paarmethode angegeben, welche zum Auslegen eines unendlichen Brettes verwendet werden kann und zu dem gleichen Resultat führt.

T. G. L. Zetters (nom de guerre einiger Amsterdamer Kombinatoriker) hat kürzlich gezeigt, daß der zweite Spieler sogar beim 8-in-einer-Reihe ein unschlüssiges Spiel erreichen kann. Ihr Beweis benutzt eine aus 12 Zellen bestehende parallelogrammförmige Kachel, und geht ungefähr so, daß auch 7-in-einer-Reihe als unschlüssig nachgewiesen wird.

Bild 9.12 Neun-in-einer-Reihe auf einem unendlichen Brett ist unschlüssig

S. W. Golomb hat eine Hales-Jewett-Paarmethode für 8-in-einer-Reihe auf einem 8 × 8 × 8-Würfel entdeckt. Sie ist leichter zu erklären, wenn wir als erstes die analoge zweidimensionale Lösung für 6-in-einer-Reihe auf einem 6 × 6-Quadrat beschreiben. Bild 9.13(a) entspricht 9.11 bis auf die Tatsache, daß man auf einen Zug auf einer Diagonalen mit *jedem* anderen Zug auf der gleichen Diagonalen antworten kann. Man beachte, daß das Bild die durch die beiden durchgezogenen Linien gekennzeichneten Symmetrien besitzt, und es deshalb reichen würde, wie in Bild 9.13(b) nur einen Quadranten anzugeben.

Bild 9.14 zeigt in gleicher Weise einen Oktanten aus Golombs 8 × 8 × 8-Paarung. Die Symbole –, | und \ findet man in der gezeigten horizontalen Schicht, während • alles ist, was man von einer vertikalen Linie sieht. Die Pfeile durchbohren die Schichten und repräsentieren Linien mit offensichtlicher Richtung in verschiedenen diagonalen Ebenen. Die drei mittleren Ebenen des 8 × 8 × 8-Würfels (welche durch die drei fetten Linien in Bild 9.14 angegeben sind) sind spiegelnde Ebenen, und wie bei der 6 × 6-Paarung aus Bild 9.13 darf man auf *jeden* Zug entlang einer Diagonalen mit einem anderen auf der gleichen Diagonale antworten. Tatsächlich kann Ihnen Golomb *jede* der sechs Zellen *aller* vier Diagonalen *und* den ersten Zug überlassen, und das Spiel trotzdem zu einem Unentschieden bringen.

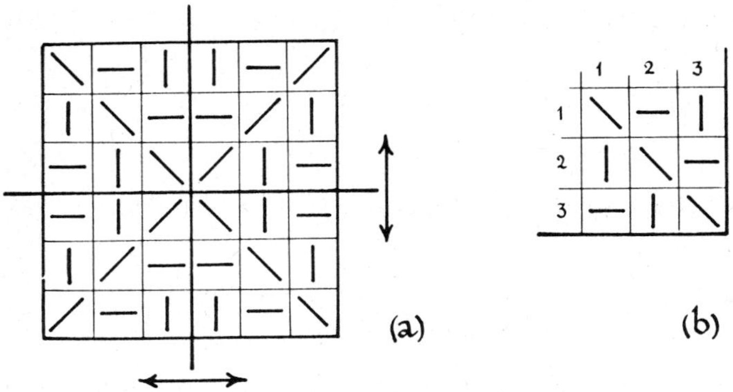

Bild 9.13 Eine Paarung für Sechs-in-einer-Reihe auf einem 6 × 6-Brett

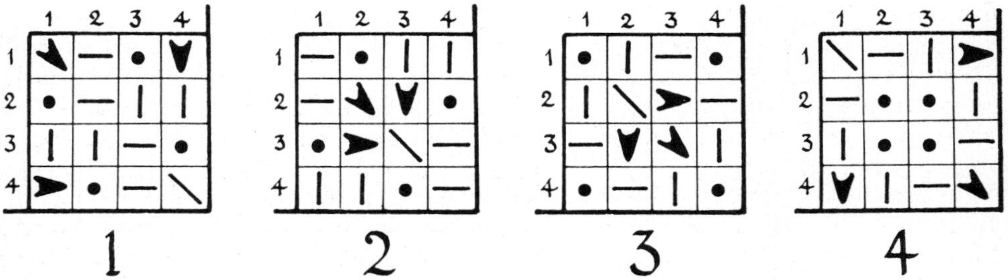

Bild 9.14 Golombs Paarung für Acht-in-einer-Reihe auf einem 8 × 8 × 8-Würfel

n-dimensionales k-in-einer-Reihe

Hales und Jewett haben das Spiel k-in-einer-Reihe auf dem n-dimensionalen

$$k \times k \times k \times \ldots \times k\text{-}$$

Brett betrachtet. Sie haben gezeigt: ist k genügend groß, nämlich

$$k \geqslant 3^n - 1 \qquad (k \text{ ungerade) oder}$$
$$k \geqslant 2^{n+1} - 2 \qquad (k \text{ gerade}),$$

so geht das Spiel mit einer passenden Paar-Strategie unentschieden aus. Ist andererseits n im Vergleich zu k genügend groß, ergibt sich durch das unten beschriebene Strategienklau-Argument ein Sieg für den ersten Spieler. Sie vermuten, daß das Spiel unentschieden ausgeht, wenn es mindestens zweimal soviel Zellen wie Linien gibt.

Wieviele Linien gibt es denn überhaupt? Leo Moser hat bemerkt, daß jede Linie durch eine der beiden Zellen bestimmt wird, welche sie in den umgebenden

$$(k+2) \times (k+2) \times (k+2) \times \ldots \times (k+2)\text{-}$$

Würfel fortsetzt. Die Gesamtzahl der Linien beträgt damit genau

$$\tfrac{1}{2}\,\{(k+2)^n - k^n\}.$$

Die Hales-Jewett-Vermutung besagt deshalb, daß das Spiel unentschieden ausgeht, wenn

$$k^n \geqslant (k+2)^n - k^n,$$

d.h.

$$2k^n \geqslant (k+2)^n.$$

Sie sollte also etwa für $k \geqslant 3n$ richtig sein. Leo Moser hat bewiesen, daß sie für $k > cn \log n$ mit einer Konstante c stimmt.

Strategienklau bei Tic-Tac-Toe-Spielen

Für fast alle Formen von Tic-Tac-Toe-Spielen gibt es ein Strategienklau-Argument, welches zeigt, daß es für den zweiten Spieler keine Gewinnstrategie geben kann. Obwohl dies wahrscheinlich früher schon bekannt war, stammt der erste formale Beweis von Hales und Jewett. Wir nehmen an, daß jeder Spieler ein unendliches Reservoir an eigenen Figuren besitzt, und daß sich die Figuren, wenn sie mal auf dem Tisch liegen, nicht mehr bewegen. Weiter wird angenommen, daß beide Spieler es sich zum Ziel gemacht haben, mit den eigenen Figuren eine siegreiche Konfiguration zustandezubringen.

Behauptet wird folgendes: alle derartigen Spiele, bei denen die siegreichen Konfigurationen für beide Spieler gleich sind, enden entweder mit einem Sieg des ersten Spielers oder führen bei optimalem Spiel zu einem Unentschieden. Denn gibt es für den zweiten Spieler eine Gewinnstrategie, so kann der erste diese wie folgt „klauen". Nach einem zufälligen ersten Zug kann er davon ausgehen, daß er der zweite Spieler *ist*, wobei er seinen Eröffnungszug ignoriert, und immer, wenn die geklaute Strategie einen schon gemachten Zug wiederholen würde, zieht er zufällig. Wir schließen daraus: hat der zweite Spieler eine Gewinnstrategie, so auch der erste, denn eine zusätzliche Figur auf dem Brett kann ihm niemals schaden! Selbstverständlich können nicht *beide* Spieler gleichzeitig gewinnen, womit es die angenommene Gewinnstrategie des zweiten Spielers nicht geben kann.

Dieses Argument läßt sich auf n-in-einer-Reihe mit Brettern jeder möglichen Form anwenden. Voraussetzung ist nur, daß es keine zusätzlichen Einschränkungen wie bei Go-Moku gibt. In diesem Fall sind die siegreichen Konfigurationen genau die entsprechenden n-Reihen, und sind für beide exakt gleich.

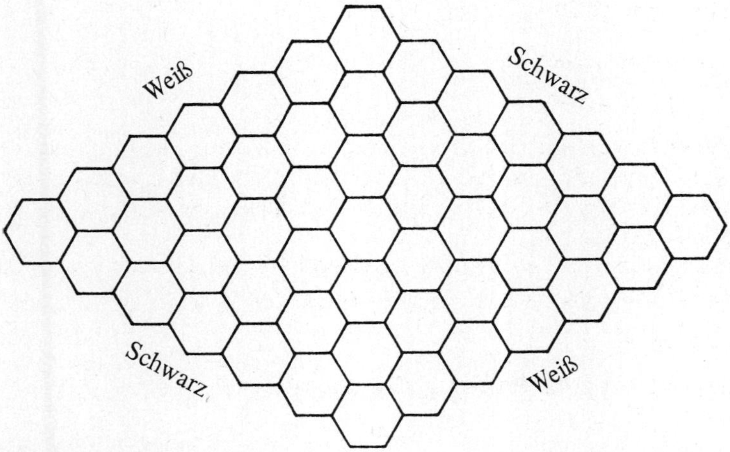

Bild 9.15 Ein 7 × 7-Hex-Brett

Aber bei den berüchtigten Fällen von Strategienklau sind die siegreichen Konfigurationen nicht gleich, sondern stehen durch Symmetrien des Brettes in Beziehung zueinander (sind sich also immer noch *ähnlich*).

Diese Fälle sind, in chronologischer Reihenfolge, die folgenden:

Hex,

welches auf einem aus Sechsecken („*hexagons*") bestehenden Rhombus (siehe Bild 9.15) gespielt wird. Schwarz gewinnt, wenn seine Figuren ein Paar sich gegenüberliegender Seiten des Brettes miteinander verbinden, und Weiß, wenn er das andere Paar zusammenbringt.

Hex wurde von Piet Hein entdeckt und das Strategienklau-Argument hat Nash gefunden.

Bridgit

(oder Gale) spielt man auf zwei ineinander verschlungenen $n \times n + 1$-Gittern. Links verbindet zwei (horizontal oder vertikal) benachbarte Punkte des schwarzen Gittern, während Rechts dasselbe bei dem weißen Gitter tut. Es dürfen sich nie zwei Züge überkreuzen. In Bild 9.16 hat Links gerade gewonnen, denn er hat eine Kette gebildet, welche einen obersten und einen untersten Punkt enthält. Bridgit selber wurde von David Gale, der dazugehörige Strategienklau von Tarjan entdeckt.

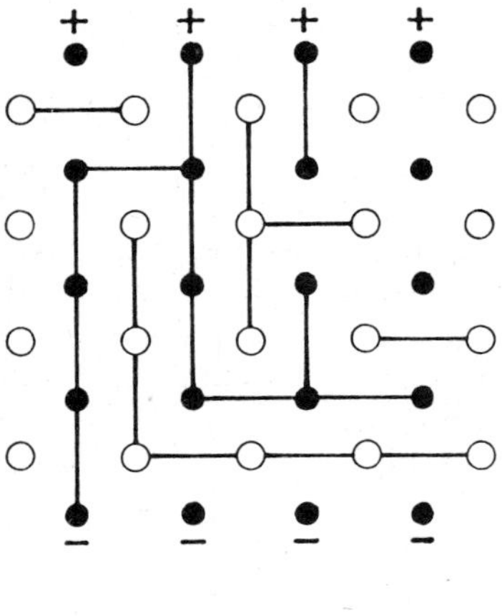

Bild 9.16
Links bildet eine schwarze Kette bei Bridgit

Wie gewinnt der erste Spieler?

Wie bei den Beispielen von Hales und Jewett ist es in diesen Fällen unmöglich, daß ein abgeschlossenes Spiel unentschieden ist. Der obige Beweis zeigt also, daß der erste Spieler gewinnen kann. Aber das nützt bei dem Versuch, eine explizite Strategie zu bestimmen nicht viel. Für Hex ist keine explizite Strategie bekannt, und Tarjan und Even haben gezeigt, daß verallgemeinertes Hex von der Technik her schwierig ist.

Aber für Bridgit hat Oliver Gross eine explizite Paar-Strategie gefunden. Und von der nachfolgenden Alfred Lehmannschen Theorie lassen sich viele andere Strategien ableiten.

Das Schaltspiel („ The Shannon Switching Game")

Dieses Spiel ist eine Verallgemeinerung von Bridgit. Es wird auf einem Graphen gespielt, welcher ein elektrisches Netzwerk darstellt, bei dem einige Knoten mit +, und andere mit –

markiert sind. Jede Kante (man beginnt das Spiel bei den mit *Bleistift* gezeichneten) steht für eine durchlässige Verbindung zwischen den Knoten an den Enden des Netzwerkes. *Herr Kurz* darf innerhalb eines Zuges eine dieser Verbindungen *auf Dauer herstellen* (man übermalt eine Bleistift-Kante mit *Tinte*), und er versucht zwischen einem +- und einem −-Knoten eine Kette zu bilden. Herr *Schluß* möchte andauernd eine mögliche Verbindung *verhindern* (man *radiere* eine Bleistift-Kante aus), und er versucht + und − für immer voneinander zu trennen. Bild 9.17(a) zeigt ein Schaltspiel, welches zu unserem Bridgit-Spiel äquivalent ist. Man kann, indem man die in Bild 9.17 vorgeführten Identifikationen durchführt, immer davon ausgehen, daß es jeweils nur einen positiven und negativen Knoten gibt.

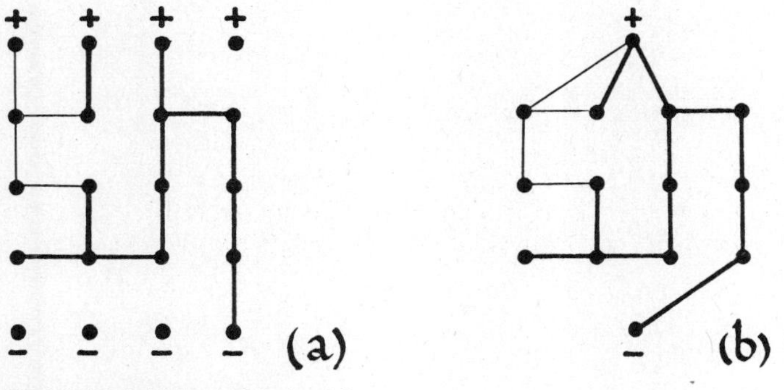

Bild 9.17 Bridgit als Schaltspiel

Unter dieser Annahme hat Lehmann bewiesen, daß Herr Kurz als zweiter Spieler dann, und nur dann gewinnen kann, wenn er zwei kantendisjunkte Bäume findet, welche alle Knoten eines + und − enthaltenden Teilgraphen enthalten. Der „nur dann"-Teil ist schwierig, aber für das „dann" gibt es eine einfache Strategie: wenn immer Herrn Schluß' Zug einen der Bäume in zwei Teile, A und B, teilt, so macht Herr Kurz einen Zug bei dem anderen Baum, wobei er eine Ecke von A mit einer von B verbindet.

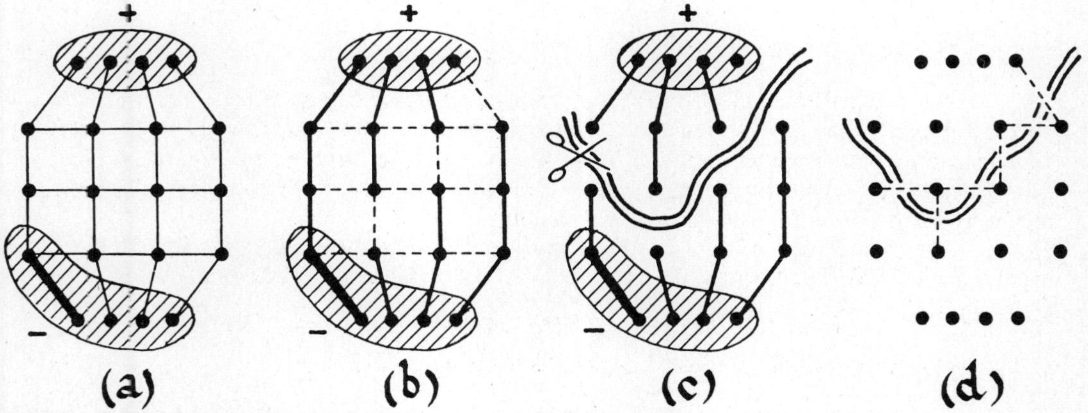

Bild 9.18 Wie Herr Kurz bei Bridgit gewinnt

Verwenden wir mal Lehmanns Theorie, um zu zeigen, wie der erste Spieler, der sich für Herrn Kurz halten sollte, bei Bridgit gewinnen kann. Nach seinem ersten Zug (siehe Bild 9.18(a)) kann Herr Kurz (der jetzt der *Zweite* in der Reihe beim Ziehen ist) die beiden in Bild 9.18(b) durch fette und gestrichelte Linien gekennzeichneten Bäume erkennen (man beachte, daß jede der +- und −-Mengen als zusammenhängend anzusehen ist, dabei ist auch der zu − abgekürzte Knoten mit eingeschlossen). Zerstört nun Herr Schluß die Verbindung innerhalb eines Baumes, indem er etwa die zerschnittene Kante aus Bild 9.18(c) entfernt, so sollte Herr Kurz eine der sechs Brücken (Bild 9.18(d)) über den imaginären Fluß, welcher die beiden Teile des von Herrn Schluß geteilten Baumes trennt, sichern.

Man kann das Spiel verallgemeinern indem man fordert, daß die siegreichen Konfigurationen für Herrn Kurz genau die seien, welche eine bestimmte Familie P von Kantenmengen enthalten. (Im ursprünglichen Spiel bestand P aus der Familie von Pfaden von + nach −.) Lehmann zeigt den „nur dann"-Teil seines Theorems, indem er für P die Familie aller der Bäume wählt, welche alle Ecken enthalten (aufspannende Bäume).

Falls Herr Kurz als zweiter Spieler im modifizierten Spiel gewinnt, so ist es *sehr* einfach, zu sehen, daß es zwei kantendisjunkte aufspannende Bäume geben muß. Denn da ein zusätzlicher Zug nichts ausmacht, können beide Spieler Herrn Kurz' Strategie spielen! Tun sie dies, so werden *zwei* aufspannende Bäume mit disjunkter Kantenmenge erzeugt. Umgekehrt gilt: existieren zwei derartige Bäume, so gewinnt Herr Kurz mit unserer vorherigen Strategie tatsächlich als zweiter Spieler, und zwar auch beim modifizierten Spiel.

Der detailliertere Teil von Lehmanns Beweis zeigt, daß das modifizierte Spiel sich in einem passenden Sinne auf das ursprüngliche reduzieren läßt.

Schwarzer Pfad

(„*The Black Path Game*")

Dieses hübsche kleine Spiel wurde 1960 von Larry Black eingeführt. Man kann es auf einem rechteckigen Stück Papier spielen, welches in Felder unterteilt ist (siehe Bild 9.19). Die bespielten Felder sind zu jedem Zeitpunkt mit einem der in 9.19(b) gezeigten Muster versehen und es gibt einen wie in Bild 9.19(a) gezeigten Pfad, der bei dem Startpfeil beginnt. Ist ein Spieler am Zug, so muß er den Pfad fortsetzen, indem er eines der zulässigen Muster in das nächste Feld zeichnet. Man hat verloren, wenn man den Pfad in eine Kante des Brettes münden läßt. Die Zahlen 1 bis 8 bezeichnen die Reihenfolge der ersten acht Züge unseres Musterspiels, und der jetzt folgende Spieler muß auf das mit 9 markierte Feld ziehen. Man sieht: das Muster 1 verliert sofort, während 2 schnell gewinnt und 3 langsam verliert.

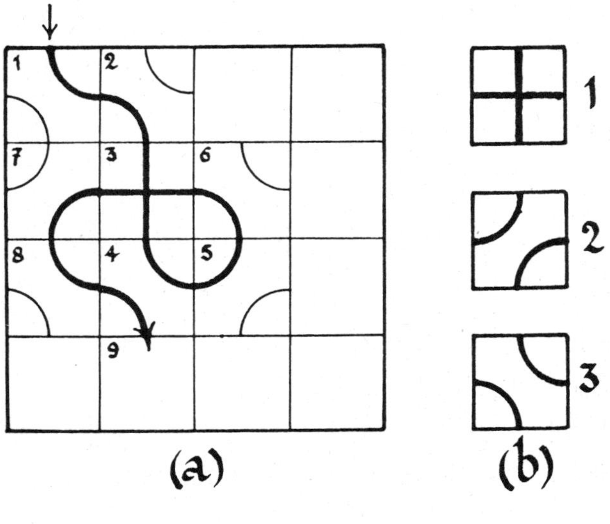

Bild 9.19
Erzeugung eines schwarzen Pfades

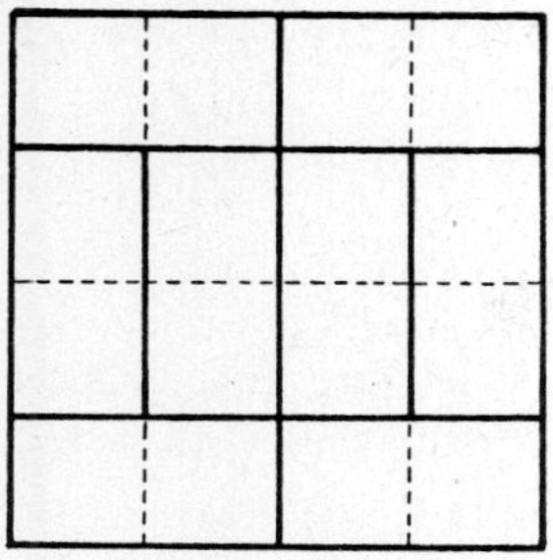

Bild 9.20
Ein in Dominos unterteiltes Schwarzer-Pfad-Brett

Wir kennen eine Paar-Strategie, mit welcher der erste Spieler auf einem rechteckigen Brett mit einer geraden Anzahl von Feldern gewinnen kann. Er stellt sich vor, das Brett wäre auf irgendeine Weise in 2 × 1-Dominos aufgeteilt (siehe 9.20), und spielt dann so, daß er den Pfad immer in der Mitte eines Dominos verläßt (dieser kann niemals an der Kante des Brettes sein!). Bei einem ungerade × ungerade-Brett kann der zweite Spieler gewinnen: er unterteilt einfach das Brett bis auf das Eröffnungsfeld in Dominos.

Lewthwaites Spiel

Das Domino-Paaren (z.B. 9.21(b)) ermöglicht so dem zweiten Spieler auch ein von G. W. Lewthwaite entdecktes Spiel zu gewinnen, bei welchem 12 weiße und 12 schwarze Felder in einem 5 × 5-Quadrat abwechselnd verschoben werden, wobei die Startposition wie in Bild 9.21(a) gegeben ist. Ein Spieler, der, wenn er am Zug ist, kein Feld von seiner Farbe bewegen kann, hat verloren. Was ist, wenn es erlaubt ist, eine ganze aus 2, 3 oder 4 Feldern bestehende Zeile oder Spalte zu verschieben, vorausgesetzt, das erste und das letzte Feld hat die passende Farbe?

Mäander

wurde auch von Lewthwaite entdeckt, und man spielt es ebenfalls mit 24 Kacheln auf einem 5 × 5-Quadrat. Aber die Kacheln sind jetzt wie in Bild 9.22(a) gemustert, und werden von beiden Spielern verschoben. Bild 9.22(b) zeigt die Startposition. Gewonnen hat derjenige, der zuerst eine stetige Kurve zustandebringt, welche den Rand mit sich selber verbindet und aus mindestens drei Kacheln besteht. Das Spiel gibt es in zwei Versionen. Bei der ersten verschieben die Spieler abwechselnd nur eine Kachel, bei der anderen können innerhalb eines Zuges 1, 2, 3 oder 4 Kacheln verschoben werden.

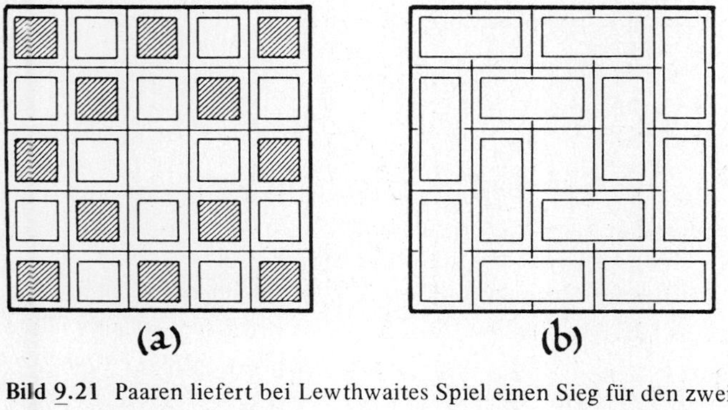

Bild 9.21 Paaren liefert bei Lewthwaites Spiel einen Sieg für den zweiten Spieler

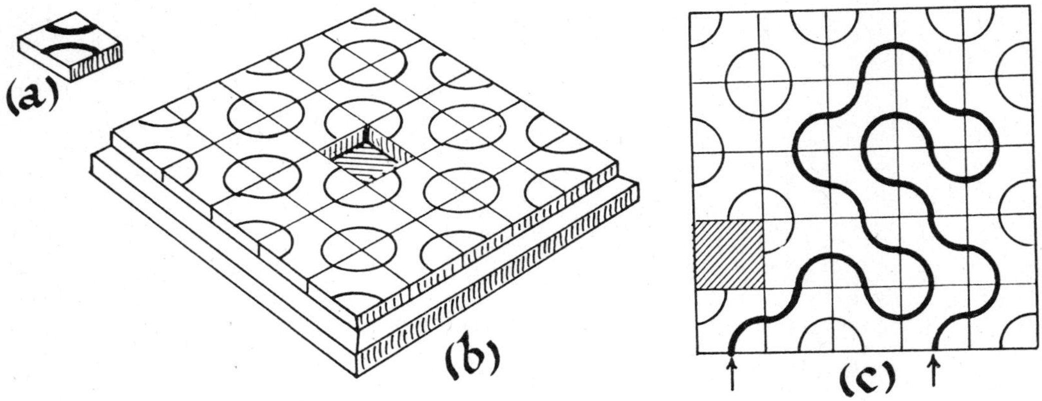

Bild 9.22 Mäander

Sieger und Verlierer

Frank Harary hat eine ganze Familie von Spielen ins Gespräch gebracht, und zwar für jedes Polyomino P eines. Man spielt jedes auf einem unendlichen Brett, und Links und Rechts färben abwechselnd ein Feld schwarz bzw. weiß. Links' Ziel ist es, eine schwarze Kopie von P herzustellen, während Rechts versucht, ihn daran zu hindern. Harary nennt P einen **Sieger,** wenn es für Links eine Gewinnstrategie gibt, andernfalls einen **Verlierer**.

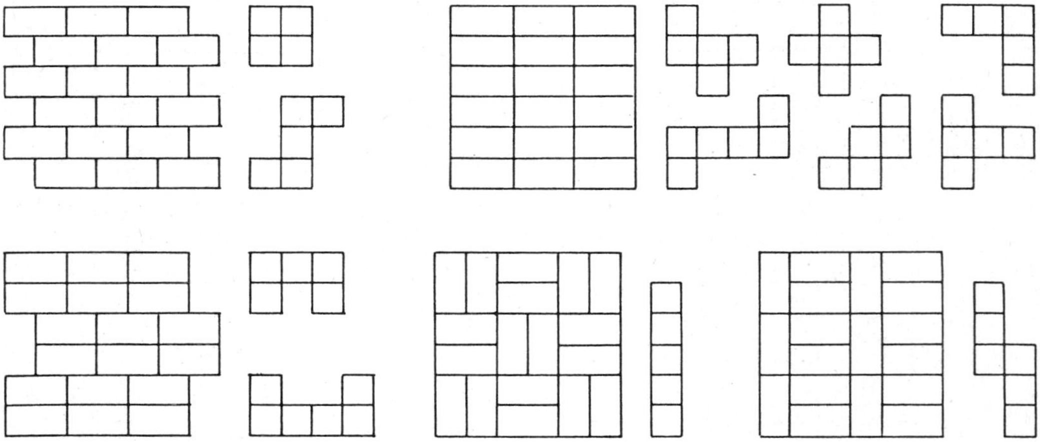

Bild 9.23 Hales-Jewett-Paarungen liefern zwölf Polyomino-Verlierer

Die zwölf Polyominos aus Bild 9.23 lassen sich durch Verwendung der angegebenen Hales-Jewett-Paarungen als Verlierer nachweisen. Die meisten dieser Paarungen stammen von Andreas Blass. Enthält P eines dieser Polyominos, so ist er damit ein Verlierer. Die einzigen Polyominos, welche *keines* dieser zwölf enthalten, sind die zwölf aus Bild 9.24. Elf von ihnen sind als Sieger bekannt, wobei man die Strategien, die mit m Zügen auf einem $b \times b$-Brett (siehe Bild) gewinnen, kennt. Im letzten, von Harary „snaky" („schlangengleich") genannt, vermutet man auch einen Sieger.

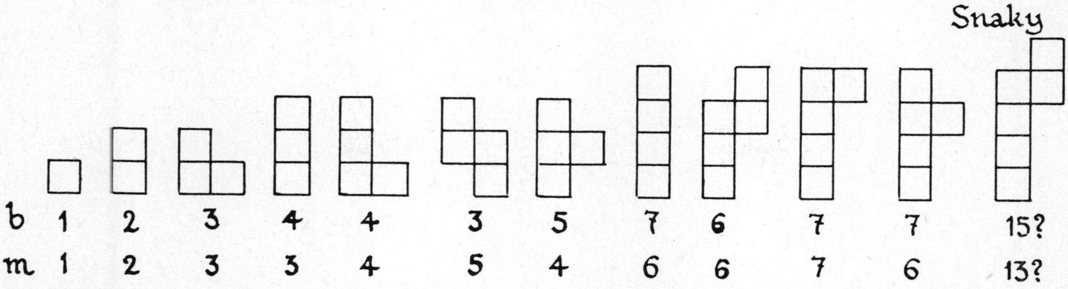

Bild 9.24 Zwölf Polyomino-Sieger mit Brett-Größen und der Anzahl von Zügen („but Snaky's a bit shaky" – „aber Snaky ist ein bißchen zweifelhaft")

Autoscooter

Dieses hervorragende kleine Spiel geht auf Colin Vout zurück. Man spielt es mit zwei schwarzen und zwei weißen Autos auf einem 3 × 3-Brett. Bild 9.25(a) zeigt die Startposition. Die Spieler bewegen abwechselnd eines ihrer Autos ein Feld in einer der drei zugelassenen Richtungen (O, N oder S für Schwarz, N, O oder W für Weiß) weiter, und der erste Spieler, der mit *beiden* Autos vom Brett ist, hat gewonnen. Die schwarzen Autos dürfen nur entlang der rechten Kante vom Brett, während die weißen es nur entlang der oberen Kante verlassen dürfen. Auf einem Feld ist nur ein Auto zugelassen, und man verliert, wenn man den Gegner am Ziehen hindert.

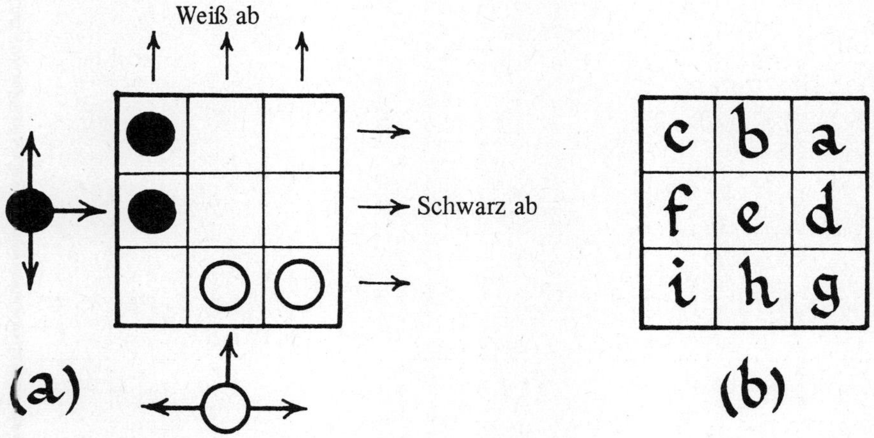

Bild 9.25 Colin Vouts Autoscooter-Spiel

Obwohl das Brett von der gleichen Form ist wie bei Tic-Tac-Toe, ist dieses Spiel viel interessanter. Tafel 9.1 liefert den Ausgang für jede mögliche Position. Die Spalte gibt die Positionen der schwarzen Autos an, die Zeile diejenigen der weißen; sie sind durch Paare der in Bild 9.25(b) vorkommenden Buchstaben gekennzeichnet. Eine Leerstelle steht für eine nicht zulässige Position, denn auf einem Feld ist nur ein Auto erlaubt.

+ bedeutet einen Sieg für Schwarz (Links),
− bedeutet einen Sieg für Rechts (Weiß),
○ bedeutet einen Sieg für den zweiten Spieler,
* bedeutet einen Sieg für den ersten Spieler.

Positionen von Links

Positionen von Rechts

	fi	ci	cf	hi	hf	hc	ei	ef	ec	bi	bf	bc	eh	bh	be	gi	gf	gc	di	df	dc	ai	af	ac	i	f	c	gh	ge	gb	dh	de	db	ah	ae	ab	h	e	b	dg	ag	ad	g	d	a
a	–	–	–	–	–	–	–	–	–	–	–	–	–	–	–	–	–	–	–	–	–				–	–	–	–	–	–	–	–	–				–	–	–	–			*	*	
b	–	–	–	–	–	–	–	–	–				–			–	–	–	–	–	–	–	–	–	–	–	–	–	–		–	–		–	–		–	–		–	–	–	*	*	*
c	–			–	–		–	–		–	–		–	–	–	–	–		–	–		–	–		–	–		–	–	–	–	–	–	–	–	–	–	–	–	–	–	–	*	*	*
ab	–	–	–	–	–	–	–	–	–				–			–	–	–	–	–	–				–	–	–	–	–		–	–					*	*		*			+	+	
ac	–			–	–		–	–		–	–		–	–	–	–	–		–	–					–	–		–	–	–	–	–	–				*	*	–	*			+	+	
bc	–			–	–		–	–					–			–	–		–	–		–	–		–	–		–	–		–	–		–	–		*	*		*	*	*	+	+	+
d	–	–	–	–	–	–	–	–	–	–	–	–	–	–	–	–	–	–				–	–	*	–	–	–	–	–	*				*	*	○	*	–	*		+		+		+
e	–	–	–	–	–	–				–	–	–		–		–	–	–	–	–	–	–	–	–	–	–	*	–		*	–		*	–		*	*		+	*	*	*	+	+	+
f		–		–		–	–		–	–		–	–	–	–	–		*	–		*	–		*	–		○	–	–	–	–	–	–	–	–	–	*	*	*	*	*	*	+	+	+
ad	–	–	–	–	–	–	–	–	–	–	–	–	–	–	–	–	–	–							*	–	*	*	–	*							+	*	○				+		
ae	–	–	–	–	–	–				–	–	–		–		–	–	–	–	–	–				*	–	–	*		–	*		–				+		*	+			+	+	
af		–		–		–	–		–	–		–	–	–	–	–		–	–		–				*		–	*	*	–	*	*	–				+	+	*	+			+	+	
bd	–	–	–	–	–	–	–	–	–				–			–	–	–				*	*	–	*	–	–	*	–					+	+		+	*			+		+		+
be	–	–	–	–	–	–										–	–	–	–	–	–	–	–	–	*	–	–	*			*			*			+			+	+	+	+	+	+
bf		–		–		–	–		–				–			–		–	–		–	–		–	*		*	*	*		*	*		*	*		+	+		+	+	+	+	+	+
cd	–			–	–		–	–		–	–		–	*	*	–	–					*	*		*	–		*	–	*				+	+	*	+	*	*		+		+		+
ce	–			–	–					–	–			*		–	–		–	–		–	–		*	–		*		+	*		+	*		+	+		+	+	+	+	+	+	+
cf				–			–			–			–	–	–	–			–			–			*			*	*	*	*	*	*	*	*	*	+	+	+	+	+	+	+	+	+
g	–	–	–	–	–	–	–	*	*	–	–	*	–	*	*				*	+	+	*	*	+	*	–	*				*	+	+	+	+	*	○	*	+			+		+	+
h	–	–	*				*	+	+	–	*	*			*	–	*	*	–	*	*	–	*	*	–	*	+		+	+		+	+		+	+		+	+	+	+	+	+	+	+
i			+		–	*		+	*		+	*	–	–	–		+	+		+	+		+	+		+	*	*	*	*	*	*	*	*	*	*	+	+	+	+	+	+	+	+	+
ag	–	–	–	–	–	–	–	*	–	–	–	–	*	–	*				*	+	*				–	*	–				+	+	+				*	+	*					+	
ah	–	–	–				–	–	–	–	–	–			–	–	*	–	–	*	–				–	*	*		+	*		+	*					+	+	+			+	+	
ai			–		*	–		*	–		–	–	*	–	–		+	*		+	*					+	*	+	+	*	+	+	*				+	+	+	+			+	+	
bg	–	–	–	–	–	–	–	*	–				*						*	+	*	*	+	*	–	*	–				+	+		+	+		*	+				+		+	+
bh	–	–	–				–	–	–							–	*	–	–	*	–	–	*	–	–	*	–		+			+			+			+		+	+	+	+	+	+
bi			–		*	–		*	–				*				+	*		+	*		+	*		+	*	+	+		+	+		+	+		+	+		+	+	+	+	+	+
cg	–			–	–		–	*		*	*		*	+	+				*	+		*	+		–	*					+	+	+	+	+	+	*	+	+			+		+	+
ch	–						–	–		–	*				+	–	*		–	*		–	*		–	*			+	+		+	+		+	+		+	+	+	+	+	+	+	+
ci					*			*			+		*	*	*		+			+			+			+		+	+	+	+	+	+	+	+	+	+	+	+	+	+	+	+	+	+
de	–	–	–	–	–	–				*	*	–		*		*	–	–				+	+	*	+	*	*	+		*				+		+	+		+		+		+		+
df		–		–		–	–		–	*		*	–	*	*	*		–				+		+	+		*	+	*	*				+	+	+	+	+	+		+		+		+
ef		–		–		*				*		○		+		*		*	*		*	*		*	+		+	+		+	+		+	+		+	+		+	+	+	+	+	+	+
dg	–	–	–	–	*	–	*	–	*	*	*	*	○	*	+							+	+	+	*	*	*							+	+	+	+	+	+						+
dh	–	–	–				–	–	–	*	*	*			*	–	*	*				+	+	+	–	*	+		+	+					+	+		+	+		+		+		+
di			–		+	*		*	–		*	*	*	*	*		+	*					+	+		+	+	+	+	+				+	+	+	+	+	+		+		+		+
eg	–	*	*	–	–	*				+	+	*		+					+	+	+	+	+	+	*	–	*				+		+	+		+	+		+			+		+	+
eh	–	–	*							*	+	+				*	+	*	*	+	*	*	+	*	–	–	*			+			+			+			+	+	+	+	+	+	+
ei			*		+	*					+	*		+			+	+		+	+		+	+		*	+	+		+	+		+	+		+	+		+	+	+	+	+	+	+
fg		–		–		*	*		*	*		+	*	+	+				+		+	+		+	*		+				+	+	+	+	+	+	+	+	+			+		+	+
fh		–					–		+	–		*			+	*		+	*		+	*		+	+		+		+	+		+	+		+	+		+	+	+	+	+	+	+	+
fi						+			+			+	+	+	+			+			+			+			+	+	+	+	+	+	+	+	+	+	+	+	+	+	+	+	+	+	+
gh	–	*	*				*	*	*	+	+	+			+				+	+	+	+	+	+	–	*	+					+	+		+	+		+	+			+		+	+
gi			*		+	+		+	*		+	+	+	+	+					+	+		+	+		+	+				+	+	+	+	+	+	+	+	+			+		+	+
hi			+					+	+		+	+			+		+	+		+	+		+	+		+	+		+	+		+	+		+	+		+	+	+	+	+	+	+	+

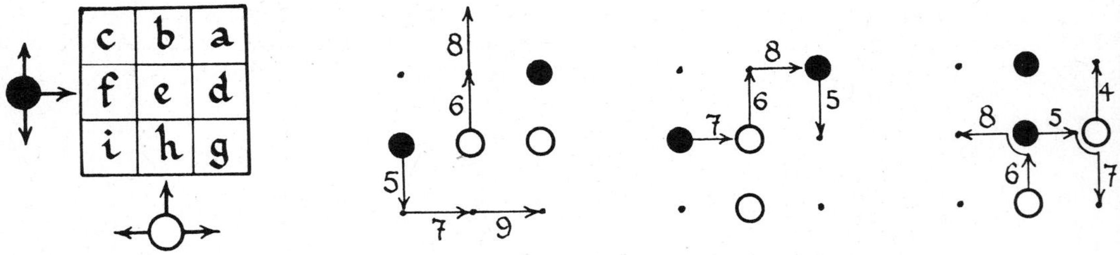

Tafel 9.1 Ausgänge von Positionen bei Autoscooter und ein paar gute Züge

Haben Sie sich unsere Tafel nicht auf den Handrücken gemalt, so wird es Ihnen bei diesem kleinen Spiel schwer fallen, gegen einen Fachmann zu spielen, der Ihnen alle möglichen kleinen Fallen stellen wird. Es ist *nicht* immer eine gute Idee, den eigenen Wagen so bald wie möglich vom Brett zu bringen, denn es kann nützlicher sein, den Gegner zu blockieren. In vielen Situationen ist es sinnvoll, die obere rechte Ecke ins Visier zu nehmen.

Sind Sie ein Fachmann, so können Sie versuchen, Autoscooter mit $n-1$ Autos von jeder Farbe auf einem $n \times n$-Brett zu spielen. Dabei beginnt man in der ersten Zeile und Spalte mit einer leeren SW-Ecke.

Autoscooterduo

Dieses Spiel wird mit zwei Autoscooter-Autos auf einem unendlichen Quadrantenbrett gespielt. Dabei kann jeder Spieler jedes Autos innerhalb eines Zuges beliebig weit nach Norden oder Westen verschieben. Man darf dabei nur nicht über oder auf ein anderes Auto springen. Wer nicht ziehen kann, verliert. Es ist nicht schwer, zu sehen, daß

> jede Position, bei der zwei Autos auf benachbarten Feldern stehen, eine $\mathscr{P}$-Position ist,

denn was immer der folgende Spieler tut, man kann ihn immer weiterverfolgen. Als eine Konsequenz davon gilt:

> jede andere Position, bei der sich die Autos in benachbarten oder in der gleichen Zeile oder Spalte befinden, ist eine $\mathscr{N}$-Position,

denn der folgende Spieler kann sich sofort mit einem Auto an das andere heranschleichen. Bei der Analyse von späteren Positionen könnten wir es damit genauso als illegal ansehen, zwei Autos in benachbarten oder in der gleichen Zeile oder Spalte zu haben.

Seien (x_1, y_1) und (x_2, y_2) die Positionen der Autos in diesem eingeschränkten Spiel. Wir spielen dann mit diesen vier Zahlen ein Nim-artiges Spiel mit vier Haufen, bei dem wir alle vier Zahlen x_1, x_2, y_1, y_2 verkleinern dürfen, vorausgesetzt, wir stellen sicher, daß weder $x_1 - x_2$ noch $y_1 - y_2$ zu 0 oder ± 1 wird.

Da die x und y nicht voneinander abhängen, können wir von einer Summe zweier Spiele sprechen, von welchen eines auf den x-en, das andere auf den y − s gespielt wird. Tafel 9.2 gibt für beide Spiele die Nim-Werte an, ausgenommen sind nur die in den obigen Kästchen beschriebenen Positionen. Ein X kennzeichnet eine unzulässige Position im eingeschränkten Spiel.

> Die Position $(x_1, y_1), (x_2, y_2)$ ist genau dann eine Autoscooterduo-$\mathscr{P}$-Position, wenn $f(x_1, x_2) = f(y_1, y_2)$ gilt

(denn ihre Nim-Numme ist dann 0); dabei bezeichnet $f(x_1, x_2)$ die durch Tafel 9.2 gegebene Funktion.

$x_1 \backslash x_2$	0	1	2	3	4	5	6	7	8	9	10	11	12	13	14	15	16
0	X	X	0	1	2	3	4	5	6	7	8	9	10	11	12	13	14
1	X	X	X	0	1	2	3	4	5	6	7	8	9	10	11	12	13
2	0	X	X	X	3	1	2	6	4	5	9	7	8	12	10	11	15
3	1	0	X	X	X	4	5	2	3	8	6	10	7	9	13	14	11
4	2	1	3	X	X	X	0	7	8	4	5	6	11	13	9	10	12
5	3	2	1	4	X	X	X	0	7	9	10	5	6	8	14	15	16
6	4	3	2	5	0	X	X	X	1	10	11	12	13	6	7	8	9
7	5	4	6	2	7	0	X	X	X	1	3	11	12	14	8	9	10
8	6	5	4	3	8	7	1	X	X	X	0	2	14	15	16	17	18
9	7	6	5	8	4	9	10	1	X	X	X	0	2	3	15	16	17
10	8	7	9	6	5	10	11	3	0	X	X	X	1	2	4	18	19
11	9	8	7	10	6	5	12	11	2	0	X	X	X	1	3	4	20
12	10	9	8	7	11	6	13	12	14	2	1	X	X	X	0	3	4
13	11	10	12	9	13	8	6	14	15	3	2	1	X	X	X	0	5

Tafel 9.2 Werte $f(x_1, x_2)$ bei Autoscooterduo

Die Tafel scheint nicht sehr viele Regelmäßigkeiten aufzuweisen, wenn man mal von den Kanten absieht, aber zumindest sind die ersten paar Zeilen (und Spalten) arithmetisch-periodisch. Die (schließlichen) Perioden und Sprünge in den ersten fünf Zeilen sind 1, 1, 3, 9, 36 und gelten im Bereich außerhalb der fett gedruckten Linie. Die gleiche Tafel liefert die Auflösung von Autoscooterduo mit zwei Autos im Dreidimensionalen. Dort sieht die Bedingung für eine $\mathscr{P}$-Position so aus:

$$f(x_1, x_2) \overset{*}{+} f(y_1, y_2) \overset{*}{+} f(z_1, z_2) = 0.$$

Philosophenfußball

(„*Phutball*" nach J. H. Conway)

ist ein sehr spielbares Spiel, welches das erste mal in diesem Buch beschrieben wird. Es wird normalerweise auf den 15 × 19 Schnittpunkten des in Bild 9.26 gezeigten Brettes oder auf einem 19 × 19-Go-Brett mit einem schwarzen Stein (dem **Ball**) und einer großen Anzahl weißer Steine (den **Männern**) gespielt. Alle Steine sind beiden Spielern zugänglich, und für beide Spieler gibt es die gleichen zulässigen Züge, obwohl sie nicht das gleiche Ziel haben.

Am Anfang ist das Spielfeld bis auf den Ball, der in der Mitte liegt, leer. Dann muß jeder Spieler, wenn er am Zug ist

entweder einen neuen Mann an irgendeinem noch unbesetzten Schnittpunkt placieren,
oder den Ball **springen** lassen, und dabei den übersprungenen Mann wegnehmen.

(Er darf nicht beides auf einmal)

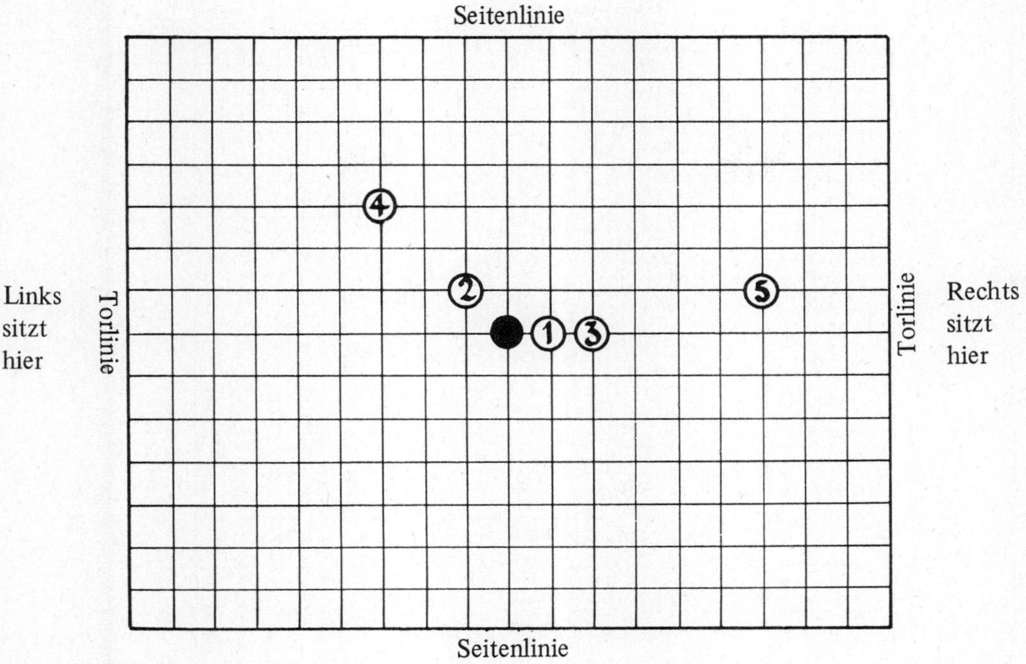

Bild 9.26 Das Philosophenfußball-Feld und die ersten paar Züge eines Spieles

Ein einzelner Sprung darf den Ball in jede der acht üblichen Himmelsrichtungen N, NO, O, SO, S, SW, W, NW auf den ersten leeren Platz in der jeweiligen Richtung befördern. Dabei ist nur gefordert, daß mindestens ein Mann übersprungen wird. Alle übersprungenen Männer werden sofort vom Brett genommen. Ein Spieler kann innerhalb eines Zuges mehrere solche Sprünge in verschiedene Richtungen durchführen. Aber da die übersprungenen Männer sofort entfernt werden, kann der gleiche Mann während eines Zuges nur einmal übersprungen werden, und während eines Sprung-Zuges darf kein neuer Mann auf dem Spielfeld placiert werden.

Es ist zulässig, daß der Ball auf einer der Tor- oder Seitenlinien landet. Es ist ebenfalls erlaubt, daß der Ball vom Brett springt, aber nur dann, wenn er über einen Mann auf der Torlinie springt und wenn dies der letzte Zug im Spiel ist. Tatsächlich ist es das Ziel von Links, es fertigzubringen, daß am *Ende* des Zuges der Ball entweder *auf oder hinter* Rechts' Torlinie liegt, während Rechts ihn auf oder über Links' Torlinie bringen will. Doch kann ein Verteidiger manchmal auch seine eigene Torlinie erfolgreich einsetzen, indem er den Ball während eines Zuges zu ihr hin- und wieder wegspringen läßt. Bei der Standard-Eröffnung von Bild 9.26 setzen

Links, Rechts, Links, Rechts, Links

die Steine

1, 2, 3, 4, 5,

wobei sie Ketten in Richtung des gegnerischen Tors bilden. Rechts fürchtet Links' Drohung, einen langen Sprung über 1 und 3 zu machen und dann eine Kette durch 5 zustandezubringen. Er macht deshalb selber zwei kleine Sprünge über 2 und 4.

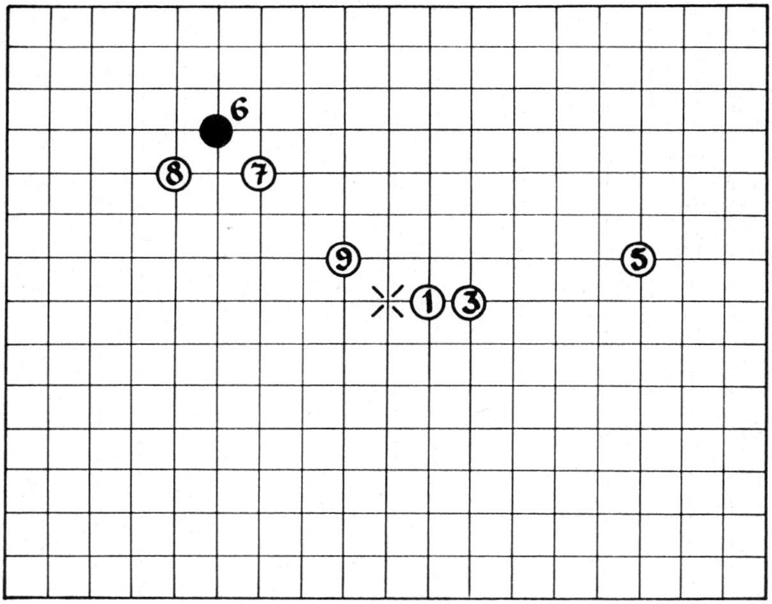

Bild 9.27 Die nächsten vier Züge

Bei den folgenden Zügen

7, 8, 9

von

Links, Rechts, Links

versucht Links seine Kette wieder herzustellen, während Rechts einen Seitwärtssprung vorbereitet, um sich dagegen zu verteidigen. Ist bei Bild 9.27 Links an der Reihe, so kann er in einem Zug zwei Sprünge über 7 und 9 und einen längeren Sprung über 1 und 3 machen (es wäre wahrscheinlich besser für ihn, diesen letzten Sprung nicht zu machen; wie beim Schach ist die Drohung selber oft wirksamer als ihre Realisierung). Ist aber Rechts am Zug, so springt er über 8, und die folgenden paar Züge findet man in Bild 9.28.

Diese sind alle ziemlich spitzfindig. Für Links ist Zug 11 besser, als 8 wieder einzusetzen, denn diesen könnte Rechts zu einfach **angreifen** indem er einen Mann an die Stelle setzt, an welcher sich der Ball in Bild 9.27 befindet (nach einem Sprung dieser beiden Steine wird es für Links sehr schwierig sein, eine nützliche Verbindung mit der verbleibenden Kette herzustellen). Rechts' Zug 12 ist noch subtiler! Zu diesem Zeitpunkt würde eine direkte Androhung, zu gewinnen, Links dazu bringen, über 11 und 7 zu springen, und bei einer hervorragenden Position zu landen. Zug 12 setzt ein Zurücksetzen nach diesem Zug voraus und bereitet auch einem Zug bei 14 den Weg, welchem ein Rundherum-Dreifachsprung über 11, 12 und 14 folgt. Beide Züge bringen Rechts der Torlinie von Links näher und entfernen einige für den Gegner wertvolle Figuren. Der Zug birgt noch mehr Geheimnisse: placiert Links 13, so kann *Rechts* den Zug über 11 und 7 machen, und dann wird jede Drohung von Links, mit seiner alten Kette eine Verbindung herzustellen, Rechts gleichermaßen helfen, eine Verbindung mit 13 und 12 herzustellen.

Fast alle diese Züge gehören zum Standardrepertoire, aber von nun an gehen die Meinungen der Experten auseinander. Es gibt bei diesem Spiel viele ausgeklügelte Taktiken (Angreifen, Vereiteln des gegnerischen Angriffs, vernichtende U-Züge, ...), und wir geben hier nur einige wenige Hinweise.

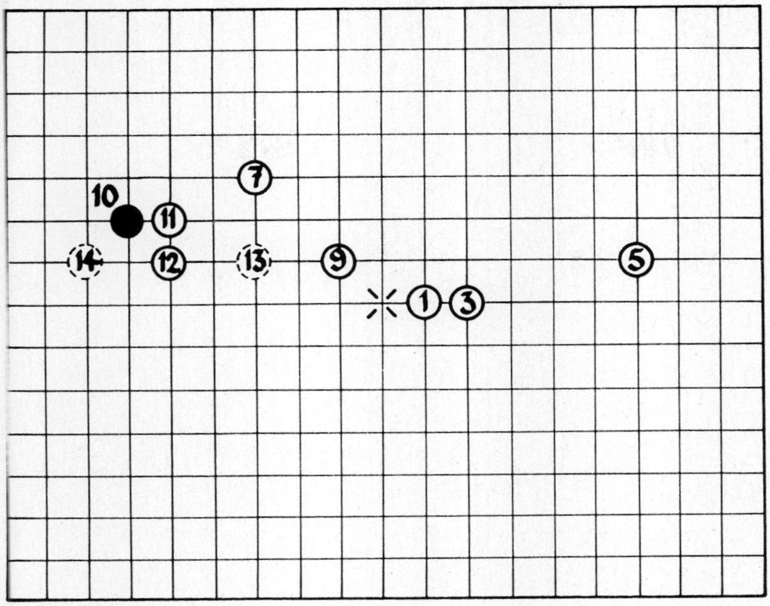

Bild 9.28 Das Spiel geht weiter

Versuchen Sie nicht zu springen, solange es nicht wirklich nötig ist, und dann nur so weit, wie Sie es wirklich müssen. Haben Sie einen Stein im Umkreis von drei Feldern, aber *nicht* in der Entfernung eines Springerzuges von dem Feld, zu welchem der Gegner springen will, so können sie diesen zum Zurücksetzen verwenden und Sie brauchen sich vor seinem Sprung nicht zu fürchten (welchen er wahrscheinlich nicht machen sollte). Man beachte, daß ein Stein, welcher einen Springerzug vom Ball entfernt ist, fast immer nutzlos ist. Solche Steine nennt man **wertlos**. Eine angegriffene Kette wird nützlicher, wenn man an ihr auf verschiedene Arten entlang springen kann. Vergessen Sie nicht, daß der Stein, den Sie setzen, dem Gegner von Nutzen sein könnte, z.B. bei einem vernichtenden U-Zug.

Eine erfreuliche Eigenschaft dieses Spieles ist, daß auch ein Experte an einem Spiel mit einem Neuling Spaß haben kann, wenn man von einer Startposition ausgeht, bei der er Ball näher an der Torlinie des Experten ist.

Wie Schach und Go gehört Philosophenfußball – im Gegensatz zu den meisten anderen Spielen in diesem Buch – *nicht* zu den Spielen, bei denen man mit einer vollständigen Analyse rechnen kann.

Zusätze

Literaturhinweise

William N. Anderson, Maximum matching and the game of Slither, J. Combinatorial Theory Ser. B, **17** (1974) 234–239.

Charles Babbage, Passages from the Life of a Philosopher, Longman, Green, Longman, Roberts and Green, London, 1864; reprinted Augustus M. Kelley, New York, 1969, pp. 467–471.

J. P. V. D. Balsdon, Life and Leisure in Ancient Rome, McGraw-Hill, New York. 1969, pp. 156 ff.

A. G. Bell, Kalah on Atlas, in D. Michie (ed.) „Machine Intelligence, 3", Oliver & Boyd, London, 1968, 181–193.

A. G. Bell, „Games Playing with Computers", George Allen & Unwin, London, 1972, pp. 27–33.

Robert Charles Bell, „Board and Table Games from Many Civilizations", Oxford University Press, London, 1960, 1969.

Richard A. Brualdi, Networks and the Shannon Switching Game, Delta, **4** (1974) 1–23.

Gottfried Bruckner, Verallgemeinerung eines Satzes über arithmetische Progressionen, Math. Nachr. **56** (1973) 179–188; M. R. **49** # 10562.

L. Csmiraz, On a combinatorial game with an application to Go-Moku, Discrete Math. **29** (1980) 19–23.

D. W. Davies, A theory of Chess and Noughts and Crosses, Sci. News, **16** (1950) 40–64.

H. E. Dudeney, „The Canterbury Puzzles and other Curious Problems", Thomas Nelson and Sons, London, 1907; Dover, New York, 1958.

H. E. Dudeney, „536 Puzzles and Curious Problems", Hrsg. Martin Gardner, Chas. Scribner's Sons, New York, 1967.

J. Edmonds, Lehman's Switching Game and a theorem of Tutte and Nash-Williams, J. Res. Nat. Bur. Standards, **69B** (1965) 73–77.

P. Erdös und *J. L. Selfridge,* On a combinatorial game, J. Combinatorial Theory Ser. B, **14** (1973) 298–301.

Ronald J. Evans, A winning opening in Reverse Hex, J. Recreational Math. 7 (1974) 189–192.

Ronald J. Evans, Some variants of Hex, J. Recreational Math. 8 (1975–76) 120–122.

Edward Falkener, „Games Ancient and Oriental and How to Play Them", Longmans Green, London, 1892; Dover, New York, 1961.

G. E. Felton und *R. H. Macmillan,* Noughts and Crosses, Eureka, **11** (1949) 5–9.

William Funkenbusch und *Edwin Eagle,* Hyperspacial Tit-Tat-Toe or Tit-Tat-Toe in four dimensions, Nat. Math. Mag. **19** # 3 (Dez. 1944) 119–122.

David Gale, The game of Hex and the Brouwer fixed-point theorem, Amer. Math. Monthly, **86** (1979) 818–827.

Martin Gardner, „The Scientific American Book of Mathematical Puzzles and Diversions", Simon & Schuster, New York, 1959.

Martin Gardner, Mathematical Games, Scientific Amer., jede Ausgabe, besonders, **196** # 3 (März 1957) 160–166; **209** # 4 (Okt. 1963) 124–130; **209** # 5 (Nov. 1967) 144–154; **216** # 2 (Feb. 1967) 116–120; **225** # 2 (Aug. 1971) 102–105; **232** # 6 (Juni 1975) 106–111; **233** # 6 (Dez. 1975) 116–119; **240** # 4 (Apr. 1979) 18–28.

Martin Gardner, „Sixth Book of Mathematical Games from Scientific American", W. H. Freeman, San Francisco, 1971; 39–47. Deutsche Ausgabe: „Mathematisches Labyrinth", Vieweg, Braunschweig 1979.

Martin Gardner, Mathematical Carnival, W. H. Freeman, San Francisco 1975, Kapitel 16.

Richard K. Guy und *J. L. Selfridge,* Problem S. 10, Amer. Math. Monthly, **86** (1979) 306; solution T. G. L. Zetters **87** (1980) 575–576.

A. W. Hales und *R. I. Jewett,* Regularity and positional games, Trans. Amer. Math. Soc. **106** (1963) 222–229; **M. R. 26** # 1265.

Professor *Hoffman* (*Angelo Lewis*), „The Book of Table Games", Geo. Routledge & Sons, London, 1894, pp. 599–603.

Isidor, Bishop of Saville, „Origines" Buch 18, Kapitel 64.

Edward Lasker, „Go and Go-Moku", Alfred A. Knopf, New York, 1934; 2 überarb. Aufl., Dover, New York, 1960.

Alfred Lehman, A solution of the Shannon switching game, SIAM J. **12** (1964) 687–725.

E. Lucas, „Récréations Mathématiques", Gauthier-Villars, 1882–1894, Blanchard, Paris, 1960.

Carlyle Lustenberger, M. S. thesis, Pennsylvania State University, 1967.

Leo Moser, Solution to problem E773 [1947, 281], Amer. Math. Monthly, **55** (1948) 99.

Geoffrey Mott-Smith, „Mathematical Puzzles", Dover, New York, 1954; ch. 13 Board Games.

H. J. R. Murray, „A History of Board Games other than Chess", Oxford University Press, 1952; Hacker Art Books, New York, 1978; Kap. 3, Games of alignment and configuration.

T. H. O'Beirne, New boards for old games, New Scientist, **269** (62:01:11).

T. H. O'Beirne, „Puzzles and Paradoxes", Oxford University Press, 1965.

Ovid, „Ars Amatoria", ii, 208, iii, 358.

Jerome L. Paul, The q-regularity of lattice point paths in R^n, Bull. Amer. Math. Soc. **81** (1975) 492; Addendum, ibid. 1136.

Jerome L. Paul, Tic-Tac-Toe in n dimensions, Math. Mag. **51** (1978) 45–49.

Jerome L. Paul, Partitioning the lattice points in R^n, J. Combin. Theory Ser. A, **26** (1979) 238–248.

Harry D. Ruderman, The games of Tick-Tack-Toe, Math. Teacher, **44** (1951) 344–346.

Sidney Sackson, „A Gamut of Games", Random House, New York, 1969.

John Scarne, Scarne's Encyclopedia of Games, Harper and Row, New York, 1973.

Fred. Schuh, „The Master Book of Mathematical Recreations", Übers. F. Göbel, Hrsg. T. H. O'Beirne, Dover, New York, 1968; Kap. 3, The game of Noughts and Crosses.

Register

In diesem Band werden nur drei neue Symbole eingeführt:

$\lceil\;\rceil$ = kleinste ganzzahlige Majorante, S. 27
$\overset{*}{\times}$ = Nim-Produkt, S. 17
$\overset{*}{\cup}$ = verschandeltes Produkt, S. 15

Für die anderen, früher eingeführten Symbole vergleiche man die Symbolverzeichnisse der Bände 1 und 2.

GEWINNEN

Strategien für mathematische Spiele

♠

Band 1

Von der Pike auf

♥

Band 2

Bäumchen-wechsle-dich

GEWINNEN

Strategien für mathematische Spiele

♣

Band 3
Fallstudien

♦

Band 4
Solitairspiele